Der Freizeit- und Fremdenverkehr in der (ehemaligen) Sowjetunion unter besonderer Berücksichtigung des Baltischen Raums

Europäische Hochschulschriften
European University Studies
Publications Universitaires Européennes

Reihe XVII

Geowissenschaften

Series XVII Série XVII
Earth Sciences
Sciences de la terre

Bd./Vol. 6

PETER LANG
Frankfurt am Main · Berlin · Bern · New York · Paris · Wien

Monika Henningsen

Der Freizeit- und Fremdenverkehr in der (ehemaligen) Sowjetunion unter besonderer Berücksichtigung des Baltischen Raums

PETER LANG
Europäischer Verlag der Wissenschaften

Die Deutsche Bibliothek - CIP-Einheitsaufnahme

Henningsen, Monika:

Der Freizeit- und Fremdenverkehr in der (ehemaligen) Sowjetunion unter besonderer Berücksichtigung des baltischen Raums / Monika Henningsen. - Frankfurt am Main ; Berlin ; Bern ; New York ; Paris ; Wien : Lang, 1994
(Europäische Hochschulschriften : Reihe 17, Geowissenschaften ; Bd. 6)
Zugl.: Freiburg (Breisgau), Univ., Diss., 1993
ISBN 3-631-47688-4

NE: Europäische Hochschulschriften / 17

D 25
ISSN 0721-5045
ISBN 3-631-47688-4

VORWORT

Die vorliegende Arbeit ist aus zwei Forschungsaufenthalten (Februar-Dezember 1989 bzw. September-Dezember 1990) in der - damals noch existierenden - Sowjetunion hervorgegangen.

Während der Anfertigung meiner Dissertation habe ich von zahlreichen Personen und Institutionen wertvolle Unterstützung erhalten, wofür ich an dieser Stelle herzlich danken möchte.

Mein besonderer Dank gilt meinem Doktorvater Prof. Dr. Stadelbauer für seine stete fachliche und persönliche Unterstützung sowie Prof. Dr. Sick für die Übernahme des Korreferates.

Die Finanzierung wurde durch Stipendien des Deutschen Akademischen Austauschdienst (DAAD) und der Landesgraduiertenförderung Baden-Württemberg (Grafög) gewährleistet.

Zum Erfolg der Forschungsaufenthalte haben neben meinem Betreuer an der Leningrader Universität, Prof. S. B. Lavrov, in besonderem Maße Geographen der Lettischen Universität in Riga - Prof. J. Strauhmanis, Guntis Berklavs und Zaiga Krišjane - sowie der litauischen Universität in Vilnius, wo besonders Jonas Ignatonis zu nennen ist, beigetragen. Ihnen allen schulde ich herzlichen Dank für ihre große Bereitschaft, mich in die Besonderheiten ihrer Republiken einzuführen und mich - auch über meine Studienaufenthalte hinaus - mit Informationen und Daten zu versorgen.

Für die vielfältige Unterstützung möchte ich nicht zuletzt meiner Mutter danken sowie Manfred Jünke für seine zahlreichen technischen Hilfestellungen.

Alle Genannten haben wesentlich zum Gelingen der Arbeit beigetragen.

INHALTSVERZEICHNIS

VERZEICHNIS DER ABBILDUNGEN

VERZEICHNIS DER TABELLEN

ABKÜRZUNGEN

CSTĖ	*Central'nyj Sovet po Turizmu i Ėkskursijam*
CSU	*Central'noe Statističeskoe Upravlenie*
ĖSSR	*Ėstonskaja SSR*
Goskom	*Gosudarstvennyj komitet*
IUCN	*International Union for the Conservation of Nature an Natural Ressources*
LARS	*Latvijas apvienota rekreacijas sistema/ Latvijskaja SSR Ob'edinennaja Rekreacionnaja Sistema*
LatSSR	*Latvijskaja SSR*
LitSSR	*Litovskaja SSR*
OPT	*Obščestvo proletarskogo turizma*
OPTĖ	*Obščestvo Proletarskogo Turizma i Ėkskursii*
ROT	*Rossijskoe Obščestvo Turistov*
TĖU	*Turistsko-Ėkskursionnoe Upravlenie*
TRS	Territoriales Rekreationssystem (*Territorial'naja Rekreacionnaja Sistema*)
VAO (Otel')	*Vsesojuznoe Akcionernoe Obščestvo (Otel')*
VAO (INTOURIST)	*Vsesojuznoe Akcionernoe Obščestvo (INTURIST)* (1929)
" "	*Vnešnetorgovloe Akcionernoe Obščestvo (INTURIST)* (1992)
VCSPS	*Vsesojuznyi Central'nyj Sovet Professional'nych Sojuzov*
VLKSM	*Vsesojuznyi Leninskij Kommunističeskij Sojuz Molodeži*
WTO	*World Tourism Organisation*
ZIK/CIK	*Central'nyj Ispol'nitel'nyj Komitet*

1 EINFÜHRUNG

1.1 Problemstellung und Aufbau der Arbeit

Der Freizeit- und Fremdenverkehr ist in der zweiten Hälfte dieses Jahrhunderts zu einer maßgeblichen Erscheinung geworden: 1992 wurden weltweit 476 Mio Reisen unternommen, in vielen Ländern wurde der Tourismus zu einem der wichtigsten Wirtschaftsfaktoren. Entsprechend seiner Bedeutung und den vielfältigen Aspekten beschäftigen sich viele Wissenschaftszweige mit den Rahmenbedingungen, Erscheinungsformen und Auswirkungen.

Für die Geographie ist ein raumrelevantes Phänomen wie der Freizeit- und Fremdenverkehr von besonderem Interesse. Zum Ausdruck kommt die Raumbezogenheit in erster Linie in der Distanzüberwindung der Erholungssuchenden zwischen Wohn- und Zielort sowie in den Auswirkungen des Freizeit- und Fremdenverkehrs auf die Zielorte bzw. -räume - sowohl durch das Entstehen einer Fremdenverkehrsinfrastruktur als auch in Form der Belastungen und Veränderungen, die durch die Einrichtungen und ihre Nutzer auf die Umwelt ausgehen.

Während der Freizeit- und Fremdenverkehr in westeuropäischen Ländern gut erforscht ist und auch zum Fern- bzw. zum "Dritte-Welt"-Tourismus eine größere Zahl von Veröffentlichungen vorliegt, erschienen zum Tourismus in Osteuropa bisher (im Westen) nur relativ wenige Publikationen. Diese beschränken sich zudem meistens auf Aufsätze, eine umfassendere oder ausführlichere Darstellung des sowjetischen Freizeit- und Fremdenverkehrs in seinen verschiedenen Ausprägungen gab es nicht.[1)]

Inzwischen hat sich zwar die UdSSR aufgelöst, doch sind die Strukturen, die sich unter dem sozialistischen System herausgebildet hatten, persistenter. Aus diesem Grund ist eine verhältnismäßig ausführliche Abhandlung des sowjetischen Erholungswesens, wie sie in der vorliegenden Arbeit geliefert wird, immer noch relevant.

Dies gilt auch für den regionalen Schwerpunkt der Abhandlung. Nur in Kenntnis der in sowjetischer Zeit entstandenen Strukturen läßt sich die gegenwärtige Situation des baltischen Erholungswesens verstehen, können die Potentiale und Probleme des Raums für die künftige Entwicklung bewertet werden.

Der Baltische Raum wurde als Untersuchungsgebiet ausgewählt, da in diesem Raum einerseits alle Formen des Freizeit- und Fremdenverkehrs aufzeigbar sind und sie (im Gegensatz z.B. zu den östlichen oder mittelasiatischen Landesteilen der ehemaligen Sowjetunion) über eine lange Tradition verfügen, das Gebiet andererseits aber noch relativ wenig untersucht wurde. Daneben waren für die Wahl - wie auch für die Abgrenzung des Untersuchungsraums - vor allem historische und aktuelle politische sowie sozio-ökonomische Aspekte ausschlaggebend,[2)] durch die er - besonders natürlich

---

1) Die Arbeit von KLÖTZLI (1991), eine der wenigen längeren Abhandlungen, konzentriert sich z.B. sehr stark auf theoretische Fragen.

2) Naturräumliche Gesichtspunkte kamen auch zum Tragen, waren jedoch nicht entscheidend - andernfalls hätte auch die Leningrader Oblast', d.h. die Küste des Finnischen Meerbusens von der estnischen bis zur finnischen Grenze einbezogen werden müssen; dies wäre aber wegen fehlender Übereinstimmung in den anderen Punkten nicht sinnvoll gewesen.

Litauen, Lettland und Estland, die Kaliningrader Oblast' nur teilweise - innerhalb der Sowjetunion eine Sonderstellung einnahm.[1] Auch seit dem Zerfall der UdSSR haben diese Republiken einen Sonderweg eingeschlagen.

Im Vordergrund der vorliegenden Abhandlung stehen also die unterschiedlichen Ausprägungen des Freizeit- und Fremdenverkehrs, wie sie sich bis Ende der 80er Jahre auf dem Gebiet der Sowjetunion herausgebildet hatten. Dennoch bieten alle Kapitel auch einen Ausblick auf aktuelle Veränderungen und Transformationsprozesse, auch wenn ihre Interpretation vorläufig nur sehr eingeschränkt möglich ist.

Die Arbeit setzt sich aus zwei Teilen, einem allgemeinen und einem regionalen, zusammen. Der erste Abschnitt enthält eine Darstellung des Freizeit- und Fremdenverkehrs von den ersten Anfängen im zaristischen Rußland bis zu den spezifischen Erscheinungsformen, wie sie durch die zentralisierte Planwirtschaft in der UdSSR als einem sozialistischen Staat geprägt wurden.
Ausführlicher wird dabei auf die verschiedenen Organisationen, die sich in der Sowjetunion mit dem Fremdenverkehr beschäftigten, und auf die unterschiedlichen Beherbergungsformen eingegangen, da hierzu in der Literatur bisher vielfach Unklarheiten bestanden. Die Entwicklung des Angebots und der Nachfrage (darunter auch durch ausländische Touristen) wird dagegen wegen der verschiedenen Unzulänglichkeiten der sowjetischen (Fremdenverkehrs-)Statistik nur relativ kurz behandelt.

Im zweiten Abschnitt, dem Regionalteil, werden die Freizeit- und Fremdenverkehrsstrukturen der Kaliningrader Oblast' und der drei baltischen Republiken dargestellt und analysiert. Als Fallstudie wird auf die Erholungszone "Groß-Jurmala" (Lettland) näher eingegangen. Die baltischen Nationalparks, welche aufgrund ihrer stark ausgeprägten Erholungsfunktion berücksichtigt werden müssen, sowie eine Bewertung des Erholungspotentials im Baltikum für ausländische Touristen bilden den Abschluß der Arbeit.
Besonderes Aufgenmerk wird im Regionalteil auf Merkmalen einer sozialistischen und/oder zentralistischen Überprägung des Erholungsraums liegen.

Die Materialsammlung zu dieser Arbeit erfolgte zum Großteil während zweier Forschungsaufenthalte in der Sowjetunion in den Jahren 1989 und 1990, zu einem Zeitpunkt also, als dort Feldforschung für ausländische (westliche) Wissenschaftler noch kaum möglich war.
Dies ist einer der Gründe, warum sich die Abhandlung weitgehend auf die (kritische) Sichtung und Auswertung von Publikationen,[2] statistischem und Kartenmaterial beschränken muß, ergänzt durch die Ergebnisse zahlreicher Diskussionen mit Fachleuten aus dem Baltikum.
Diese Einschränkung wird jedoch durch die Zielsetzung der Arbeit, eine Gesamtdarstellung des Freizeit- und Fremdenverkehrs im Baltischen Raum zu erarbeiten, gerechtfertigt. In ihrer zeitlichen und räumlichen Dimension ist sie darauf ausgerichtet,

---

[1] Vgl. die Einführung zum Regionalteil der vorliegenden Arbeit.
[2] Der Großteil wird dabei zwar von russischsprachiger Literatur eingenommen, doch beinhaltet diese auch Arbeiten von baltischen Wissenschaftlern; daneben wurden aber auch Quellen in den betreffenden Republikssprachen (vor allem litauisch und lettisch) ausgewertet.

eine Grundlage zu erstellen, auf der künftige Regional- oder Gemeindestudien aufbauen können.

1.2 Die Sowjetische Fremdenverkehrsgeographie [1]

1.2.1 UNTERSCHIEDE ZUR WESTLICHEN FREMDENVERKEHRSGEOGRAPHIE

Die sowjetische Fremdenverkehrsgeographie (*rekreacionnaja geografija*), zu deren wichtigsten Vertretern V.S. Preobraženskij, Ju.A. Vedenin (beide Geographisches Institut der Akademie der Wissenschaften, Moskau), N.S. Mironenko (MGU) sowie im Westen der Sowjetunion mit stärker regional ausgerichteten Arbeiten Ju.B. Chromov (Leningrad), V.P. Stauskas, P. Kavaljauskas, J. Ignatonis (Litauen) als auch E. Buka und L.S. Kartunova (Lettland) gehörten, unterschied sich in einigen Punkten von der westeuropäischer Länder. Die zwei wichtigsten Aspekte sollen im folgenden ausgeführt werden.[2]

Erstens ist die sowjetische Fremdenverkehrsgeographie jünger:[3] Sie entwickelte sich erst ab Mitte der 60er Jahre.[4] In dieser Zeit setzte eine deutliche Veränderung der soziodemographischen Rahmenbedingungen ein (s. ausführlicher Kap. 2.3.1.), wodurch sich die Bedürfnisse der Bevölkerung änderten. Besonders hervorzuheben ist hierbei die Einführung der 5-Tage-Woche, da sich durch zwei zusammenhängende freie Tage der Bewegungsradius und somit die Nachfrage nach entsprechenden Erholungsmöglichkeiten an Wochenenden erheblich vergrößerte. Parallel dazu wuchs auch das Interesse an einer theoretischen Auseinandersetzung mit Fragen des Fremdenverkehrs, welches durch allgemeine Entwicklungsprozesse innerhalb der Wissenschaften selbst noch verstärkt wurde. Nach PREOBRAŽENSKIJ/KVARTAL'NOV (1989, S. 6) begann sich in der Sowjetunion in dieser Zeit,

> "... der Stil wissenschaftlichen Denkens zu verändern: problembezogene, fächerübergreifende Betrachtungsweisen traten zunehmend in Konkurrenz zu dem in Jahrhunderten gebildeten System der streng in Einzeldisziplinen aufgegliederten wissenschaftlichen Kultur, welches auf dem Prinzip der Arbeitsteilung basiert hatte."

Hierdurch wurde auch die Herausbildung eines Wissenschaftszweiges wie der Fremdenverkehrsgeographie gefördert, da gerade bei ihr interdisziplinäre Ansätze eine wichtige Stellung einnehmen.[5]

Zweitens unterscheidet sich die sowjetische Fremdenverkehrsgeographie von der westlicher Länder durch ihren anderen Ausgangspunkt: Ihre Wurzeln liegen in der Res-

---

[1] An Stelle eines "traditionellen" Literaturüberblicks.
[2] Zu begrifflichen Differenzen s. Kap. 1.2.4.
[3] In Westeuropa begann sich die Fremdenverkehrsgeographie bereits Ende des 18., Anfang des 19. Jh. herauszubilden; zur genauen Wissenschaftsgeschichte s. stellvertretend HOFMEISTER/STEINECKE, 1984; KULINAT/STEINECKE, 1984.
[4] S. hierzu MATZNETTER, 1976, S. 670; PREOBRAŽENSKIJ/KVARTAL'NOV, 1989, S. 6; PREOBRAŽENSKIJ/VEDENIN/FILIPPOVIČ u.a., 1989, S. 47.
[5] PREOBRAŽENSKIJ/KVARTAL'NOV gehen inzwischen mit ihrer Forderung nach einer neu zu gründenden Disziplin, der "Rekrealogie" (*rekrealogija*), in deren Rahmen sich verschiedene Wissenschaften (Medizin, Geographie, Architektur u.a.) mit Problemen und Fragen des Fremdenverkehrs beschäftigen sollen, noch weiter (PREOBRAŽENSKIJ/KVARTAL'NOV, 1989, S. 8).

sourcenbewertung der Physischen Geographie.[1] Sie behielt auch stets ihre starke Ausrichtung auf diese Fragestellungen.[2] Dazu hat sicher auch beigetragen, daß V.S. Preobraženskij, der als Begründer der sowjetischen Fremdenverkehrsgeographie gilt, selbst aus der Physischen Geographie stammt.

Zwar entstanden bereits Anfang der 70er Jahre erste wirtschaftsgeographische Ansätze (AZAR, 1972b), jedoch wurden sie nicht entscheidend ausgebaut, was - zumindest nach PUTRIK (1989) - als ein wesentlicher Grund für die derzeitigen Schwierigkeiten bei der Umstellung der Fremdenverkehrswirtschaft auf die neue Wirtschaftsführung anzusehen ist.
Größeres Gewicht erlangten dagegen Bemühungen, ein System zur Lenkung und Planung der weiteren Fremdenverkehrsentwicklung zu erarbeiten. Zu diesem Zweck wurden, ähnlich wie auch in anderen Ostblockländern (DINEV, 1973), Theorien und Methoden zur Rajonierung des Fremdenverkehrs (s.u.) entwickelt (ZORIN, 1969; MIRONENKO, 1972). Sie fanden ihre Anwendung für die ganze Sowjetunion erstmals in den Arbeiten von PREOBRAŽENSKIJ und seinen Mitarbeitern (Teoret. osnovy, 1975).
Tourismus im engeren bzw. sowjetischen Sinn (zu Definitionsproblemen s. Kap. 1.2.4.) wurde von sowjetischen Geographen stets nur sehr wenig behandelt. Dieser Teilbereich wurde weitgehend den Architekten überlassen, die sich als erste (ab 1967) für die Belange des Massentourismus interessiert hatten (z.B. Ju.N. Lobanov; V.P. Stauskas; Ju.B. Chromov; u.a.).

1.2.2 DAS TERRITORIALE REKREATIONSSYSTEM (TRS)

Eine entscheidende Wende in der sowjetischen Fremdenverkehrsgeographie trat Anfang der 70er Jahre ein, als von V.S. PREOBRAŽENSKIJ und seinen Mitarbeitern des Geographischen Instituts der Akademie der Wissenschaften in Moskau ein Modell für die Fremdenverkehrsgeographie, das "Territoriale Rekreationssystem" (TRS - *Territorial'naja Rekreacionnaja Sistema*) entwickelt wurde. Auf ihm bauten in der Folgezeit nicht nur die meisten sowjetischen Arbeiten zur Fremdenverkehrsgeographie auf, es wurde auch in andere sozialistische Länder übernommen (B. Benthien und R. Schöneich/DDR, M. Bachvarov/Bulgarien).

Bei dem TRS handelt es sich um ein

> "komplexes, lenkbares und teilweise selbstgelenktes, soziales, demoökologisches System (d.h. ein ökologisches System, bei dem der Mensch, bzw. die Bevölkerung im Mittelpunkt steht), welches aus voneinander abhängigen Subsystemen besteht:
> - Gruppe der Erholungssuchenden
> - natürliche und kulturelle Komplexe
> - technisches System
> - Bedienungspersonal
> - Lenkungs/Verwaltungsorgane."
>
> (PREOBRAŽENSKIJ/KVARTAL'NOV, 1989, S. 15).

---

[1] Schon viel früher hatte es z.B. Arbeiten zur Kurortklimatologie gegeben (ČUBUKOV, 1949 und 1962)
[2] Vgl. MIRONENKO/TVERDOCHLEBOV, 1981; POLTORANOV, 1987; PREOBRAŽENSKIJ/LICHANOV,u.a., 1980; PREOBRAŽENSKIJ/VEDENIN, 1988, u.a.

Abb. 1: Das Territoriale Rekreationssystem (TRS)

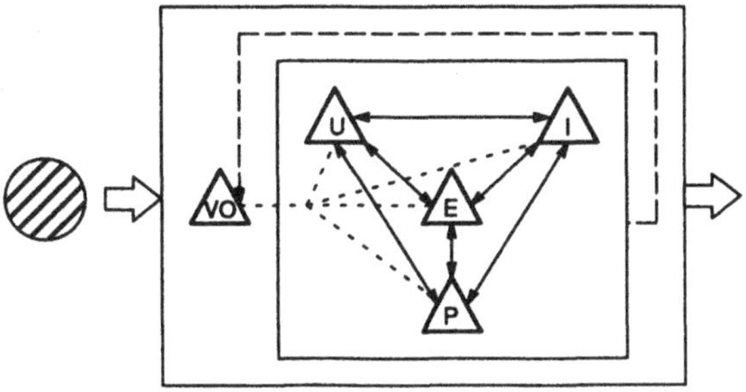

gesellschaftl. Bedürfnisse etc.
externe Beziehungen des Systems
Anordnungen der Verwaltungsorgane
Beziehungen zwischen den Subsystemen
Informationen über die Subsysteme

U:	Umwelt (natürliche und kulturelle Komplexe)
I:	Infrastruktur (technische Systeme)
VO:	Verwaltungsorgane
E:	Erholungssuchende (Gruppe der E.)
P:	Personal

Quelle: nach PREOBRAŽENSKIJ/VEDENIN, 1988, S. 19;

Die Konzeption des TRS als eines in starkem Maße anthropogen bestimmten Systems wird auch bei Abb. 1 an zwei Punkten deutlich:
Zum einen befinden sich die Urlauber im Zentrum des Modells. Zum anderen stellt die Gesellschaft gewissermaßen ein alles umfassendes Supersystem, z.B. in Form von Bedürfnissen der Bevölkerung nach Erholungsmöglichkeiten, welche sich entsprechend den allgemeinen Gesellschaftsentwicklungen verändern, dar (Teoret. osnovy, 1975, S. 21).
Der Maßstab der einzelnen Subsysteme - und somit auch des ganzen TRS - ist nicht festgelegt: Es kann z.B. nur ein einziges Individuum (also einen Urlauber) oder im "Extremfall" die gesamte Bevölkerung umfassen.[1)] Die Entwicklung dieses Konzepts stellt also - bis zu einem gewissen Grade zumindest - eine Hinwendung zu einem sozialgeographischen Ansatz dar. Allerdings blieb die Beschäftigung mit diesen Fragestellungen weitgehend auf theoretische Arbeiten (besonders auf die Erstellung von Modellen) beschränkt.[2)]

---

1) Ausführlicher zu den Eigenschaften des Systems und seiner Elemente sowie der Varianten s. Teoret. osnovy, 1975, S. 29ff.; MIRONENKO/TVERDOCHLEBOV, 1981, S. 5ff.; PREOBRAŽENSKIJ/KVARTAL'NOV, 1989, S. 15ff.; KLÖTZLI, 1991, S. 10ff..

2) Arbeiten über die Ressourcen und deren Bewertung z.B. wurden dagegen stärker auf die Praxis ausgerichtet.

Jüngere Ansätze

Auch wenn das Konzept des TRS bis Ende der 80er Jahre nichts von seiner Bedeutung innerhalb der sowjetischen Fremdenverkehrsgeographie verloren hat, so heißt dies nicht, daß nach 1970 keine neuen theoretischen Ansatzpunkte gesucht wurden. Zu nennen wäre z.B. der "raumzeitliche" Ansatz von Ju.A. Vedenin.[1]

Da der Schwerpunkt der vorliegenden Arbeit jedoch auf praktischen und vor allem auf regionalen Aspekten liegt, wird darauf verzichtet, hier näher auf diese Ansätze einzugehen.

Von größerer Bedeutung für eine praxisorientiertere Beschäftigung mit dem Fremdenverkehr in der ehemaligen Sowjetunion - und somit relevanter für die vorliegende Untersuchung - ist dagegen das bereits angesprochene Rajonierungskonzept, da sich die Fremdenverkehrsplanung in der Sowjetunion stark an ihm orientierte.

1.2.3 DAS REGIONALISIERUNGSKONZEPT

Der ihm zugrunde liegende Begriff "Fremdenverkehrsrajon" (*rekreacionnij rajon*) basiert auf einer der wichtigsten Grundsätze sozialistischer Wirtschaftspolitik, auf der Theorie der territorialen Arbeitsteilung (MIRONENKO/TVERDOCHLEBOV, 1981, S. 121). Entsprechend der Aufteilung der Sowjetunion in Wirtschaftsregionen wurde der Fremdenverkehrsraum nach verschiedenen Kriterien und in mehreren Etappen regional gegliedert.[2]

Zunächst wurden anhand des Entwicklungsniveaus, welches durch den Konzentrationsgrad von Sanatorien und Erholungseinrichtungen für Erwachsene bestimmt wurde, vier Zonen ausgewiesen (Geogr. rekr. sistem, 1980, S. 38).

Drei der vier Zonen wurden in einem weiteren Schritt mittels zweier Kriterien in Rajons unterteilt. Entscheidend waren zum einen die jeweilige dominierende Funktion der Fremdenverkehrsbetriebe (Kur, Erholung, Tourismus, Ausflugswesen) und zum anderen die geographische Ausrichtung der jeweiligen Fremdenverkehrswirtschaft auf die Versorgung der Bevölkerung der ganzen Sowjetunion, der angrenzenden Rajons oder nur des eigenen Gebietes (Geogr. rekr. sistem, 1980, S. 38).

Auch wenn später - bedingt vor allem durch eine verstärkte Entwicklung des Freizeit- und Fremdenverkehrs in den östlichen Landesteilen der Sowjetunion - von fünf Zonen gesprochen wurde,[3] so bildete dennoch das dargestellte Rajonierungsschema die Grundlage für die meisten sowjetischen Arbeiten zu diesem Themenkomplex.[4]

---

[1] S. dazu VEDENIN, 1982; Teorija rekreacionnoj geografii, 1988; KLÖTZLI, 1991, S. 16ff.

[2] Diese Einteilung deckte sich jedoch nicht völlig mit der in allgemeine Wirtschaftszonen, z.B. fiel das "Zentrum" etwas kleiner aus, da sich in der Nähe Moskaus besonders viele Erholungseinrichtungen befinden (DOLŽENKO, 1988, S. 128).

[3] Preobraženskij hatte dies jedoch auch selbst bereits vorausgesehen (Geogr. rekr. system, 1980, S. 198).

[4] So entwarfen z.B. PUTRIK/ŠVEŠNIKOV (1986) auf seiner Basis speziell für den Tourismus eine entsprechende Rajonierung.

Abb. 2: Fremdenverkehrsgeographische Raumgliederung der UdSSR

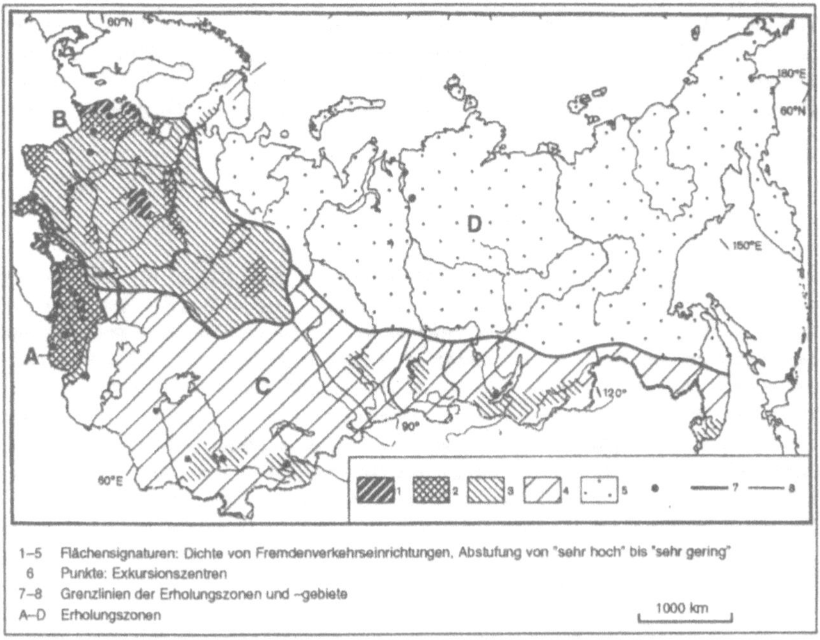

Quelle: ergänzt nach Praxis Geographie, 3/1990 (Beilage)

Abb. 2 gibt die Rajonierung des (ehemals) sowjetischen Fremdenverkehrsraums wieder, bei der sich die beiden wichtigsten Zonen kurz wie folgt charakterisieren lassen: Zone A, die kleinste, jedoch zugleich die am intensivsten genutzte und am besten erforschte der vier, umfaßt im wesentlichen die gesamte Schwarzmeerküste mit seinem Hinterland einschließlich Kaukasien: Es handelt sich hier um die relativ am weitesten entwickelten Rajons, die größtenteils national orientiert und eher multifunktional zu nennen waren (PREOBRAZHENSKY/KRIVOSHEYEV, 1982, S. 41ff.).[1)]

Deutlich grenzt sich in den letzten beiden Punkten Zone B ab, die sich - grob vereinfacht - über den restlichen Teil der europäischen Sowjetunion bis auf die Breite von Leningrad erstreckte. Hier waren die Rajons eher lokal ausgerichtet und in ihrer Hauptfunktion auf Erholungs- und Bildungstourismus konzentriert. In dieser Zone liegen auch die Kaliningrader Oblast' und die drei Baltischen Republiken.
Trotz der nicht unerheblichen Bedeutung dieses Raums für das sowjetische Erholungswesen erschienen in der Sowjetunion erst in der zweiten Hälfte der 80er Jahre vermehrt ernstzunehmende Publikationen mit entsprechendem regionalen Bezug, vor

[1)] In den meisten Rajons dieser Zone hat sich die Situation inzwischen deutlich verschlechtert; teilweise kann nicht mehr von überregionaler Bedeutung ("Ausrichtung") gesprochen werden; zum Teil war dies eine direkte Folge des Zerfalls der Sowjetunion (Bsp. Krim), zum Teil hängt es auch mit der zunehmenden politischen Destabilisierung in den Folgestaaten zusammen (Bsp. Kaukasus incl. Schwarzmeerküste/Abchasien).

allem von litauischen (P. Kavaljauskas, J. Ignatonis) und lettischen Wissenschaftlern (E. Buka, E.K. Trušinš).[1]
Von ausländischen (westlichen) Fremdenverkehrsgeographen wurde der Baltische Raum fast ganz vernachlässigt,[2] obwohl gerade für sie eine genauere Erforschung dieser Region von großem Interesse wäre, da eine Analyse beispielsweise als Basis für vergleichende Untersuchungen des Fremdenverkehrs im gesamten Ostseeraum dienen kann.

1.2.4 TERMINOLOGISCHE DIFFERENZEN

Bei einer Beschäftigung mit dem Fremdenverkehr auf dem Gebiet der (ehemaligen) Sowjetunion ergeben sich häufig terminologische Schwierigkeiten. Dies gilt nicht nur für westliche Forscher. Auch unter sowjetischen Fremdenverkehrsgeographen bestanden, besonders bei theoretischen Fragen, oft Unklarheiten über die genaue Bedeutung und Abgrenzung von Begriffen. Dies ist an sich natürlich keine Besonderheit der sowjetischen (Fremdenverkehrs-)Geographie; allerdings kommt in der (früheren) Sowjetunion erschwerend dazu, daß keine allgemeine Diskussion hierzu geführt wurde. Vielmehr stellte jeder Wissenschaftler seine eigenen Definitionen auf oder - noch häufiger - setzte sie (d.h. seine Auffassung davon) einfach als bekannt voraus.[3]
Für westliche Forscher entstehen dabei jedoch zusätzlich besondere Probleme, da in der sowjetischen Fremdenverkehrsterminologie z.T. die gleichen Begriffe wie in der westlichen auftauchen, diese aber anders besetzt wurden.[4]

Ein gutes Beispiel hierfür bietet der Begriff "Tourismus" (*turizm*), der nach sowjetischem Verständnis eine wesentlich engere Auslegung erfuhr, welche sich dafür aber stärker an die etymologische Herkunft des Wortes anlehnte. Tourismus/*turizm* wird danach nicht wie bei uns als Überbegriff verwendet, sondern bezieht sich vielmehr nur auf mobile Erholungsformen:[5] Darunter fallen Rundreisen (Bildungstourismus) und vor allem auch "aktive Erholung", d.h. Sporttourismus.[6]
Urlauber, die ein festes Quartier beziehen und sich (weitgehend) nur an einem Ort aufhalten, werden dagegen im Russischen nicht als Touristen (*turisty)* bezeichnet, sondern je nach Motiv als "Erholungssuchende" (*otdychajuščie*) oder "Kurgäste" (*kurortniki)*.[7]

---

[1] Bis dahin lagen zum Baltikum fast nur Arbeiten von STAUSKAS und CHROMOV vor, die jedoch weitgehend auf genauere Bestandsanalysen verzichteten und stattdessen ihre Entwicklungsschemata mehr an politischem (und persönlichem) Wunschdenken denn an den realen Voraussetzungen und an einer Bedarfsermittlung orientierten.

[2] Wenn, dann findet er nur im Rahmen großräumigerer Untersuchungen Erwähnung: KNABE, 1979; ROPERS, 1986; SHAW 1979; zum Tourismus im Kaukasus z.B. liegen dagegen einige detailliertere Arbeiten vor (RADVANYI/THOREZ, 1976; STADELBAUER, 1983 und 1986).

[3] Dies trifft z.B. auf folgende Veröffentlichungen zu: Geogr. rekr. sistem, 1980; Rekreacionnye sistemy, 1986; Teorija rekreacionnoj geografii, 1988; Teoretičeskie problemy rekreacionnoj geografii, 1989.

[4] Vgl. hierzu MATZNETTER, 1976.

[5] BSĖ, 1977, S. 332; s. auch AZAR (1972b, S. 32): "Tourismus ist eigentlich nur Urlaub in Form einer Fahrt".

[6] Wandern, Kajak- Skifahren, etc.; das Abzeichnen, welches man nach Absolvieren entsprechender Routen (mit verschiedenem Schwierigkeitsgrad) erlangen kann, heißt "Turist".

[7] Diese beiden letzten Bereiche werden auch öfters zusammengefaßt.

Dem im deutschen Sprachraum häufig verwendeten Begriff "Fremdenverkehr" entspricht im Russischen - zumindest in seiner Funktion als Überbegriff (für Erholung außerhalb des Wohnorts) - der aus dem Lateinischen abgeleitete Terminus "Rekreation" (*rekreacija*), allerdings ohne die beiden im deutschen Begriff enthaltenen Komponenten des "(Orts-)Fremden" und des "Verkehrs", also ohne einen räumlichen Bezug.[1] Im Unterschied zum deutschen Begriff Fremdenverkehr (und auch zu "*turizm*") hat "*rekreacija*" jedoch keinen Eingang in den allgemeinen Sprachgebrauch gefunden und ist auch den meisten Russen, sofern sie sich nicht selbst mit der Materie beschäftigen, unbekannt.
Ein Vergleich mit der Fremdenverkehrsgeographie der früheren DDR, die sich an der sowjetischen orientierte,[2] verdeutlicht das bisher Gesagte. So betont z.B. G. Jacob (Dresden), daß sich der Fremdenverkehr in Kur- und Heilbäderwesen einerseits und Tourismus andererseits gliedert, wobei er "Tourismus als einen Teil des Fremdenverkehrs [versteht], der zusammen mit dem Kurverkehr vorwiegend zur physischen und psychischen Reproduktion der Arbeitskraft des Menschen dient".[3] Anhand dieser Formulierung wird deutlich, welche Funktionen Fremdenverkehr in allen seinen Ausformungen (also nicht nur das Kurwesen) in einem sozialistischen Staat in erster Linie erfüllen sollte: die Arbeitskraft der Bevölkerung wiederherstellen.[4]

Abb. 3: Schaubild zur sowjetischen Terminologie

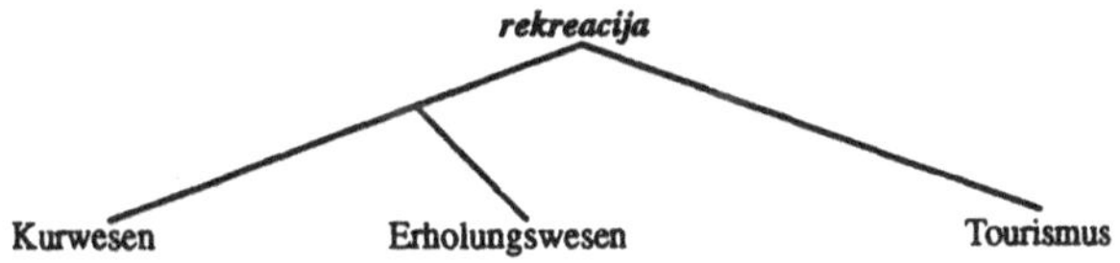

Abb. 3 gibt die gängige Einteilung des sowjetischen Fremdenverkehrs (Rekreacija) wieder, wie sie - wenn nicht anders angegeben - ebenfalls als Grundlage für die vorliegende Arbeit verwendet wird. Auf diese Weise sollen Konfusionen mit den sowjetischen Begriffen, z.B. bei den Fremdenverkehrsorganisationen,[5] vermieden werden, auch wenn dadurch nicht ganz der zur Zeit üblichen internationalen Einteilung gefolgt werden kann, in der "Tourismus" meist als Überbegriff verstanden wird.[6]

Auf sonstige begriffliche Unterschiede wird im Laufe der Arbeit an gegebener Stelle eingegangen werden.

---

[1] Wie zahlreiche Diskussionsbeiträge (s. u.a. bei KULINAT/STEINECKE, 1984, S. 13ff.) belegen, ist allerdings gerade deswegen der Terminus Fremdenverkehr unter deutschsprachigen Wissenschaftlern keineswegs unumstritten.
[2] Sie nannte sich dementsprechend ebenfalls "Rekreationsgeographie".
[3] G.Jacob in: Terminological problems in geography of tourism (1976), S. 18f.; vgl. auch BENTHIEN, 1985, S. 95ff.; SCHEUMANN, 1970; S. 829; ROPERS, 1986, S. 70.
[4] Nicht einheitlich, ebenso wie bei uns, ist die Zuordnung von Verwandtenbesuchen und Geschäftstourismus etc.; s. hierzu auch die Ausführungen zum Ausländer-Tourismus in der Sowjetunion, Kap. 3.4.2.
[5] "Rat für Tourismus und Ausflugswesen", "Rat für Kurwesen" etc., vgl. Kap.2.3.1.
[6] Zur diesbezüglichen Diskussion vgl. HOFMEISTER/STEINECKE, 1984; KULINAT/STEINECKE, 1984; KRIPPENDORF/KRAMER/MÜLLER, 1986; WOLF/JURCZEK, 1986, und besonders KASPAR, von dem die heute allgemein anerkannte Definition für Tourismus stammt (KASPAR, 1986³, S. 18).

TEIL A: DER FREIZEIT- UND FREMDENVERKEHR IN DER (EHEMALIGEN) SOWJETUNION

2 GESCHICHTE DES FREMDENVERKEHRS

2.1 "Vorrevolutionäre" Periode[1)]

Die meisten sowjetischen Publikationen versuchten, den Eindruck zu erwecken, es handele sich beim Fremdenverkehr um eine Erscheinung, wie sie sich in Rußland (bzw. auf dem späteren Gebiet der Sowjetunion)[2)] nur in einem sozialistischen Gesellschaftssystem herausbilden konnte, weshalb keine Notwendigkeit bestehe, auf die vorsowjetische Geschichte einzugehen.[3)] Immer wieder wird z.B. betont, daß die meisten Erholungseinrichtungen im zaristischen Rußland nur einer sehr begrenzten Bevölkerungsschicht zugänglich gewesen seien. Dies ist zwar richtig; auch wurden ohne Frage in den 20er Jahren im sowjetischen Fremdenverkehr tiefgreifende Veränderungen vorgenommen, wie sie in diesem Ausmaß nur in einer zentralistisch gelenkten Planwirtschaft zu realisieren waren. Dies betraf in erster Linie die Organisation des Fremdenverkehrs und damit auch die beteiligten Bevölkerungsschichten.
Dennoch dürfen zwei Punkte nicht ganz außer acht gelassen werden: Zum einen war auch in Westeuropa bei der sozialen Zusammensetzung der Urlauber nach und vor allem infolge des Ersten Weltkriegs eine deutliche Verschiebung zu verzeichnen. Zum anderen kann man den russischen (= "vorsowjetischen") Fremdenverkehr nicht ganz pauschal als elitär bezeichnen. Es lassen sich vielmehr, zumindest was die Tourismus-Bewegung zu Anfang dieses Jahrhunderts angeht, sogar Ansätze zum Sozialtourismus feststellen (s.u.).

Um diesen in der westlichen Fachliteratur bisher ebenfalls vernachlässigten Zeitraum zu erhellen, soll im folgenden ein Überblick über die wichtigsten Entwicklungsetappen des russischen Kurwesens und Tourismus[4)] bis zum Ersten Weltkrieg gegeben werden. Dies ist auch deswegen sinnvoll, weil sich ja bis zur Revolution bereits Strukturen entwickelt hatten, auf denen später der sowjetische Fremdenverkehr teilweise aufgebaut wurde, wodurch er - vor allem beim Tourismus - nicht ganz "bei Null" anfangen mußte.

2.1.1 KURWESEN

Wie in anderen Teilen Europas gehen auch in Rußland erste Zeugnisse über die Nutzung von Heilressourcen weit zurück:

[1)] Diese Überschrift (wie auch zu Kap. 2.1) soll nicht eine "moskauzentrierte" Darstellungsweise andeuten, sondern nur die wichtigsten Einschnitte besser betonen: für die Entwicklung des Erholungswesens war weniger der Erste Weltkrieg als vielmehr die Oktoberrevolution sowie der daran anschließende Aufbau des Sozialismus das einschneidende Ereignis.

[2)] Da sich Rußland in der fraglichen Periode wesentlich weiter ausdehnte (u.a. waren auch Teile der baltischen Republiken unter russischer Herrschaft) ist es gerechtfertigt, hier nur vom "russischen Fremdenverkehr" zu sprechen.

[3)] Ausnahmen: DOLŽENKO, 1988; CARFIS, 1986; AZAR, 1972b, S. 22; BERG, 1978.

[4)] Zur Definition von Tourismus, die in der vorliegenden Arbeit verwendet wird, s. Kap. 1.2.4.

- Auf der Krim wurde bereits 500 v.Chr. zur Bekämpfung von Rheumabeschwerden in Salzseen gebadet, welche im Zusammenhang mit dem dortigen Salzabbau entstanden waren;
- Aus dem 2. Jh. v.Chr. stammen, ebenfalls von der Krim, Belege über die Nutzung von Mineralquellen und Schlamm zu Heilzwecken;
- Durch Reisebeschreibungen des arabischen Geographen Ibn-Battuta wurden im 14. Jh. heiße Quellen im nördlichen Kaukasus bekannt (CARFIS, 1986, S. 9).

All diese Funde ergaben sich jedoch nur zufällig, es wurde nicht (systematisch) danach gesucht und so gab es sicher auch mehr Vorkommen, als bekannt waren.[1]
Dies änderte sich jedoch, als Peter der Große 1717 in einem Ukas anordnete, "in unserem Staat nach Quellwassern zu suchen, die man für verschiedene Erkrankungen nützen kann" (CARFIS, 1986, S. 10). Deshalb wird der 24. April 1717 als das "Geburtsdatum" des russischen Kurwesens angesehen.
Von allen Landesteilen trafen nun Berichte über Vorkommen ein, und bereits 1719 wurde nicht weit von der heutigen Stadt Petrozavodsk in Karelien der erste offizielle Kurort Rußlands mit dem Namen "Marcial'nye Vody"[2] eröffnet.[3]
Zum ersten Staatsbad[4] Rußlands wurden im Jahre 1803 die Kavkazkie Mineral'nye Vody (oft abgekürzt als KMV) im nördlichen Kaukasusvorland ernannt (CARFIS, 1986, S. 11), welcher auch heute einer der führenden und größten Kurorte in der (ehemaligen) Sowjetunion ist.[5]
Nur einige wenige Orte erhielten ebenfalls dieses Prädikat,[6] die anderen lagen in der Zuständigkeit der Städte, der Zemstva und von Privatleuten.

Ab Mitte des 19. Jh. wurde zwar die Entwicklung und Erforschung der Kurorte durch die neu entstandenen medizinischen Gesellschaften vorangetrieben. Viel wurde auch durch die Arbeit der "Russischen Gesellschaft für Volksgesundheit",[7] die Ende des Jahrhunderts den ersten Kurort-Kongress organisierte, erreicht (CARFIS, 1986, S. 12).
Insgesamt handelte es sich aber aus zwei Gründen nach wie vor um eine relativ schwache Entwicklung: Zum einen konnte sich damals - ganz wie auch in West-Europa - nur ein sehr kleiner Teil der Bevölkerung Kuraufenthalte leisten, wodurch die soziale Zusammensetzung der Kurgäste zur Zarenzeit etwa folgendes Muster aufwies:[8]

---

[1] Vgl. Kap. 5.1.1.1, 6.1.1.
[2] Die Bezeichnung wurde zu Ehren des Kriegsgottes Mars gewählt (BERCHOGLJADOVA, 1989).
[3] Dieses Ereignis fällt somit in etwa die gleiche Zeit wie die Gründung der ersten bayerischen Staatsbäder Bad Bocklet, Bad Brückenau und Bad Kissingen (vgl. hierzu KIENER, 1982, S. 91ff.).
[4] Die vollständige Bezeichnung lautete: "Heilklimatischer Ort mit staatlicher Bedeutung" (*Lečebnoe mestnost' c gosudarstvennom značenii*).
[5] Zu den ältesten Kurorten auf dem Gebiet der früheren Sowjetunion zählen auch Baldone und Kemeri in Lettland sowie Druskininkai in Litauen (AZAR, 1972b, S. 22); vgl. Kap. 5-7.
[6] Eine wichtige Grundlage für die Einteilung bildete die Ende des 18. Jh. von I.I. Georgi erstellte Liste und Klassifizierung aller Heilvorkommen, welche zwischen 1714 und 1798 in Rußland bekannt geworden waren (CARFIS, 1986, S. 11).
[7] *Rossijskoe Obščestvo ochranenija narodnogo zdravnenija*
[8] Besonders beliebte Kurorte der Krim (z.B. Alupka, Gurzuf u.a.) gehörten der Zarenfamilie oder anderen Mitgliedern des Hofes und warem somit diesen vorbehalten (CARFIS, 1986, S. 12).

Tab. 1: Soziale Struktur von Kurgästen zur Zarenzeit

Adel, Gutsbesitzer	41,9%
Bürgertum	21,8%
Offiziere der zarist. Armee	10,8%
Hohe Geistliche, Beamte	25,8%

Quelle: CARFIS, 1986, S. 12;

Zum anderen war es aber gerade bei diesen Schichten sehr beliebt, zur Kur ins Ausland (nach Deutschland, Italien oder Frankreich) in einen der damaligen Modeorte wie Biarritz, Nizza, Baden-Baden etc., zu fahren.
Dies alles führte dazu, daß Anfang des 20. Jh. in Rußland zwar einige hundert Orte mit Heilressourcen bekannt waren, in einigen Regionen auch Vorkommen von Mineralquellen und Heilschlamm genutzt wurden, aber nur 36 der Lagerstätten als Kurorte ausgebaut waren (CARFIS, 1986, S. 12). Diese dienten dann nach der Oktoberrevolution als Basis für die ersten sowjetischen Kureinrichtungen.

2.1.2 TOURISMUS-SEKTOR

Als Beginn des Tourismus in Rußland ist nach DOLŽENKO (1988, S. 9) bereits das Jahr 1777 zu nennen,[1] da im Dezember jenen Jahres erstmals eine Einladung zu einer Gruppenreise veröffentlicht wurde. Dieser Plan "einer vorgeschlagenen Reise in fremde Landen",[2] der als Beilage zu einer Moskauer Zeitung, den *"Moskovskie Vedomsti"*, erschien, war von Benjamin Genš ausgearbeitet worden. Er hatte, selbst weitgereist und gebildet, die wichtige Rolle von Reisen bei der Erziehung Jugendlicher erkannt. Die Einladung richtete sich an junge Adlige, die nach seiner Vorstellung an deutsche, italienische oder französische Universitäten reisen sollten. Insofern bestanden also zwischen dieser Reise und der "Grand Tour", wie sie damals in West-Europa bei Angehörigen des Adels beliebt waren, Ähnlichkeiten. Sie unterschieden sich jedoch in zwei wesentlichen Punkten:

- Für die jungen Russen waren keine Aufenthalte an (west)europäischen Adelshöfen vorgesehen.[3] Stattdessen waren bei der im Anschluß an den Universitätsaufenthalt durchzuführenden Rundreise durch die Schweiz, Italien und Frankreich Besichtigungen von Manufakturen etc. eingeplant, die bei der klassischen "Grand Tour" völlig fehlten.
- Vor allem aber handelte es sich um eine organisierte Gruppenreise,[4] während die jungen Adligen aus Westeuropa (v.a. aus England, Frankreich, Deutschland) alleine, bzw. - je nach finanzieller Lage - mit Dienstpersonal und einem Betreuer (Mentor) auf die "Grand Tour" gingen.

---

[1] Andere Autoren führen das Jahr 1895 an (s.u.).
[2] Vollständiger Titel: "Plan einer anvisierten Reise in fremde Landen, zusammengestellt gemäß den Anforderungen einiger Individuen durch den Besitzer einer adligen Pension, Benjamin Genš" (DOLŽENKO, 1988, S. 12).
[3] Die Funktion, Kontakte z.B. für eine spätere Gesandtenlaufbahn herzustellen, bestand also bei der Reise nicht.
[4] Für sie hatte jeder Teilnehmer an Genš entsprechend dem Kontrakt ein Honorar zu entrichten (DOLŽENKO, 1988, S. 10).

Auch wenn nicht mehr mit Sicherheit festzustellen ist, ob diese Reise tatsächlich der Auftakt zu später regelmäßig stattfindenden Unternehmungen dieser Art war, so ist doch der Plan von Benjamin Genš der erste, der für Auslandsreisen im letzten Viertel des 18. Jh. vorlag.

Etwa zu gleichen Zeit (1779) erschien der erste Reiseführer für die russische Hauptstadt: "Historische, geographische und topographische Beschreibung Sankt-Peterburgs vom Anfang seiner Gründung, von 1703 bis 1751".[1]
Ihm folgten zwar bald weitere Reiseführer,[2] und auch die im 19. Jh. ständig ansteigende Zahl von Publikationen ist ein Indiz dafür, daß das Interesse bzw. die Nachfrage stark anwuchs. Derartige Reisen und Stadtbesichtigungen erfolgten im 18. und 19. Jh. aber immer nur auf Privatinitiative (von Adligen, Gutsbesitzern, Kaufleuten etc.): Es gab noch keine Einrichtungen oder private Organisationen, die (regelmäßig) Reisen durchführten. Auch konzentrierten sich die Reisen fast nur auf St. Petersburg und Moskau. Andere Gebiete Rußlands waren zu wenig erschlossen und zu weit abgelegen; ihnen fehlte auch jene Attraktivität und Komfort, die die etablierten Erholungslandschaften und Städte Westeuropas in den Augen wohlhabender Russen auszeichnete.[3]

Mit der Gründung der "Gesellschaft der Fahrrad-Touristen" im April 1895, die wenig später in "Russische Gesellschaft der Touristen" (ROT - *Rossijskoe obščestvo turistov*) umbenannt wurde, begann sich das Bild grundlegend zu ändern. Oft wird deshalb auch dieses Jahr als Anfang des Tourismus in Rußland bezeichnet (z.B. BSĖ, 1977).
Zwar hatte es schon seit 1880 Vereinigungen von Fahrrad-Liebhabern gegeben (DOLŽENKO, 1988, S. 41). Diese wiesen aber nur einige wenige, wohlhabende Mitglieder auf. Die "Russische Gesellschaft",[4] setzte sich im Gegensatz zu den anderen aber auch die allgemeine Förderung von Tourismus zum Ziel, die Radfahrer bildeten nur eine Untergruppe.

Die Mitgliederzahl,[5] stieg zunächst zwar schnell an: 1903 betrug sie 2.061 Mitglieder,[6] ging jedoch schon im nächsten Jahr - infolge des russisch-japanischen Kriegs - wieder um 40% zurück und sank dann ständig weiter, so daß sie 1918, gut 20 Jahre nach ihrer Gründung, nur 300 Mitglieder betrug (DOLŽENKO, 1988, S. 42).
Zu den Hauptaufgaben der Gesellschaft zählten die Veranstaltung von Gruppenfahrten für die Mitglieder, die Organisation von Hotels in verschiedenen Städten für die Aufnahme von Touristen sowie die Herausgabe von Zeitungen,[7] Stadtplänen, Straßenkarten, etc. (DOLŽENKO, 1988, S. 43).

---

[1] "*Istoričeskoe, geografičeskoe i topografičeskoe opisanie Sanktpeterburga ot načala zavedenija ego, s 1702 po 1751 god*" (DOLŽENKO, 1988, S. 13).
[2] Vgl. hierzu DOLŽENKO, 1988, S. 14f..
[3] Das Interesse an diesen wurde z.T. durch die im 19. Jh. erscheinenden Reiseberichte bekannter Persönlichkeiten verstärkt (s. hierzu DOLŽENKO, 1988, S. 17).
[4] Sie führte im Namen den Zusatz "Touring-Club", was DOLŽENKO (1988, S. 41) auf westlichen Einfluß zurückführt.
[5] Es wurde unterschieden zwischen ordentlichen, ehrenamtlichen sowie Mitgliedern auf Lebenszeit (DOLŽENKO, 1988, S. 42).
[6] Sie verteilten sich auf 174 Städte (auch im Ausland), mit großen Unterschieden bzgl. der Größe der einzelnen Komitees: von nur 30 Mitgliedern in Moskau (wo immerhin eine der ersten Gesellschaften gegründet wurde) bis zu 240 (Vladivostok) bzw. 562 Mitgliedern in Blagoveščensk (DOLŽENKO, 1988, S. 42).
[7] *"Russkij turist", "Dorožnik", "Ežegodnik"* (DOLŽENKO, 1988, S. 43).

Trotz der gesunkenen Mitgliederzahlen ging man ab 1910 dazu über, Fahrten nicht mehr nur in die nähere Umgebung, sondern auch zu weiter entfernten Zielen (Kaukasus, Ural, Schwarzes Meer) durchzuführen. Um die Preise dabei möglichst niedrig halten zu können - und somit auch Personen die Teilnahme zu ermöglichen, die sich sonst eine weitere Reise nicht hätten leisten können -, wurden die Touristen vor Ort jeweils von lokalen ROT-Mitgliedern herumgeführt und untergebracht. 1912 gab es bereits 10 verschiedene Routen im europäischen Teil Rußlands, wobei Rostov am Don durch seine Lage nahe des Kaukasus eine wichtige Funktion erfüllte, da damals die Georgische Heerstraße als Reiseroute bereits sehr beliebt war.[1]
Auch Auslandsreisen spielten bei der Arbeit des ROT eine wichtige Rolle, wobei auf der Grundlage zweiseitiger Abkommen mit belgischen, österreichischen, englischen und anderen Touring-Clubs Preisermäßigungen, günstige Unterbringungsmöglichkeiten sowie Hilfe bei Fahrradreperaturen etc. vereinbart wurden.[2] Die Reisen wurden meist - im Gegensatz zu den späteren organisierten Auslandsreisen für Sowjetbürger - nicht kollektiv, sondern allein oder in Kleinstgruppen auf selbst ausgearbeiteten Routen durchgeführt.
Trotz begrenzter Mitgliederzahlen[3] und dem Fehlen eines weiten Ausflugsnetzes wirkte die ROT doch nachhaltig auf die Geschichte des Tourismus in Rußland ein: Sie war die erste Organisation mit rein touristischen Zielen, die nicht nur - wie andere derartige Vereinigungen Rußlands - lokale Routen, sondern auch Fahrten in verschiedenen Regionen des Landes und ins Ausland anbot.
Nach der ROT bildeten sich noch weitere Tourismus-Organisationen, von denen als die zwei wichtigsten der "Krim-Kaukasus-Gebirgsclub" (*Krimsko-Kavkazkoe gornyj klub*) sowie die "Russische und Kaukasus-Gebirgsgesellschaften" (*Russkoe i kavkazkoe gornye obščestva*) zu nennen sind (DOLŽENKO, 1988, S. 46). Dennoch konnte die sehr rasch ansteigende Nachfrage nach Ausflügen und Auslandsreisen nicht befriedigt werden, da die Organisationen keinerlei staatliche Unterstützung erhielten, gleichzeitig aber auch wenig Ehrgeiz aufwiesen, zu einer gesamtrussischen Organisation zu werden.

Um dem wachsenden Interesse unterschiedlicher Bevölkerungsschichten Rechnung zu tragen, wurden deshalb in der ersten Dekade des 20. Jh. bei verschiedenen Gesellschaften Ausflugskommissionen und -büros gegründet. Als Beispiele sind die "Gesellschaft für gegenseitige Hilfe von Lehrern und Schülern von Tula" (*Tul'skoe obščestvo vzaimopomošči učaščich i učivšich*) und die Ausflugskommission der "Lehrabteilung der Gesellschaft für Verbreitung technischen Wissens" (*Ėkskursionnaja komissija učebnogo otdela Obščestva rasprostranenija techničeskich znanij*) anzuführen,[4] wobei vor allem letztere einen wichtigen Beitrag zur Entwicklung von Auslandsreisen leistete: Sie organisierte Fahrten mit einer Dauer von 22-42 Tagen (nach Europa) oder von bis zu zwei Monaten (Japan) für eine ständig steigende Zahl von Gruppen, und

[1] Die ca. 200 km von Vladikavkaz bis Tiflis wurden dabei zu Fuß oder mit dem Fahrrad zurückgelegt (DOLŽENKO, 1988, S. 44).
[2] Besondere Zollbestimmungen galten außerdem in Belgien, Schweiz, Italien.
[3] Zum Vergleich: die belgischen und französischen Touring-Clubs verfügten über Zehntausende Mitglieder (DOLŽENKO, 1988, S. 45).
[4] Daneben boten auch private touristische Kontore ihre Dienste für Stadtbesichtigungen und Auslandsreisen an.

zwar zu Preisen, die gerade für die Hauptzielgruppe, die Lehrer, erschwinglich waren.[1]
Die Zahl der Komitees nahm ständig zu: 1915 existierten bereits ca. 100 derartige Organisationen (BERG, 1978).
Ab 1910 gab es erstmals auch Angebote für die Landbevölkerung: Die am "weitesten entwickelten" Bauern des Zemstvo Voronež konnten an Ausflügen in die Nachbargouvernements teilnehmen, um sich mit dortigen Erfahrungen in der Landwirtschaft vertraut zu machen.[2]
Man kann solche Fahrten, wie sicherlich auch die für andere Bevölkerungsgruppen in der damaligen Zeit (v.a. für Lehrer), dem Bildungstourismus zurechnen, wohingegen das sportliche Motiv der ersten Velotouristen[3] in den Hintergrund trat.

Die Erkenntnis des pädagogischen Wertes von Anschauungsunterricht "vor Ort" (statt reiner Theorie) begann sich auf staatlicher Seite ab Beginn des Jahrhunderts allmählich durchzusetzen:
- 1900 wurde die Ferienarbeit für Schüler abgeschafft, stattdessen sollten die Lehrer Ausflüge und Exkursionen organisieren;
- 1903 wurde bei der Bahn ein Sondertarif für Schülergruppen eingeführt.

Finanzielle Unterstützung kam ab 1910 auch von den Kreis- und Gouvernements-Zemstva, wenn auch in sehr unterschiedlicher Höhe: Einige zahlten z.B. nur Zuschüsse zu Mahlzeiten, Besichtigungen, Fahrkarten. Heute ist es nicht mehr möglich, alle Zemstva zu erfassen, die sich daran beteiligten. Sehr bedeutende Hilfe kam auf jeden Fall von dem Kreis-Zemstvo des Moskauer Gouvernements: 1913 ermöglichte dieser z.B. an 152 Schulen des Moskauer Kreises, was 75% der dortigen Lehreinrichtungen entsprach, die Durchführung von Ausflügen (MEZIER, 1915).

Hatte es sich bei alldem anfangs um eine spontane, ungeordnete Entwicklung gehandelt, so begann man sich bei steigender Zahl der Beteiligten, der Notwendigkeit einer theoretischen Grundlage bewußt zu werden: Erste Lehrbücher (*Škol'nye Ėkskursii*, 1910)[4] und Fachzeitschriften[5] wurden herausgegeben sowie Theoriekurse für Lehrer angeboten.

Der Ausbruch des ersten Weltkriegs wirkte sich nachhaltig auf die räumliche Verteilung der Ausflüge aus: Die Zahl weiter Reisen sank, während die in die nähere Umgebung stark zunahmen. Diese durch die äußeren Umstände erzwungene Entwicklung entsprach gleichzeitig einer Forderung, die im Januar 1915 auf dem "1. Gesamtrussischen Kongress zur Verbesserung einheimischer Heilstätten" in Petrograd erhoben worden war: Ausflüge in die Umgebung sollten den Landsleuten ihre Heimat näher bringen, um sie von einem Kuraufenthalt oder einer touristischen Reise ins Ausland abzuhalten und so den Geldfluß dorthin einzudämmen. Es wurde auch betont, daß die Entwicklung von Tourismus und Ausflugswesen im eigenen Land von großer Bedeutung für den Staat sei, da "Reisen durch Rußland die Industrie- und Handelsunterneh-

---

[1] Bis zum Ersten Weltkrieg waren über diese (1908 gegründete) Organisation bereits 7.217 Touristen ins Ausland gereist (DOLŽENKO, 1988, S. 47; Ėkskursii za granicy, 1913).
[2] Ab 1914 wurden für sie sogar auch Reisen ins Ausland, z.B. nach Böhmen und Mähren, angeboten (BEREZNIKOV, 1915).
[3] Diese konnten für ihre Leistungen - genau wie später im sowjetischen Tourismus - Auszeichnungen erlangen.
[4] Herausgegeben von Pädagogen der Forstschule in St.Petersburg (DOLŽENKO, 1988, S. 54).
[5] *Ėkskursionnyj vestnik* (Moskau); *Russkij ėkskursant* (Jaroslavl').

men stimulieren und zudem die Bekanntschaft ausländischer Touristen mit Rußland ausländisches Kapital anzieht" (Russkij Ėkskursant, 2/1915). Auf dem Kongress wurde also erstmals die wirtschaftliche Bedeutung des Tourismus für das Land anerkannt.

Zwar bestanden auch weiterhin Defizite sowohl in der theoretisch-methodischen als auch in der praktischen Auseinandersetzung mit bestehenden Problemen. Trotzdem läßt sich zusammenfassend sagen, daß sich - wenn auch in einem bescheidenen Umfang - bis zur Oktober-Revolution im Tourismus und Kurwesen ein Grundstock herausgebildet hatte, auf dem dann in der Folgezeit ein Erholungswesen aufgebaut werden konnte.
Es bestehen auch mehr Ähnlichkeiten mit der heutigen Situation, vor allem wenn man die wichtigsten Kritikpunkte vergleicht,[1] als das in der Sowjetunion gerne zugegeben wurde.

2.2 Von der Oktoberrevolution bis zum Zweiten Weltkrieg

2.2.1 KURWESEN

Entscheidend für die weitere Entwicklung des sowjetischen Kur- und Erholungswesens waren zwei Dekrete Lenins aus den Jahren 1919/20 (vgl. POLTORANOV/SLUCKIJ, 1986, S. 4f.) Im ersten Erlaß vom April 1919 - "Über die Heilvorkommen von gesamtstaatlicher Bedeutung"[2]- ordnete er an, daß

> "..Heilstätten oder Kurorte, wo immer es solche auf dem Territorium der Russischen Sozialistischen Föderativen Sowjetrepublik gibt oder sie jemandem gehören, stellen mit aller Ausrüstung, Gebäuden und Mobiliar, das früher den Kurort versorgte und sich auf angrenzenden und dem Kurort zugerechneten Ländern befindet, Eigentum der Republik dar und sollen für Heilzwecke genutzt werden." (Ob ochrane okr. sredy, 1981, S. 43-44)

Im zweiten Dekret vom Dezember 1920 - "Über die Nutzung der Krim für die Heilbehandlung der Werktätigen"[3]- verfügte Lenin, daß

> "..Sanatorien und Kurorte der Krim, die früheren Privilegien der Großbourgeoisie, schöne Villen, welche früher von Großgutsherren und Kapitalisten genutzt wurden, die Höfe ehemaliger Zaren und Großfürsten als Sanatorien und Heileinrichtungen für Arbeiter und Bauern genutzt werden müssen." (Ob ochrane okr. sredy, 1981, S. 51-52)

Über die direkten Auswirkungen dieser Verordnungen liegen nur wenige Informationen vor. KOZLOV,V.N. (1980, S. 40) nennt zwar für 1922 65.000 Plätze in Sanatorien, es fehlen jedoch zum Vergleich (zuverlässige) Angaben zur Gesamtkapazität für die vorrevolutionäre Zeit. Zweifellos wurden gleich von Anfang an sehr große Anstrengungen zur Kapazitätserweiterung in den Sanatorien und anderen Erholungseinrichtungen unternommen. Hierdurch erhielten wesentlich größere Teile der Bevölkerung und somit

---

[1] Z.B. mangelnde Hygiene, organisatorische Zersplitterung in den Kurorten (s. CARFIS, 1986, S. 13) oder auch Schwierigkeiten durch die unorganisierten ("wilden") Urlauber.
[2] "*O lečebnych mestnostjach obščegosudarstvennogo značenija*"
[3] "*Ob ispol'zovanii Kryma dlja lečenija trudjaščichsja*".

vor allem ganz andere Schichten als früher - und auch als im Westen - die Möglichkeit, sich in einer Einrichtungen zu erholen.
Motiv für diese Bemühungen und Investitionen[1] war dabei jedoch weniger ein Streben nach größerer sozialer Gerechtigkeit, auch wenn dies natürlich nach außen hin so dargestellt wurde. Vielmehr stand von Anfang an das Ziel, die Arbeitskraft der werktätigen Bevölkerung auf diese Weise zu erhalten bzw. wieder herzustellen und somit dem Aufbau der Sowjetunion besser dienen zu können, im Vordergrund.[2]

Der Aufbau des Kurwesens erfolgte zunächst vor allem durch die Nutzung alter Landsitze und Villen als Sanatorien und Erholungsheime.[3] Erst ab Anfang der 30er Jahre konnte verstärkt auch mit dem Bau neuer Sanatorien begonnen werden, wobei der regionale Schwerpunkt außer auf den traditionell relativ gut erschlossenen Küsten des Azovschen und des Schwarzen Meers auf den im Entstehen begriffenen industriellen Ballungszentren im Inland lag (s. hierzu KOZLOV, 1980, S. 40).

Während in der ersten Zeit die Arbeit auf verschiedene Komitees, Institute und Einrichtungen verteilt war, wurde ab 1933 den Gewerkschaften die Leitung des sowjetischen Kur- und Erholungswesens übertragen. Neben den allgemeinen Vorteilen einer zentralen Organisation brachte diese Neuordnung auch erweiterte finanzielle Möglichkeiten mit sich: Die Arbeitnehmer konnten sich von nun an auf Kosten der Sozialversicherung erholen (CARFIS, 1986, S. 17).

2.2.2 TOURISMUS-SEKTOR

War es im Kurwesen noch relativ einfach gewesen, schnell tiefgreifende Veränderungen und erste Erfolge herbeizuführen,[4] so trifft dies beim Tourismus nicht zu, da es hierbei weniger eine Frage der technisch-materiellen Basis als der Organisation war. Stärker noch als in den anderen Bereichen war beim Aufbau des Tourismus zu einer Massenbewegung das Ziel ausschlaggebend, die Bevölkerung auf diese Weise ideologisch-politisch zu schulen. Der Erholungsgedanke trat zunächst in den Hintergrund.

Direkt nach der Oktoberrevolution lag der Schwerpunkt der Arbeit auf der Erweiterung von Ausflugsmöglichkeiten für Schüler, um sie auch auf diese Weise besser mit den völlig neuen Lehrinhalten vertraut zu machen: Schon 1918 wurden erste Ausflugsstationen in der Umgebung von Petrograd eingerichtet. Bis 1921 waren 15 Stationen entstanden, in denen in jenem Jahr 53.000 (meist eintägige) Ausflüge mit 161.000 Teilnehmern durchgeführt wurden (DOLŽENKO, 1988, S. 67).
Gleichzeitig begann auch eine theoretische Auseinandersetzung mit der Thematik, da es galt, die Lehrinhalte und Methodik an die neuen Anforderungen anzupassen. Auf Konferenzen, die seit Mai 1921 veranstaltet wurden, sowie in den drei damals ge-

[1] Es war ja nicht damit getan, die Häuser ihrer neuen Bestimmung zu überführen; vielmehr galt es, die zum Teil zerstörten oder noch gar nicht erschlossenen Heilressourcen wieder nutzbar zu machen, notwendige infrastrukturelle Maßnahmen zu ergreifen sowie eine Organisation aufzubauen.
[2] Vgl. Kap. 1.2.4.
[3] 1920 wurde in Petrograd das erste Erholungsheim gegründet.
[4] V.a. durch die erwähnten Verstaatlichungen.

schaffenen wissenschaftlichen Forschungseinrichtungen[1] wurde die theoretische Basis für das später in der Sowjetunion so stark ausgebildete Ausflugswesen gelegt (DOLŽENKO, 1988, S. 71).

Die sich anfangs sehr positiv entwickelnde Arbeit wurde jedoch schon bald wieder unterbrochen: Ab 1922 ging - aufgrund der schwierigen wirtschaftlichen Bedingungen - die Anzahl der Stationen und des dort beschäftigten Personals stark zurück, so daß im März 1922 lediglich noch 9 Stationen existierten, in denen im Laufe des Jahres nur ca. 48.000 Teilnehmer aufgenommen werden konnten (POZEMKOVSKAJA, 1923).

Die eigentlichen Anfänge der Massentourismus-Bewegung sind erst auf das Ende der 20er Jahre zu datieren (DOLŽENKO, 1988, S. 73), als die "Notwendigkeit eines Proletarier-Clubs" erkannt wurde: 1928 wurde beim ZK des VLKSM ein Büro gebildet, das sich in erster Linie um Jugendtourismus kümmern sollte. Um dabei den Aufbau einer neuen Organisationsstruktur zu umgehen, war an alle Jugendverbände (Komsomol, Arbeiterjugend etc.) der Aufruf ergangen, in die seit den NÖP-Jahren wieder aufgelebte ROT einzutreten (Komsomolskaja Pravda, 13.1.1927). Gleichzeitig sollte dort auf diese Weise nicht nur die als zu gering bewertete Mitgliederzahl erhöht, sondern vor allem auch die Sozialstruktur völlig verändert werden, da der ROT bisher fast ausschließlich sog. Intellektuelle angehörten (DOLŽENKO, 1988, S. 73).
1929, die ROT war inzwischen zu der führenden Organisation der Touristenbewegung im Land mit Filialen in vielen Städten und einer ständig steigenden Zahl sog. "touristischer Zellen" in Betrieben, Fabriken und der Armee geworden, erfolgte die Umbenennung in "Gesellschaft für proletarischen Tourismus der RSFSR" (OPT - *Obščestvo proletarskogo turizma*), womit die im Sozialismus wichtige Idee des Proletarismus stärker betont werden sollte (DOLŽENKO, 1988, S. 73).[2]
Ein Jahr später zählte die OPT bereits 50.000 Mitglieder, während die ROT 1928 nur 501[3] aufzuweisen hatte. Die OPT befaßte sich anfangs nur mit der Organisation und Verbreitung von "selbständigem Tourismus", später aber auch mit der Leitung von Turbasen (s. Kap. 3.2.2.2), der Entwicklung von Ausrüstung und der Herausgabe von Fachzeitschriften.[4]

Neben der OPT gab es noch die 1928 gegründete staatliche Aktiengesellschaft "Sowjetischer Tourist" (Sovtur - *Sovetskij turist*), die sich in erster Linie um den Aufbau von Turbasen sowie von einem Routennetz in europäischen und asiatischen Landesteilen kümmerte.
Zwischen diesen beiden Organisationen kam es bald zu Kompetenzstreitigkeiten, da "Sovtur" das Monopol beanspruchte. Ein daraufhin im Mai 1929 geschlossenes Abkommen über die Aufgabenverteilung wurde (angeblich) von "Sovtur" nicht eingehal-

[1] In Moskau durch das vom "Volkskomitee für Volksbildung" gebildete "Zentrale Museums- und Ausflugsinstitut" (*Central'nyj muzejno-ėkskursionnyj institut* - das aus dem Ausflugsbüro hervorgegangen war) und durch die "Abteilung für Ausflüge" (*Ėkskursionnyj otdel*) vom "Institut für Methoden außerschulischer Arbeit"; in Petrograd durch das von der "Gouvernementsabteilung für Volksbildung" gegründete "Wissenschaftliche Forschungsinstitut für Ausflugswesen" (*Naučno-issledovatel'skij ėkskursionnyj institut*).
[2] Erster Präsident wurde N.V. Krylenko.
[3] Davon war angeblich lediglich ein Mitglied ein Arbeiter (ANTONOV-SAROTOVSKIJ, 1930).
[4] *"Na suše i na more"* (Massenorgan von OPT und ZK VLKSM), *"Bjulleten' CS OPT"* (Offizielles Organ).

ten. Der eigentliche Stein des Anstoßes dürfte jedoch vielmehr darin zu suchen sein, daß ihre Exkursionen als zu unpolitisch galten (DOLŽENKO, 1988, S. 74).
Im März 1930 faßte daraufhin der Rat der Volkskommissare der UdSSR den Entschluß, die beiden Organisationen unter dem Namen "Gesamtsowjetische freiwillige Gesellschaft für proletarischen Tourismus" (OPTĖ - *Vsesojuznoe dobrovol'noe Obščestvo Proletarskogo Turizma i Ėkskursii)* zusammenzuschließen.[1]

Die stark politische bzw. patriotische Ausrichtung der OPTĖ läßt sich sowohl anhand der Losungen[2] als auch an ihren paramilitärischen Zielsetzungen und den durchgeführten Aktivitäten belegen:
- Touristen wurden auf schwierigem Gelände in Überlebens- und Orientierungstechniken trainiert, um gegebenenfalls die junge Sowjetunion besser mitverteidigen zu können; zu diesem Zweck wurden teilweise gezielt Übungen auf Schauplätzen des Bürgerkriegs durchgeführt.
- Daneben wurden Touristen auch zu friedlichen Aufgaben herangezogen, die aber ebenfalls zum Aufbau der Sowjetunion beitragen sollten: So halfen sie z.B. bei der Kollektivierung der Landwirtschaft als Agitatoren mit oder wurden ab Mai 1931 aufgerufen, sich bei der Suche nach Bodenschätzen zu beteiligen.[3]

Tourismus als Erholungsmöglichkeit dagegen war zwar von der OPTĖ stets betont,[4] aber dennoch stark vernachlässigt worden. Das Hauptziel des Tourismus war - und blieb vorläufig - politische Propaganda.

Bei alldem darf nicht vergessen werden, daß es sich bei der OPTĖ - wie auch bei ihren Vorgängern - um eine selbständige und freiwillige Vereinigung handelte. Dabei konnte es natürlich in einem sozialistischen Staat nicht lange bleiben: 1936 kam das Zentrale Exekutivkomitee der UdSSR zu dem Schluß, daß die weitere Entwicklung des Tourismus in dieser Form keinen Sinn habe, und beschloß deshalb, die OPTĖaufzulösen.[5]
Ihre Aufgaben sollten von zwei Organisationen, die sich zu jener Zeit gerade gebildet hatten, übernommen werden. Es waren dies der "Allunionsrat für Körperkultur" (*Vsesojuznyj sovet fizičeskoj kul'tury*) beim ZIK, der die Leitung und Kontrolle aller Arbeiten im Bereich Tourismus und Alpinismus (als Teil der Körperkultur) übernehmen sollte, sowie die "Verwaltung für Tourismus und Ausflugswesen" der Gewerkschaften (TĖU - *Turistsko-Ėkskursionnoe Upravlenie VCSPS*), deren Aufgaben in der unmittelbaren Organisationsleitung von Ausflügen und weiteren Routen bestehen sollten (DOLŽENKO, 1988, S. 105). Man erhoffte sich davon, daß nun der Auf- und Ausbau eines Routennetzes schneller vorangehen würde, da die Gewerkschaften - gerade im Gegensatz zur OPTĖ - über große Geldmittel verfügten.

---

[1] Vgl. auch Abb. 4, wo eine Übersicht über die Entwicklung aller wichtigen Fremdenverkehrsorganisationen gegeben wird.
[2] Z.B. "Um besser die UdSSR zu erbauen, ist es nötig sie zu kennen." "Der proletarische Tourismus erzieht tapfere Kämpfer." "Tourismus dient den Interessen der Verteidigung." (DOLŽENKO, 1988, S. 80).
[3] Die Formen haben sich zwar geändert, aber auch in den 80er Jahren wurden noch viele Touristen bei wissenschaftlichen Arbeiten (Naturschutz, Pflanzenbestimmung etc.) eingesetzt (DOLŽENKO, 1988, S. 86).
[4] Damals entstand das Motto: "Tourismus ist die beste Erholung".
[5] Erlaß "Über die Liquidierung des OPTĖ" - "*O likvidacii Vsesojuznogo obščestva proletarskogo turizma i ėkskursii*", 17.4.1936.

In der Folgezeit trat auch tatsächlich beim geplanten Tourismus wenigstens eine allmähliche Verbesserung ein, allerdings erfolgte sie auf Kosten des "selbstständigen Tourismus", der von den Gewerkschaften nun fast völlig vernachlässigt wurde. Als Reaktion darauf begann man, über neue Organisationsformen für diesen Bereich nachzudenken, was zur Gründung erster "touristischer Clubs" führte[1] (DOLŽENKO, 1988, S. 107).

2.3 Veränderungen der Rahmenbedingungen nach 1945

Um den Ausbau bzw. zunächst den Wiederaufbau des Fremdenverkehrs, der durch den Zweiten Weltkrieg in seiner Entwicklung zurückgeworfen worden war, zu beschleunigen, wurden seit Anfang der 60er Jahre verschiedene planerische und gesetzliche Maßnahmen getroffen, welche - unterstützt durch die allgemeine wirtschaftliche Entwicklung, insbesondere durch die Verbesserung des Lebensstandards (s.u.) - einen Aufschwung des sowjetischen Fremdenverkehrs bewirkten.

2.3.1 PLANERISCHE UND GESETZLICHE MASSNAHMEN

Als erstes wurde der Versuch unternommen, die Organisation des Fremdenverkehrs nun endgültig bei den Gewerkschaften zu konzentrieren.[2]

So erfolgte 1960, entsprechend einem Erlaß des Ministerrats der UdSSR, die Gründung des "Zentralrats für die Kurortleitung der Gewerkschaften des VCSPS" (*Central'nyj Sovet po upravleniju kurortami profsojuzov VCSPS*). In seine Zuständigkeit wurden die Sanatorien, Erholungsheime, Pensionen sowie Polikliniken des Gesundheitsministeriums und anderer Behörden auf nationaler und auf Republiksebene übergeben (CARFIS, 1986, S. 18; KOZLOV/ŠABDURASULOV, 1989, S. 99).

1962 wurde auch der Tourismus- und Ausflugssektor nach diesem Beispiel reorganisiert: Die Leitung wurde nun ganz den Gewerkschaften, d.h. dem neugegründeten "Zentralrat für Tourismus und Ausflugswesen der Gewerkschaften des VCSPS" (CSTĖ - *Central'nyj Sovet po Turizmu i Ėkskursijam profsojuzov VCSPS*) bzw. den entsprechenden untergeordneten Räten übergeben,[3] in welche die bisherigen Verwaltungen der TĖU auf Oblast'-, Kreis-, Republiks- und zentraler Ebene aufgegangen waren (DOLŽENKO, 1988, S. 120). Als Hauptaufgabe setzten sich die Räte die Förderung des Massentourismus in der Sowjetunion.

Der 1980 gegründete "Überbetriebliche Rat für Tourismus" (*Meževedomstvennyj sovet po turizmu*) ist nicht als Fremdenverkehrsorganisation anzusehen: Er war vielmehr -

---

[1] Der erste Club wurde 1937 in Rostov/Don gegründet.
[2] Bis Ende der 80er Jahre wurde dies allerdings nicht erreicht; vgl. hierzu und zu den daraus resultierenden Problemen Kap. 3.1.1.2.
[3] Sie hatte bis dahin immer noch in zwei Händen, beim VCSPS und beim Rat der Sportvereine und -organisationen der UdSSR (über die Sektionen und Föderationen freiwilliger Sportvereinigungen), gelegen.

Abb. 4: Entwicklung der Fremdenverkehrsorganisationen

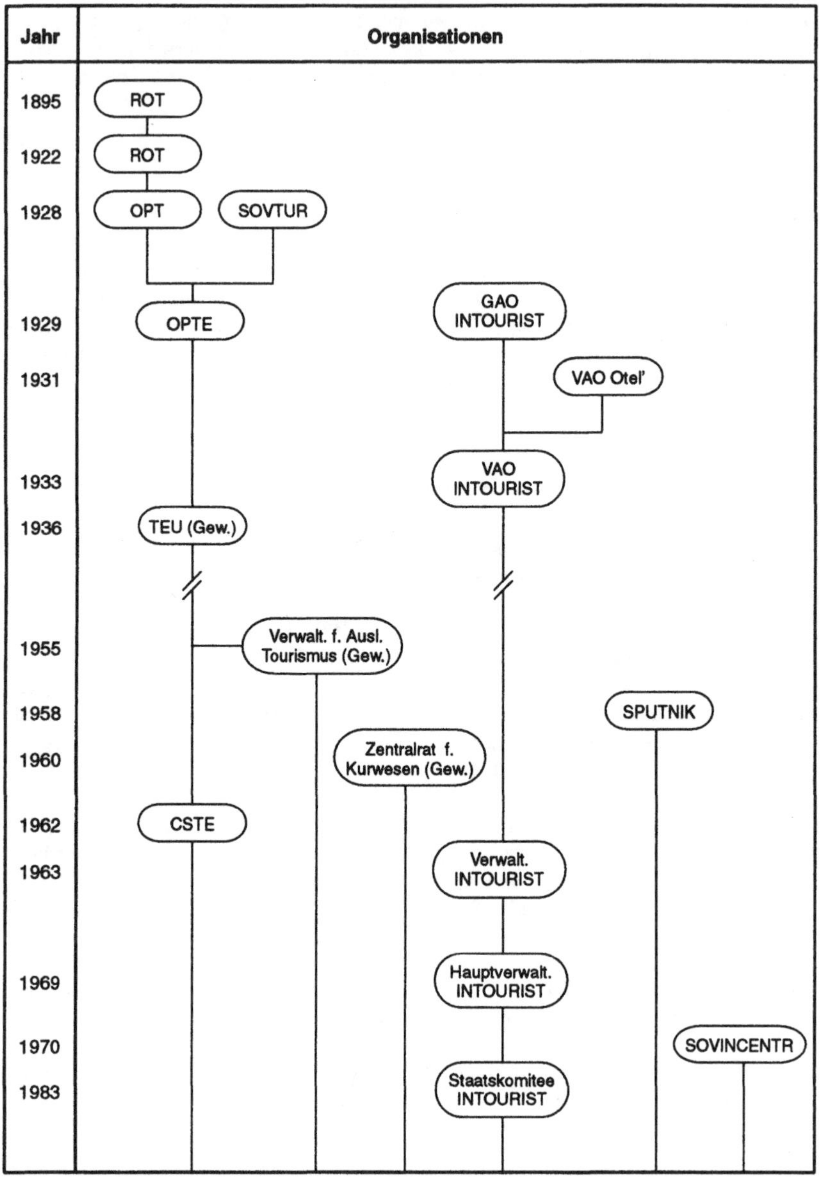

Quelle: eigene Zusammenstellung;

zumindest in der Theorie - für die Koordinierung des gesamten staatlichen Fremdenverkehrs zuständig (vgl. Abb. 5, Kap. 3.1.1).
In den Fremdenverkehrsorten sollte zusätzlich der "Zentralrat für Kurwesen" für eine Abstimmung der Aktivitäten aller Organisationen sorgen, die dort Erholungseinrichtungen betreiben. In der Praxis, d.h. "vor Ort", war jedoch davon nichts zu merken.

Abb. 4 gibt einen Überblick über die Entwicklung der Fremdenverkehrsorganisationen seit Ende des letzten Jahrhunderts bis zum Zerfall der Sowjetunion.

2.3.1.1 Spezielle Maßnahmen zum Aufbau des Tourismus-Sektors

Besonders der Tourismus als Form der "aktiven Erholung" wurde seit den 60er Jahren sehr stark gefördert[1] und erhielt durch eine Reihe von Erlässen wichtige Impulse.
In der oft zitierten Verordnung von 1969 "Über die Maßnahmen zur weiteren Entwicklung des Tourismus und Ausflugswesens im Lande"[2] fand die Erkenntnis, daß die Entwicklung des Tourismus auch durch politische Maßnahmen zu unterstützen sei, ihren Ausdruck: Verschiedenartigste Behörden und Ministerien erhielten den Auftrag, innerhalb ihres Wirkungskreises bestmögliche Voraussetzungen für den Tourismus zu schaffen.[3]
Andere wichtige Erlässe waren u.a. die Verordnungen "Über die Weiterentwicklung und Modernisierung des Tourismus und des Ausflugswesens im Lande" (1980)[4] und "Über Maßnahmen zur durchgreifenden Qualitätssteigerung bei der Versorgung von Touristen und Ausflüglern" (1986).[5]

Ab 1977 existierte in der Sowjetunion ein "Recht auf Erholung", das unter Artikel 41 in der neuen Verfassung[6] verankert wurde. Auch wenn es ein wichtiges Dokument darstellt, so ist dennoch die Behauptung falsch, es garantiere jedem sowjetischen Bürger einen Platz in einer Erholungseinrichtung, also gewissermaßen ein "Recht auf Urlaub".[7] Es sichert vielmehr die nötigen Rahmenbedingungen wie z.B. Mindesturlaub oder die Begrenzung der Wochenarbeitszeit zu und fordert Maßnahmen, um eine bessere Nutzung von Freizeit zu gewährleisten:[8]

> "Die Bürger der UdSSR haben ein Recht auf Erholung. Dieses Recht wird für Arbeiter und Angestellte garantiert durch die Einführung einer Arbeitswoche, welche 41 Stun-

---

[1] Er war auch leichter staatlich zu regeln als das Kurwesen, da die Organisation fast ausschließlich bei den Gewerkschaften konzentriert war.

[2] *"O merach po dal'nejšemy razvitiju turizma i ėkskursij v strane"* (in: Spravočnik partijnogo rabotnica; 1970; S. 246-251) verabschiedet am 30.5.1969 vom ZK KPdSU, dem Ministerrat der UdSSR und dem VCSPS.

[3] Bsp: das Ministerium für Volksbildung der UdSSR sollte eine zentrale touristische Ausflugsstation für Kinder gründen, das Verkehrsministerium bis 1975 das Verkehrsnetz (Bahn, Straßen, Flug und Schiff) um das Fünf- bis Sechsfache erweitern, die zentralen Ministerien für Lebensmittelindustrie die Versorgung der Bevölkerung, besonders mit für Wanderungen geeigneten Konserven, verbessern, etc. (DOLŽENKO, 1988, S. 122).

[4] *O dal'nejšem razvitii i soveršenstvovanii turistsko-ėkskursionnogo dela v strane*, 31.10.1980.

[5] *O merach po korennomu povyšeniju kačestva obsluživanija turistov i ėkskursantov*, 19.8.1986.

[6] Diese Verfassung ist in Rußland im Prinzip noch heute (Stand Frühjahr 1993) gültig, allerdigs wurde sie z.B. im Bereich der staatlichen Organisationsstrukturen (Einführung des Präsidentenamts der UdSSR bzw. Rußlands etc.) im Frühjahr 1991 einigen Veränderungen unterzogen.

[7] Vgl. z.B.: Pravda vom 7.12.1989.

[8] Ein Vorläufer dieses Gesetzes existierte bereits in der Verfassung von 1936 (Art. 119); es beschränkte sich jedoch auf Fragen der Arbeitszeit- und Freizeitregelung (vgl. den Kommentar im Handbuch zur Sowjetverfassung, 1983, S. 515ff.).

den nicht überschreitet, die Begrenzung des Arbeitstages für eine Reihe von Berufen und Betrieben, die zeitliche Begrenzung von Nachtarbeit; ferner durch die Gewährung von bezahltem Jahresurlaub, von Tagen wöchentlicher Erholung, und auch durch die Erweiterung des Netzes von Kultur- und Bildungseinrichtungen sowie von Heilstätten, durch die Entwicklung von Massensport, Körpererziehung und Tourismus; durch die Schaffung günstiger Möglichkeiten für Erholung am Wohnort und anderer Bedingungen für rationelle Nutzung der freien Zeit." (Konstitucija SSSR, 1977, Art. 41);[1)]

Ein Bereich des Fremdenverkehrs, der Tourismus, fand somit Ende der 60er Jahre Eingang in die zentrale Wirtschaftsplanung und wurde seitdem, wenngleich auch nicht als eigenständiger Zweig, in den (Fünf-)Jahresplänen ausgewiesen.
Die folgenden 20 Jahre lassen sich für den Tourismus - teilweise entsprechend den erwähnten Verordnungen - in vier Phasen mit folgenden Planungsschwerpunkten gliedern (s. hierzu u.a. DOLŽENKO, 1988, S. 122f.):

1971-75 (9. Fünfjahresplan): Extensivierungsphase, in der für die Erweiterung der "materiell-technischen Basis" fast doppelt soviel Rubel wie in der ganzen Zeit nach dem Zweiten Weltkrieg ausgegeben wurden (DOLŽENKO, 1988, S. 122). Allein die Zahl der Touristenbasen nahm 1969 - 1975 um 75% (von 545 auf 943) zu.[2)] Es wurden auch neue Formen, so z.B. erstmals die gemeinsame Erholung von Eltern mit ihren Kindern gefördert (DOLŽENKO, 1986, S. 124).[3)]

1976-80: Der Schwerpunkt lag nun auf Erweiterung und Komfortverbesserung der bestehenden Turbasen, Hotels und Campinganlagen. Gegen Ende des Planungszeitraums wurden jedoch auch wieder neue Einrichtungen erstellt, und zwar vor allem (Hotel)-Großbauten, wie z.B. das "Izmailovo" in Moskau,[4)] das Touristenhotel "Gavan'" in Leningrad/St.Petersburg mit 1.100 Plätzen (DOLŽENKO, 1988, S. 123). Auf diese Weise kam es bis Ende der 80er Jahre doch zu einer weiteren, deutlichen Kapazitätssteigerung.

1981-85: Die Tendenz zu Großbauten hielt im 11. Planjahrfünft an. Jetzt wurden sie aber in noch größere Komplexe eingegliedert, welche verschiedene Beherbergungsarten (Hotel, Turbase, Campingplatz) sowie gemeinsam genutzte Infrastruktur (Kantinen etc.) umfaßten. Daneben standen - entsprechend der oben zitierten Verordnung - Modernisierungsarbeiten an den bestehenden Einrichtungen im Vordergrund, wodurch eine bessere ganzjährige Auslastung erreicht werden sollte.[5)] Der regionale Schwerpunkt lag auf Sibirien, dem Fernen Osten und Mittelasien. Außerdem wurde wieder mehr auf die "vollständigere Nutzung der Möglichkeiten von Tourismus und Ausflügen zur Verbesserung der Arbeitsdisziplin und der ideologisch-politischen sowie moralischen Erziehung der Arbeitnehmer" Wert gelegt (DOLŽENKO, 1988, S. 123).

Ab 1986: Schwerpunkte waren die Steigerung der Qualität durch weitergehende Modernisierung sowie durch Verbesserung und Erweiterung des Angebots im Servicebereich. Eine ganz wesentliche Aufgabe bestand außerdem in der Überführung der

---

[1)] Übersetzung durch die Verfasserin.
[2)] Zur überdurchschnittlichen Steigerung im Tourismusbereich im Vergleich zum Kurwesen s. Kap. 3.3.1 und auch KNABE, 1979, S. 301f.
[3)] Achtung: es wird unterschieden zwischen Möglichkeiten für "Familien", das bedeutet im Prinzip Ehepaare, also nur Erwachsene, und für "Eltern mit Kindern", vgl. Kap. 3.2.2.
[4)] Mit 10.000 Plätzen das größte in Europa.
[5)] Ende der 80er Jahre waren über 50% aller touristischen Einrichtungen ganzjährig bewirtschaftet.

Fremdenverkehrsorganisationen und der Betriebe auf die neue Wirtschaftsführung (s. Kap. 3.1.2.).

2.3.2 VERÄNDERUNGEN DES LEBENSSTANDARDS

Der starke Anstieg der Gästezahlen vor allem in den 70er Jahren (vgl. Kap. 3.3.1) ist nicht nur auf erfolgreiche Bemühungen zur Erweiterung des Angebots, sondern vor allem auf eine Veränderung der sozio-ökonomischen Rahmenbedingungen zurückzuführen, welche bis Ende der 80er Jahre auch in der Sowjetunion - vergleichbar der Entwicklung im Westen - zu einer deutlichen Steigerung des allgemeinen Lebensstandards geführt hat.[1]

Diese Entwicklung läßt sich u.a. anhand folgender Merkmale belegen (Tab. 2):

- Die durchschnittliche Wochenarbeitszeit von sowjetischen Industriearbeitern verkürzte sich von 47,8 Std. (1955) auf knapp 40 Stunden 1989. Dies führte zu einer deutlichen Zunahme der verfügbaren Freizeit, auch wenn nicht übersehen werden darf, daß nach wie vor ein größerer Zeitanteil als bei uns für Einkauf, Haushalt etc. veranschlagt werden muß. Bemerkbar macht sich das vor allem im unterschiedlichen Freizeitbudget von Männern und Frauen: Während erstere 1989 an Arbeitstagen über durchschnittlich gut 3 Std. und an Sonn- bzw. Feiertagen sogar über 8 Std. "reiner" Freizeit verfügen konnten, betrugen diese Werte bei Frauen nur 1,5 bzw. 5,5 Std.[2]
- Die durchschnittliche Urlaubsdauer verlängerte sich von 18,5 (1953) auf 22,5 Tage (1987); gleichzeitig verringerte sich auch der Anteil der erwachsenen Beschäftigten, die nur den gesetzlichen Mindesturlaub von 15 Tagen erhielten, auf 19,3% (1983 noch fast 25%), während der Prozentsatz derjenigen, die in die höchste Kategorie fielen (24 und mehr Tage) in den 80er Jahren bei etwa 50% blieb (1953 war es dagegen noch lediglich ein knappes Drittel gewesen).
- Einerseits stieg der Durchschnittslohn zwischen 1960 und 1989 von 80,6 auf 240,4 Rubel,[3] wobei traditionell im Baugewerbe die höchsten Einkommen (316,9 R) erzielt wurden und auch die Industrieangestellten bzw. -arbeiter gut abschnitten. Beschäftigte des Dienstleistungssektors gehörten dagegen zu den am schlechtesten bezahlten Lohngruppen (z.B. Gesundheitswesen 163,3 R).[4] Zu den genannten Grundlöhnen kamen noch Prämien und andere Vergünstigungen von durchschnittlich 25-30% hinzu, sowie in den Ungunstgebieten Sibiriens und des Fernen Osten hohe Ortszuschläge, um Arbeitnehmer anzulocken.[5] Da sich andererseits auf der Ausgabenseite der Anteil für Lebensmitteleinkäufe bis Ende der 80er Jahre verringerte (allein 1970 - 1989 von 40 auf 30%) und die anderen Posten insgesamt in etwa gleich blieben, führte die Steigerung der Löhne u.a. zu einer deutlichen Zunahme der durchschnittlichen Höhe von

---

[1] Es sind allerdings deutliche regionale Unterschiede festzustellen - vgl. Sonderrolle der baltischen Republiken.

[2] Nach eigenen Beobachtungen und Erfahrungen zu urteilen, ist in der Statistik die Zeit für Einkäufe (15 Min. - 1 Std.) einiges zu niedrig veranschlagt.

[3] 1988 noch 219,8 Rubel.

[4] S. auch BÜTOW, 1988[2], S. 102; dies hatte natürlich auch negative Auswirkungen auf den Fremdenverkehr.

[5] Diese Zuschläge wurden allerdings meist durch die höheren Lebenshaltungskosten relativiert; s. hierzu auch SASLAWSKAJA, 1989, S. 175.

Sparrücklagen (1970: 518 R; 1989: 1624 R).[1] Gleichzeitig war dies auch ein Indiz für den zunehmenden Kaufkraftüberhang in der Sowjetunion.[2] Den gestiegenen (Real)-Einkommen standen die traditionell geringen Kosten des gelenkten Erholungswesens gegenüber.

- Ein weiterer Punkt ist die zunehmende Mobilität vor allem der städtischen Bevölkerung; sie war außer auf die Verkürzung der Arbeitszeit auch auf die starke staatliche Subventionierung des öffentlichen Transportwesens zurückzuführen. In Zukunft wird hier sicher auch der Individualverkehr eine immer größere, wenngleich auch noch nicht mit westlichen Verhältnissen vergleichbare, Rolle spielen.[3]

Die allgemeine Verbesserung des Lebensstandards wurde Ende der 80er/Anfang der 90er Jahre gestoppt und hat sich inzwischen für weite Bevölkerungsschichten umgekehrt. Dazu beigetragen haben u.a. die ersten Versuche einer Preisreform im April 1991,[4] welche im Durchschnitt zu einer Verdreifachung der Preise geführt hatte und die durch Einkommenssteigerungen bereits nur zum Teil aufgefangen wurde, so daß sich die finanzielle Lage der Bevölkerung deutlich zu verschlechtern begann.[5]
Diese Entwicklung wurde durch die Preisfreigabe Anfang 1992 weiter verstärkt. Eine Konsolidierung ist vorläufig (u.a. wegen der galoppierenden Inflation) nicht in Sicht.[6]

Wenn diese Tendenz anhält - und damit ist nicht nur angesichts des (zumindest erklärten) Willens zur Einführung der Marktwirtschaft zu rechnen, dann wird es sich, zusammen mit der Verunsicherung und Zukunftsangst weiter Kreise der Bevölkerung, sicherlich negativ auf das Reiseverhalten auswirken.

---

[1] Auch hierbei lagen die Werte in den baltischen Republiken deutlich über dem Landesdurchschnitt; (vgl. u.a. STADELBAUER, 1991, S. 720).

[2] Vgl. SASLAWSKAJA, 1989, S. 80.

[3] Die Autoproduktion stieg von 139.000 (1960) auf über 1,3 Mio PKWs in der zweiten Hälfte der 80er Jahre; dadurch verbesserte sich im gleichen Zeitraum der Autobesatz der Bevölkerung von ca. 1.500 EW/Auto auf etwa 200 EW/Auto (POCKNEY, 1991, S. 114; Nar. choz. SSSR v 1989, S. 407).

[4] In manchen Republiken (z.B. den baltischen) wurde sie z.T. schon Anfang 1991 vorweg genommen.

[5] Vgl. Wostok 1/1992, S. 27, wo das Auseinanderklaffen der Lohn- und Preisentwicklung seit Ende der 80er Jahre und vor allem ab der Preisreform April 1991 dargestellt wird (allerdings sind die Werte auf 1913 bezogen, was zu einer gewissen Verzerrung führt).

[6] Die Entwicklung in den baltischen Staaten wurde durch die Selbständigkeit zwar abgekoppelt, doch ist dort die wirtschaftliche Lage auch (noch) nicht viel besser; das gleiche gilt auch für andere Republiken, wie z.B. die Ukraine, die sich aus dem Rubelverband gelöst haben.

Tab. 2: **Entwicklung des Lebensstandards in der Sowjetunion**

Indikatoren	1955	1960	1970	1980	1989
Wöch.Arbeitszeit (Std.)					
i. d. Industrie	47,8			40,6	40,1
Urlaub (Tage)	18,5[a]	19,3[b]	20,9[c]	21,6[d]	22,0
Löhne/Gehälter (Rub.)					
allg. Durchschnitt	71,8	80,6	122,0	168,9	240,4
Baugewerbe		93,0	149,9	202,3	316,9
Industrie		91,6	133,3	185,4	263,7
Gesundheitswesen		58,9	108,1	126,8	163,3
Handel, Gaststätten			95,1	138,2	187,1
Ausgaben (%)					
Lebensmittel			40,1	35,9	30,6
Kleidung			17,8	18,5	17,4
Wohnungseinrichtung			6,1	6,5	7,7
Miete, kommunale Dienste			2,9	3,0	2,8
Steuern			8,3	9,1	9,3
Sparguthaben (Rub.)					
Durchschnitt für					
städt. Siedlungen		228	578	1073	1596
ländl. Siedlungen		157	591	1189	1722

[a]1958 [b]1964 [c]1968 [d]1977

Quelle: Nar. Choz. SSSR v 1970g., 1971, S. 519ff.;
Social'noe razvitie SSSR, 1990, S. 92f.;

3 DIE WICHTIGSTEN MERKMALE DES SOWJETISCHEN FREIZEIT- UND FREMDENVERKEHRS

3.1 Organisationsstrukturen

In diesem Kapitel sollen zunächst die Strukturen und Aufgabenbereiche der wichtigsten Organisationen des sowjetischen Fremdenverkehrs, wie sie bis Anfang der 90er Jahre bestanden, vorgestellt werden. Im Anschluß daran wird ein Überblick über die aktuellen Tendenzen gegeben.

3.1.1 DIE WICHTIGSTEN FREMDENVERKEHRSORGANISATIONEN UND STRUKTUREN IN DEN 80er JAHREN

3.1.1.1 Staatlich gelenkter Fremdenverkehr

In Abb. 5 wird der Aufbau des staatlich gelenkten Fremdenverkehrssystems dargestellt:

Abb. 5: Organisationsstrukturen des staatlich gelenkten Fremdenverkehrs

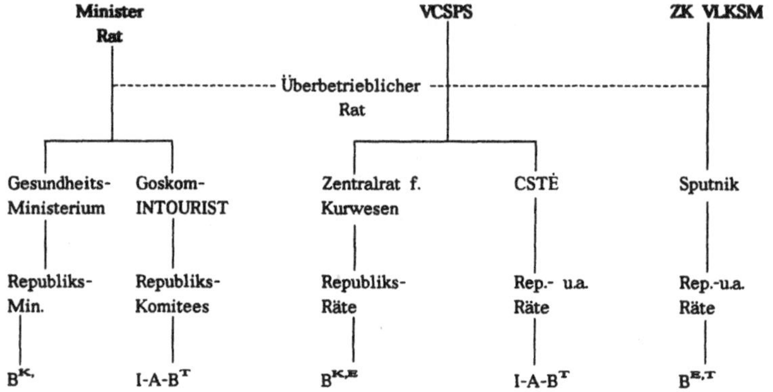

I: Infrastruktur (v.a. Transportmittel)
A: Ausflugsbüro
B: Beherbergungseinrichtungen
^{K} - Kur (Sanatorien)
^{E} - Erholung (Erholungsheime, -pensionen, u.a.)
^{T} - Tourismus

—— hierarchische Strukturen
----- koordinierende Beziehungen

Quelle: verändert nach PIROŽNIK, 1985, S. 99;

Während das Kur- und Erholungswesen der Gewerkschaften eine relativ einfache Struktur aufwies, war der hierarchische Aufbau beim Tourismus-Sektor viel komplexer. Abb. 6 zeigt, daß er im Prinzip der Verwaltungsgliederung der Sowjetunion mit ihren verschiedenen hierarchischen Ebenen (Zentrale, Republiken, Oblasti etc.) entsprach. Einen Sonderstatus nahmen lediglich der Leningrader Oblast'- und der Moskauer Stadt-Rat ein, die beide nicht dem Russischen Republiks-Rat untergeordnet waren.

Abb. 6: Verwaltungsstruktur des Zentralrats für Tourismus und Ausflugswesen (CSTÉ)

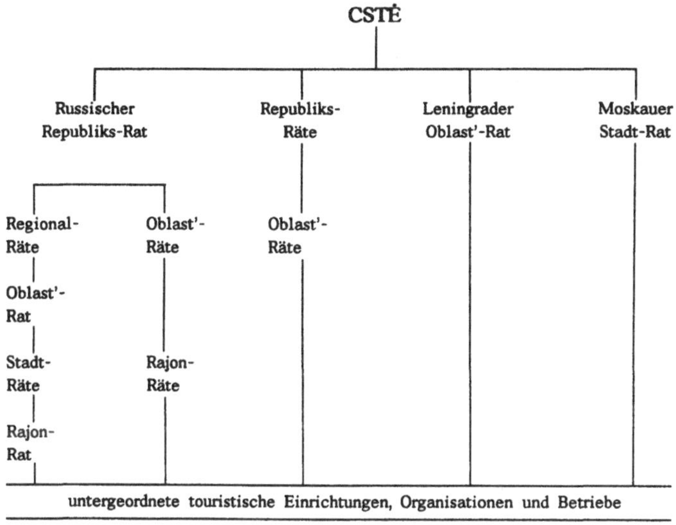

Quelle: KVARTAL'NOV/SENIN, 1987, S. 48;

Gründe für die stärkere Durchstrukturierung des Tourismus sind unter anderem die vielfältigeren Aufgabenbereiche (Organisation von Touristenrouten für Gruppen, Betreuung der "selbständigen" Touristen, Ausflügler, etc.)[1], welche der CSTĖ im Vergleich zum Rat für Kurwesen abdecken mußte, und auch seine umfangreichere materielle und technische Basis: Unter seiner Leitung befanden sich nicht nur Beherbergungseinrichtungen, sondern auch Transportmittel, Ausflugbüros,[2] Touristenklubs etc.

Ausflugswesen

In Kap. 2.2.2 wurde bereits auf die große Bedeutung, die das Ausflugswesen in der Sowjetunion hatte, hingewiesen. Stadtrundfahrten und Besichtigungstouren (*ėkskursii*) wurden dazu genutzt, die Teilnehmer in realtiv kurzer Zeit mit einem Maximum an (sorgfältig ausgewählten, oft gefilterten) Informationen zu versorgen, wobei der Schwerpunkt im allgemeinen eindeutig auf den Errungenschaften des Sozialismus lag, incl. der Heldentaten, die im Zuge der Oktober-Revolution oder des "Großen Vater-

[1] Vgl. Kap. 3.2.2.
[2] Ähnlich wie bei INTOURIST (s.u.).

ländischen Kriegs" vollbracht wurden. Diese Zielsetzung wurde gegebenenfalls auch bei Besichtigungen von Sehenswürdigkeiten aus früheren Jahrhunderten (Klosteranlagen auf dem "Goldenen Ring" bei Moskau, Paläste der Zarenfamilie in und um Leningrad, etc.) berücksichtigt.
Für die Organisation des Ausflugswesens wurden Ende der 60er Jahre - zu einem Zeitpunkt also, da durch den Übergang zur Fünftagewoche die Freizeit der Bevölkerung deutlich zunahm - die ersten "Reise- und Ausflugsbüros" (*bjuro putešestvii i ėkskursii*) eingerichtet. 1985 gab es über 900 derartige Büros,[1] und zwar in fast allen Städten mit über 100.000 Einwohnern und in zwei Drittel der Städte mit 50.000 - 100.000 EW. Sie organisierten 1985 22.500 Ausflüge (KVARTAL'NOV/SENIN, 1987, S. 29), die von verschiedenen Institutionen, vom CSTĖ, Kultusministerien, INTOURIST, SPUTNIK u.a. durchgeführt wurden (ZORIN/PIROŽNIK,u.a., 1985, S. 69).[2]
Die Exkursions-Büros sind nicht mit den städtischen oder betrieblichen Touristenklubs zu verwechseln.[3] Diese sind für die Organisation und Durchführung von Routen der "selbständigen Touristen" (s. 3.2.2) zuständig.

3.1.1.2 "Betriebliche" Erholungseinrichtungen

Die (bisher genannten) staatlichen Institutionen waren nicht die einzigen, die in der Sowjetunion Erholungseinrichtungen für die Bevölkerung betrieben. Der Staat - in Form der Gewerkschaften - hat (und mußte) sich bei dem Versuch, allein ein Erholungswesen für die gesamte Bevölkerung aufzubauen, als überfordert erweisen.
Deshalb begannen verschiedene Behörden und Betriebe - verstärkt ab Anfang der 70er Jahre, als der Bedarf an Erholungsmöglichkeiten stieg (vgl. Kap. 2.3) - , für ihre Beschäftigten eigene Erholungseinrichtungen zu bauen. Bei den Betreibern handelte es sich sowohl um zentrale Ministerien und Behörden als auch um territorial oder sektoral untergeordnete Institutionen, also um finanzkräftige lokale Behörden bzw. Abteilungen zentraler Behörden oder um einzelne Industrie-Betriebe, Sovchoze, Kolchoze, etc.
Insofern ist die Bezeichnung "behördliche" (*vedomstvennye*) Erholungseinrichtungen, die in der sowjetischen Literatur Verwendung fand, nicht ganz zutreffend. Da sie außerdem den Eindruck erweckt, die Einrichtungen stünden in direktem Zusammenhang zum staatlichen (gelenkten) Erholungswesen und deswegen allen Bürgern offen, wird auf sie in der vorliegenden Arbeit verzichtet und stattdessen der Ausdruck "betriebliche" Erholungseinrichtungen vorgezogen.

Je nach Fremdenverkehrs- bzw. Beherbergungsart ist die Bedeutung dieser Einrichtungen unterschiedlich groß (vgl. Tab. 3 und Kap. 3.2.1).[4]

---

[1] 1970: 219, 1975: 495, 1982: 818 Büros (Cifry i fakty, 1987; KVARTAL'NOV/SENIN, 1987, S. 29; ZORIN/PIROŽNIK,u.a., 1985, S. 70).

[2] Für die Führungen waren 1985 fast 50.000 (47.500) Mitarbeiter angestellt (KVARTAL'NOV/SENIN, 1987, S. 29); "Exkursionen", v.a. Stadtrundfahrten, wurden auch außerhalb der Büros, meist an den zentralen Plätzen der Stadt, angeboten.

[3] Die städtischen (= gewerkschaftlichen) heißen "*turistskij klub*"; die von Betrieben, Sovchozen, Kolchozen, Sportvereinen, etc. geführten "Club der Touristen" (*club turistov*; *tursekcija*); von ihnen gab es Mitte der 80er Jahre ca. 100.000 (Cifry i fakty, 1987; KVARTAL'NOV/SENIN, 1987, S. 56; KNABE, 1979, S. 304).

[4] Auch bei der Ausstattung gab es je nach den finanziellen Möglichkeiten der Betreiber große Unterschiede (zu den speziellen Einrichtungen der Nomenklatura s. Kap. 3.1.3.

Tab. 3: Aufgabenbereiche der wichtigsten "Ferienträger"

Merkmale / Organisationen	FVart	materielle Basis	Zielgruppe/ Zugänglichkeit
Gewerkschaften CSTĖ	T	◪	△▽•
Zentralrat f. Kur	K,E	■	△▽
Gesundheitsministerium	K	■	▼[a]
Intourist	T,(K)	◪	△▽•
Sputnik	T,E	◹	◆•[b]
Sovincentr	T	◹	▲[c]
andere Behörden/ Ministerien	K,E,T	■	▼[d]
Betriebe	K,E,	■	▼[d]

K: Kurwesen E: Erholungswesen T: Tourismus

materielle Basis:

■ nur eigene Einrichtungen etc.
◪ eigene und gemietete
□ keine eigenen Einrichtungen;

Zielgruppe:

△ für Ausländer
▽ für sowjetische Urlauber
▽• dto., ins Ausland

Zugänglichkeit:

▽ offen
▼ nur für bestimmte Zielgruppen:
a - Kinder/Tb-Kranke
b - Jugendliche
c - Geschäftsleute
d - Betriebsangehörige

Quelle: eigene Zusammenstellung;

Der Anteil differiert auch regional. Es gibt zwar keine detaillierteren Erhebungen,[1] tendenziell läßt sich jedoch feststellen: Je attraktiver eine Erholungsregion, um so einflußreichere Institutionen hatten dort ihre Einrichtungen und um so größer war ihr Anteil im Verhältnis zu den gewerkschaftseigenen Erholungseinrichtungen. Auf der Krim z.B. planten und bauten 44, in Soči über 70 Ministerien, Behörden und Betriebe ihre Erholungseinrichtungen (AiF, 13/1989; STAUSKAS, 1988).

Offiziell lag die Koordination für den gesamten Fremdenverkehrsort bei den Gewerkschaften, d.h. bei dem Zentralrat für Kurwesen (vgl. Kap. 2.3.1). Allerdings hatte diese Institution in der Praxis wenig Einfluß. Die Betreiber der "betrieblichen" Erholungseinrichtungen fühlten sich z.B. in keiner Weise für infrastrukturelle Maßnahmen etc. zuständig.
Die organisatorische Zersplitterung der Erholungsorte war eines der zentralen Probleme des sowjetischen Fremdenverkehrswesens, dessen Folgen noch lange Zeit spürbar sein werden.[2]

3.1.1.3 Sowjetische Organisationen für den Ausländertourismus

Wie aus Tab. 3 hervorgeht, in der, um ihre Unterschiede und Gemeinsamkeiten zu verdeutlichen, alle wichtigen am organisierten Fremdenverkehr beteiligten Organisationen zusammengefaßt wurden, gab es bei den Zielgruppen Überschneidungen. So waren die meisten Organisationen nicht ausschließlich entweder für sowjetische Bürger oder für Ausländer zuständig.[3]
Außerdem verfügten die Organisationen über eine unterschiedlich große eigene materielle Basis: Manche, wie z.B. SOVINCENTR und SPUTNIK (s.u.), waren ganz oder zumindest fast vollständig darauf angewiesen, Betten für die Unterbringung ihrer Reisegruppen von anderen Veranstaltern hinzuzumieten. INTOURIST verfügte dagegen beispielsweise über verhältnismäßig große - wenngleich auch bei weitem nicht ausreichende - Kapazitäten und griff nur in der Hochsaison auf Unterbringungsmöglichkeiten anderer Organisationen zurück,[4] während in der Nebensaison freie Plätze an (finanziell) weniger attraktive Reisegruppen aus den sozialistischen Ländern vergeben wurden.

Diese Erscheinung ist keineswegs auf die Unterbringung ausländischer Urlauber begrenzt. So konnte z.B. nur ein Teil der sowjetischen Touristen, die eine Reise über den (Zentral)rat für Tourismus und Ausflugswesen gebucht hatten (CSTĖ), auch in gewerkschaftseigenen Beherbergungseinrichtungen untergebracht werden (vgl. Kap. 3.3.1).

Um einen Überblick über die Angebotsstruktur des Ausländertourismus in der Sowjetunion zu geben, sollen an dieser Stelle die vier größten Organisationen, welche bis

---

[1] Sie waren allgemein nur sehr vereinzelt Gegenstand sowjetischer Untersuchungen oder Veröffentlichungen.
[2] Zur Kritik an der Zersplitterung s. auch: ZAGREDTINOVA et al., 1986, S. 130ff.; KOZLOV/ŠABDURASULOV, 1989.
[3] Mit Ausnahme von "SOVINCENTR" und der Betriebe bzw. Behörden.
[4] Z.B. auf städtische oder auf Hotels des CSTĖ.

Anfang der 90er Jahre für die Aufnahme von ausländischen Touristen zuständig waren, vorgestellt werden:

INTOURIST[1]

INTOURIST stellt für viele das Synonym für Reisen in die UdSSR dar, da es die älteste sowjetische Organisation für Ausländertourismus war und bis vor wenigen Jahren auch über eine - lange Zeit sogar staatlich festgelegte - Monopolstellung verfügte.

Das 1918 verordnete Staatsmonopol im Außenhandel der Sowjetunion[2] bildete die Ausgangsbasis für die Gründung der "Staatlichen Aktiengesellschaft Intourist" (*Gosudarstvennoe akcionernoe obščestvo INTURIST*) im Jahre 1929, deren Aktien wie folgt verteilt waren: Volkskomissariat für Handel der UdSSR (*Narkomat Torgovli SSSR*) 40%, Sowjetische Handelsflotte (*Sovtorgflot SSSR*) und Volkskomissariat für Verkehrswesen (*Narkomat putej soobščenija SSSR*) zusammen 40%; andere sowjetische Organisationen 20% (ŽUKOV/DOLMATOV, 1979, S. 70).

Die Gründung von INTOURIST war eine Reaktion auf das zunehmende Interesse, welches damals der Sowjetunion als erstem sozialistischem Staat im Ausland entgegengebracht wurde.[3]

Die Hauptaufgaben bestanden in der "Entwicklung der internationalen Beziehungen, in der Organisation der Versorgung ausländischer Touristen sowie in der Bereitstellung der materiellen Basis" (DOLŽENKO, 1988, S. 149). Es dauerte jedoch noch einige Jahre, bis INTOURIST über eigene Hotels verfügen konnte: Diese erhielt die Organisation erst 1933 im Zuge der Fusion mit der "Allunions-Aktiengesellschaft Hotel" (VAO Otel' - *Vsesojuznoe akcionernoe obščestvo "Otel'"*),[4] aus welcher die "Allunions-Aktiengesellschaft Intourist" (VAO INTOURIST - *Vsesojuznoe akcionernoe obščestvo "Inturist"*) hervorging (s. Abb. 4). Sie erhielt das Monopolrecht für den Empfang und die Versorgung von ausländischen Touristen (ŽUKOV/DOLMATOV, 1979, S. 76).

1935 wurden mit "Moscow Limited" (GB) und "Intourist" (D) erste Auslandsniederlassungen der VAO INTOURIST gegründet (ŽUKOV/DOLMATOV, 1979, S. 77).

Nach der Unterbrechung infolge des Zweiten Weltkriegs konnte INTOURIST erst 1955 seine Arbeit wieder aufnehmen.

1964 wurde nach der Ausgliederung von INTOURIST aus dem Außenhandelsministerium erstmals in der Geschichte der Sowjetunion ein Regierungsorgan für internationalen Tourismus gebildet, die "Verwaltung für ausländischen Tourismus beim Ministerrat der UdSSR" (*Upravlenie po inostrannomu turizmu Sovetov Ministrov SSSR*).[5]

---

[1] Vollständiger Name: "Staatliches Komitee der UdSSR für Auslandstourismus" - *Gosudarstvennyj komitet SSSR po inostrannomu turizmu*, kurz *GoskomInturist*.

[2] Durch den Erlaß "Über die Verstaatlichung des Außenhandels" (*O nacionalizacii vnešnego torgovli*) vom 22.4.1918 (ŽUKOV/DOLMATOV, 1979, S. 71).

[3] Im Mai 1920 war bereits die erste "Touristen"-Gruppe (englische Arbeiter) nach Moskau gekommen, 1926 trafen in Leningrad die ersten Amerikaner auf einem Dampfer ein (DOLŽENKO, 1988, S. 148f.; ROPERS, 1986, S. 20).

[4] VAO Otel' war 1931 für die Versorgung von ausländischen Touristen mit Hotels in Moskau, Leningrad, Odessa und Vladivostok gegründet worden (ANAN'EV, 1968, S. 189).

[5] Ab 1969 "Hauptverwaltung für ..." - *"Glavnoe upravlenie..."* (DOLMATOV, 1988, S. 20).

1983 erfolgte die Umwandlung von INTOURIST in ein "Staatliches Komitee der UdSSR für Auslandstourismus", dessen Präsident ein Mitglied des Ministerrates (also der Regierung) wurde. Hierdurch sollte die Bedeutung, die dem Ausländertourismus auch von der Staatsführung beigemessen wurde, noch stärker betont werden (DOLŽENKO, 1988, S. 150).

SPUTNIK[1]

SPUTNIK wurde 1958 auf Erlaß des Komsomol, der kommunistischen Jugendorganisation, gegründet (DOLMATOV, 1988, S. 21).[2] Der Schwerpunkt der Arbeit lag auf der Versorgung sowjetischer Jugendlicher, SPUTNIK bot aber auch Programme für ausländische Touristen an (AiF, 29.10.1988).
Im Gegensatz zu den anderen aufgeführten Organisationen durfte SPUTNIK keine Valuta einnehmen, die erbrachten Leistungen der verschiedenen Partner[3] mußten gegeneinander verrechnet werden.[4] Ein weiteres Problem stellte die sehr kleine materielle Basis von Sputnik dar, das nur über fünf eigene (Jugend)Hotels und 19 touristische Zentren in der ganzen Sowjetunion verfügte, wodurch nur etwa 10% der Touristen in eigenen Einrichtungen untergebracht werden konnten (AiF, 29.10.1988).

ZENTRALRAT für TOURISMUS und AUSFLUGSWESEN (CSTĖ)

Die zuständige Stelle innerhalb des Zentralrats der Gewerkschaften war die 1955 geschaffene "Verwaltung für ausländischen Tourismus" (*Upravlenie po inostrannomu turizmu*). Anfangs arbeitete sie (wie SPUTNIK) auf Austausch- bzw. Verrechnungsbasis, 1972 erhielt sie jedoch das Recht, sich im kommerziellen internationalen Tourismus zu betätigen, d.h. auch frei konvertible Valuta einzunehmen (DOLMATOV, 1988, S. 23).
Beim CSTĖ wird, wie schon bei SPUTNIK, die Verflechtung zwischen innersowjetischem und Ausländertourismus besonders deutlich: Bei beiden lag das Hauptgewicht der Arbeit auf dem Angebot für sowjetische Touristen, sie nahmen aber auch eine bedeutende Stellung im Ausländertourismus ein. Im Gegensatz zu SPUTNIK konnte die "Verwaltung für ausländischen Tourismus" aber aufgrund der wichtigen Stellung ihrer Dachorganisation, dem CSTĖ, über große Beherbergungskapazitäten verfügen.[5]
Die beiden Organisationen unterschieden sich außerdem durch die angesprochenen Zielgruppen, welche sich aus den ihnen übergeordneten Stellen ergaben: So richtete sich SPUTNIK an ausländische Jugendliche, während der Zentralrat offiziell für Reisen von ausländischen Gewerkschaftlern zuständig war.[6]

---

[1] Vollständiger Name: "Büro für internationalen Jugendtourismus "Sputnik" des ZK VLKSM" - *Bjuro Meždunarodnogo Molodožnogo Turizma "Sputnik" CK VLKSM (BMMT SPUTNIK)*.
[2] SPUTNIK zählte zu den größten Jugendorganisationen der Welt.
[3] Über 500 Partnerorganisationen in fast 100 Ländern (DOLMATOV, 1988, S. 21).
[4] Dies schränkte die Möglichkeiten von SPUTNIK gerade für Auslandsreisen, deren Kosten meist höher waren, ein: für einen sowjetischen Touristen, der ins Ausland reiste, konnten 2-3 ausländische in die Sowjetunion kommen (AiF, 29.10.1988).
[5] In den entsprechenden Hotels gab es dann ein "INTURBÜRO" (*inturbjuro*), das sich um die Betreuung der ausländischen Touristen kümmerte.
[6] Vor allem bei Reisegruppen aus kapitalistischen Ländern war dies jedoch nie eine zwingende Voraussetzung.

V/O SOVINCENTR[1)]

SOVINCENTR wurde 1970 als spezialisiertes Zentrum für Kontakte mit ausländischen Geschäftsleuten, Firmen und Gesellschaften von der IHK der Sowjetunion gegründet (DOLMATOV, 1988, S. 22).[2)] SOVINCENTR verfügte nur über eine sehr beschränkte eigene materielle Basis: 1990 gab es in der ganzen Sowjetunion (in Moskau) nur ein entsprechendes Hotel (BLINOV, 1990, S. 261). Größere Verbreitung haben die speziellen Tankstellen, die von SOVINCENTR - teilweise in Verbindung mit Reperaturwerkstätten - für ausländische Autotouristen geführt werden.

Verläßliche Zahlen über die Bedeutung der vier genannten Organisationen, d.h. über ihren jeweiligen Anteil an den ausländischen Gästezahlen sind nicht zu bekommen.
Bei den Touristen aus den kapitalistischen Ländern konnte sicher "INTOURIST" den Großteil des Aufkommens für sich verbuchen,[3)] während es nach verschiedenen Schätzungen am Gesamtaufkommen mit einem Drittel beteiligt war (DOLMATOV, 1988, S. 20; Pravda, 15.3.1988).

3.1.2 VERÄNDERUNGEN SEIT BEGINN DER PERESTROJKA

In den letzten Jahren hat auf den Gebiet der (ehemaligen) Sowjetunion auch das Erholungswesen wichtige Veränderungen erfahren.
Äußerlich am offensichtlichsten war natürlich die Loslösung des Baltikums aus der UdSSR bzw. deren endgültiger Zerfall in die verschiedenen Nachfolgestaaten. Diese (politische) Auflösung wirkt sich - außer auf die bisher zentralisierten Organisationsstrukturen - sowohl auf das Fremdenverkehrsaufkommen innerhalb der Grenzen der ehemaligen UdSSR[4)] als auch auf den Ausländertourismus aus (vgl. Kap. 3.4).

Die Veränderungen begannen jedoch nicht erst 1991, sondern schon früher. Sie betreffen in erster Linie die hierarchische Struktur der Fremdenverkehrsorganisationen und die Wirtschaftsordnung.
Der erste Punkt nahm quasi die spätere Auflösung der UdSSR vorweg: Entsprechend den Dezentralisierungstendenzen in vielen Bereichen der sowjetischen Gesellschaft hatten z.B. auch einige der eigentlich untergeordneten Republiksräte für Tourismus und Ausflugswesen mehr Eigenständigkeit durchgesetzt und konnten direkte Verträge mit Räten anderer Republiken abschließen.

Auch bei INTOURIST, dessen Auflösung Ende 1989 vom Obersten Sowjet der UdSSR beschlossen wurde (Wostok, 3/1992, S. 59), gab es entsprechende Bestrebungen in den einzelnen Republiken und lokalen Verbänden. Allerdings wurde deren Hauptforde-

[1)] Vollständiger Name "Wirtschaftlich geführte Allunionsvereinigung "Zentrum des internationalen Handels und der wissenschaftlich-technischen Verbindungen mit dem Ausland" der Industrie- und Handelskammer der UdSSR - *Vsesojuznoe xozrasčetnoe ob'edinenie "Centr meždunarodnoj torgovli i naučno-techničeskich svjazej s zarubežnymi stranami" Torgovo-promyšlennoj palaty SSSR*

[2)] Anlaß dafür war das Erdgasleitungsgeschäft mit westlichen Firmen.

[3)] BALASCHOV (1990, S. 221) spricht sogar von 80%.

[4)] Nicht mehr alle Fremdenverkehrsregionen sind komplikationslos erreichbar (z.B. für Bürger Rußlands: Georgische Schwarzmeerküste, Krim, Ostseeküste in den baltischen Republiken).

rung, die von ihnen verdienten Valuta behalten zu können, lange Zeit nicht erfüllt.[1] Dieses Beharren auf alten Strukturen bzw. Privilegien durch die Zentrale erwies sich als hemmend für die Entwicklung, da die örtlichen Verwaltungen aus diesem Grund wenig Interesse hatten, am Aufbau des Ausländertourismus mit INTOURIST zusammenzuarbeiten (vgl. Kap. 3.4).

Bei dem zweiten Punkt, der Überführung zur "neuen Wirtschaftsführung", ging es um mehr wirtschaftliche Selbständigkeit: Die gewerkschaftseigenen Einrichtungen sollten z.B. ab 1.7.1987,[2] die von INTOURIST ab Januar 1989 (BALASCHOV, 1990, S. 225), eigenständig und wirtschaftlich, d.h. gewinnbringend geführt werden. Damit verbunden war, wie auch in anderen Wirtschaftsbereichen, "das Recht zu rationellerer Planung, zu rationellerer Nutzung des Lohnfonds, zur Bestimmung des Personalumfangs sowie zur Bildung und Nutzung von wirtschaftlichen Stimulierungsfonds" (Problemy sprosa..., 1988, S. 4). Diese Maßnahmen sollten u.a. ein stärkeres Interesse der Beschäftigten und leitenden Angestellten auf lokaler Ebene und damit eine höhere Qualität des Services bewirken.[3]

Im folgenden sollen am Beispiel von INTOURIST die Umstrukturierungen aufgezeigt werden.
Ab 1989 wurden schrittweise alle Unternehmen des früheren Staatskomitees für Auslandstourismus INTOURIST (Hotels, Fahrzeugparks, etc.) selbständig. Anfang Februar 1992 stellte das Komitee offiziell seine Tätigkeit ein. Seine bisherigen Aufgabengebiete waren in der Zwischenzeit auf verschiedene Aktiengesellschaften verteilt worden.
Zu den wichtigsten zählt die selbständige "AG für Auslandstourismus und Informationen INTOURIST" (*VAO Vnešnetorgovloe akcionernoe obščestvo INTURIST*), deren Aktien zu über 40% im Besitz der INTOURIST-Mitarbeiter sind; die restlichen gehören der St.Petersburger Tourismusgesellschaft, der Regierung von Moskau und einer Reihe kommerzieller Organisationen. VAO INTOURIST[4] selbst besteht wiederum aus fünf, nicht näher beschriebenen, kommerziellen Firmen (WOSTOK, 3/1992, S. 59).
Weitere Aktiengesellschaften sind z.B. "Intourservice" (vermittelt Dienstleistungen an Ausländer auf dem Gebiet der GUS), "Intourtrans" (Personenbeförderung), "Intourreklame" (Werbeagentur) und "Intourist Moskau" (städtisches Reisebüro). Einige dieser Aktiengesellschaften bildeten bereits im Januar 1991 eine "Intourist Holdinggesellschaft", die für die Finanzierung, Kontrolle und Verwaltung der Mitgliedsorganisationen zuständig ist.
Die "Intourist-Holding" gründete wiederum im Januar 1992 mit neun anderen Tourismusorganisationen die "Russische AG für Auslandstourismus 'Intourist Rußland'".

Die Entwicklung von INTOURIST wurde hier ausführlicher dargestellt, um an diesem Beispiel zu verdeutlichen, wie sich seit Ende der 80er Jahre in der (ehemaligen) So-

---

[1] Dieser Punkt wurde dann erst durch die Auflösung der UdSSR erreicht.
[2] Verordnung "Über die Überführung der Betriebe (Vereinigungen) und Organisationen des Zentralrates für Tourismus und Ausflugswesen auf neue Methoden der Wirtschaftsführung" (19.5.1987); vgl. auch: Problemy sprosa.., 1988, S. 4f.
[3] Bei INTOURIST hat es allerdings in erster Linie nur zu drastischen Preiserhöhungen geführt (s. Kap. 3.4).
[4] In der Abkürzung also genau wie der alte Name aus den 30er Jahren (vgl. Kap. 3.1.1.3).

wjetunion formal zwar vieles ändert, de facto aber doch überall die alten Strukturen (nur mit neuen Etiketten versehen) weiterbestehen.[1]

Ähnliches gilt auch für die anderen Fremdenverkehrsorganisationen, wie z.B. für den Tourismusrat der Gewerkschaften.
Im Herbst 1990, auf dem 19. Gewerkschaftskongress, fiel die Entscheidung, die Zentralgewerkschaft (VCSPS) aufzulösen (SU heute, 11/1990). Die neu entstandenen Einzelgewerkschaften schlossen sich teilweise gleich wieder zu verschiedenen Verbänden zusammen, dennoch mußte die Frage gelöst werden, wie das Vermögen des VCSPS, darunter auch Erholungseinrichtungen, aufzuteilen ist.
Da für die älteren Einrichtungen keine Belege wie Schenkungsurkunden etc. vorlagen, aus denen die Alteigentümer hervorgegangen wären, und mit der Begründung, daß eine rein regionale Aufteilung zu unzumutbaren Benachteiligungen der ressourcenärmeren Republiken führe, wurde beschlossen, die Einrichtungen in einem neu geschaffenen Fonds zu belassen (Ochrana truda, 10/1991, S. 2). De facto hatte sich also kaum etwas geändert.

Beim Ausländertourismus gibt es noch eine weitere Veränderung: Früher waren die von einer der großen Organisationen (meist INTOURIST) angebotenen Pauschalarrangements praktisch die einzige Möglichkeit für ausländische Touristen, in die Sowjetunion zu reisen.
In den letzten Jahren hat sich das Bild sehr stark verändert: Ständig entstanden neue Kooperativen und Gemeinschaftsunternehmen, bei vielen Ministerien und Ämtern wurden eigene Touristikfirmen gegründet (s. dazu ausführlicher BALASCHOV, 1990, S. 221). Sie versuchen direkt oder über westliche Partner ihre Reisen anzubieten, wobei sie sich oft auf bestimmte, z.T. neu angebotene Aktivitäten (Trekking, Sport, Sprachkurse, Jagd, ...) spezialisieren und bisher auch meist nur regional sehr begrenzt tätig sind.

Anfang 1991 waren laut Angaben des "Bulletin der touristischen Informationen" (BTI, 1/1991) mehr als 100 derartige Organisationen registriert, ein Jahr später, Anfang 1992, waren es auf dem Gebiet der ehemaligen UdSSR bereits 1.500 (Wostok, 3/1992, S. 59). Allerdings ist davon auszugehen, daß mit dieser Zahl bei weitem nicht alle Firmen erfaßt sind.[2]
Es ist nicht möglich, einen umfassenden Überblick über das Angebot der alternativen Anbieter zu geben, da es so vielfältig geworden ist. Zudem handelt es sich dabei teilweise nur um kleine Unternehmen, die ihr Programm oft nicht über eigene Kataloge in den Reisebüros, sondern eher mit (Klein-)Anzeigen in Zeitungen anbieten. Insgesamt scheint die starke Expansionsphase der späten 80er Jahre - wie allgemein das Interesse von ausländischen Urlaubern an der ehemaligen Sowjetunion - etwas abgeklungen zu sein.

Wegen der geringen Größe verfügen die meisten Organisationen auch über keine eigene "materielle Basis". Deswegen waren sie besonders am Anfang, aber auch noch heute zum Teil, auf Zusammenarbeit mit den größeren Veranstaltern, in erster Linie mit INTOURIST, und auf deren ausgebaute Infrastruktur (v.a. die Beherbergungskapa-

[1] Dies gilt natürlich nicht nur für das Erholungswesen.
[2] Vgl. Kap. 10.2.1.

zitäten, Transportmittel) angewiesen.[1] Aus diesem Grund sinkt die Bedeutung und der Einfluß von INTOURIST vermutlich doch langsamer, als dies eigentlich wegen der großen Unzufriedenheit westlicher Reiseunternehmen mit den überhöhten Preisen von INTOURIST und des damit verbundenen Nachfragerückgangs[2] zu erwarten wäre.

Eine substantielle Verbesserung der Reisemöglichkeiten bedeuteten auch die geänderten Bestimmungen für Privatreisen,[3] die für beide Seiten wesentlich erleichtert wurden: War es früher nötig, daß der (potentielle) sowjetische Gastgeber Führungszeugnisse (politische Unbedenklichkeitszeugnisse/ideologische Festigung), Befragungen und Untersuchungen des eigenen Wohnraums über sich ergehen lassen mußte, so konnte Ende der 80er Jahre im Prinzip jeder Sowjetbürger eine Einladung aussprechen. Auch wurden die Fristen für Visaanträge trotz steigender Nachfrage deutlich verkürzt und die Prozedur vereinfacht.[4]
Durch diese Veränderungen wurde den etablierten größeren sowjetischen Reiseveranstaltern ein weiterer Teil ihrer bisherigen Kundschaft entzogen, da diese Urlauber nicht mehr gezwungen waren, pro forma eine Gruppenreise zu buchen.[5]

3.1.3 EXKURS: PRIVILEGIEN IM ERHOLUNGSWESEN

Alle "betrieblichen" Erholungseinrichtungen (s. Kap. 3.1.1.2) in der Sowjetunion stellten insofern eine Begünstigung dar, als sie den jeweiligen Betriebsangehörigen außerhalb des (beschränkten) Fremdenverkehrsangebots der Gewerkschaften Urlaubsmöglichkeiten boten. Ohne dieses "ergänzende" Angebot wären die Bedürfnisse der Bevölkerung nach Erholungsmöglichkeiten noch weniger zu befriedigen gewesen. Insofern hatten diese Einrichtungen zumindest eine gewisse Berechtigung.

Es gab jedoch darüber hinaus für bestimmte besonders leistungsstarke Betriebe und vor allem für einflußreiche, prestigeträchtige Behörden (z.B. das ZK der KPdSU, Ministerrat und Außenministerium der UdSSR) noch weitere Vergünstigungen.

Von der auf dem Ersten Moskauer Volksdeputiertenkongreß im Juni 1989 ausgelösten Diskussion über Privilegien der Nomenklatura wurde bald auch das Erholungswesen erfaßt.[6] Nun erschienen zum ersten Mal in der Sowjetunion Veröffentlichungen über die geradezu "paradiesischen" Zustände in den speziellen Erholungseinrichtungen, welche mit ihrer oft luxuriösen Ausstattung und ihrem Komfort so gar nichts mit denen für "normale" Bürger gemein hatten.
Die Vergünstigungen können in zwei Gruppen unterteilt werden.
a) "einfache Privilegien": Sie kamen dem einzelnen Urlauber in den jeweiligen Einrichtungen unmittelbar zugute. Dazu gehören in diesen Erholungseinrichtungen das

---

[1] Vgl. hierzu auch BALASCHOV, 1990, S. 223.
[2] DER, Hetzel (SIGLE, 1990, S. 267); s. auch Kap. 3.4.
[3] Zur Erweiterung des Bewegungsspielraums s. Kap. 3.4.1.1.
[4] Entsprechende Erleichterungen wurden auch umgekehrt für die Auslandsreisen von Sowjetbürgern eingeführt.
[5] Vgl. hierzu die überdurchschnittlich angestiegene Zahl von Privatreisen, Kap. 3.4.2.
[6] Da dieser Aspekt des Erholungswesens in der ehemaligen Sowjetunion erst durch die im Zuge der Perestrojka propagierte Glasnost' ins Bewußtsein - und die Kritik - der sowjetischen Gesellschaft rückte, wird er in diesem Abschnitt behandelt, obwohl das Phänomen natürlich schon viel länger existierte (zur Geschichte der Privilegien der Nomenklatura s. AHLBERG, 1991).

bessere Verhältnis von Fläche pro Gast (750-1000m²/Urlauber, Gewerkschafts-Norm: 30-80m²),[1] und von beschäftigtem Personal je Urlauber (1,2-1,5; Gew.Norm: 0,5 Angestellte/Gast),[2] welches oft nach ihrer Ausbildung durch die Gewerkschaften abgeworben worden war, da in den "speziellen" Einrichtungen höhere Löhne gezahlt werden konnten (Ochrana truda, 8/1989, S. 20).
Abgesehen von der geringeren Auslastung[3] wiesen die meisten "betrieblichen" Erholungseinrichtungen eine bessere, teilweise sogar luxuriöse Ausstattung auf, da schon für ihren Bau ein Mehrfaches der 12.000-15.000 Rubel, die im Durchschnitt den Gewerkschaften beim Neubau eines Sanatoriums zur Verfügung standen, ausgegeben werden konnten (Ochrana truda, 10/1988, S. 7).
In einem Artikel der Moscow News wird z.B. von modernen Datschas in Jurmala (Lettland) berichtet, wie sie u.a. vom ehemaligen Ersten Sekretär der Lettischen KP genutzt wurden:

> "Im Erdgeschoß befinden sich 40 Quadratmeter große Wohnzimmer, ein 16-Quadratmeter-Eßzimmer, eine Vorhalle und eine Küche. Im zweiten Stock zwei helle Schlafzimmer und zwei Badezimmer." (MN, 7/1990).

Noch unvorstellbarer für sowjetische Normal-Verbraucher waren Extras wie Telefon oder sogar Zentralheizung bei Gebäuden, die neun Monate im Jahr leerstehen. Die ständigen Bewohner vieler Fremdenverkehrsorte müssen dagegen oft auf solche Annehmlichkeiten verzichten, teilweise haben sie nicht einmal Gasanschluß oder fließendes warmes Wasser und müssen sich als mehrköpfige Familie mit einem Zimmer begnügen (MN, 7/1990).
Es mag sich zwar bei diesen Datschas (und auch bei der 200 m²-Datscha des Oberbefehlshaber des Baltischen Militärbezirks)[4] um Extrem-Beispiele handeln, doch stand in derartigen Erholungseinrichtungen mit Sicherheit mehr Geld für die Versorgung der Urlauber zur Verfügung, was sich z.B. auch in einer besseren Verpflegung auswirkte.[5]

Für die Datschas der Nomenklatura wurde zwar an die Stadt Miete gezahlt,[6] doch konnte diese mit jährlich 1,5-2 Rubel/m² (MN 7/1990) bei weitem nicht die Instandhaltungskosten etc. abdecken. Gleichzeitig war die Stadt dazu aber verpflichtet, was zur Folge hatte, daß das Geld für andere - eigentlich wichtigere - Investitionen fehlte.

b) Beruhten die bisher beschriebenen Privilegien weitgehend nur auf der wirtschaftlichen Kraft der Träger, so sind dagegen die folgenden mit Gesetzesverstößen oder zumindest mit Unregelmäßigkeiten verbunden.
Einflußreiche Behörden und Betriebe erhielten z.B. allgemein viel schneller eine Baugenehmigung für ihre Erholungseinrichtungen als die Gewerkschaften. Ihre Gebäude

---

[1] Ochrana truda, 10/1988, S. 7.
[2] Ochrana truda, 8/1989, S. 20.
[3] Es wurden auch pro Jahr weniger "Schichten" durchgeführt; s. hierzu Kap. 7.3.3.
[4] vgl. auch MATTHEWS, 1978, S. 50.
[5] Ochrana truda, 8/1989, S. 20; ein Bericht in AiF (48/1989) bezieht sich zwar auf Spezial-Krankenhäuser (der 4. Hauptabteilung des Gesundheitsministeriums), die Gegenüberstellung zu den Mahlzeiten in einer staatlichen Einrichtung vermag aber dennoch eine Vorstellung von den diesbezüglichen Unterschieden geben.
[6] Sie waren offiziell ihr Eigentum.

errichteten sie teilweise einfach in Schutzgebieten, die eigentlich von jeglicher Bebauung oder sonstiger Nutzung freigehalten werden sollten (vgl. Kap. 7.3). Während diese Betriebe und Behörden relativ problemlos ihre Vorhaben verwirklichen konnten, traten zahlreiche Hindernisse auf, sobald bei den Gewerkschafts-Einrichtungen dringend notwendige Modernisierungs- oder Erweiterungsarbeiten vorgenommen werden mußten: Es fand sich keine Baufirma, die die Aufträge übernehmen wollte, die Planer hatten keine Zeit, einen Kostenplan zu erstellen oder es herrschte ein "Defizit" an Baumaterial (Ochrana truda, 10/1988, S. 7). Die Folge war, daß sich die Bauzeiten über Jahre bis Jahrzehnte hinstreckten und viele der Gebäude nach zehn Jahren schon wieder verfallen oder zumindest reperaturbedürftig waren.

Aber nicht nur der Komfort, auch der Umfang des Angebots war besser: Während die Mehrheit der Bevölkerung oft jahrelang auf eine "Putjovka" der Gewerkschaften (vgl. Kap. 3.2) warten mußte, die dann oft genug nicht dem Wunsch bzgl. Ort etc. entsprach, konnten die Nutznießer solcher Privilegien, zu denen auch die Familienangehörigen der Funktionäre gehörten, regelmäßig in die begehrtesten Feriengebiete fahren.[1] Denn die Partei, der Oberste Sowjet und wer sonst noch beteiligt war, hatten sich möglichst überall die schönsten Plätze gesichert, oft auch unter Mißachtung der geltenden Naturschutzbestimmungen, dafür mit direktem Zugang zum Ufer.[2] Stellenweise wurden so ganze Küstenstriche, z.B. am Finnischen Meerbusen, nördlich von Leningrad/St.Petersburg, oder am Schwarzen Meer, für "normale" Erholungssuchende unzugänglich gemacht (AiF, 39/1989; VASIL'EV/KUKUŠKIN, 1988, S. 16).

Aufgrund der zahlreichen Proteste wurde im Oktober 1989 vom Ministerrat der UdSSR die Auflösung der 4. Hauptverwaltung des Gesundheitsministeriums, dem bis dahin ein Großteil der medizinischen Einrichtungen für die Elite unterstanden hatte, beschlossen. Die Einrichtungen sollten verschiedenen Institutionen zur allgemeinen Nutzung durch die Bevölkerung übergeben werden (vgl. AHLBERG, 1991, S. 1142; Pravda, 25.12.1989).

Inzwischen hat sich die Aufregung weitgehend wieder gelegt. Die Erholungseinrichtungen werden zum Großteil nach wie vor von den gleichen bzw. von neuen Privilegierten genutzt. Durch die Liberalisierung des Außenhandels, vor allem der Devisenbestimmungen bieten sie inzwischen einen weiteren Vorteil: Da sie - im Gegensatz zu den "normalen" Erholungseinrichtungen auf dem Gebiet der ehemaligen Sowjetunion - über eine verhältnismäßig gute Ausstattung verfügen, können sie auch an ausländische Reiseveranstalter bzw. westliche Urlauber vermietet werden (vgl. u.a. Kap. 5).

3.1.4 FAZIT

Die Darstellung der Organisationsstrukturen hat gezeigt, daß viele der genannten Veränderungen und Prozesse erst begonnen haben und der gesamte Fremdenverkehrssektor in der ehemaligen Sowjetunion deswegen zur Zeit noch völlig im Umbruch begrif-

---

[1] Zusätzlich wurden an diese Organisationen auch noch Putjovki der Gewerkschaften vergeben (Ochrana truda, 10/1991, S. 6).

[2] Vgl. BUKA, 1989; Ochrana truda, 10/1988, S. 7.

fen ist: Alte Strukturen befinden sich in der Auflösung, bzw. haben sich z.T. bereits aufgelöst, ohne daß sich neue schon wirklich herausgebildet haben.[1] Dementsprechend gibt es auch kaum (verläßliche) Informationen über die aktuelle Situation.

3.2 Zentrale Begriffe des sowjetischen Erholungswesens und Charakteristik der Einrichtungen

Eine zentrale Stellung im Fremdenverkehrswesen der sowjetischen Gewerkschaften, sowohl im Kur- und Erholungswesen als auch im Tourismus-Sektor, nahm das System der "**Putjovka**" (*putevka*) ein. Diese wurden vom Zentralrat für Kurwesen bzw. vom CSTĖ an die Gewerkschaftskomitees der Betriebe etc. verteilt. Die Menge richtete sich jeweils nach der Anzahl der Putjovki, die im Vorjahr von den Arbeitern genutzt wurden (vgl. PASEČNYJ, 1983, S. 31).
Die Gewerkschaftskomitees bestimmten dann - offiziell nach einem Belohnungssystem für Bestarbeiter etc. (vgl. KNABE, 1979, S. 301f.) -, welche Arbeitnehmer und zu welchen Bedingungen eine Putjovka erhielten: 10% wurden kostenlos abgegeben, für den Großteil wurde eine Eigenbeteiligung von 30% des Preises gefordert (s. AZAR, 1972b, S. 11).

Besonders bei den touristischen Pauschalreisen (*turistskie maršruty*, vgl. Kap. 3.2.2), für die ein Teil der Putjovki auch in Reisebüros frei verkauft wurde, sagte der Besitz einer Putjovka noch nichts über die Finanzierungsart der Reise aus. Im Grunde entsprach es dem Buchungsverfahren eines Pauschalangebotes bei uns (mit individueller oder mit Gruppenanreise).
Allerdings wurden alle Putjovki von der Sozialversicherung subventioniert, auch wenn der Urlauber den vollen Preis selbst zahlte. So übernahm die Sozialversicherung immer einen Anteil der Kosten für die Verpflegung und für das Personal in den Erholungseinrichtungen. Weitere Unterstützung wurde durch Fahrpreisermäßigungen für die Urlauber gewährt (AZAR, 1972b, S. 11f.).

Der Nachteil einer Putjovka war, daß der Ort i.a. nicht gewählt werden konnte, man bekam den Urlaub "zugewiesen". Außerdem galt eine Putjovka meistens nur für den Arbeitnehmer selbst, selten - z.B. wenn beide Ehepartner in demselben Betrieb arbeiteten - auch für Familienangehörige. Da jedoch stets ein Mangel an Berechtigungsscheinen herrschte[2] und in der Sowjetunion Erholung außerhalb des gelenkten Systems wesentlich teurer und schwieriger realisierbar war (vgl. Kap. 3.2.3.4), waren die Putjovki dennoch begehrt.

Die Preise für die Putjovki wurden 1956 festgelegt und sind bis Ende der 80er Jahre nicht verändert worden. Da gleichzeitig jedoch die Kosten stiegen (v.a. durch die Löhne), waren immer größere Subventionen nötig. Dies führte zu einer wachsenden Abhängigkeit des Gewerkschaftsrats vom Finanzministerium. Auch der Mißbrauch und

---

[1] Auch hier bestehen Parallelen zur allgemeinen gesellschaftlichen und wirtschaftlichen Lage.
[2] Pro Jahr standen ca. 10 Mio Putjovki für 140 Mio Werktätige zur Verfügung (= 71 P./1.000 Werktätige); Ochrana truda, 10/1991, S. 23.

die Verschwendung von Putjovki, die oft kritisiert wurden, hatten ihre Ursache unter anderem in den unrealistischen Preisen.[1]

Im Dezember 1990 beschloß der neue Gewerkschafts-Dachverband (vgl. Kap. 3.1.2) die Preise neu festzusetzen, wobei erstmals auch regionale Unterschiede berücksichtigt werden sollten. Im ersten Halbjahr 1991 blieben die Preise noch eingefroren, um zunächst die Auswirkungen der für April 1991 angekündigten allgemeinen Preisreform abzuwarten. Danach wurde eine Erhöhung der Putjovka-Preise ab dem 1.7.1991 um das Zweieinhalbfache auf durchschnittlich 515 Rubel angekündigt.[2] De facto betrug die Erhöhung im Sommer 1991 jedoch mehr als das Vierfache (Ochrana truda, 10/1991, S. 19). Trotzdem fanden die Putjovki ihre Abnehmer.
Seitdem wurden alle weiteren Kalkulationen regelmäßig von der inflationären Realität überholt und zur Makulatur gemacht.
Inzwischen hat sich auch in diesem Bereich die zentrale Planung weitgehend erübrigt, da seit dem Ende der Sowjetunion die einzelnen Republiken ihr eigenes System aufbauen. Gemeinsam wird allen jedoch sein, daß staatliche Subventionen gekürzt werden mußten und und auch in Zukunft geringer als in sowjetischer Zeit ausfallen werden.

3.2.1 DAS ORGANISIERTE KUR- UND ERHOLUNGSWESEN

Bevor die Erholungseinrichtungen vorgestellt werden, soll kurz auf den Begriff **Kurort** (*kurort*) eingegangen werden, der zwar aus dem Deutschen ins Russische übernommen wurde, dessen Anwendung sich jedoch nicht (mehr) mit dem deutschen Sprachgebrauch deckt.

Auch in der Sowjetunion mußten für die Bezeichnung "Kurort" gewisse Voraussetzungen erfüllt sein. So wurde ein Kurort definiert als

> "...Ort, welcher über natürliche Heilmittel (Mineralwasser, Heilschlamm, günstiges Klima etc.) sowie die notwendigen Voraussetzungen verfügt, um sie für Heilzwecke nutzen zu können." (BMĖ, Bd. 12, 1980)

Die Kurorte wurden nicht nur nach ihrer Ressourcengrundlage unterschieden.[3] 1970 wurde eine zusätzliche Klassifikation in Kurorte, die Bedeutung für die ganze Sowjetunion (35), für die (jeweilige) Republik (123) oder lediglich für die Umgebung (129)[4] hatten, eingeführt. Diese Einteilung war jedoch, zumindest bis zu einem gewissen Grad, nur relativ und nicht sehr aussagekräftig: Sie orientierte sich nicht nur an den Ressourcen bzw. an der Ausstattung des Ortes, sondern auch an der Angebotsstruktur der ganzen Republik. Wo es wenig Kurorte gab, genügte unter Umständen bereits ein Sanatorium (der Gewerkschaften), um das Prädikat "Republiksbedeutung" zu erhalten (s. Kap. 6.1.1, 8.1.1).

---

[1] Laut SASLAWSKAJA (1989, S. 216) wurde eine Kur deswegen oft einfach abgebrochen.
[2] 350-800 R.; die Preisbindung sollte nur noch für die wichtigsten Einrichtungen (mit "nationaler" Bedeutung, s.u.) gelten (Ochrana truda, 4/1991, S. 46).
[3] Haupttypen: *bal'neologičeskij k.* (Mineralbad), *grjazevoj k.* (Moorbad), *klimatičeskij k.* (Luftkurort).
[4] Anzahl der Kurorte in der jeweiligen Kategorie (*kurorty vsesojuznogo, respublikanskogo, mestnogo značenija*) in Klammern (AZAR, 1972b, S. 27).

Die Bezeichnung "Kurort" selbst war im Gegensatz zu der in der Bundesrepublik Deutschland gültigen Regelung nicht geschützt.[1] Sie wurde - sowohl in der Fach- als auch in der Umgangssprache - als Überbegriff verwendet. *Kurort* war danach in der Sowjetunion beispielsweise auch ein Seebad (*primorskij k.*), das nur zur Erholung, nicht zur Kur aufgesucht wurde.[2] Als Übersetzung wäre deswegen z.B. "Fremdenverkehrssort" adäquater.

3.2.1.1 Sanatorien (*sanatorij*)

Sanatorien verfügen über die längste Tradition unter den Erholungseinrichtungen und bildeten das am besten organisierte Subsystem der sowjetischen Fremdenverkehrswirtschaft (Geogr. rekr. sistem, 1980, S. 48). Sie stellen auch heute noch in Kurorten die am weitesten verbreiteten Erholungseinrichtungen dar (Kurorty, 1983, S. 198).[3]
Bei Sanatorien handelt es sich um:

> "...medizinische Einrichtungen, in denen zu Heilzwecken natürliche Faktoren (Klima, Mineralwasser etc.) in Verbindung mit physiotherapeutischen, diättherapeutischen, krankengymnastischen und anderen Heilmethoden - bei strenger Beachtung der im Sanatorium und Kurorten geltenden Regeln durch die Kurgäste - eingesetzt werden". (Kurorty, 1983, S. 298)

Das Angebot der Sanatorien ist wie bei uns auf die Nachbehandlung Genesender nach schweren Erkrankungen bzw. Operationen sowie zur Behandlung sog. Zivilisationskrankheiten oder sonstiger chronischer Leiden ausgerichtet.
Die Aufenthaltsdauer reicht von 20 Tagen bis zu mehreren Monaten, im Durchschnitt beträgt sie 24 Tage.[4]

Sanatorien lassen sich u.a. nach folgenden Kriterien gliedern (AZAR, 1972b, S. 30; Kurorty, 1983, S. 298):
- nach ihrer Ressourcengrundlage (entsprechend wie auch die Kurorte);
- nach ihrer Spezialisierung auf Erkrankungen der Luftwege, des Bewegungsapparates, des Herz-Kreislauf-Systems, ...;
- nach der Struktur der Kurgäste: Kinder, Jugendliche, Eltern mit Kindern oder nur Erwachsene;
- in drei Kategorien nach dem gebotenen Komfort;[5]
- nach dem Betreiber des Sanatorien, wobei der überwiegende Teil der Kapazitäten vom (Zentral)Rat für Kurwesen (236.000 Plätze 1981) und vom Gesundheitsministerium (245.000) geleitet wurde.[6] Die restlichen Plätze (ca. 100.000) gehörten verschiedenen Betrieben, Behörden etc.

---

1) Lediglich die höchste Kategorie, die gesamtsowjetischen Kurorte, könnten als Entsprechung zu den deutschen "Kurorten" gesehen werden.
2) Kleine Erholungsorte (ohne Kureinrichtungen) werden als *kurortnye mestnosti* bezeichnet.
3) Daneben gibt es noch Sanatorien, die außerhalb von Kurorten liegen ("lokale S. "); sie sind für Menschen gedacht, denen kein größerer Orts- bzw. Klimawechsel zugemutet werden kann und die deswegen in der Nähe ihres Wohnsitzes kuren sollen (BMÉ, 1977).
4) Geogr. rekr. sistem, 1980, S. 48; Kurorty, 1983; POLTORANOV/SLUCKIJ, 1986, S. 11.
5) Die Preise differierten entsprechend zwischen 90 und 220 Rubel, der Durchschnitt lag bis Ende der 80er Jahre bei 160 Rubel (AZAR, 1972b, S. 30; Ochrana truda, 8/1988, S. 20).
6) Gesundheitsministerium: Tuberkulose- und Kindersanatorien; alle Angaben zitiert nach: Kurorty, 1983, S. 298.

1971 nahm eine neue Art spezialisierter Sanatorien die Arbeit auf: Sie bieten zusätzlich zur medizinischen Betreung während des ganzen Jahres Plätze in einem Pionierlager an, so daß Kinder bei einem längeren Sanatoriumsaufenthalt[1] Kur und Schule miteinander verbinden können.

Die Einweisung in ein Sanatorium erfolgte in sowjetischer Zeit in zwei Schritten:[2] Zunächst stellte der Arzt eine Bescheinigung (*spravka*) aus, in der eine "stationäre Kur" (*sanatorno-kurortnoe lečenie*) empfohlen wurde - mit Angabe des Kurort- bzw. Sanatoriumtyps, der Jahreszeit etc.. Damit hatte der Antragsteller jedoch noch kein Anrecht auf eine Kur. Er mußte zuerst noch beim zuständigen Gewerkschaftskomitee einen Berechtigungsschein, die Putjovka (s.o.) beantragen.

Im Kurwesen gab es noch eine Sonderform der Putjovka, die "Kursovka" (*kursovka*): Die Prozedur für sie war die gleiche, sie berechtigte aber nur zu einer "ambulanten Kur" (*ambulatorno-kursovočnoe lečenie*). Die Kurgäste erhielten dann im allgemeinen die verschriebenen Anwendungen in der Poliklinik des Kurortes, sie konnten auch die sonstigen Gemeinschaftseinrichtungen nützen und bekamen in Spezialkantinen meist ein Diätessen. Ihre Unterbringung mußten sie dagegen selbst organisieren, zum Teil konnten sie Zimmer in den Kurhotels (s.u.) mieten. Da deren Kapazitäten jedoch im allgemeinen sehr bescheiden sind, mußten sich die meisten ein Privatquartier suchen.

Ein großes Problem entstand im Kurwesen dadurch, daß an die Gewerkschaftskomitees keine "Blanko-Putjovki" verteilt wurden, die sie dann entsprechend den speziellen Anforderungen ihres Betriebs verwenden konnten. Die Putjovki waren vielmehr an bestimmte Indikationen gebunden, wobei jedoch bei der Zuteilung nicht unbedingt auf das Profil des Betriebs geachtet wurde. Deswegen konnte es passieren, daß z.B. ein Agrarindustrieller Komplex (AIK) 80% seiner Berechtigungsscheine für Herz-Kreislauf- und Nervenerkrankungen erhielt, der Großteil der Beschäftigten aber unter Magenerkrankungen, Diabetis, etc. leidet (Ochrana truda, 10/1989, S. 17). Da man die Putjovki jedoch nicht verfallen lassen wollte, um nicht in folgenden Jahr weniger zu erhalten (s.o.), wurden sie lieber verbraucht - nach dem Motto: besser eine falsche Kur als gar keine (s. auch Ochrana truda, 5/1987, S. 23f., 7/1987, S. 22f.).
Wenngleich davon auch bei weitem nicht alle Putjovki bzw. alle Antragssteller betroffen waren, so entstand durch derartige falsche Organisation dennoch ein nicht unbeträchtlicher volkswirtschaftlicher Schaden.

3.2.1.2 Prophylaxe-Sanatorien (*sanatorij-profilaktorij*)

Sie stellen eine Sonderform der Sanatorien dar und unterscheiden sich von diesen in mehreren Punkten:
Sie dienen - entsprechend ihrem Namen - nicht zur Heilung, sondern zur Vorbeugung, richten sich also nicht an Kranke oder Genesende, sondern an gesundheitsgefährdete Menschen.
Der Hauptunterschied besteht jdeoch in der zeitlichen Inanspruchnahme. Für eine Behandlung in einer dieser Einrichtungen wird die Arbeit nicht unterbrochen: Lediglich

---
[1] Im Sommer 45, im Winter 65 Tage (Kurorty, 1983, S. 14; POLTORANOV/SLUCKIJ, 1986, S. 11).
[2] Die Prozedur ist somit unserem System vergleichbar.

nach Feierabend, d.h. nachts und an den Wochenenden, halten sich die Erholungssuchenden dort auf (Kurorty, 1983, S. 299).
Die Prophylaktorien sind speziell auf die Besonderheiten und Arbeitsbedingungen der Betriebe, denen sie zum Großteil gehören,[1] ausgerichtet. Dementsprechend orientiert sich ihre Verteilung auch weniger an den Ressourcen (wie die anderer Sanatorien) als an der Nachfrage: Sie befinden sich meistens in der Nähe größerer Siedlungs- und Wirtschaftsagglomerationen.
Für einen Aufenthalt (i.a. 24 Tage[2]) ist - wie bei den Sanatorien - eine ärztliche Überweisung und eine Putjovka der Sozialversicherung nötig.

3.2.1.3 Pensionen

Hierbei sind zwei Ausprägungen zu unterscheiden:
- Pensionen mit medizinischer Behandlung ("medizinische Pension", *pansionat s lečeniem*),
- allgemeine Pensionen, die nur Erholungszwecken dienen ("Erholungspension", *p. otdycha*).

Erstere entsprechen mehr den Sanatorien, mit welchen sie auch in der Statistik zusammen geführt werden. Sie unterscheiden sich von diesen jedoch durch ihr weniger striktes Regime.
Das Gleiche gilt auch für den Vergleich "Erholungspensionen" - "Erholungsheim" (*dom otdycha*, s.u.).[3]
Die Abgrenzung zwischen den drei Einrichtungen (Sanatorium, Pension, Erholungsheim) ist - zumindest was die gewerkschaftseigenen Einrichtungen betrifft - nicht starr. So geht aus dem Verzeichnis von POLTORANOV/SLUCKIJ (1986) hervor, daß manche Einrichtungen je nach Sommer- oder Wintersaison die Kategorie wechseln. Pensionen werden z.B. einmal als "medizinische" und einmal als "Erholungspensionen" geführt, oder aber die Einteilung in die Kategorie "Erholungspension" bzw. "Erholungsheim" ändert sich.

Beiden Arten von Pensionen gemeinsam ist ihre Lage in Kur- bzw. Erholungsorten sowie die Ausrichtung auf weitgehend gesunde Gäste. Der Schwerpunkt ihres Angebots liegt deswegen auch mehr im kulturellen Bereich.[4] Sie verfügen über eigene Klubs, Kinos, Bibliotheken etc., die Gäste können aber auch die Gemeinschaftskureinrichtungen benutzen.

Im Unterschied zu dem westlichen Begriff "Pension" handelt es sich hier nicht um kleinere (Familien)Betriebe mit teilweise nur eingeschränktem Serviceangebot. Sie stellen vielmehr im allgemeinen relativ große Anlagen dar, von denen die Komplexe in Adler (7.000 Plätze) und Pitsunda (3.000 Pl.) am Schwarzen Meer zu den bekanntesten in der Sowjetunion zählten (Kurorty, 1983, S. 267).
Die Zahl der Pensionen hat in den 60er Jahren besonders stark zugenommen, da sie mit ihrem Konzept, das eine weniger reglementierte Erholung als in den traditionel-

---

[1] Übersetzung im Wörterbuch auch mit "Betriebssanatorium"; ein (kleiner) Teil wird auch von den Gewerkschaften betrieben.
[2] Bei Tuberkulose 30 Tage (Kurorty, 1983, S. 299).
[3] AZAR, 1972b, S. 33; Kurorty, 1983, S. 267.
[4] Kur nur durch Mitbenutzung der Einrichtungen von Sanatorien bzw. in den Kurort-Polikliniken.

len Einrichtungen und zudem im Familienkreis erlaubt, dem steigenden Bedarf nach derartigen Erholungsmöglichkeiten entgegen kamen.

Die Aufenthaltsdauer in den Pensionen, die im allgemeinen den Gewerkschaften, teilweise aber auch Betrieben und Behörden gehören, beträgt 12, 18 oder 24 Tage;[1] dementsprechend variiert auch der Preis für eine Putjovka.[2]

3.2.1.4 Erholungsheime (*dom otdycha*)

Sie sind die ältesten sowjetischen Fremdenverkehrseinrichtungen: Bereits im Mai 1920 wurde in Petrograd auf Anordnung Lenins das erste Erholungsheim eröffnet. In der Folgezeit wurden vor allem ehemalige Datschas[3] für diese neue Form organisierter Erholung genutzt (AZAR, 1972b, S. 32). Den eigentlichen Aufschwung erlebten die Erholungsheime jedoch (zusammen mit den Pensionen) erst Anfang der 60er Jahre (AZAR, 1972b, S. 33).

Erholungsheime stellen ebenfalls Fremdenverkehrseinrichtungen für weitgehend gesunde Menschen dar, die Urlauber müssen sich jedoch an ein stärker reglementiertes Regime als in den Pensionen halten.
Das Konzept der Erholungsheime beruht auf einem Wechsel von aktiver und passiver Erholung sowie auf einem möglichst ausgedehnten Aufenthalt an der frischen Luft. Alle Heime verfügen über Sporteinrichtungen sowie über eine Sanitätsstelle, in der je nach Größe des Erholungsheims ein Arzt (bei über 400 Plätzen) oder ein Arzthelfer arbeitet, welcher das Sportprogramm für die Erholungssuchenden festlegt. Die Verpflegung ist auf gesunde Urlauber ausgerichtet, die keine spezielle Diät benötigen (Kurorty, 1983, S. 126).

Zu unterscheiden sind spezialisierte Erholungsheime[4] von denen allgemeinen Typs. Der Aufenthalt, für den die Gewerkschaften Putjovki vergeben, soweit die Heime nicht einzelnen Betrieben gehören, dauert je nachdem, ob das Erholungsheim für Kurzzeit- (Wochenende) oder Langzeiterholung (Urlaub) genutzt wird, 2 bzw. 12-14 Tage.[5]
Die Kosten für einen Aufenthalt richten sich (wie bei den anderen Erholungseinrichtungen) außer nach der Dauer auch nach der Kategorie des Erholungsheimes. Ein 12-tägiger Urlaub im "Gintaras" (in Palanga, Litauische Ostseeküste) kostete z.B. Ende der 80er Jahre 55 Rubel. Diese Summe deckte das Essen (22,30 R) und die Unterbringung in 2-Bett-Zimmern (30 R) ab. Für den Ausbau der Einrichtung wurden lediglich 13 Kopeken einbehalten (!), für die Kurtaxe 7 Kop., der Rest (ca. 2,5 R.) war für die medizinische Versorgung und das kulturelle Angebot bestimmt (Ochrana truda, 8/1988, S. 23).

[1] Sie richtet sich u.a. nach der Entfernung vom Wohnort der Gäste (s. hierzu Geogr. rekr. sistem, 1980, S. 49).
[2] Bis Ende der 80er Jahre: 80, 120 und 160 Rubel (AZAR, 1972b, S. 34).
[3] Auf Grundlage eines Erlasses ("Über die Erholungsheime" - *O domach otdycha*) vom 13.5.1921.
[4] Für Eltern und Kind, Schwangere, Kolchozarbeiter etc. (Kurorty, 1983, S. 126).
[5] Um Urlaubern einen längeren Aufenthalt zu ermöglichen, werden öfters zwei Putjovki (= 24 Tage) vergeben; die Nutzung am Wochenende ist mit Einführung der 5-Tage-Woche stark angestiegen (AZAR, 1972b, S. 33).

3.2.1.5 Erholungsbasen (*baza otdycha*)

Die Erholungsbasen sind ähnlich wie die Erholungsheime für die Kurzzeit- oder Langzeiterholung von Gesunden bestimmt.

Da das staatliche Fremdenverkehrsangebot bei weitem nicht ausreichte, wurden ab Anfang der 70er Jahre von Behörden und Betrieben verschiedener Volkswirtschaftsrichtungen[1] zum Teil große Erholungseinrichtungen aufgebaut, so u.a. Pionierlager, Prophylaktorien, Erholungspensionen und -heime, vor allem aber die Erholungsbasen (KOZLOV,V.N., 1989, S. 126). Hier sind die Betriebe und Behörden - im Gegensatz zu den anderen Einrichtungstypen - die einzigen Träger.[2] Dementsprechend sind die Basen auch nur für die Beschäftigten der jeweiligen Institution und deren Familienangehörigen zugänglich. Finanziert wurde der Bau und die Organisation der Basen in sowjetischer Zeit von den Betrieben etc. unter anderem aus dem Sozialversicherungsfond, welcher als Gewinnabführung gebildet und allgemein zur materiellen Stimulierung der Beschäftigten genutzt wurde (Geogr. rekr. sistem, 1980, S. 51; KNABE, 1979, S. 302). Bei der Verteilung der Erholungsbasen fällt der überproportionale Anteil des Baltikums auf,[3] was auch dem höheren Lohnniveau und Lebensstandard dort entspricht.

Als weitere Besonderheiten der Erholungsbasen sind folgende Punkte zu nennen:[4]
- Es existiert eine enge Verbindung zum Rhythmus und zur Spezialisierung der im Betrieb verrichteten Arbeit, durch welche die Organisation und die Funktionsweise der jeweiligen Base bestimmt wird;
- Die Basen sind meistens auch in räumlicher Nähe zu den Betrieben anzutreffen, um ihrer Funktion als Wochenenderholung gerecht werden zu können;
- Jährlich (bzw. wöchentlich) treffen sich die gleichen Gäste wieder;
- Familien mit Kindern dominieren, woraus eine sehr große Spannweite in der Gästestruktur resultiert und ein entsprechend weit gefächertes und differenziertes Angebotsspektrum (mehr oder weniger geregelt z.B.) nötig wird;
- Die Basen werden außer für reine Erholungszwecke auch für die Durchführung von kulturellen Maßnahmen und Fortbildungskursen des Betriebs genutzt (letzteres oft im Winter);
- Die Belegschaft wird beim Bau und Organisation der Basen beteiligt.

Erholungsbasen unterscheiden sich voneinander hinsichtlich des gebotenen Versorgungsgrades[5] und der Öffnungszeiten: Basen, die vorwiegend für Wochenenderholung genutzt werden, sind meistens ganzjährig geöffnet, während die "Urlaubsbasen" zum Teil nur saisonal arbeiten (AZAR, 1972b, S. 35).

Die Einrichtung von Erholungsbasen hat zwar sicherlich viel zur Erweiterung des Fremdenverkehrsangebots beigetragen. Trotzdem sind auch einige Nachteile zu nennen, die sich z.T. gerade aus ihrer Nähe zu den Betrieben bzw. aus ihrer Abhängigkeit von deren Größe und Wirtschaftskraft ergeben:

---

[1] U.a. auch von Sovchozen und öffentlichen Institutionen (Geogr. rekr. sistem, 1980, S. 51).
[2] Gewerkschaften sind also nicht beteiligt.
[3] KNABE, 1979, S. 302; KOLOBAEVA, 1976; vgl. auch Kap. 5, 6, 8.
[4] S. u.a. ALEKSANDROVA, 1976, S. 40; KOLOBAEVA, 1976.
[5] In manchen gibt es Möglichkeiten zur Selbstversorgung, in anderen Kantinen.

Die Basen werden im allgemeinen von den Organisationen selbst gebaut, welche sich oft wenig an Planungsvorschriften halten und in der Regel auch keine Erfahrung mit dem Bau von Wohngebäuden haben. Es gibt zwar Empfehlungen bzgl. des Flächenbedarfs (vgl. Kap. 6.1.2), sie wurden aber selten berücksichtigt.
Durch die Übereinstimmung von Belegschaft und Gästen bleiben auch im Urlaub die sozialen und hierarchischen Strukturen des Arbeitsalltags erhalten. Dies wirkt sich oft negativ auf die Erholung aus.[1]
Aufgrund der starken Abhängigkeit von der Größe und Stärke des Betriebs variieren auch die Kapazitäten der Erholungsbasen sehr stark: Wenn die finanziellen Mittel nur für eine kleinere bis mittlere Base reichen,[2] bestehen oft auch Schwierigkeiten, die Einrichtung mit vernünftiger Infrastruktur und einem ausreichend vielfältigem Angebot auszustatten. Ein Großteil der Basen[3] besteht nur aus einfachen Sommerhäuschen.

V.N. Kozlov hat die einzelnen Volkswirtschaftszweige hinsichtlich ihrer Aktivitäten bei der Bildung "betrieblicher" Erholungseinrichtungen untersucht[4] (KOZLOV,V.N., 1989, S. 128ff.). Dafür verglich er ihren Anteil an den Kapazitäten in Erholungseinrichtungen mit ihrem Anteil an allen Beschäftigten. Besonders gut schnitten Industrie und Bauwesen ab: Sie wiesen einen "Koeffizient der Fremdenverkehrsaktivität"[5] von 1,5 auf. Sehr schlecht fiel dieser dagegen bei Zweigen wie dem Gesundheits- und Bildungswesen (Koeffizient von 0,8), wissenschaftlichen Einrichtungen (0,3) und Handel (0,4) aus.[6]
Auch innerhalb der Industrie gibt es noch einmal beträchtliche Unterschiede. So betrug der Koeffizient bei der Elektroenergiewirtschaft 5,3, bei der Metallurgie noch 1,5, bei der Lebensmittelindustrie dagegen nur 0,5 und 0,6 bei der Leichtindustrie.

Große betriebliche Aktivität beim Bau von Erholungseinrichtungen äußert sich nicht nur in der Größe der Erholungsbasen.[7] Sie zeigt sich auch in der räumlichen Verteilung: Mächtige Betriebe und Organisationen konnten sich die attraktivsten Gegenden aussuchen und mußten sich außerdem beim Bau nicht auf die nähere Umgebung ihres eigenen Standorts beschränken, sondern konnten sich zusätzliche Basen z.B. im sonnigen Süden (auf der Krim) zulegen, auch wenn sie selbst weit entfernt davon (z.B. im Ural oder im Norden der europäischen Sowjetunion etc.) lagen (KOZLOV,V.N., 1989, S. 130).

Es gibt noch eine Sonderform der Erholungsbasen: die Hütten für Jäger bzw. Angler und die Clubheime der Künstlerverbänden (*dom tvorčestva tvorčeskich sojuzov*). Sie unterscheiden sich von den sonstigen Erholungsbasen insofern, als sie nicht von Betrieben oder Behörden für ihre Belegschaft, sondern von Verbänden, welchen Men-

---

[1] Vgl. STAUSKAS (1988), der zur Lösung dieses Problems den Vorschlag macht, die Basen zwischen den Betrieben zu tauschen.

[2] Manche haben nur 10-20 Plätze.

[3] Mitte 70er Jahre sogar 80% (ALEKSANDROVA, 1976).

[4] Erfaßt wurden also nicht nur Erholungsbasen, diese sind aber die verbreitetsten "betrieblichen" Einrichtungen.

[5] KOZLOV bezeichnet so das Verhältnis zwischen Kapazitäts- und Beschäftigten-Anteil eines Volkswirtschaftszweigs.

[6] Diese Ergebnisse waren in der Tendenz zu erwarten, da es sich in etwa mit der Lohnstruktur (vgl. Kap. 2.3.2) deckt; leider wurde die Untersuchung nur auf dem Gebiet der RSFSR durchgeführt, es ist aber anzunehmen, daß regionale Unterschiede bestehen, z.B. wieder mit höheren Werten für das Baltikum.

[7] Z.B. eine Base mit 2.500 Plätzen von Metallurgie-Unternehmen im Donezkgebiet (AZAR, 1972b, S. 35).

schen mit gleichen Interessen angehören,[1] organisiert werden (Geogr. rekr. sistem, 1980, S. 52).

3.2.2 DER TOURISMUS-SEKTOR

3.2.2.1 Hotels (*gostinica*)

Während in den meisten Ländern Hotels nur nach ihrem Standard klassifiziert werden, wurde in der Sowjetunion auch nach dem Träger, bzw. nach der Zielgruppe differenziert: Unterschieden wird u.a. zwischen "touristischen", "kommunalen"[2] und "Kurhotels".

Die "kommunalen Hotels" waren in sowjetischer Zeit als einzige frei zugänglich. Sie verfügen jedoch im allgemeinen nur über relativ bescheidene Kapazitäten (und geringen Komfort). Ihr Bau war jahrzehntelang vernachlässigt worden, da keine einflußreiche Organisation dahinter stand und es kein Interesse gab, daß Bürger unkontrolliert reisen (vgl. KNABE, 1979, S. 372).[3]

Sowohl die "touristischen" als auch die "Kurhotels" gehörten den Gewerkschaften, wobei letztere durch ihre Lage in Kurorten gekennzeichnet und für Gäste, die eine ambulante Kur machten, bestimmt waren.[4]

Nur die "touristischen Hotels" wurden in der offiziellen sowjetischen Fremdenverkehrsstatistik[5] vollständig erfaßt.[6] Entsprechend ihrer Zielgruppe, Teilnehmer einer touristischen Pauschalreise oder selbständige Touristen, bieten diese Hotels spezielle touristische Serviceleistungen und Infrastruktur (Ausflüge, Stadt- und Museumsführungen, aber auch Kino- und Tagungsräume).[7] In diesem Punkt ähneln sie den (fast ausschließlich von INTOURIST betriebenen) "Ausländerhotels", welche sich im allgemeinen - v.a. in den großen touristischen Zentren mit viel westlichen Touristen - von den "touristischen Hotels" durch eine für sowjetische Verhältnisse gute Ausstattung abheben.[8] Auch sie bieten "touristische Serviceleistungen". In Kap. 3.1 wurde bereits dargestellt, daß zwischen diesen Organisationen Kapazitäten "ausgetauscht" werden.

Daneben gibt es noch Hotels, die verschiedenen (meist größeren) Betrieben oder Behörden (z.B. AEROFLOT, Eisenbahn-Ministerium) gehören. Diese hatten in den 60er Jahren begonnen, (v.a. in Großstädten) eigene Einrichtungen zu bauen, da die Kapazitäten der kommunalen (also der einzigen frei zugänglichen) nicht ausreichten, Geschäfts- und Dienstreisende unterzubringen. Einige Behörden (z.B. Verkehrsministerium, Buntmetall-Ministerium) haben sich so in wenigen Jahren einen Hotelfonds ge-

---

[1] Künstlerheime sind außerdem nur zum Teil zum Fremdenverkehrsnetz zurechnen, da ihre Hauptfunktion ist, Bedingungen für künstlerisches Schaffen zu stellen (Geogr. rekr. sistem, 1980, S. 63).

[2] Sie gehörten den Volksdeputierten-Räten (Geogr. rekr. sistem, 1980, S. 45).

[3] In der Sowjetunion durften Bürger auch nicht im eigenen Wohnort in ein Hotel gehen.

[4] Sie unterstanden dementsprechend dem Gewerkschafts-Rat für Kurwesen.

[5] Sie wurde jährlich im Statistischen Jahrbuch "Volkswirtschaft der UdSSR" (*Narodnoe chozjajstvo SSSR* - bzw. der Republiken) veröffentlicht.

[6] Allerdings wurden auch sie nur zusammen mit anderen (touristischen) Einrichtungen des CSTĖ, wie Turbasen, Campingplätze u.a. ausgewiesen.

[7] Vgl. hierzu auch Tur. učrež. prof., 1983, S. 11.

[8] Sie sind im Prinzip für zahlungskräftige West-Touristen bestimmt.

schaffen, der die Kapazitäten kommunaler Hotels von Großrepubliken wie Weißrußland oder Kazachstan übertraf (AZAR, 1971, S. 7).

Der Großteil der Hotelkapazitäten war also in der Sowjetunion für bestimmte Zielgruppen reserviert.[1)] Nur wenn noch weitere freie Plätze vorhanden waren, konnten auch andere Gäste Aufnahme finden. So wurden z.B. "touristische Hotels" in der Nebensaison oft als kommunale Hotels, also für Individualreisende, genutzt (Turistskie i kurortnye gostinicy, 1976).

In den letzten Jahren ist im Zusammenhang mit den Wirtschaftsreformen eine Lokkerung festzustellen. In Großstädten (v.a. in Moskau), aber auch in früher geschlossenen Städten, wo noch keine touristische Infrastruktur besteht, ist zu beobachten, daß Behörden ihre eigenen, meist (sehr) gut ausgestatteten Hotels für ausländische (Geschäfts-)Reisende öffnen, um auf diese Weise an die begehrten Devisen zu gelangen.

3.2.2.2 Tourismusbasen (*turistskaja baza*)

Die Tourismusbasen (oft auch kurz "Turbasen" - *turbazy* - genannt) stellen im Prinzip eine Sonderform der touristischen Hotels dar (AZAR, 1972b, S. 37). Wie diese gehören sie den Gewerkschaften (früher dem CSTĖ) und sind für Touristen bestimmt. Im Vergleich zu den Hotels verfügen sie über weniger Komfort und sind in ihrer Verteilung nicht so stark auf (Groß-)Städte konzentriert, sondern liegen eher abseits großer Ballungszentren in landschaftlich ("touristisch") reizvoller Umgebung mit guten Voraussetzungen für aktive Erholungsarten (AZAR, 1972b, S. 37; Kurorty, 1983, S. 345).
Die Ausstattung ist sehr unterschiedlich, meist gibt es aber ein Hauptgebäude[2)] umgeben von kleineren Hütten, Pavillons etc. Die Unterbringung erfolgt in der Regel in Mehrbettzimmern, die Verpflegung ist einfach, vor allem auf Wanderer etc. abgestellt.[3)]
Insgesamt sind Tourismusbasen in etwa mit unseren (älteren) Jugendherbergen vergleichbar.[4)]

Touristenrouten
Ein enger Zusammenhang besteht zwischen touristischen Hotels bzw. Turbasen und einer weiteren Besonderheit des sowjetischen Fremdenverkehrs, den "**Touristenrouten**" (touristische Pauschalreisen, *turistskie maršruty*). Bei diesen handelt es sich um Pau-

---

[1)] Damit wird auch die Kopfzeile eines Artikels verständlich, der im Juli 1991 in *Argumenty i Fakty* erschien: "1913 gab es in Jalta 12.000 Hotelbetten - 1991 nur 1219." (AiF, 27/1991); es ist nicht anzunehmen, daß damit die absolute Gesamtzahl der Hotelbetten von 1991 gemeint ist, sondern vielmehr nur diejenigen, die auch Individualtouristen offenstanden.
[2)] Festes Haus für Empfang, Kantine oder sonstige Gemeinschaftseinrichtungen.
[3)] Daneben gibt es noch die Filialen der Turbasen, welche in der Entfernung von ca. einem Tagesmarsch liegen und nur der Übernachtung und Selbstverpflegung dienen (Geogr. rekr. sistem, 1980, S. 53).
[4)] Zu Turbasen s. auch KNABE, 1979, S. 302f.; eine Spezialform der Turbasen stellen die (1988) gut 20 Bergsteigerlager (*alpinistskij lager*) dar, die von einer freiwilligen Sonderabteilung des Gewerkschaftsrats, der Alpin-Sektion, betrieben werden (Geogr. rekr. sistem, 1980, S. 57).

schalreisen, die vom Gewerkschafts-Rat organisiert werden,[1] wobei die Putjovki über die Betriebe vergünstigt bzw. kostenlos an die Beschäftigten abgegeben oder frei in Reisebüros verkauft werden.
Die Putjovka beinhaltet in diesem Fall neben Vollverpflegung auch den Transport während der gesamten Reise, Ausflugs- und Besichtigungsprogramme sowie je nach Art der Reise auch die Bereitstellung der benötigten Ausrüstung (Boote, Zelte...). Alle Teilnehmer sind verpflichtet, sich nur innerhalb der Gruppe zu bewegen (Tur. maršruty, 1990, S. 133).

Die touristischen Pauschalreisen können nach folgenden Kriterien unterteilt werden:
- Fortbewegungsmittel: es gibt zum einen die sog. "Transportrouten" (*transportnye m.*), bei denen die verschiedenen Punkte mit Flugzeug, Bus, Eisenbahn oder Schiff erreicht werden und zum anderen Routen mit aktiven Fortbewegungsarten, z.B. per pedes, Rad, Pferd, Kanu etc.;[2]
- Art der Route: Ringförmige (*kol'cevoj m.*), radiale (*radial'nyj m.*) oder lineare (*linejnyj m.*) Routen;[3]
- Alter der Teilnehmer: nur Erwachsene oder Erwachsene mit Kindern;[4]
- Saison: Sommer (*letnyj m.*), Nebensaison (*mežsezonnyj m.*), Winter (*zimnyj m.*), ganzjährig (*kruglogodičnyj m.*);
- Das wichtigste Merkmal war bis Ende der 80er Jahre die Einteilung in "nationale" (*vsesojuznyj m.*) und "lokale" (*mestnyj m.*) Routen.[5] Letztere konnten nur bei dem jeweiligen Tourismus-Rat oder Reisebüro gebucht werden und unterschieden sich im allgemeinen von den Allunionsrouten durch die geringeren Entfernungen sowie oft auch durch ihre geringere Attraktivität.

Diese Trennung wurde 1989/90 abgeschafft. Nach dem Zerfall der Sowjetunion werden die ehemaligen "lokalen" Routen bessere Chancen haben, erhalten zu bleiben, da bei ihnen die Organisation schon immer vor Ort und nicht in der Moskauer Zentrale erfolgte.

In die Routen werden sowohl touristische Hotels als auch Turbasen (und teilweise Campingplätze, s.u.) einbezogen. Die jeweilige Aufenthaltsdauer[6] richtet sich außer nach der Gesamtdauer der Reise auch nach der Art der Route: Bei radialen Routen ist sie entsprechend länger, da bei ihnen von einem Standquartier aus nur Ausflüge von maximal 2-3 Tagen mit Übernachtungen in Zelten oder in den Filialen der Turbasen unternommen werden.[7]

In größeren Städten hat der Mangel an Übernachtungsmöglichkeiten, vor allem an Hotelbetten, in den 80er Jahren neue Formen aufkommen lassen. Eine Besonderheit

---

[1] Ende der 20er Jahre wurde in Tegenekli (Kaukasus) die erste sowjetische Turbase eröffnet, an die sich auch die erste organisierte Marschroute anschloß (STADELBAUER, 1983); das Programm wird jährlich von den Gewerkschaften in Form eines Handbuchs (Titel: *Turistskie Maršruty*) veröffentlicht oder zum jeweiligen Termin in Reisebüros und Zeitungen angeboten.
[2] Diese können auch noch einmal nach dem Schwierigkeitsgrad unterteilt werden.
[3] Bsp. für ringförmige Routen sind der bekannte "Goldene Ring" um Moskau (Bus) und die "lokale" Schiffsroute Moskau-Astrachan-Moskau; die meisten überregionalen Routen gehörten jedoch zu den linearen (Tur. maršruty, 1985).
[4] Es ist dabei noch einmal ist zwischen verschiedenen Altersbegrenzungen (ab 5, ab 7 und ab 12 Jahre) zu differenzieren.
[5] Laut PIROŽNIK (1985, S. 125) wurden Anfang der 80er 412 nationale und 1327 lokale Routen angeboten.
[6] AZAR nennt 3 bis 32 Tage (1972b, S. 42).
[7] S. hierzu auch Tab. 11, 12, 15, 30.

stellen die "Touristenzüge" (*turistskie poezdki*)[1] dar: Während der ganzen Reise, also auch bei einem mehrtägigen Aufenthalt in einer Stadt, wohnen die Touristen im Zug (i.a. in Schlafwagen mit 4-Betten-Abteilen). Manchmal kann man am Rand größerer Bahnhöfe diese Züge abgestellt sehen. Diese Form der Unterbringung ist natürlich nicht sehr komfortabel, da alles sehr eng ist und außerdem nur die sanitären Anlagen auf dem Bahnhof benützt werden können. Sie schaffen aber - genauso wie z.B. die Kreuzfahrten auf den großen Flüssen oder auch die ständig im Hafen einer Stadt vertäuten Passagierschiffe - für eine größere Anzahl von Touristen die Möglichkeit, mehrtägige Aufenthalte in attraktiven Städten zu verbringen, als dies von den Hotelkapazitäten her möglich wäre.

In der Literatur und in Verordnungen zum sowjetischen Fremdenverkehr taucht häufig der Begriff "**selbständige Touristen**" (*samodejatel'nye turisty*) auf. Bei ihnen handelt es sich nicht wirklich - wie man vom Namen her zunächst annehmen könnte - um Individualtouristen, welche ihren Urlaub ganz eigenständig und, soweit möglich, nur nach Lust und Lage des Geldbeutels planen und verbringen.[2]
Das selbständige Handeln ist auf Selbstversorgung und Eigenverantwortung beschränkt: "Selbständige Touristen" stehen unter der Kontrolle und Leitung der touristischen Clubs und Sektionen (vgl. Kap. 3.1.1.1), was sich darin äußert, daß sie ihre Fahrten und Wanderungen vorher beantragen und genehmigen lassen müssen. Zu diesem Zweck ist ein Fahrtenbuch zu führen, welches bei jeder Übernachtung (in touristischen Hotels oder Turbasen) vorgelegt und abgezeichnet werden muß.[3]
Wenn das Vorhaben genehmigt wird, erhalten die "selbständigen Touristen" durch die Sektionen etc. auch Unterstützung in Form von Ausrüstungsverleih und Kartenmaterial.[4]
Durch die Genehmigungspflicht sind also auch die "Selbständigen" reglementiert, haben aber im Vergleich zu den Pauschaltouristen doch mehr Möglichkeiten, bei der Termin- und Routenwahl mitzubestimmen. Außerdem können nur die "selbständigen Touristen" - und nicht die "wilden" (s.u.) - mit einer Aufnahme in touristische Beherbergungseinrichtungen rechnen.

3.2.2.3. Campingplätze/Motels (*kemping/motel*)

Auch sie gehören zum Bereich Tourismus, wobei es sich bei Motels im Prinzip nur um einfachere Hotels handelt, die im Umland (größerer) Städte entlang von Durchgangsstraßen liegen (ŠČEKOLDIN/MILINIS, 1976). Sie sind also zwar ebenso wie die Motels westlicher Länder (v.a. USA etc.) für Autotouristen bestimmt, weisen aber nicht unbedingt deren sonstige Besonderheiten, wie z.B. ebenerdige Bauweise und Autostellplatz vor den Zimmern, auf.
Beide Einrichtungen (Campingplätze und Motels) werden von verschiedenen Organisationen betrieben (INTOURIST, Gewerkschafts-Rat, Kommunen) und sind - außer in unmittelbarer Nähe von touristischen Zentren - mehr für die Durchreise von Auto -

---

1) 1986: 2.600 Züge (Cifry i fakty, 1987).
2) Das sind die sog. "wilden" Urlauber (*dikie*), s. Kap. 3.2.3.4.
3) ISTOMIN/SIMAKOV, 1986; Istorija i organizacija samodejatel'nogo turizma, 1988.
4) Dies stellte angesichts des großen Mangels an verläßlichen Karten etc. in der Sowjetunion eine große Hilfe dar.

Tab. 4: Übersicht über die Einrichtungen des organisierten Fremdenverkehrs

	Träger	Ziel-gruppe	Zugang über	Angebot	Aufenthalts-dauer (ø)
Sanatorium	Gew. (K) GesundMin. Betriebe	Kranke	Arzt+ Putj.	Ü,V,mB,(K)	20 Tage - mehrere Monate
Prophylaxe-Sanatorium	Gew. (K) Betriebe	Gesundheits-gefährdete	Arzt+ Putj.	Ü,V,mB,(K)	24 Tage (30 beiTb)
Pension (+/-Kur)	Gew. (K) Betriebe	Gesunde	Putj.	Ü,V,K,(mB)	12-24 Tage
Erholungsheim	Gew. (K) Betriebe	Gesunde	Putj.	Ü,V,S,(K)	12-14 Tage
Erholungsbase	Betriebe	Betriebs-angehörige		Ü,(V,S,K)	2-24 Tage
Hotel	Kommunen Intourist Betriebe	Touristen " " Dienstreisende	frei/ Putj.	Ü,V	1- ... Tage
Touristenhotel	Gew. (T)	Touristengruppen Selbständige T.	Putj.	Ü,V,A	1-10 Tage
Turbase	Gew. (T)	Touristengruppen Selbständige T.	Putj.	Ü,V,A,T,S	1-32 Tage
Campingplatz Motel	Gew. (T) Intourist	(Auto-) Touristen	Individ./ Putj.	Ü,(V)	1-3 Tage
Pionierlager	Jugendorg. Gew. (T) Betriebe	Kinder und . Jugendliche Betriebs-angehörige	Putj.	Ü,V,S,K,A	25 Tage
Jugendhotel	Sputnik	Jugendgruppen	Putj.	Ü,V,A	1-8 Tage

Gew (K): Zentralrat für Kurwesen
Gew (T): " " für Tourismus und Ausflugswesen (CSTĖ)

Ü - Übernachtung
V - Verpflegung
mB - Medizinische Betreung
K - Kulturelle Veranstaltungen
S - Sport
A - Ausflüge
T - Verleih von Ausrüstung etc.

Gew. - Gewerkschaft ist Hauptträger
K - Schwerpunkt liegt auf dem kulturellen Angebot

(V) - Verpflegung ist nur teilweise möglich

Quelle: eigene Zusammenstellung;

und Motorrad-Touristen[1] als für längere Aufenthalte gedacht (Ėkologija čeloveka, 1981).
Die Campingplätze unterscheiden sich nicht nur in diesem Punkt von denen westlicher Länder, auch ihre Ausstattung ist anders: So sind auf ihnen für die Unterbringung der Touristen in erster Linie Hütten und andere fest installierte Behausungen vorgesehen, für das Aufstellen eigener Zelte ist nur sehr wenig Platz vorhanden. Dies dürfte von Touristen aus dem Gebiet der ehemaligen Sowjetunion allerdings kaum als Mangel empfunden worden sein, da brauchbare Zelte bisher zu den defizitären Waren gehörten. Wohnwagen oder gar Wohnmobile sind weitgehend unbekannt.[2]

3.2.3 ERGÄNZENDES ANGEBOT

Außer den bisher genannten Erholungseinrichtungen gibt es noch weitere, die in der Statistik im allgemeinen jedoch nicht ausgewiesen werden.

3.2.3.1 Pionierlager

Zu ihnen gehören unter anderem die verschiedenen Erholungseinrichtungen für Kinder und Jugendliche, von denen die **Pionierlager** (*pionerskij lager*) am bekanntesten sind. Sie gibt es in verschiedenen Ausrichtungen: Kolchoz- und Gemeinschafts-, Sanatoriums-(s.o.), Arbeits- und Erholungslager, städtische, sowie die sommerlichen Vororts-Pionierlager, welche den Haupttyp darstellen.[3]
Es handelt sich bei diesen um "Erholungseinrichtungen, die der Erziehung und Gesundheit 7-15jähriger Kinder und Jugendlicher dienen sollen" (Geogr. rekr. sistem, 1980, S. 58). Sie wurden vor allem durch die Gewerkschaftsorganisationen der Betriebe gegründet.
Die durchschnittliche Aufenthaltsdauer beträgt 24-25 Tage, für Kinder aus nördlichen Landesteilen 39 Tage. Pro Sommer werden zwei, meist sogar drei "Schichten durchgeführt".
Da die Konzeption von Pionierlagern neben der Erholung auch die ideologische Schulung der Kinder und Jugendlichen beinhaltete, ist nach dem Zerfall der Sowjetunion die Zukunft der Einrichtungen ungewisser als bei den meisten anderen Beherbergungseinrichtungen: Zum Teil wurden sie geschlossen, zum Teil unter anderem Namen weitergeführt.
Im Gegensatz zu diesen Sommercamps, die feste Einrichtungen darstellen, verfügen die "Arbeits- und Erholungslager" meist über keine eigene materiell-technische Basis, sondern verwenden Unterkünfte, die gepachtet oder von den jeweiligen Arbeitgebern gestellt werden. Organisiert werden sie u.a. von den Gewerkschaften, ZK VLKSM, Ministerium für Erziehung. Die Jugendlichen (ab ca. 15 Jahre) verrichten während ihres 2-3wöchigen Aufenthaltes[4] täglich vier Stunden Arbeit auf Kolchozen, Sovchozen oder Baustellen von zukünftigen Pionierlagern etc., nachmittags können sie sich erholen (Geogr. rekr. sistem, 1980, S. 59).

---
[1] Auf Touristenrouten oder als "selbständige" Touristen.
[2] Auffallend waren daher die Wohnwagen auf dem Campingplatz "Olgino" bei Leningrad, die Finnen gehören.
[3] Zum Jugendtourismus zählen natürlich auch die bereits erwähnten Jugendhotels von SPUTNIK.
[4] Für Kinder aus dem Norden 1,5-2 Monate.

In den letzten Jahren wurden auch Jugendlichen aus dem westlichen Ausland Ferien in solchen Lagern angeboten.

Die bisher aufgeführten Erholungseinrichtungen gehören alle zum organisierten Fremdenverkehr,[1] wobei touristische Hotels und Turbasen in gewissem Sinn Übergangsformen zur individuellen Erholung darstellen, da dort auch die "selbständigen" Touristen Zugang haben.

3.2.3.2 Gartenkooperativen (*sadovodčeskoe tovariščestvo*)

Ähnliches gilt auch für die Gartenbaukooperativen. Bei ihnen handelt es sich um Land, das - aufgeteilt in Parzellen von je nach Republik und Gegend unterschiedlicher Größe[2] - von Betrieben oder anderen Organisationen an ihre Beschäftigten verpachtet wird. Diese können darauf ein kleines Häuschen errichten, das - offiziell zumindest - nicht zur Übernachtung dienen darf, sondern mehr ein Provisorium darstellen und deswegen auch keine Heizung haben soll (SHAW, 1979, S. 131).[3]
Der Garten wird für Obst- und Gemüseanbau - meistens sehr intensiv - genutzt.[4]
Die Gartenkooperativen haben aus diesem Grund nicht nur für die Erholung der städtischen Bevölkerung, sondern auch für deren Ernährung einen großen Wert.[5]
Dennoch werden sie auch kritisch betrachtet, da von den Kooperativen um die Städte in den letzten Jahrzehnten große Flächen in Beschlag genommen wurden, was zu einer Zersiedelung der Naherholungsgebiete führte,[6] zumal die Erschließung oft sehr ungeregelt erfolgte. Auch wurde zum Teil Land ausgewählt, das für andere Zwecke eigentlich besser geeignet wäre (vgl. Kap. 6.1.2 bzw. MELLUMA, 1982, S. 96).

3.2.3.3 Datschas[7] (*dača*)

Noch stärker als die Gartenkooperativen sind Datschas der individuellen Erholung zuzuordnen.[8]
Lange Zeit wurde in der Sowjetunion versucht, durch sehr restriktive Gesetzgebung für den Kauf und Verkauf von Sommerhäuschen, den sog. Datschas, diese Erholungsform zu verdrängen, weil sie wenig in sozialistische Wertvorstellungen paßt (SHAW, 1979, S. 129).

---

[1] Einzige Ausnahme: "kommunale" Hotels.
[2] SHAW gibt 25m² an, für die RSFSR werden in Geogr. rekr. sistem (1980, S. 57) 600m² genannt.
[3] Im Prinzip sind sie vergleichbar mit unseren Schrebergärten und insofern nicht dem Freizeit- und Fremdenverkehr zuzuordnen; sie liegen jedoch oft so weit vom Wohnort entfernt und werden außerdem als Ferien- bzw. Wochendhäuschen (also mit Übernachtung) genutzt, daß sie in der vorliegenden Arbeit berücksichtigt werden.
[4] In der Leningrader Oblast' wurden in den 70er Jahren in solchen Gärten fast halb soviel Früchte wie in Kolchozen und Sovchozen der Oblast' erzeugt (SHAW, 1979, S. 131).
[5] Angesichts der drastischen Verschlechterung der Versorgungslage wurde diese Funktion zunehmend wichtig; im Frühjahr 1991 wurden deswegen nach einem Abkommen zwischen der Stadt Moskau und der umgebenden Oblast' neue Flächen ausgewiesen (Development of Datchas, 1991, S. 361).
[6] Kooperativen für die Moskauer Bevölkerung liegen schon seit Ende der 80er Jahre z.T. außerhalb der Oblast' (s. hierzu: ALEKSEEVA, 1988, S. 112).
[7] In der DDR wurden analog dazu Sommerhäuser als "Datsche" bezeichnet.
[8] Eine Ausnahme bilden nur die "betrieblichen" Datschas (s.u.).

Dies ist jedoch nicht gelungen, da sie aufgrund ihrer langen Tradition zu stark im Leben der Bevölkerung verwurzelt waren. Außerdem kann auf die Datschas gar nicht verzichtet werden: Ähnlich wie die Gartenkooperativen sind sie nötig, um das Defizit an Erholungsmöglichkeiten auszugleichen und bieten zudem noch die Möglichkeit, Erholung und Aufbesserung der Versorgung mit Gemüse und Obst zu verbinden (BATER, 1989, S. 273f.). In den 80er Jahren begann sich deswegen auch die Haltung staatlicher Stellen zu Datschas zu ändern (Development of Datchas, 1991, S. 361).
Bei der Nutzung bestehen mehrere Varianten bzgl. der Eigentumsverhältnisse:
- Bewohner von geeigneten (alten) Häusern[1)] auf dem Land, meist in der Umgebung von (Groß-)Städten vermieten im Sommer für mehrere Monate einen mehr oder weniger großen Teil an Städter und begnügen sich selbst in dieser Zeit mit einem minimalen Platzbedarf.
- Die Datscha ist im Besitz der Erholungssuchenden, bzw. deren Familie: Sei es daß diese dort selbst noch aufgewachsen sind, inzwischen aber in der Stadt leben und nur im Sommer zurückkehren,[2)] sei es daß in teilweise verlassenen Dörfern Häuser der ehemaligen Bewohner aufgekauft und als Datscha genutzt werden,[3)] oder daß es sich um - meist von den Nutzern in Eigenarbeit erstellte - neue Sommerhäuschen handelt. Dabei entstehen teilweise ganze Siedlungen, z.T. auf sonst nicht nutzbarem Land, welche sich - vor allem im Baltikum - äußerlich in nichts von gehobenen Ferienhaussiedlungen West- oder Nord-Europas unterscheiden.

Außer den Datschas, die sich in Privatbesitz bzw. -nutzung befinden, gibt es auch solche, die von großen Betrieben, Behörden etc. ihren Führungskräften oder Gästen zur Verfügung gestellt werden.[4)] Besonders die sog. Staatsdatschas (*gosdači*)[5)] sind in Größe und Ausstattung dann oft kaum mehr als Datscha/Sommerhaus, sondern eher als Landsitz zu bezeichnen (vgl. Kap. 3.1.3).

Die "private" Datscha wird im allgemeinen für den ganzen Sommer bezogen, allerdings wird sie meistens von den verschiedenen Familienmitgliedern unterschiedlich intensiv genützt: Wer keinen Urlaub hat, muß während der Woche in der Stadt bleiben und kann nur über das Wochenende auf die Datscha fahren. Wenn die Entfernung nicht so groß, bzw. die Verkehrsverbindungen gut genug sind, wird die Stadtwohnung während der Sommermonate auch ganz verlassen und jeden Tag gependelt.
Unterschiedlich fällt auch - je nach Eignung des Bodens und Interesse der Bewohner - der Umfang des Gartenbaus aus; im Gegensatz zu den Gartenkooperativen steht er auf jeden Fall nicht im Vordergrund. Den Heerscharen von Städtern, welche im Sommer regelmäßig am Sonntagabend schwerbepackt mit Rucksäcken und sonstigen Behältnissen, die die Früchte der Wochenendarbeit enthalten, durch die Metro heimwärts ziehen, ist jedoch nicht anzusehen, woher sie kommen, ob von der Datscha, vom "Schrebergarten" oder vom Beeren- bzw. Pilzesammeln im Wald.

[1)] Im allgemeinen "Einfamilienhäuser" in traditioneller Holzbauweise.
[2)] Z.B. zu den Eltern oder sonstigen Verwandten, die noch ganzjährig dort leben.
[3)] S. hierzu auch VEDENIN/PREOBRAŽENSKIJ/FILIPPOVIČ (1985), welche auf die Avantgarde-Rolle von Moskau, Leningrad und Kiev bei derartigen "elitären" Fremdenverkehrsformen hinweisen; durch die Liberalisierung des Eigentumrechts wurden die Möglichkeiten für diese Datschas erleichtert.
[4)] Westlich von Moskau wurden z.B. auch von vielen Botschaften Datschas unterhalten (KNABE, 1979, S. 308).
[5)] Sie waren für Regierungsmitglieder, ausländische Gäste und sonstige Privilegienempfänger bestimmt.

3.2.3.4 Beherbergungsangebot für Individual-Urlauber ("*dikie*")

Den größten Anteil der Urlauber in den großen Ferienorten stellen jedoch nicht die Gäste der bisher erwähnten Einrichtungen.[1]
Die Mehrheit sind Erholungssuchende, die "auf eigene Faust" ihren Urlaub planen und verbringen, weil sie entweder keinen Platz in einer der organisierten Erholungseinrichtungen bekommen konnten, oder weil sie es vorziehen, ihre Urlaubsort selbst auszusuchen (vgl. Kap. 3.2) und die Ferien dort dann ohne die Zwänge und Vorschriften, die in einer gewerkschaftseigenen oder betrieblichen Einrichtungen gelten, zu verbringen.

Lange Zeit, bis Mitte der 70er Jahre, wurde diese Gruppe von Urlaubern und deren Bedürnisse bei der Fremdenverkehrsplanung ignoriert, da sie so gar nicht in die sozialistische Vorstellungswelt passen (s. auch KNABE, 1979, S. 371). Bezeichnender Weise wurde für sie der Begriff "Wilde" (*dikie*) geprägt.

Da der Bau von Hotels für den inländischen Bedarf, die frei zugänglich sind, in der Sowjetunion Jahrzehnte lang vernachlässigt wurde (vgl. Kap. 3.2.2.1), standen bisher in vielen bekannten Erholungsorten wie Anapa, Gagra (beide Schwarzmeer-Küste) oder Palanga (Litauen) oft nur ein bis zwei kleine Hotels zur Verfügung, die bei der Unterbringung der "wilden" Urlauber keine Rolle spielen konnten (Ochrana truda, 2/ 1985, S. 20).

Angesichts der Massenhaftigkeit des Problems[2] wurden Ende der 70er Jahre dann doch Stellen eingerichtet, welche sich um diese Urlauber kümmern sollten. So erhielten z.B. die "Büros für Gäste ohne Putjovka", welche dem Rat für Kurwesen unterstanden, die Aufgabe, bei der Unterbringung der Urlauber in von ihnen in Vertrag genommenen Privatquartieren oder Hotels, bei der Realisierung von Kurkarten (*kursovka*, s.o.), beim Vorverkauf von Rückreisetickets und bei der Bereitstellung von Verpflegungsmöglichkeiten behilflich zu sein (KNABE, 1979, S. 371; Ochrana truda, 2/ 1982, S. 22f.).
Außerdem wurden noch die Zimmervermittlungsbüros der Stadt-Exekutivkomitees (*kvartirno-posredničeskoe bjuro gorispolkomov*) eingerichtet. Bei ihnen können sich ständige Bewohner des Ortes melden, welche Zimmer (oft auch nur einfach Schlafstellen) vermieten wollen. Diese Angebote werden geprüft und die zulässige Höchstgrenze für ihre Vermietung entsprechend der Ausstattung festgelegt (KNABE, 1979, S. 372; Ochrana truda, 2/1985, S. 20).
Die Vermittlungsbüros sollen das Angebot koordinieren und auch kontrollieren. Strafen für Verstöße, z.B. für die Überschreitung der regional zulässigen Höchstmiete[3], waren jedoch so niedrig angesetzt, daß sie keine abschreckende Wirkung zeigten (Ochrana truda, 2/1985, S. 20). Außerdem ist die Nachfrage um so viel größer als das (organisierte) Angebot an Unterkünften, daß die Vermieter es sogar riskieren konnten,

---

[1] Datschas und Gartenkooperativen liegen i.a. sowieso nicht dort, sondern möglichst in Stadtnähe; Überschneidungen gibt es jedoch dort, wo Stadt- und Feriengebiet sehr nah beieinander liegen, z.B. Riga-Jurmala in Lettland.
[2] Zwei Drittel der Urlauber von Soči z.B. sind "Wilde" (s. AiF, 13/1989, STADELBAUER, 1986, S. 8 und KNABE, 1979, S. 372; vgl. auch Kap. 3.3.2).
[3] KNABE (1979, S. 372) nennt für Litauen 2 Rubel/pro Person und Nacht, STADELBAUER (1986, S. 4) 1-1,5 Rubel (ohne regionalen Bezug); inzwischen haben sich auch diese Preise natürlich geändert.

direkt vor dem offiziellen Vermittlungsbüro ihre Schlafplätze "schwarz" anzubieten.[1] Diese Vermieter verursachen doppelten Schaden, da sie meistens überhöhte Preise verlangen und außerdem keine Steuern zahlen (Ochrana truda, 2/1985, S. 20).
Die größten Probleme bestehen aber im allgemeinen nicht bei der Unterbringung der "wilden" Urlauber, sondern bei ihrer Verpflegung (s. Kap. 3.3.2).

Im Gegensatz zu der Situation in den Feriengebieten ist in Großstädten die private oder von Kooperativen organisierte Vermietung von Unterkünften eine jüngere Erscheinung: Erst seit Ende der 80er Jahre bildeten sich in verschiedenen Städten Kooperativen,[2] die Reisenden schon auf dem Bahnhof Übernachtungsmöglichkeiten in Privatquartieren anbieten oder vermitteln.[3] Die Kooperative "Urlaub" (*"Otdych"*) in Minsk berechnete z.B. 1988 pro Tag für eine Unterkunft 3,5 - 5 Rubel. Mit diesem Betrag wurde neben der Übernachtung die Benützung der Küche (incl. Kühlschrank), des Telefons und der Dusche abgedeckt, für ein Mittagessen war ein Aufpreis fällig. Geplant wurden auch verschiedene Serviceleistungen. Die Nachfrage war sehr groß (allein in den ersten 4½ Monaten ihrer Existenz mehr als 2500 Anfragen). Dennoch wurden Pläne der Kooperative für einen weiteren Ausbau abgelehnt; diese sahen die Übernahme und eigenhändige Renovierung eines leerstehenden alten Hauses vor, um dort ein Hotel einzurichten (AiF, 35/1988).
Dies ist nur ein Beispiel für diesen - trotz aller Schikanen - bereits Ende der 80er Jahre stark expandierenden Bereich des sowjetischen Fremdenverkehrs (vgl. Kap. 3.1.2).

3.2.4 FAZIT

Die Darstellung der Einrichtungen hat gezeigt, daß eine Trennung der Kategorien Fremdenverkehrsart und Beherbergungsform für den sowjetischen Fremdenverkehr überwiegend nicht möglich oder sinnvoll ist, da sich z.B. Beherbergungseinrichtung und Organisationsform der Reise gegenseitig beeinflussen. Dies liegt zum einen daran, daß hinter jeder Beherbergungsform ganz konkrete Konzeptionen stehen.[4]
Während zum anderen in westeuropäischen Ländern beispielsweise für einen Badeurlaub am Meer vom Prinzip her die Wahl zwischen einer Unterkunft in Hotels, Pensionen, Ferienwohnungen, auf dem Campingplatz sowie zwischen individueller Organisation (mit oder ohne vorheriger Buchung) und Pauschalarrangement etc. besteht, war die Auswahl für Sowjetbürger viel reduzierter: Hotelbetten gab es in diesen Ferienorten kaum, Campingplätze waren nicht für einen längeren Aufenthalt von Badeurlaubern, sondern für durchreisende (Auto-)Touristen gedacht, etc.[5]

---

[1] Eigene Beobachtungen im September 1989 in Jurmala (Lettland).
[2] Zu den ersten Städten gehörten Riga und Minsk.
[3] Inzwischen werden sie auch in der Zeitung annonciert.
[4] Vergleichbar im Westen nur mit den Ferienclubs (Club Med, Robinson-Club etc.) sowie, jedoch in völliger anderer Art, mit Sanatorien.
[5] Dies gilt zumindest jeweils für die offizielle Fremdenverkehrsplanung.

3.3 Die Entwicklung des sowjetischen Fremdenverkehrs 1970-1990

Das Kapitel über die Entwicklung des Fremdenverkehrsaufkommens muß relativ kurz gehalten werden, da das Material, welches in der sowjetischen Fremdenverkehrsstatistik veröffentlicht wurde, zu ungenau und unvollständig war: Es beschränkte sich auf den organisierten Fremdenverkehr, wobei auch davon nur die wichtigsten Erholungseinrichtungen (seit 1970) regelmäßig erfaßt wurden (Sanatorien, Prophylaktorien, Erholungsheime[1]), Erholungsbasen, Touristenunterkünfte). Sporadisch wurden auch Zusatzinformationen publiziert,[2]) doch waren diese meist nicht sehr zuverlässig, z.B. wenn sich die Angaben - wie bei den Einrichtungen für Kurzzeiterholung - über mehrere Jahre kaum veränderten.

Schwer wiegt das vollständige Fehlen von Informationen zu Einrichtungen, die nicht zum organisierten Fremdenverkehr gehören.[3]) Dazu zählen vor allem Privatquartiere[4]) in den großen Urlaubszentren sowie Campingplätze und Hotels, die nicht von den Gewerkschaften geleitet wurden.
Dementsprechend fehlen auch Angaben über die Nutzer derartiger Einrichtungen, die individuellen Urlauber, welche jedoch - gerade in beliebten Ferienregionen - einen Großteil der Gäste stellten (s.u.).

Aufgrund dieser Einschränkungen können im folgenden nur die wichtigsten Tendenzen bei der Entwicklung des Fremdenverkehrsangebots und -aufkommens aufgezeigt werden.[5]) Eine detaillierte Interpretation der Daten wäre in den meisten Bereichen weder durchführbar noch sinnvoll (vgl. auch Kap. 3.3.1.1).

3.3.1 DIE ENTWICKLUNG DES ANGEBOTS

In den 70er und 80er Jahren erfuhr der organisierte Fremdenverkehr insgesamt einen starken Aufschwung (von 1,3 Mio auf 2,6 Mio Plätze), der allerdings nicht in allen Phasen gleich verlief (s. Abb. 7). Die stärksten Zuwachsraten waren für das 9. Planjahrfünft, also für die ersten Hälfte der 70er Jahre, zu verzeichnen, als die Kapazität um 480.000 Plätze (+ 37%) gesteigert werden konnte.
Danach hat sich das Wachstum immer mehr verlangsamt (1976-1980: 340.000 (+ 19%), 1981-1985: 270.000 (+ 12,5%)), bis 1989 erstmals ein Rückgang der Kapazitäten und der Einrichtungen verbucht werden mußte. Für 1990 zeigte sich bei den meisten

[1])Die beiden Pensions-Arten ("medizinische" - "Erholungspension") werden - wenn nicht anders angegeben - in diesem Kapitel zur Vereinfachung nicht extra genannt, sondern bei den entsprechenden Kategorien (Sanatorium bzw. Erholungsheim), mit denen sie auch in der Statistik zusammengefaßt sind, mitgezählt.

[2])Zu Alpinistenlagern, Familieneinrichtungen, u.a.

[3])Nicht so gravierend ist dagegen die Tatsache, daß auch die Spezialeinrichtungen für Privilegierte nicht erfaßt worden sind, da ihr Anteil - vor allem bei den Kapazitäten und den Gästen - zu unbedeutend ist.

[4])Es ist allerdings zu berücksichtigen, daß auch in Deutschland Quartiere erst ab 9 Betten erfaßt werden und in der Sowjetunion viele Vermieter nur sehr geringe Kapazitäten anbieten konnten.

[5])Alle Daten (mit Ausnahme der Gästezahlen für 1989 (aus Ochrana zdorov'ja, 1990) sind den Statistischen Jahrbüchern der Sowjetunion (Narodnoe chozjajstvo SSSR) für die Jahre 1970-1990 entnommen.

Beherbergungsformen gleich wieder ein leichter Anstieg,[1] so daß 1986-1990 insgesamt doch eine Zunahme, wenn auch nur um 159.000 Plätze (+ 6,5%), zu verzeichnen war.[2]

Aufgrund der zwar positiven, sich jedoch ständig abschwächenden Entwicklung in den letzten zwei Jahrzehnten wurden in der Sowjetunion - ähnlich wie in westlichen Ländern - die 70er Jahre oft als die "Goldenen Jahre des Fremdenverkehrs" bezeichnet, allerdings mit dem Unterschied, daß in der Sowjetunion der anschließende Rückgang nicht mit einem Nachlassen der Nachfrage zu erklären ist.

Abb. 7 und besonders Abb. 8 verdeutlichen, daß die beschriebene Entwicklung nicht für alle Einrichtungen im gleichen Maße zutrifft. Der Ausbau der Kapazitäten in den Sanatorien und Erholungsheimen war relativ schwach (jeweils nur etwa + 30%), so daß diese Einrichtungen, die vorwiegend den Gewerkschaften gehören (vgl. Kap. 3.2.1), ihre frühere Vormachtstellung im sowjetischen Fremdenverkehrswesen verloren: Ihr Anteil an den Kapazitäten sank von 57% 1970 auf 38% im Jahre 1990 (Abb. 9).

Den größten Zuwachs verzeichneten die Erholungsbasen. Dies gilt sowohl für die Einrichtungen als auch für ihr Platzangebot (Abb. 7, 8). Sie konnten dadurch seit 1970 ihren Anteil von 22% auf 31% bei den Kapazitäten, bzw. von 36,5% auf fast 50% bei der Zahl der Einrichtungen erhöhen (Abb. 9), obwohl sie am stärksten von allen Beherbergungseinrichtungen von dem Rückgang seit 1989 betroffen wurden. Gerade bei den Erholungsbasen wird angesichts der Daten für 1988-90 die Fragwürdigkeit der Statistik bzw. die Grenzen ihrer Interpretierbarkeit sehr deutlich: Die Zahlen für die Kapazitäten änderten sich nur wenig, 1989/90 blieben sie sogar gleich, obwohl die Zahl der Einrichtungen gleichzeitig sehr stark abnahm. Unter Umständen wurde hier also nur der Erfassungsmodus geändert.

Am zweitbesten schnitt der Tourismus-Sektor ab, der seine Kapazität um fast 200% (von 160.000 auf 469.000 Plätze) steigern konnte, wodurch er 1990 18% der Betten im sowjetischen Fremdenverkehr stellte[3] (Abb. 7-9).

Bemerkenswert ist auch die Entwicklung der Prophylaktorien. Ihre Zunahme verlief zwar langsamer als bei den Erholungsbasen und Touristenunterkünften aber stetig. Als einzige Beherbergungsart wurden außerdem die Prophylaxe-Sanatorien 1989 nicht von dem allgemeinen Rückgang erfaßt.[4] Selbst dadurch konnte jedoch die schwache Ausgangsbasis von 1970 nicht ausgeglichen werden, so daß 1990 ihr Anteil bei den Ka-

---

[1] Unter Umständen handelte es sich deswegen 1989 auch nicht um einen tatsächlichen Rückgang, sondern nur um eine (vorübergehende) Änderung der statistischen Erfassung.

[2] Nicht berücksichtigt sind in diesen Zahlen Beherbergungseinrichtungen, die auf Kurzzeiterholung (von 1-2 Tagen) spezialisiert sind; Angaben dazu tauchen in der Fremdenverkehrsstatistik nur sporadisch auf; der Großteil der Kapazitäten (1990: 187.000 Plätzen in 2.500 Einrichtungen) entfällt - wegen ihrer Konzeption - auf Erholungsbasen (vgl. Kap.3.2.1.5); da sich die angegebenen Werte in den 80er Jahre auffallend wenige verändert haben, ist an ihrer Exaktheit jedoch zu zweifeln; die generelle Ausklammerung dieser Kapazitäten aus der allgemeinen Statistik hat nicht unerhebliche Auswirkungen auf die Gästezahlen (s. Kap. 3.3.2).

[3] Gegenüber 12% 1970; zur sowjetischen Definition von "Tourismus" s. Kap. 1.2.4.

[4] Die Zunahme 1989 ist allerdings zum Teil auf eine Änderung der statistischen Angaben zurückzuführen: es wurden erstmals auch die Prophylaktorien (1989: 100 Einrichtungen mit 7.900 Plätzen) angegeben, die direkt der Zentrale in Moskau unterstanden (Nar. choz. SSSR v 1989g., 1990, S. 239).

pazitäten nur 13% betrug (Abb. 9); ihre Bedeutung ist also nicht mit den Erholungsbasen oder touristischen Einrichtungen vergleichbar.

Allen Fremdenverkehrsarten gemeinsam ist eine stärkere Zunahme der Kapazitäten im Vergleich zur Entwicklung der Einrichtungen (s. Abb. 8). Dies führte zu einer Steigerung der durchschnittlichen Beherbergungskapazitäten.
Vor allem bei den Sanatorien, Prophylaktorien und den touristischen Einrichtungen hält der Trend unverändert an, während bei den Erholungsbasen und den Erholungsheimen der Höhepunkt dieser Entwicklung bereits überschritten zu sein scheint (s. Tab. 5).[1]

Tab. 5: Durchschnittliche Bettenzahlen der Beherbergungseinrichtungen

Einrichtungsart	1970	1975	1980	1985	1990
Sanatorien	199	214	236	248	261
Prophylaktorien	64	74	82	85	88
Erholungsheime	277	293	316	312	314
Erholungsbasen	86	96	105	97	111
Touristenunterkünfte	265	318	375	410	486
Durchschnitt	143	153	163	155	167

Quelle: Nar. choz. SSSR v 1975g., 1976, S. 605; .... v 1990g., 1991, S. 261;

Zahlen über die durchschnittliche Betriebsgröße der verschiedenen Beherbergungsarten sind allerdings aufgrund der zum Teil beträchtlichen Spannbreiten nur begrenzt aussagefähig. Dies gilt vor allem für die touristischen Einrichtungen, welche von kleinen Turbasen oder Campingplätzen bis zu großen touristischen Hotels in den Zentren mit mehreren 1000 Plätzen reichen können. Ähnliches trifft auch für die Erholungsbasen zu (vgl. Kap. 3.2).
Als generelle Tendenz lassen sich jedoch zumindest deutliche Unterschiede feststellen zwischen (vorwiegend) "betrieblichen" Fremdenverkehrseinrichtungen (Prophylaktorien, Erholungsbasen) und solchen, die sich weitgehend in der Hand der Gewerkschaften befinden (Sanatorien, Erholungsheime, Touristenunterkünfte): Letztere weisen eine deutlich höhere Durchschnittsgröße auf (s. Tab. 5).[2]

Das ehemals angestrebte Ideal von Fremdenverkehrs-Großbetrieben wurde jedoch auch in der Sowjetunion zunehmend kritisch gesehen,[3] wobei besonders der geringere Erholungswert durch die Verstädterung der Erholungsgebiete bemängelt wird.[4]

---

[1] Bei den Erholungsbasen hat sich 1990 durch die "einseitige" Abnahme der Einrichtungen das Bild etwas verschoben (1988: 99 Betten).
[2] Die geringe durchschnittliche Größe von Erholungsbasen erklärt auch die Diskrepanz zwischen ihrem sehr hohen Anteil an der Gesamtzahl sowjetischer Fremdenverkehrseinrichtungen (48%) und ihrem im Vergleich dazu geringen Gewicht bei den Kapazitäten (32%).
[3] Zu den entsprechenden negativen Erfahrungen an der deutschen Ostseeküste s. u.a. PRAHL/STEINECKE, 1979, S. 38; STERR,u.a., 1990.
[4] Kritik wurde vor allem von baltischen Fremdenverkehrsgeographen geübt; s. u.a. IGNATONIS, 1989; KAVALJAUSKAS/IGNATONIS, 1990; STAUSKAS, 1984, S. 13 (vgl. auch Kap. 5).

Abb. 7: Entwicklung des sowjetischen Fremdenverkehrs (1970–1990)

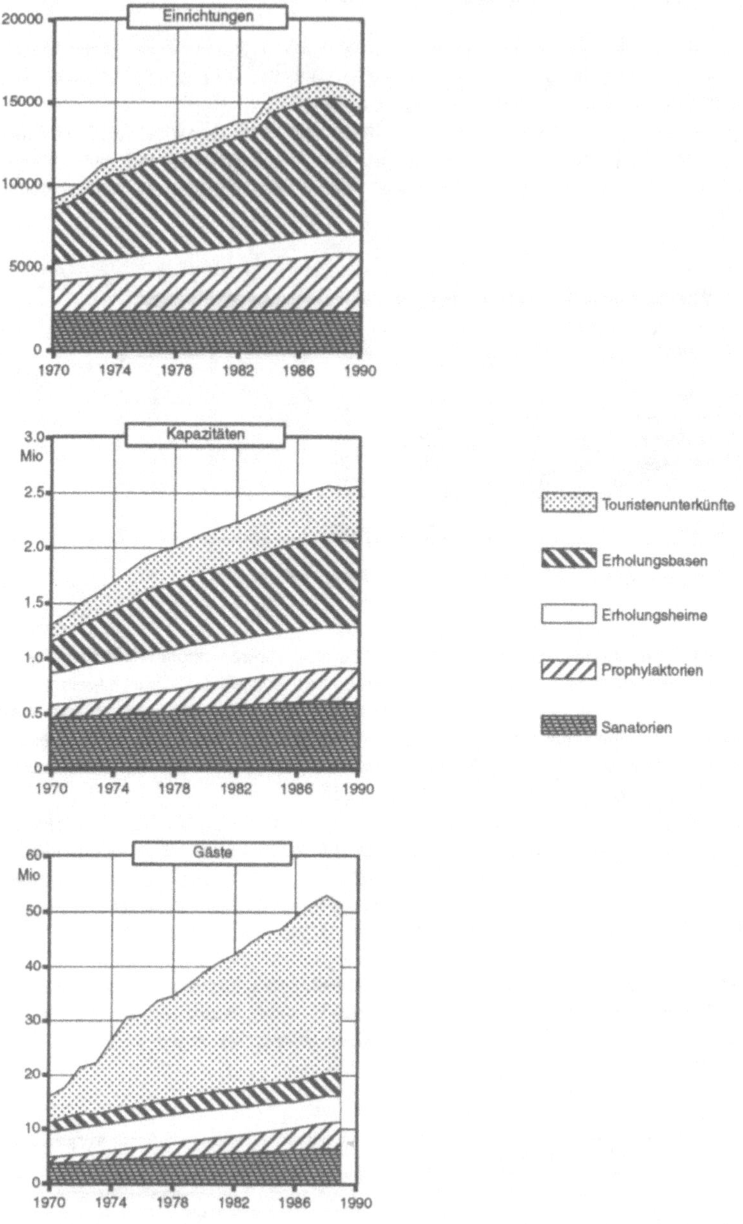

Quelle: Nar. choz. SSSR v 1970g., 1971 u. Folgebände; Ochrana zdorov'ja v SSSR, 1990, S.213;

Abb. 8: Entwicklung der einzelnen Beherbergungseinrichtungen in der Sowjetunion

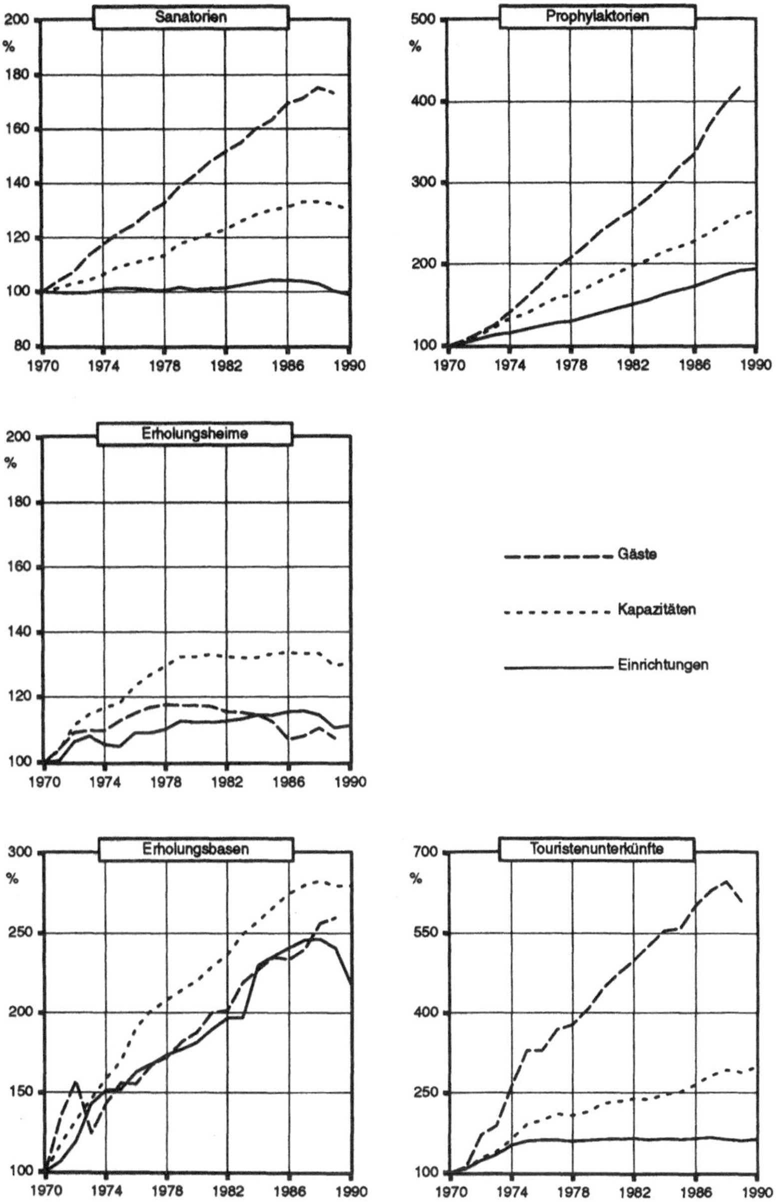

Quelle: Nar. choz. SSSR v 1970g., 1971 u. Folgebände; Ochrana zdorov'ja v SSSR, 1990, S.213;

Abb. 9: Anteile der Beherbergungseinrichtungen bei Angebot und Nachfrage

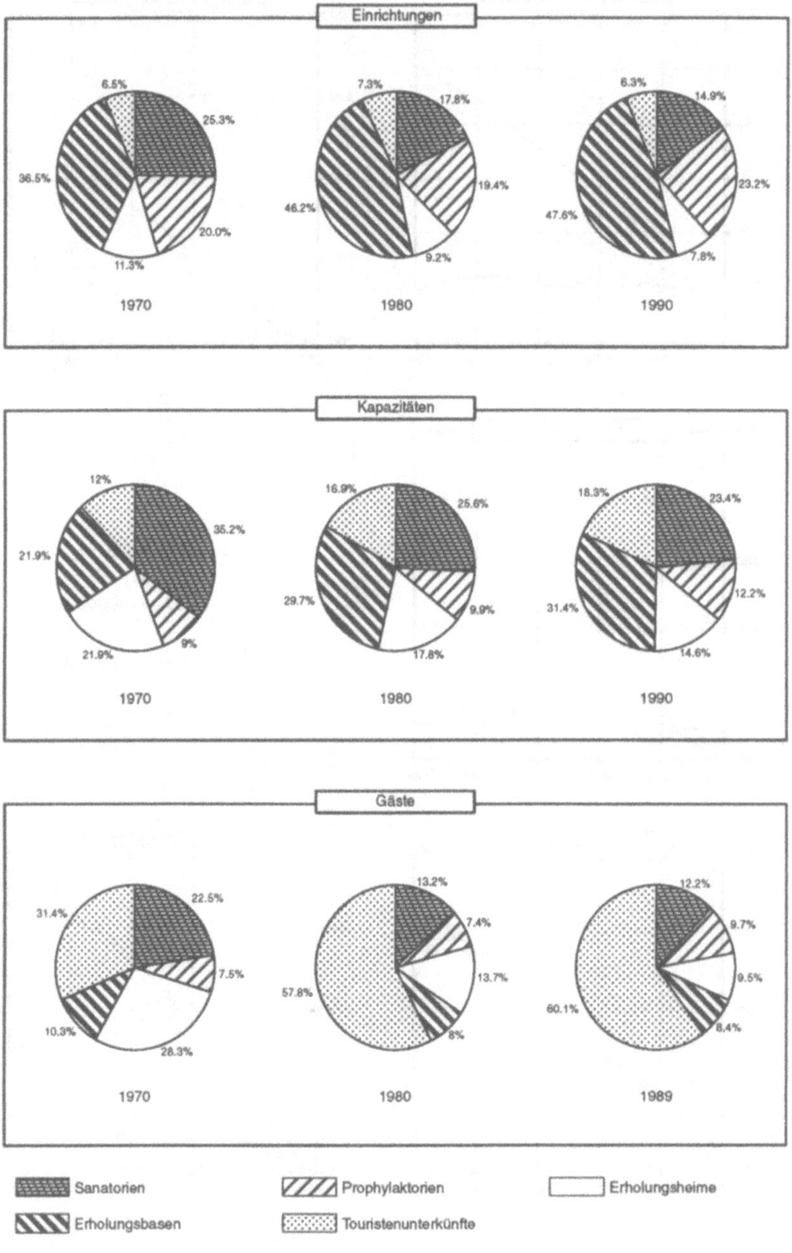

Quelle: Nar. choz. v 1970g., 1971 u. Folgebände; Ochrana zdorov'ja v SSSR, 1990, S.213;

Bei den touristischen Einrichtungen fällt eine besonders starke Divergenz zwischen den Zuwachsraten der Betriebe und denen der Kapazitäten auf, welche sogar in der zweiten Hälfte der 80er Jahre noch einmal deutlich zunahmen,[1] obwohl die Zahl der Einrichtungen insgesamt praktisch stagnierte.[2] Der Grund ist hier nicht in der Zusammenlegung kleinerer Einrichtungen zu sehen, als vielmehr in einer Kapazitätssteigerung durch verstärktes Anmieten von zusätzlichen Unterkünften in Schulen, Internaten etc. in den Sommermonaten.
Dies belegen z.B. die Angaben von BAJNAZAROV (1989, S. 56), denen zufolge seit 1975 der Anteil der gewerkschaftseigenen touristischen Einrichtungen an den Kapazitäten von 68% auf 63% (1987) gesunken ist.[3] Dabei ist davon auszugehen, daß im allgemeinen nur die zusätzlich angemieteten Plätze, nicht aber alle Einrichtungen, zu denen sie gehören, erfaßt werden.[4] Daraus erklärt sich das starke Auseinanderklaffen der beiden Kurven. Zu besonderen Problemen führt die Tatsache, daß es für die Erfassung keine klaren Richtlinien gibt und die Kriterien dementsprechend regional unterschiedlich gehandhabt wurden, wodurch die Vergleichbarkeit und somit die Interpretation der Statistik stark eingeschränkt wird (vgl. Kap. 5).

Während die Quantität der Einrichtungen (zumindest des organisierten Fremdenverkehrs) noch relativ gut erfaßt ist, gibt es über ihre Qualität, d.h. ihren Standard kaum Angaben.
Eine Klassifizierung nach Kategorien ist lediglich für die touristischen Einrichtungen geläufig.[5] Beträchtliche Unterschiede bestehen demnach zwischen dem Niveau der Turbasen und dem der Hotels, von welchen 90% zu den beiden obersten Kategorien gehören (davon 10% zur ersten). 97% der Tourismusbasen zählen dagegen zur 4. und 5., also zu den beiden untersten Kategorien (Tur. učrež. prof., 1983, S. 11). Da die Basen zwei Drittel der Kapazität in touristischen Einrichtungen stellen, bedeutet dies, daß das Gesamtniveau der Touristenunterkünfte sehr niedrig ist: Über 60% der Plätze gehören demnach den untersten Kategorien an.[6]

Nicht nur bei den Turbasen geben Standard und Ausstattung öfters Anlaß zu Kritik. Auch bei den anderen Fremdenverkehrseinrichtungen wird immer wieder bemängelt, daß die Gebäude zu alt und in einem zu schlechten Zustand seien.[7]
Am besten sind meistens noch die Fremdenverkehrseinrichtungen von Großbetrieben bzw. einflußreichen Organisationen ausgestattet, welche i.a. über größere finanzielle Möglichkeiten verfügen (s. Kap. 3.1), während die anderen, besonders die der Gewerkschaften und des Gesundheitsministeriums, sehr zu wünschen übrig lassen (KNABE, 1979, S. 309).

---

[1] Ausnahme 1989, wo allerdings bei allen Beherbergungsformen Abnahmen zu verzeichnen waren (s.o.).
[2] 1985: 962 Einrichtungen mit knapp 400.000 Plätzen gegenüber 965 bzw. 469.000 im Jahr 1990.
[3] In Litauen nahm er sogar von 89% auf 51% (1980) bzw. 29% (1987) ab (BAJNAZAROV, 1989, S. 56).
[4] Z.B. wenn Schulen etc. während der Sommerferien (regelmäßig) als Unterkünfte für Touristen genutzt werden, nicht aber, wenn Touristen verstreut bei der lokalen Bevölkerung untergebracht werden (wie z.B. 1990 in Palanga).
[5] Für Erholungsheime, Sanatorien etc. gab es keine gängige derartige Klassifizierung, obwohl teilweise hinsichtlich der Putjovka-Preise zwischen verschiedenen Niveaus unterschieden wurde.
[6] Viele Turbasen sind in häßlichen Baracken, die teilweise noch aus der Nachkriegszeit stammen, untergebracht (STAUSKAS, 1983).
[7] Über 50% des bestehenden Fonds an Sanatorien, Pensionen und Erholungsheimen ist nach Angaben von SERGEEVA älter als 25 Jahre (SERGEEVA, 1989); s. hierzu auch UVAROV, 1989.

Insgesamt bestehen zwischen den verschiedenen Anlagen große Unterschiede bezüglich dem Komfort der Zimmer,[1] während das Unterhaltungsangebot einer Einrichtungs- (bzw. Fremdenverkehrs-) Art dagegen - entsprechend der zugrundeliegenden gemeinsamen Konzeption (vgl. Kap. 3.2.1) - überall ähnlich ist (SERGEEVA, 1989).

3.3.1.1 Auswirkungen der unterschiedlichen Öffnungsdauer auf die Bedeutung der Einrichtungen

Die Kapazitäten, welche für die verschiedenen Beherbergungseinrichtungen in den Statistiken angegeben werden,[2] spiegeln nicht wirklich die Bedeutung der einzelnen Erholungsarten wider, da die jährliche Öffnungsdauer der Einrichtungen sehr unterschiedlich ist, die angegebenen Kapazitäten also meistens nur ein Teil des Jahres tatsächlich zur Verfügung stehen.[3]
Zwar folgten inzwischen auch andere Beherbergungsformen dem Beispiel der Sanatorien, von denen viele schon in den 60er Jahren zu einer ganzjährigen Öffnung übergingen, um eine bessere Auslastung und damit eine schnellere Amortisierung der geleisteten Investitionen, aber auch eine bessere Versorgung der Bevölkerung mit Erholungsplätzen zu erreichen.[4] Der Anteil der ganzjährig geöffneten Touristenunterkünfte konnte z.B. von 36% (1975) auf 44% (1985) bzw. 46% (1988) erhöht werden.[5] Gerade bei diesen werden aber auch die Grenzen, die einer Saisonverlängerung oft gesetzt sind, deutlich: Turbasen, welche 66% der Kapazitäten touristischer Einrichtungen ausmachen (Tur. učrež. prof., 1983, S. 6), sind in erster Linie für aktive Erholung im Freien gedacht, wodurch ihre Öffnung nur so lange sinnvoll ist, wie die entsprechenden Aktivitäten auch durchgeführt werden können. Manche Turbasen können zwar sowohl für Sommer- als auch für Wintererholung, bzw. (in Städten) von Jahreszeiten unabhängig genutzt werden, aber dies ist natürlich nicht überall der Fall.
Auch bei den Erholungsbasen wird sich eine Saisonalität der Belegung nicht ganz vermeiden lassen, selbst wenn bei ihnen eine solidere Bauweise durchgesetzt werden könnte (vgl Kap. 3.2.1.5). Durch ihre starke Bindung an den Betrieb sind sie weitgehend an dessen Ferienzeiten gebunden.
Sanatorien und Prophylaktorien dagegen arbeiten (wie westliche Einrichtungen des Sozialtourismus) unter anderen Bedingungen, da sie weitgehend unabhängig von Jahres- und Urlaubszeiten sind. Dadurch kann bei ihnen eine ganzjährige Nutzung leichter erreicht werden.

Es gibt für die Fremdenverkehrseinrichtungen natürlich nicht nur die Alternative zwischen ganzjähriger oder nur wenige Monate dauernder Öffnung: Viele haben einen Teil der Anlage (die Hauptgebäude) ganz- oder zumindest halbjährig geöffnet und bieten im Sommer noch zusätzliche Plätze an. Diese befinden sich oft in Pavillons

---

[1] Waschmöglichkeiten und Sanitäranlagen im Zimmer, auf dem Gang oder außerhalb des Hauses; Einzel-, Doppel- oder Mehrbettzimmer, etc.
[2] Zu den speziellen Problemen bei den Gästezahlen s. Kap. 3.3.2.
[3] Schon Anfang der 70er Jahre hatte AZAR (1972b, S. 42) das verfälschte Bild bei den Kapazitätsangaben kritisiert.
[4] AZAR, 1972b, S. 26; KVARTAL'NOV/SENIN, 1987, S. 23; STADELBAUER, 1986, S. 6.
[5] Der Anteil der ganzjährigen wurde vor allem im 10. Planjahrfünft erhöht (BAJNAZAROV, 1989, S. 56; Tur. učrež. prof., 1983, S. 8f.).

etc., bestehen aber teilweise auch nur aus Betten, die einfach in die Zimmer mit hineingestellt werden.[1]

Diese Art der Kapazitätserweiterung ist nicht nur auf Einrichtungen in den Ferienorten beschränkt. Auch in städtischen Hotels z.B. werden zusätzliche Betten in Diensträume etc. gestellt, wodurch eine Auslastung des Hotels von deutlich mehr als 100% - und auf diese Weise eine mit Plansoll-Überschreitungen verbundene Prämienzuweisung - erreicht werden.[2] Darin ist der Grund zu sehen, warum dieses Mittel häufig auch überstrapaziert wird: So kritisiert z.B. DERJUGIN (1987, S. 39), daß die Erweiterung oft mehr als die Norm beträgt.[3]

Werden die angeführten Unterschiede in der Saisonalität bei der Bewertung des Angebots berücksichtigt, so verändert sich das Bild. Die Bedeutung der Sanatorien ist in Wirklichkeit größer, da von ihnen ein größerer Prozentsatz ganzjährig betrieben wird und außerdem die maximale Kapazität im allgemeinen während der ganzen jährlichen Öffnungsdauer zur Verfügung steht. AZAR nennt hierzu (für Anfang der 70er Jahre) einen Wert von 90% der Zeit, während dieser bei den Erholungsheimen z.B. nur 66% betrug (AZAR, 1972b, S. 42). Die Bedeutung der Erholungsbasen, von denen ein besonders hoher Anteil nur im Sommer geöffnet ist, und auch die Bedeutung der Touristenunterkünfte ist also in Wirklichkeit geringer, als dies der Vergleich der Kapazitäten annehmen läßt.

Für das Erholungswesen in der (ehemaligen) Sowjetunion ist dieser Punkt insofern besonders relevant, da - im Gegensatz zu anderen (westeuropäischen) Ländern, wo im allgemeinen nur Campingplätze und Einrichtungen in spezialisierten Wintersportorten eine deutlich verkürzte jährliche Öffnungsdauer aufzeigen - fast alle Beherbergungsformen betroffen sind. Vor allem aber wurde in der Sowjetunion aufgrund des zu geringen Angebots die Auslastung einer Einrichtung in erster Linie durch die Dauer der Öffnungszeit und nicht - wie in Westeuropa - durch die Nachfrage der Erholungssuchenden bestimmt.

3.3.1.2 Regionale Verteilung des Angebots

Die bisherige Darstellung gibt die Entwicklung und Situation für die ganze ehemalige Sowjetunion wieder. Die Fremdenverkehrseinrichtungen und somit die Kapazitäten verteilten sich jedoch nicht gleichmäßig über das Land.
Ganz grob kann man von einer Zweiteilung der früheren UdSSR in den asiatischen, relativ wenig genutzten, und den europäischen Teil sprechen. Dieser stellt mit seiner insgesamt verhältnismäßig dichten Besiedlung und seinen Wirtschaftszentren nicht nur traditionell ein großes Nachfragepotential dar (fast 75% der Bevölkerung der ehemaligen Sowjetunion), sondern verfügt auch über sehr günstige natürliche Voraussetzungen für den Fremdenverkehr.[4] Hier konzentrierten sich Ende der 70er Jahre je nach

[1] Zugrunde liegt dabei die Idee, daß im Sommer ja mehr Zeit im Freien zugebracht wird.
[2] AZAR (1971, S. 5) nennt das Beispiel vom Hotel "Rahnavanna" in Tallinn.
[3] S. hierzu auch DERJUGIN, 1985, S. 24.
[4] Hier liegen auch die Zonen I und II des Rajonierungskonzepts von PREOBRAŽENSKIJ, u.a., s. Kap. 1.2.4.

Fremdenverkehrsart zwischen 83% (Tourismus) und 91% (Erholungsbasen) der Kapazitäten (bei ca. 25% der Fläche).[1]

Das Gesagte betrifft den Fremdenverkehr als Ganzes. Die Verteilung der einzelnen Fremdenverkehrsarten ist komplexer. Es läßt sich keine klare Einteilung vornehmen, besonders wenn nicht nur die regionale Differenzierung des Gesamtangebots,[2] sondern auch die unterschiedliche regionale Gewichtung der einzelnen Beherbergungsformen berücksichtigt werden soll.
Die Sanatorien stellten (1990) als einzige Beherbergungsform in einem relativ geschlossenen Gebiet, den Kaukasus- und den mittelasiatischen Republiken,[3] einen überdurchschnittlichen Anteil der regionalen Kapazitäten.[4]
Auffallend groß ist der Anteil der Plätze in Prophylaktorien in Kazachstan (32%), aber auch in Weißrußland (22%) und Uzbekistan (23%) lag ihr Wert 1990 deutlich über dem Landesdurchschnitt (12%).
Erholungsheime waren nur in einer Republik, in Kirgizien, besonders stark vertreten, dafür lag dort der Wert mit 58% der Kapazitäten auch fast viermal höher als der Landesdurchschnitt (15%).
Ein ganz anderes Bild bietet sich bei den Erholungsbasen (vgl. auch Kap. 3.2.1.5): Sie traten in den drei baltischen Republiken Estland (58%), Litauen (53%) und Lettland (45%)[5] sowie in der Ukraine (42%) in den Vordergrund (Durchschnitt: 31%).
Der Anteil der Touristenunterkünfte lag 1990 bei den meisten Republiken zwischen 13% und 18% (Ausnahme Lettland: 10%). Überdurchschnittliche regionale Bedeutung hatten sie nur in drei Republiken, in Moldavien (52%), Georgien (40%) und Weißrußland (23%).

3.3.2 DIE ENTWICKLUNG DER GÄSTEZAHLEN[6]

Die Inanspruchnahme der Erholungseinrichtungen hat in den letzten zwei Jahrzehnten einen noch stärkeren Aufschwung erfahren als der Kapazitätsausbau: 1989 wurden 51,2 Mio Gäste gezählt, was gegenüber 1970 (16 Mio Gäste) mehr als eine Verdreifachung bedeutet (Abb. 7).[7]
Insgesamt war der stärkste Zuwachs ebenfalls - aufgrund der sprunghaften Zunahme der Touristenzahlen (s.u.) jedoch noch ausgeprägter als bei der Kapazitätsentwicklung - für das 9. Planjahrfünft (1970-1975) zu verzeichnen (allein + 14,5 Mio). Lediglich

---

[1] Geogr. rekr. sistem, 1980, S. 44; für die taxonomische Ebene der Wirtschaftsregionen liegen keine neueren Angaben vor.
[2] In allen Bereichen dominierte erwartungsgemäßt die RSFSR (vgl. auch STADELBAUER, 1986, S. 7).
[3] Ausnahmen Georgien und Kirgizien; in Lettland war 1990 der Anteil der Sanatorien ebenfalls hoch; dies war jedoch nur auf den starken Rückgang der Erholungsbasen zurückzuführen (vgl. Kap. 6.2).
[4] Am stärksten in Azerbajdžan (51%), Turkmenien (48%); sowjetischer Durchschnitt: 24% (Nar. choz. SSSR v 1990g., 1991, S. 262-263).
[5] 1988 waren es hier sogar noch 61% gewesen; zu den Gründen für diese Entwicklung s. Kap. 6.2.
[6] Im Unterschied zum Beherbergungsangebot liegen für 1990 keine Angaben für die Inanspruchnahme vor.
[7] Entgegen der offiziellen Statistik werden in dieser Arbeit die Patienten der Kurort-Polikliniken nicht berücksichtigt: ein Aufenthalt dort ist ja nicht mit Übernachtungen verbunden, weil die (Kur-)Gäste in Sanatorien, Pensionen, Kurhotels oder in Privatzimmern unterkommen und dort z.T. bereits erfaßt werden; 1989 betrug ihre Zahl rund 1 Mio; sie blieb seit 1970 fast unverändert.

die Prophylaxe-Sanatorien bilden hiervon eine Ausnahme: Bei ihnen fiel die Zunahme im 10. Planjahrfünft noch größer aus.[1]
1989 mußte erstmals ein Rückgang der Gesamtgästezahlen verbucht werden.[2] Gründe hierfür liegen vor allem in der Verringerung des Angebots (s.o.); das Absinken des Lebensstandards der sowjetischen Bevölkerung bzw. die Preissteigerungen waren dagegen 1989 noch nicht relevant.

Wie aus Abb. 8 hervorgeht, fiel die Zunahme der Gästezahlen in fast allen Bereichen größer aus als die des Angebots. Angesichts der Tatsache, daß mangelnde Nachfrage nie ein Problem des sowjetischen Fremdenverkehrs war, ist davon auszugehen, daß diese Verbesserung der Auslastung weitgehend durch Saisonverlängerungen erreicht werden konnte (vgl. Kap. 3.3.1.1).
Nur die Erholungsbasen und Erholungsheime nahmen an dieser Entwicklung nicht teil. Während die Erholungsbasen aber dennoch eine konstante Zunahme verzeichnen konnten, mußten die Erholungsheime (und Pensionen) - als einzige Beherbergungsart - seit 1980 einen ständigen Rückgang ihrer Gästezahlen hinnehmen (Abb. 8). Dadurch verringerte sich ihr Anteil von 28% (1970) auf 9,5% (1989) (Abb. 9).
Eine Abnahme ihres Anteils mußten auch die Sanatorien (1970: 23% - 1989: 12%) und Erholungsbasen (10% - 8%) verbuchen. Die Prophylaktorien konnten als einzige ihren Anteil gegen die übermächtigen Touristenzahlen (s.u.) behaupten und sogar etwas ausbauen (von 7% 1970 auf 10% 1989) (Abb. 9).

Eine alle anderen Zuwachsraten überragende Entwicklung kann der Tourismus-Sektor (zur Def. s. Kap. 1.2.4) vorweisen: 1989 wurden 31 Mio Touristen (gegenüber 5 Mio 1970) gezählt (Abb. 7).[3] Ihr Anteil stieg dadurch von 31% auf 60% (Abb. 9).
Einerseits entspricht dies zwar sicherlich dem gestiegenen Interesse der Sowjetbürger an dieser Erholungsform. Andererseits werden jedoch bei einer einseitigen Interpretation in diese Richtung die Konsequenzen übersehen, welche sich aus der Tatsache ergeben, daß in der sowjetischen Fremdenverkehrsstatistik nur die Gästezahlen, also die Ankünfte,[4] nicht aber die Übernachtungen erfaßt wurden.[5] Dies hat zur Folge, daß das Bild zuungunsten derjenigen Fremdenverkehrsarten verschoben wird, die eine längere durchschnittliche Aufenthaltsdauer aufweisen. Davon sind in erster Linie die Sanatorien betroffen.
Bei den touristischen Einrichtungen kommt noch hinzu, daß sie vorwiegend im Rahmen einer - über die Gewerkschaften oder individuell organisierten - "Touristenroute" (*turistskij maršrut*, vgl. Kap. 3.2.2) aufgesucht werden, in die oft mehrere Turbasen, Hotels etc. einbezogen sind, wo die Reisenden jedes Mal erneut erfaßt werden. Ein Tourist, der z.B. während einer 7-tägigen Rundreise in vier verschiedenen Orten

---

[1] 9. Planjahrfünft: + 700.000, 10. Planjahrfünft: + 1 Mio Gäste.
[2] Nur die Erholungsbasen und die Prophylaktoren waren davon ausgenommen; bei letzteren ist die Steigerung (ab 1988) zum Teil wieder auf die neu erfaßten "zentralen" Prophylaktorien zurückzuführen (vgl. Kap. 3.3.1).
[3] Nach Angaben von IONKUS (1985, S. 68) bzw. PUTRIK/SVEŠNIKOV (1985, S. 67) stellen die "selbständigen" über 90% aller Touristen.
[4] Aus nicht bekannten Gründen ist in der Literatur zum sowjetischen Fremdenverkehr (und in den Statistiken) nie von "Ankünften" die Rede; deswegen wird in der vorliegenden Arbeit im allgemeinen ebenfalls der Begriff "Gästezahlen" verwendet.
[5] Schätzungen der jährlichen Übernachtungen lassen sich nur für Sanatorien (1989: 150,2 Mio) und Erholungsheime (58,5 Mio) durchführen, da bei ihnen die durchschnittliche Aufenthaltsdauer bekannt und vor allem relativ konstant ist (vgl. Kap. 3.2.1).

übernachtet, wird in der Statistik als "4 Gäste" auftauchen (bei 6 Übernachtungen),[1] wohingegen ein Kurgast, der 24 Tage in ein- und demselben Sanatorium verbracht hat (23 Übernachtungen), nur als "1 Ankunft" verbucht wird.
Das Bild wird zusätzlich dadurch verfälscht, daß aus der Statistik die Kurzzeiteinrichtungen ausgeklammert werden (vgl. Kap. 3.3.1). 1988 wurden dort ca. 7 Mio Erholungssuchende gezählt (Nar. choz. SSSR v 1988g., 1989, S. 238), die weitgehend den Erholungsbasen zugerechnet werden müßten.

Aus dem Gesagten wird deutlich, daß der Anteil der Touristenunterkünfte an den gesamten Übernachtungen und damit ihre Bedeutung für den sowjetischen Fremdenverkehr in Wirklichkeit nicht so groß war, wie dies zunächst den Anschein hat.

Außer den bisher genannten Rubriken wurde in den Statistischen Jahrbüchern nur die Zahl der Ausflügler regelmäßig erfaßt. Bei ihnen konnte ebenfalls ein sehr starker Zuwachs verzeichnet werden: 1970 waren es noch 40,2 Mio, 1989 197 Mio. Dies bedeutet eine Steigerung auf fast das Fünfache.[2]
Für die Bergsteigerlager wurden nur in den letzten Jahren (seit 1986) gelegentlich Gästezahlen publiziert. 1988 wurden 19.200 Alpinisten gegenüber 17.800 (1986), bzw. 16.400 (1987) registriert. Ihre Zahl scheint also nicht in vergleichbarem Maße wie die allgemeinen Touristenzahlen zuzunehmen.
Relativ schwach verlief auch die Entwicklung bei den Pionierlagern und sonstigen Erholungseinrichtungen für Kinder und Jugendliche: Hier betrug die Zunahme "nur" 43% (1975: 21 Mio; 1988: 30 Mio).

Individuelle Urlauber
Bereits angesprochen worden ist das Problem der "wilden" Urlauber, also derjenigen, die einen Urlaub außerhalb des organisierten Fremdenverkehrsangebotes verbringen (vgl. Kap. 3.2.3.4). Für manche stellte dies wohl eine Notlösung dar, wenn sie keine (subventionierte) Putjovka für eine der gewerkschaftseigenen Erholungseinrichtungen bekommen hatten bzw. es keine Erholungsmöglichkeiten ihres Betriebes gab, sie aber trotzdem ihre Ferien nicht zu Hause, auf der Datscha oder bei Verwandten verbringen wollten. Das Motiv der meisten "Wilden" war aber sicherlich "eine doppelte Flucht (aus dem Kollektiv und aus weniger begehrten Zielorten)" (STADELBAUER, 1986, S. 3).
In der Tat suchen die nichtorganisierten Urlauber, bei welchen der Anteil von Familien besonders hoch ist (DERJUGIN, 1987, S. 40), bevorzugt diejenigen Regionen auf, die hinsichtlich Klima und landschaftlicher Ausstattung (v.a. Meer) zu den Gunstgebieten der ehemaligen Sowjetunion zählen. So konzentrierten sich vier Fünftel aller "Wilden" an den Küsten des Schwarzen und des Azovschen Meeres (Rabotnica, 10/1985, S. 22-23). Dies sind dreimal so viel wie bei den organisierten Urlaubern (DERJUGIN, 1987, S. 40).

Dementsprechend hoch ist auch in diesen Gegenden der Anteil der Individualurlauber an der Gesamtzahl der Gäste. Er beträgt nach verschiedenen Schätzungen in den

[1] Nur vor dem Hintergrund dieser Überlegungen läßt sich auch der überproportionale Anstieg der Touristenzahlen im Verhältnis zur Kapazitätsentwicklung in Touristenunterkünften erklären (Abb. 8), wodurch 1989 laut Statistik 68 Touristen auf ein Bett kamen.
[2] Stärkste Zunahme auch hier im 9. Planjahrfünft: 1975 wurden bereits 131 Mio gezählt; 1989 mußte in diesem Bereich ebenfalls erstmals ein Rückgang verzeichnet werden: 1988 waren es 218 Mio Ausflügler.

wichtigsten Fremdenverkehrsorten der Sowjetunion 50-85% (KOZLOV/ŠABDURASULOV, 1989, S. 107).[1]
Im "offiziellen" Fremdenverkehrswesen der Sowjetunion wurde diese Urlaubergruppe ignoriert. Sie wurde auch in den wirtschaftlichen Planungen nicht berücksichtigt, in der Fremdenverkehrsstatistik fehlen Angaben völlig.

Wegen der äußerst unvollständigen Berücksichtigung der Individualreisenden[2] sind Angaben über die Gesamtzahl der Urlauber - für die gesamte Sowjetunion oder für einzelne Erholungsorte - nicht vorhanden. Schätzungen gehen davon aus, daß in den wichtigsten Ferienzentren der Sowjetunion die Bevölkerung im Sommer um das 3-7fache stieg. So betrug sie z.B. in Jurmala (Lettland) Ende der 80er Jahre 400.000 (ständig: 60.000 EW), Jalta 700.000 (150.000), Soči 1,3 Mio (300.000) (KOZLOV/ŠABDURASULOV, 1989, S. 99).

3.3.2.1 Umfragen zum Reiseverhalten

Erhebungen zum Urlaubsverhalten wurden in der Sowjetunion zwar durchgeführt, sie sind jedoch nicht nicht sehr aussagekräftig: Viele Untersuchungen behandeln nur einen sehr speziellen Aspekt und wurden im allgemeinen nur in einem sowohl zahlenmäßig als auch regional sehr begrenzten Umfang durchgeführt.[3] Vor allem aber fehlen oft Angaben über Art und Ort der Durchführung sowie über die Zahl der Befragten, wodurch die verschiedenen Untersuchungen kaum miteinander (oder mit entsprechenden Reiseanalysen anderer Länder) vergleichbar sind.
Am interessantesten sind noch diejenigen Untersuchungen, die nicht nur das reale Urlaubsverhalten, sondern auch die Wünsche berücksichtigen, bzw. beide einander gegenüberstellen. Das ist insofern aufschlußreicher als in westlichen Ländern, da in der Sowjetunion das Reiseverhalten viel stärker politisch gelenkt bzw. vom ungenügenden Angebot bestimmt wurde.

Eine Umfrage von 1989 unter 180.000 Beschäftigten verschiedener Wirtschaftszweige zeigt z.B., daß über 50% der Bevölkerung während des Urlaubs zu Hause blieben, obwohl dies nur dem Wunsch von 10% entsprochen hätte. Bezieht man noch diejenigen mit ein, die nur Besuchsreisen zu Verwandten oder Freunden machten, erhöht sich der Anteil der Bevölkerung, die nicht direkt am Fremdenverkehr teilnahmen, auf über 75% (Tab. 6).
Die Aufschlüsselung nach einzelnen Fremdenverkehrs- bzw. Beherbergungsarten wird hier zwar auch wiedergegeben, da sie jedoch unpräzise ist und außerdem wichtige Rubriken der offiziellen Fremdenverkehrsstatistik fehlen, ist das Ergebnis verzerrt und ihre Aussagekraft stark eingeschränkt. Als Tendenz läßt sich dennoch festhalten, daß

---

[1] In Jalta stellten sie 1990 ca. 900.000 der 1,3 Mio Urlauber (AiF, 27/1991); s. auch AiF, 13/1989; KNABE, 1979, S. 372; STADELBAUER, 1986, S. 8; DERJUGIN (1985, S. 13) nennt für die südbaltische Küste sogar über 90%; dabei sind aber vermutlich die Naherholer bzw. Tagestouristen mit eingerechnet.

[2] Erfaßt wurden nur diejenigen, die sich ihr Quartier über das offizielle Zimmervermittlungsbüro (vgl. Kap. 3.2.3.4) in einem Ferienort beschafften; dies war aber nur ein kleiner Teil.

[3] Dies gilt z.B. für die Arbeit von EVORENKO (1989, S. 14ff.), da sie lediglich die Teilnehmer von nationalen Touristenrouten erfaßte, aber auch die von ZORIN,u.a. (1985, S. 57f.), weil sie nur die Fluggäste auf bestimmten Linien untersuchte.

auch die Nachfrage nach Plätzen in staatlich gelenkten Erholungseinrichtungen bei weitem nicht gedeckt war.

Tab. 6: Urlaubsverhalten - Realität/Wunsch

Erholungsart	Realität (1989)	Wunsch
Zu Hause	51,8%	10,4%
Bei Verwandten/Freunden	28,3%	12,1%
Im Sanatorium	3,2%	13,7%
Im Kurort (mit *kursovka*)	2,6%	6,7%
Im Erholungsheim/-pension	3,1%	10,2%
dto. für Familien	2,3%	23,9%
Touristische Wanderungen	1,8%	7,0%
Auf der Datscha/Gartenkooperativen	4,0%	2,2%
Andere Erholungsformen	2,9%	14,8%

Quelle: Ochrana zdorov'ja v SSSR, 1990, S. 216;

Die beliebtesten **Urlaubsziele** wurden in einer Studie des Zentralen Forschungsinstituts für die Planung von Erholungseinrichtungen in Moskau[1)] ermittelt (Tab. 7).

Wie aus Tab. 7 hervorgeht, bevorzugten über 40% der Befragten für ihre Ferien den europäischen Süden der Sowjetunion, davon alleine 38% die Schwarzmeerküste (die übrigen das Gebirge). Dies entspricht in etwa anderen Schätzungen, nach denen 75 Mio Sowjetbürger am liebsten dort Urlaub machen wollten (STADELBAUER, 1986, S. 6).
Deutlich wird bei der Umfrage der Stellenwert des Baltikums, das als einzige nicht im (sonnigen) Süden der Sowjetunion gelegene Region von einem größeren Teil der Befragten (> 10%) als beliebteste Urlaubsgegend genannt wurde (Tab. 7).

Über die **soziodemographische Zusammensetzung** der Urlauber liegen nur sehr wenige Untersuchungen vor. Es lassen sich deswegen nur folgende allgemeine Aussagen machen:
Urlauber in Touristenunterkünften unterscheiden sich von denen in Kureinrichtungen hinsichtlich der Alters- und der Sozialstruktur: Bei ihnen ist der Anteil jüngerer (20-29 Jahre) sowie der höher qualifizierten Urlauber größer, während in den Sanatorien und Erholungsheimen ältere Arbeiter überwiegen.[2)]

[1)] Vollständige Bezeichnung "Zentrales wissenschaftliches Forschungs- und Planungsinstitut für typische und experimentelle Planung von Erholungs- und Kureinrichtungen", (*CNIIĖP- Central'nyj naučno-issledovatel'skij i proektinyj insititut tipovogo ėksperimental'nogo proektirovanija lečebnogo-ozdorovitel'nych i sanatorno-kurortnych zdanij*).

[2)] S. GORODECKIJ, 1985, S. 92; EVORENKO, 1989, S. 20 sowie AZAR, 1972b, S. 45; dieser führt den höheren Arbeiteranteil auf die größeren Subventionen im Kurbereich zurück, wodurch diese Aufenthalte im Verhältnis billiger seien, außerdem kamen Arbeiter leichter in den Genuß von vergünstigten Putjovki.

Übereinstimmend sprechen die Untersuchungen "nationaler Touristenrouten" von einem großen Anteil städtischer Bevölkerung,[1] wobei Frauen (mit 60-66% je nach Umfrage) dominieren.

Tab. 7: Urlaubsziele Realität/Wunsch

Region	Realität (1985)	Wunsch
Karelien	1,3%	0,7
Leningrader Oblast'	2,2	6,3
Baltikum	5,3	10,5
Zentrum (ohne Moskau)	4,6	1,6
Moskauer Oblast'	8,5	4,7
Kaukasus-Vorland (+ Don-Gebiet)	0,9	0,6
Kaukasien	5,0	7,4
Kaukasische Schwarzmeerküste	7,0	14,0
Schwarzes + Azov. Meer	6,9	8,9
Krim	5,2	15,1
Ukraine (ohne Schw. Meer)	11,8	3,6
Karpaten	1,7	4,1
Moldavien	2,7	1,5
Weißrußland	3,2	1,4
Ural	3,4	1,6
Mittelasien	4,0	0,4
Kazachstan	3,2	0,8
Sibirien	10,1	6,5
andere Regionen	2,0	1,8
Ausland	2,1	6,3

Quelle: TITOV (o.J.), S. 21;

Das aus den meisten Ländern bekannte Problem der **Saisonalität** bei der Nutzung von Erholungseinrichtungen bestand auch für den sowjetischen Fremdenverkehr, wobei es - entsprechend den sehr verschiedenartigen klimatischen Bedingungen in diesem großen Land - deutliche regionale Unterschiede gab. In den nördlichen Regionen ist die Konzentration der Urlauber auf die Sommermonate (Mai-September) höher als im Süden mit seinem ausgeglichenen Klima. So beträgt sie z.B. in Karelien 86%, auf der Krim dagegen nur 66% (BURT, 1978, S. 37). Auf die Hauptferienzeit bezogen (Juni-August) liegt der Wert in Karelien bei 71%, im Landesdurchschnitt betrug er (in den 70er Jahren) 56% (BURT, 1978, S. 37).
Neben klimatischen Faktoren ist für die Saisonalität eines Fremdenverkehrsgebietes auch seine Lage im Verhältnis zu den Bevölkerungszentren von Bedeutung: Die saisonalen Schwankungen sind weniger ausgeprägt, wenn das Gebiet in der Nähe von Großstädten liegt, da dann der Erholungsort auch außerhalb der Urlaubszeit für Naherholung am Wochenende genutzt wird (AZAR, 1972b, S. 51; DERJUGIN, 1985, S. 8).

---

[1] EVORENKO, 1989, S. 20 und GORODECKIJ, 1985, S. 92; bei dieser Arbeit ist angegeben, daß die Befragung in den Karpaten und auf der Krim durchgeführt wurde; bei Routen, welche dem Bildungstourismus verpflichtet sind (z.B. durch Leningrad/St.Petersburg oder Moskau), fiele der Anteil von ländlicher Bevölkerung vermutlich größer aus.

Nivellierend wirken sich auch bestimmte Fremdenverkehrsarten, z.B. der Bildungstourismus, aus: Suzdal', eines der Klosterstädtchen auf dem "Goldenen Ring" um Moskau, wies (Mitte der 80er Jahre) eine günstigere Verteilung der Gästezahlen über das Jahr auf als reine Erholungsorte wie Groß-Soči (an der Schwarzmeer-Küste) oder Issyk-Kul' (Krigizien). Abb. 10 verdeutlicht diese Unterschiede.

Abb. 10: Saisonalität verschiedener Fremdenverkehrsarten (an regionalen Beispielen)

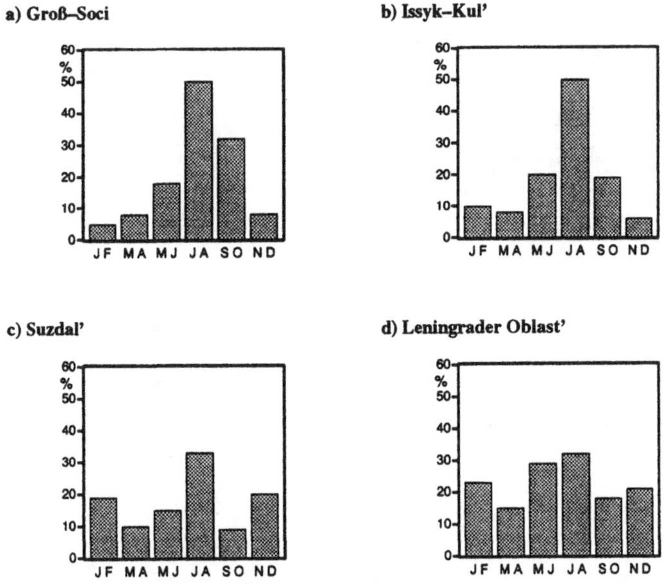

Quelle: DERJUGIN, 1985, S. 8

Die Saisonalität wird also von den gleichen Faktoren beeinflußt wie in anderen Ländern. Das Problem wurde aber in der Sowjetunion durch die zentral gesteuerte sozialistische Planwirtschaft zusätzlich verschärft.[1] Diese ist zu unflexibel und kann zu schlecht auf jahreszeitliche Schwankungen reagieren, als daß auch zu Spitzenzeiten der Bedarf an Waren und Personal gedeckt werden könnte. Die Versorgung durch die zentralen Behörden orientierte sich nur an der ständigen Bevölkerung eines Ortes. Selbst die (gewerkschaftseigenen) Einrichtungen des organisierten Fremdenverkehrs wurden oft nur ungenügend in die Planung mit einbezogen (s. KNABE, 1979, S. 310).

Die Individualurlauber bekamen am stärksten die Konsequenzen dieser Fehlplanungen zu spüren: Besonders falls sie das Glück hatten, in einem der sehr beliebten Ferienorte eine Unterkunft zu finden, mußten sie alleine für ihre Verpflegung einen ganzen

1) AZAR (1972b, S. 51) hat darauf bereits Anfang der 70er Jahre hingewiesen.

Teil des Urlaubes mit Organisationsproblemen und vor allem mit Schlangestehen verbringen (vgl. auch STADELBAUER, 1986, S. 8).

3.3.3 AUSBLICK

Trotz der großen Wachstumsraten, die das sowjetische Erholungswesen in den letzten zwei Jahrzehnten verzeichnen konnte, entsprach das Angebot an Erholungseinrichtungen bei weitem nicht dem Bedarf.
Der Anteil der Bevölkerung, die sich in einer Einrichtung des organisierten Fremdenverkehrs erholen konnte, stieg zwar von 6,6% (1970) auf 17,8% (1989). Da aber der Ausbau von individuellen Erholungsformen, von Hotels, Campingplätzen, Privatunterkünften sowie sonstiger touristischer Infrastrukutr in der Sowjetunion stets vernachlässigt wurde, kam es zu beträchtlichen Engpässen.

Seit Ende der 80er Jahre hat es große Veränderungen in den Fremdenverkehrsstrukturen gegeben. Für die 90er Jahre, d.h. für die Zeit seit dem Zerfall der Sowjetunion, liegen noch keine Zahlen vor, es ist jedoch von einer deutlichen Abnahme sowohl des Angebots als auch der Gästezahlen auszugehen. Die Gründe dafür entsprechen zum Teil denen, die für die allgemeine wirtschaftliche Entwicklung in der (ehemaligen) Sowjetunion gelten.
Als wichtigstes sind die wirtschaftlichen Probleme anzuführen: Einerseits werden Subventionen gekürzt, die Einrichtungen sollen (zum Großteil) möglichst kostendeckend arbeiten, während gleichzeitig Gäste aus politischen (s.u.) und wirtschaftlichen Gründen ausbleiben, die Einnahmen also (trotz bzw. teilweise wegen stark gestiegener Preise für Urlaubsreisen) sinken. Außerdem rächt sich jetzt die Überalterung vieler Einrichtungen und die jahrzehntelange Vernachlässigung der notwendigen Investitionen sowie die mangelnde Attraktivität vieler Erholungseinrichtungen, die entstand, da auch im Fremdenverkehrswesen unionsweit von der Moskauer Zentrale aus die Bautypen ohne Berücksichtigung regionaler Besonderheiten vorgegeben wurden (s. KERČA, 1987). Außerdem boten Zustand und Ausstattung vieler Erholungseinrichtungen Anlaß zur Unzufriedenheit.

Grundlegende Veränderungen vollziehen sich vor allem in den räumlichen Strukturen: Traditionelle Erholungsgebiete wurden von den bisherigen Nachfragezentren abgeschnitten oder sind aus anderen Gründen nicht mehr (allgemein) zugänglich. Zu nennen sind hier z.B. die Auswirkungen der (blutig ausgetragenen) Nationalitätenkonflikte (Abchazien, Armenien-Azerbajdžan, Mittelasien), wodurch ehemals beliebte Reiseziele "ausfallen". Auch die Wiedererlangung der Selbständigkeit der baltischen Republiken, wie allgemein der Zerfall der Sowjetunion in selbständige Staaten, wirkt sich negativ auf die Urlauberströme aus, da aus dem früheren Binnen- plötzlich Auslandsreiseverkehr - zum Teil mit Zollkontrollen, Visumspflicht, Devisentausch etc. - geworden ist.

Für die Fremdenverkehrsplanung auf den Territorien der ehemaligen Sowjetrepubliken stellen sich derzeit vorrangig folgende Aufgaben:
- Möglichst schnelle Einigung über die rechtlichen Fragen und die weitere Nutzung bisher zentral verwalteter Erholungseinrichtungen, damit diese Kapazitäten nicht zu lange "brachliegen" (vgl. Ex-DDR).

- Aufbau eines Netzes von Hotels, Campingplätzen, Pensionen (im westlichen Sinn) und anderer Beherbungseinrichtungen auch außerhalb traditioneller Ferienzentren, die den Bedarf an individueller Erholung - zusammen mit der Familie - besser Rechnung tragen können. Das Vorhandensein dieser Einrichtungen kann als Indikator für die Freizügigkeit bzw. für die Reisefreiheit in einem Land gewertet werden.
- Aufbau der bisher vernachlässigten touristischen Infrastruktur, Verbesserung des Informationssystems über die Erholungsorte und Beherbergungseinrichtungen.
- Eine der schwierigsten Aufgaben wird die "psychologische Schulung" der Beschäftigten in Erholungseinrichtungen zur Verbesserung des Services sein.

Die Verbesserung der Qualität oder zumindest die Durchführung der jahrzehntelang vernachlässigter Instandhaltungsarbeiten in bestehenden Einrichtungen muß eindeutig Vorrang haben vor einem weiteren Kapazitätsausbau der traditionellen Beherbergungsformen, da mittelfristig die Nachfrage sinken wird. Angesichts der derzeitigen wirtschaftlichen Schwäche in den ehemaligen Sowjetrepubliken ist die Gefahr, daß der Ausbau um jeden Preis - ohne Rücksicht auf ökologische Aspekte etc. - durchgeführt wird, allerdings sowieso gering. Dafür ist in besonders attraktiven Gebieten die Gefahr eines "Ausverkaufs" an ausländische (westliche) Investoren nicht ganz von der Hand zu weisen.

3.4 Die Entwicklung des Ausländertourismus in der Sowjetunion

Die Organisationsstrukturen des Ausländertourismus in der Sowjetunion wurden bereits in Kap. 3.1.1.3 beschrieben. Wie daraus hervorgeht, läßt sich das Angebot wegen der Überschneidungen mit anderen Zielgruppen nicht klar abgrenzen. Aus diesem Grund gibt es auch kaum Angaben über seinen Umfang,[1] weshalb im folgenden allgemeine Informationen und Aussagen zur Entwicklung im Vordergrund stehen werden. Im Anschluß daran wird auf die Inanspruchnahme ausführlicher eingegangen, da hierzu mehr Daten vorliegen.

3.4.1 DAS ANGEBOT

In sowjetischer Zeit war das Angebot durch eine ausgeprägte Dominanz von Gruppenreisen gekennzeichnet.[2] Zwar bestand schon immer die Möglichkeit, die Sowjetunion auch außerhalb von Gruppen zu bereisen, jedoch nur auf vorher genau festgelegten, über INTOURIST gebuchten Routen. Lediglich bestimmte Städte und Verbindungsstraßen waren überhaupt für ausländische Touristen geöffnet, wobei die Aufenthaltsdauer für die einzelnen Städte meist auf drei, in Großstädten auch auf 10 oder 15 Übernachtungen begrenzt war (s. INTOURIST-Prospekt für 1988 und 1990/91). Das einmal ausgestellte Visum war nur für die aufgeführte Stadt (bzw. bei Rundreisen Städte) gültig, nachträgliche Änderungen waren nur mühsam realisierbar.

---

[1] Mit Ausnahme von INTOURIST, s.u.

[2] Dies gilt sowohl für die sozialistischen wie die kapitalistischen Herkunftsländer; hierdurch wurde die Durchsetzung der starken Reglementierungen für Reisende gewährleistet.

Für einen Großteil der Touristen, vor allem für die des Russischen meist wenig mächtigen Urlauber aus westlichen Ländern, hatten die Pauschal-Arrangements auch Vorteile: Es war für alles gesorgt, so daß sich der Kontakt zur Bevölkerung auf die (INTOURIST-)ReiseleiterInnen beschränken konnte. Außerdem konnten diese Reisen durch die Menge und die rationellere Organisation - zumindest im Vergleich zu den (überteuerten) Individualreisen - relativ günstig angeboten werden.

Mit dem wachsenden Interesse an der Sowjetunion (seit der Perestrojka) stieg jedoch - gerade bei Besuchern, die zum zweiten Mal ins Land kamen - auch der Wunsch, die vorgegebenen Touristenpfade zu verlassen, um so vielleicht einen unzensierten, "authentischeren" Einblick in das Leben der Bevölkerung zu bekommen.[1)] Die Möglichkeiten hierfür sind in den letzten Jahren stark angewachsen, z.B. bereiten Privateinladungen keine Probleme mehr (s. Kap. 3.1.2).
Auch war schon seit Ende der 80er Jahre eine zunehmende Lockerung und Abkehr von der früheren restriktiven Praxis bei der Handhabung von Visabestimmungen zu beobachten: Die Prozeduren wurden vereinfacht und beschleunigt; Teilnehmer von (internationalen) Kreuzfahrten brauchen seit 1991 kein Visum mehr (Sonntag Aktuell, 21.4.1991); immer mehr Städte und Regionen wurden geöffnet[2)] und auch der Bewegungsradius der Touristen vergrößert.[3)] Die Stadtgrenze - bzw. je nach Größe des Ortes ein regional festgelegter Radius - war nicht mehr das Limit, ab 1989 galt die Faustregel: Innerhalb eines Tagesausfluges erreichbare Ziele sind zumindest nicht verboten. Als sehr praktisch erwies sich dabei - zumindest bei Ausflügen von (Groß)städten aus - das relativ dichte Netz von öffentlichen Verkehrsmitteln (oft Vorortzüge).[4)]

1991 wurde die Gültigkeit eines Visums auf die ganze Oblast' bzw. (bei Republiken ohne Oblast'-Einteilung) auf die ganze Republik ausgedehnt und inzwischen stehen ausländischen Touristen über 90% der Fläche der ehemaligen Sowjetunion offen. Allerdings sind hier Einschränkungen zu machen: Nicht alle Gebiete, nicht einmal alle größeren Städte, die nun zugänglich sind, verfügen über ein Beherbergungsangebot, das in quantitativer oder qualitativer Hinsicht für (ausländische) Urlauber genügt (vgl. Wostok, 3/1992, S. 58).[5)]

Detailliertere Angaben, die über allgemeine Aussagen zur Angebotssituation für ausländische Touristen hinausgehen, liegen nur von INTOURIST vor:

[1)] Die sowjetischen ReiseleiterInnen wurden ihrerseits auf das neue Interesse ausländischer Touristen durch eine lange Liste mit aktuellen möglichen Fragen - getrennt nach "sozialistischen" und "kapitalistischen" Herkunftsländern und gegliedert nach verschiedenen Themenkomplexen - vorbereitet, wobei es für notwendig erachtet wurde, ausdrücklich darauf hinzuweisen, daß die Touristen "i.R. gut durchdachte und logische Fragen stellen" (KVARTAL'NOV/NAUMENKO, 1989, S. 60ff.).

[2)] Bsp. Kaliningrad (Januar 1991), NW-Karelien, Ulan-Ude, Vologda; das Baltikum kann erst seit Sommer 1987 mit dem PKW bereist werden (s. auch Angaben von BALASCHOV, 1990, S. 228 und BTI, 1/1991).

[3)] Dies galt für Individual-Touristen und für Gruppen; bei letzteren wurden auch Programmänderungen leichter möglich.

[4)] Touristen, die mit dem eigenen PKW unterwegs waren, wurden dagegen auf den Straßen von Polizisten sofort als Ausländer erkannt und mußten sich daher noch eher an die vorgegebenen Strecken halten.

[5)] Abgesehen davon ist ein ganzer Teil des Territoriums entweder zur Zeit wegen politischer Unruhen und Nationalitätenkonflikten (Bsp.: Kaukasus incl. Schwarzmeerküste, Mittelasien) oder allgemein wegen der naturräumlichen Ausstattung (Bsp. Norden Rußlands, Wüstengebiete, u.a.) nicht attraktiv.

1978 hatte es ca. 33.000 Plätze in eigenen Einrichtungen.[1] Dies entsprach nur etwa der Hälfte der genutzten Kapazitäten (KULDOŠINA, 1980, S. 30).
Durch den - meist mit Hilfe ausländischer Bauunternehmen - forcierten Neubau von INTOURIST-Hotels ab Ende der 70er Jahre verbesserte sich die Lage.[2] 10 Jahre später verfügte INTOURIST über 107 Hotels, Campingplätze und Motels mit zusammen 55.000 Plätzen (BALASCHOV, 1990, S. 224).
Von den weiterführenden - sehr ehrgeizigen - Plänen der Organisation, die Kapazitäten - teilweise im Zusammenhang mit der Erschließung bzw. verstärkten Förderung bisher nicht oder nur kaum genutzter Fremdenverkehrsgebiete der (ehemaligen) Sowjetunion[3] - bis zum Jahr 2000 auf 250.000 Betten aufzustocken,[4] wird zumindest von INTOURIST selbst (aufgrund der veränderten politischen und wirtschaftlichen Lage seit 1991) sicher nur ein Teil realisiert werden können. Durch die "alternativen Anbieter" zeichnet sich trotzdem insgesamt eine Erweiterung des Beherbergungsangebots ab (s.u.).
Durch den Zerfall der Sowjetunion entstanden jedoch neue organisatorische Probleme: Reisen durch mehrere Republiken (sog. "Gebietsreisen", z.B. durch Mittelasien, Kaukasien, das Baltikum) konnten früher aufgrund der straff zentralisierten Leitung problemlos über Moskau organisiert werden. Inwzischen müssen mit allen Staaten bzw. Veranstaltern einzelne Verträge abgeschlossen werden (Wostok, 3/1992, S. 66).

3.4.1.1 Überwindung bisheriger Konzentrationsphänomene

In den zitierten Plänen von INTOURIST wird nichts über die zukünftige Struktur des Angebots ausgesagt.[5] Bisher stellten Hotels den Großteil der Unterkünfte: 1978 entfielen auf sie 83% der Kapazität, während auf die sogenannten zusätzlichen Unterkünfte, Campingplätze und Motels, nur 13% bzw. 4% kamen (KULDOŠINA, 1980, S. 36). Dies ist ein deutlicher Unterschied zu westeuropäischen Feriengebieten, wo letztere oft über die Hälfte der Kapazitäten stellen.[6]

Wichtiger ist jedoch noch ein anderes Konzentrationsphänomen: 70% der Hotelkapazitäten waren auf lediglich fünf Städte der Sowjetunion verteilt: Moskau, Leningrad, Kiev, Soči und Jalta (KULDOŠINA, 1980, S. 30), dabei entfielen allein 40% (15.589 Betten) auf Moskau und Leningrad (12.120).[7]

Parallel zur regionalen Diversifizierung des Angebots (s.u.) seit Ende der 80er Jahre vollzog sich auch eine Erweiterung der Angebotspalette: War früher eine deutliche

---

[1] Hier ist nur die Rede von den Beherbergungseinrichtungen; daneben besitzt INTOURIST u.a. noch Restaurants, Imbißstuben, Souvenirläden, Transportmittel (vgl. Kap. 3.1.1.3).
[2] Das erste in Joint-Venture-Arbeit renovierte Hotel war das "Savoy" (fr. "Berlin") in Moskau; weitere Beispiele: in Zusammenarbeit mit finnischen Firmen: Hotel "Pulkovskaja" (St.Petersburg) und "Viru" (Tallinn); mit schwedischen "Pribaltijskaja" (Leningrad) und mit französischen Firmen "Kosmos" (Moskau); NEMOLJAEVA/CHODORKOV, 1985, S. 148.
[3] Kavk. Mineral'nye Vody/Pjatigorsk, Kislovodsk, Teile Sibiriens (z.B. Jakutien); BALASCHOV, 1990, S. 225.
[4] BALASCHOV, 1990, S. 224f.; SU Heute, Wien, 9/1991, S. 17.
[5] Zu den organisatorischen Umstrukturierungen von INTOURIST s. Kap. 3.1.2.
[6] Nicht zu Unrecht sieht KULDOŠINA (1980, S. 36) darin einen Anlaß zur Kritik, da der Investitionsbedarf für Campingplätze und Motels niedriger ist.
[7] Zahlenangaben laut Auskunft des Forschungslabotorium von INTOURIST bei Moskau; zitiert nach KLÖTZLI, 1990, S. 34.

Dominanz des Bildungstourismus zu beobachten (Tab. 8),[1] so gewinnen alternative Programme, die einen aktiven Urlaub mit verschiedenen Sportangeboten (Trekking, Rafting, etc. im Kaukasus[2] und teilweise anderen Bergregionen, Angeln und Jagd im Norden), Sprachkursen, aber auch Selbsterfahrungstrips bieten, immer mehr an Bedeutung. Das soll aber nicht heißen, daß Bildungstourismus nicht auch in Zukunft eine wesentliche Stütze des Ausländertourismus auf dem Gebiet der ehemaligen Sowjetunion darstellen wird.

Tab. 8: Verteilung der ausländischen Touristen auf die Fremdenverkehrsarten (in %)

Fremdenverkehrsart	1971-75	1976-80	1981-84
Bildungstourismus (Gruppen)	62,4	66,6	63,0
Autotourismus (in Hotels)	15,2	11,7	16,7
" " (Camping)	2,5	2,0	1,5
Erholung (Badeferien)	7,8	0,3	12,2
Kreuzfahrten (Meer, Fluß)	11,8	9,2	6,4
Kur	0,2	0,2	0,2
Jagd/Fischfang	0,01	0,01	0,01

Quelle: BRAGINSKIJ, 1987, S. 71;

Auch bei der Unterbringung ausländischer Touristen werden neue Wege beschritten: In einer Reihe von Städten wird ein Aufenthalt als "paying guest" in Familien als der beste Weg, das Land zu er"leben", angeboten;[3] in den traditionellen Ferienorten wird das Spektrum durch kleinere Betriebe ergänzt.
Beide Veränderungen (Programm und Unterkunft) sind eine Mischung aus Notwendigkeit und Reaktion der "alternativen" Anbieter auf die sich ändernde Nachfrage. Zum einen war INTOURIST (und die anderen traditionellen Organisationen SPUTNIK, Gewerkschaften) im Bildungstourismus zu einflußreich und zu gut organisiert, als daß sie dort einsteigen konnten. Zum anderen wächst mit zunehmendem Interesse am Land auch das Bedürfnis, etwas anderes als Städte aus vergangenen Zeiten kennen zu lernen. Das Gleiche gilt für die Unterbringung: Den neu entstandenen Unternehmen fehlen oft die finanziellen Mittel und nötigen Verbindungen, um Hotel- und Transportkapazitäten sowie (qualifizierte) Reiseleiter für sich gewinnen zu können. Andererseits sind viele, gerade die jüngeren Ausländer, an Alternativen zu den (oft teuren) Hotels interessiert.

INTOURIST hat zwar ebenfalls sein Angebot erweitert,[4] es zeigt sich aber insgesamt zu unflexibel. Dies liegt zum Teil an der Bürokratie und dem zu groß gewordenen Apparat. A.BLINOV erläutert den Zusammenhang, wie er auch für die anderen

[1] Der Anteil vom Bildungstourismus ist eigentlich noch höher als in der Tabelle wiedergegeben anzusetzen, da Autotourismus (v.a. mit Hotelaufenthalten) ja meistens auch damit verbunden wird.

[2] In Kaukasien incl. der Küste gab es schon immer mehr kombinierte Reisen (NEMOLJAEVA/CHODORKOV, 1985, S. 157).

[3] In Moskau wurde die erste Ferienwohnung der (ehemaligen) Sowjetunion eingerichtet.

[4] "Ferien auf dem Dorf (Ukraine), mehr Flußkreuzfahrten, Wandern u.a.; Survival-Touren (Sajan), Pferdetrekking durch die Tajga, etc., die von BALASCHOV (1990, S. 229) als Beispiele angeführt werden, sind aber in den Prospekten nicht zu finden; sie werden also wenn dann nur über Spezialveranstalter angeboten.

beiden großen sowjetischen Unternehmen für Ausländertourismus (SPUTNIK, Gewerkschaften) galt, sehr treffend:

> "Jede dieser Organisationen ist ein Reiseunternehmen mit eigenen Hotelketten, Verkehrsmitteln und Agenturen überall im Land und im Ausland. Jede erfüllt gleichzeitig die Aufgaben eines Regierungsorgans, eines Reisebüros und eines Reiseunternehmens. Die Kombination all dieser Funktionen innerhalb eines Reiseveranstalters (tourist body) hat zu einem Übergewicht administrativer über wirtschaftliche Management-Methoden geführt, und, als Konsequenz, zu einer Abnahme der Effizienz des Ausländertourismus in der UdSSR." (BLINOV, 1990, S. 262)[1]

Auch wurde versäumt, die Gebiete bzw. Republiken rechtzeitig durch stärkere Beteiligung an den Einnahmen zu motivieren (KARING/TYĖLEJD, 1989). Bis Anfang der 90er Jahre mußten ebenfalls praktisch alle Valuta-Einnahmen an die Zentrale abgeführt werden: Nur wenn ausländische Touristen bei einer über INTOURIST gebuchten Reise in kommunalen Hotels untergebracht wurden, durften 10% der Einnahmen in der Republik bleiben.
Der Hauptgrund für die nur schleppende Anpassung an die sich ändernde Situation dürfte aber wohl in der Vormachtstellung von INTOURIST zu suchen sein. In den letzten Jahrzehnten war die Nachfrage immer größer als das Angebot gewesen, vor allem gab es keine ernstzunehmenden einheimischen Konkurrenten,[2] so daß sich INTOURIST nicht anzustrengen brauchte, um seine Reisen zu verkaufen.
Angesichts der in der zweiten Hälfte der 80er Jahre sehr stark angestiegenen Nachfrage und mit Hinweis auf die Überführung auf eigene Wirtschaftsführung 1989 (vgl. Kap. 3.1.2) erlag INTOURIST der Versuchung, die Preise drastisch heraufzusetzen, ohne sich realistische Vorstellungen über Preis-Leistungs-Verhältnisse zu machen.[3] Zwar gingen die Preise inzwischen wieder etwas hinunter,[4] sie geben aber immer noch Anlaß für Kritik.[5]

Zu wenig wurde auch bedacht, daß sich mit der steigenden Nachfrage die Interessen und Ansprüche der Touristen ebenfalls ändern. Zum einen entstand "ein sogenannter kleiner Massentourismus" (SIGLE, 1990, S. 265): Reisen in die Sowjetunion kamen in Mode, verloren dabei jedoch etwas von ihrem exotischen Reiz. Gleichzeitig sank die Bereitschaft, über die bestehenden Mängel im sowjetischen Fremdenverkehr hinwegzusehen, welche frühere Sowjetunion-Reisende eher aufgebracht hatten. Mit der Zahl der Reisenden stieg auch deren Erwartung, in der Sowjetunion "die gleiche reibungslose Organisation, die gleichen Hotel- und Nebenleistungen" (SIGLE, 1990, S. 266) wie in anderen Ferienländern zu bekommen. Das entspricht aber weitgehend nicht den Gewohnheiten im sowjetischen Dienstleistungsbereich.
Zum anderen stieg der Anteil der Besucher, die mehr als einmal ins Land kamen.[6] Dabei wirkte sich negativ aus, daß es zu wenig Einreiserouten in die Sowjetunion

---

[1] Auch die organisatorische Umgestaltung führte allerdings zunächst zu einer Lahmlegung des Apparats von INTOURIST (vgl. Wostok, 3/1992, S. 58).
[2] SPUTNIK und die anderen Organisationen waren ja oft abhängig.
[3] Prospekt-Vergleich der Jahre 1988 und 1989 ergab Preissteigerungen für eine 8-tägige Reise von bis zu 740 DM (= 37%).
[4] Obwohl Veranstalter aus Japan und den USA, wo das Interesse in den letzten Jahren besonders groß war, bereit und in der Lage waren, alle Preise zu zahlen (vgl. hierzu : Die Zeit, 21.9.89).
[5] S. hierzu die Stellungsnahmen der großen deutschen Reiseunternehmen, die mit INTOURIST zusammenarbeiten, darunter stellvertretend: SIGLE (HETZEL), 1990, S. 266.
[6] 1977-78 waren es nur 19%, 1983-84 bereits 26% der Touristen (BRAGINSKIJ, 1987, S. 70).

gab, weshalb die meisten ausländischen Touristen, besonders die Gruppen, über Moskau und Leningrad einreisen mußten.[1] Dies führte erstens allgemein zu einer völligen Überlastung dieser Städte, Reisen mußten teilweise abgesagt werden, und zweitens zu Unzufriedenheit bei den (potentiellen) Touristen, da sie ja nicht unbedingt jedes Mal wieder Moskau und/oder Leningrad sehen wollten, wenn sie sich eigentlich für andere Landesteile interessierten. Um dieses Problem zu lösen, wurden allmählich neue Städte für Direktflüge aus dem Ausland geöffnet.[2] Durch die inzwischen erfolgte Selbständigkeit der früheren Sowjetrepubliken konnte die Zahl noch weiter erhöht werden.

Sowohl die Diversifizierung des Angebots als auch die preisliche Gestaltung ist von den "alternativen" Anbietern besser berücksichtigt worden, so daß INTOURIST Ende der 80er Jahre einen deutlichen Rückgang der Gästezahlen verbuchen mußte.
INTOURIST-Vertreter versuchten zwar, dies in Gesprächen zu verdecken. Sie wiesen z.B. darauf hin, daß 1989 in Leningrad wegen der Renovierungsarbeiten an zwei der größten Ausländer-Hotels (Hotel "Astoria" und "Europa") gar nicht mehr Kapazitäten zur Verfügung gestanden hätten. Folgende Erscheinungen sprechen jedoch eine andere Sprache:

- Führende deutsche Reiseveranstalter schränkten ihre Zusammenarbeit mit INTOURIST zunehmend ein und arbeiten lieber mit anderen, bzw. neu in der (Ex)-Sowjetunion tätigen Organisationen, die vergleichbare Leistungen z.T. wesentlich billiger anbieten;
- In St.Petersburg erhielten zahlreiche Busfahrer von INTOURIST 1991 erstmals mehrere Monate lang keine Aufträge (und dementsprechend in dieser Zeit kaum Lohn!);[3]
- Ein Teil der INTOURIST-Reiseführer sollte (1990) in Schnellkursen auf andere Sprachen umlernen; dies betraf - nach eigenen Beobachtungen und entgegen den Aussagen von INTOURIST - nicht nur diejenigen, die bisher für die Touristen aus den "sozialistischen Bruderländern" zuständig waren, sondern z.B. auch Führer für deutschsprachige Gruppen, die nun Englisch lernen mußten.[4]

3.4.2 STRUKTUR DES AUSLÄNDER-TOURISMUS NACH HERKUNFTSLÄNDERN

Erst 1989 wurden etwas genauere Angaben über die Zahl "ausländischer Bürger, die die Sowjetunion besuchen" veröffentlicht. Bis dahin wurden alle Auslandsreisen unter dem Begriff "Tourismus" subsumiert.[5] Dadurch konnte die Rolle des internationalen Fremdenverkehrs in der Sowjetunion größer dargestellt werden, als dies tatsächlich der Fall war.

---

[1] SU Heute, 9/1990, S. 17; Moscow News, 11/1988.

[2] Riga, Minsk, Tbilissi u.a. (SU Heute, 9/1990, S. 17); bei Hetzel z.B. begannen und endeten 1991 alle Sowjetunion-Reisen mit einem Aufenthalt in Kiev (ob allerdings eine neue Einseitigkeit die richtige Lösung war (z.B. Goldener Ring + Kiev; Rußlands Norden + Kiev), ist sehr fraglich).

[3] Auskünfte durch INTOURIST-Mitarbeiter.

[4] Hierdurch sollten Entlassungen vermieden werden; es ist jedoch fraglich, ob diese neuen Kräfte sich gegen ausgebildete Anglisten behaupten können.

[5] Im allgemeinen ohne darauf hinzuweisen (z.B. ANAN'EV, 1968; BOITSCHENKO, 1978; Geogr. rekr. sistem, 1980, S. 61; NIKITIN, 1980).

Die erstmals für 1988 publizierte Statistik differenziert nun nach dem Zweck der Reisen: Es wird zwischen "Tourismus", "Dienstreisen", "Privatreisen", "Bedienung von Verkehrsmitteln" und "Transit" unterschieden.[1]
Gegenüber den früher veröffentlichten Pauschaldaten bedeutet diese Aufschlüsselung ein Fortschritt, auch wenn sie nach wie vor nicht mit der Klassifikation, wie sie von der WTO (*World Tourism Organisation*) empfohlen wird, übereinstimmt. Als Grenzstatistik erfaßte sie alle Einreisen in die UdSSR, unabhängig davon, ob der Aufenthalt wirklich (vorrangig) Erholungszwecken dient: Zu den Rubriken, die nicht in eine Fremdenverkehrsstatistik gehören, zählen nicht nur die "Bediensteten von Transportmitteln", auch bei "Dienstreisen" wird ausdrücklich angemerkt, daß sie sowohl Geschäftsreisen als auch "Fahrten zum Zwecke des Verdienstes einschließen" (BTI, 1/1991), welche in westlichen Fremdenverkehrsstatistiken eindeutig ausgeschlossen sind.[2] Außerdem erfolgt die Registrierung unabhängig davon, ob die Einreise mit einer Übernachtung verbunden ist. Ist dies nicht der Fall, so gilt ein Reisender nach den WTO-Bestimmungen nicht als Tourist.
Somit wäre für die Erstellung einer korrekten Fremdenverkehrsstatistik sowohl ein gewisser (allerdings schwer zu bestimmender) Prozentsatz der Transitreisenden abzuziehen als auch ein Teil der "Privatreisen", da dieser Wert (laut BTI, 1/1991) den "kleinen Grenzverkehr" mit einschließt. Nicht nur wegen der geringen Aufenthaltsdauer (ohne Übernachtung) gehört dieser eigentlich nicht in eine Fremdenverkehrsstatistik, er ist zudem oft mit Handel bzw. Geldverdienen verbunden. Unter "kleinen Grenzverkehr" fallen allgemein Berufspendler und die sog. Einkaufstouristen, aber gerade in Osteuropa mit seiner schlechten Versorgungslage auch der Schwarzhandel. Somit spiegeln die sehr hohen Werte bei den "Privatreisen" der osteuropäischen Länder[3] (Tab. 9) eher das unterschiedliche Warenangebot bzw. die Möglichkeiten für Schwarzhandel als die Zahl der Besuche bei sowjetischen Freunden und Verwandten wider.[4]
Dennoch ist die Rubrik "Privatreisen" interessant, da das genannte Problem weitgehend auf die osteuropäischen Nachbarstaaten begrenzt ist, die Zahl der Privatreisen aber auch bei westlichen Ländern, wo es sich um "reine Besuchsreisen" handelt, einen starken Anstieg erfahren hat (Tab. 9) und in Zukunft sicher noch an Bedeutung gewinnen wird (s.o.).

Die folgende Auswertung stützt sich nur auf die "Touristen". Da es sich bei den Angaben nur um den organisierten Tourismus, also weitgehend um Pauschal- bzw. Gruppenreisen, handelt (BTI, 1/1991, S. 3), kann davon ausgegangen werden, daß die tatsächliche Zahl ausländischer Urlauber etwas höher war.[5]

Wie aus Tab. 9 zu entnehmen ist, konnten 1989 in der Sowjetunion 10% mehr ausländische Touristen verbucht werden als 1988 (2,7 bzw. 2,4 Mio), obwohl für die

[1] Die Zuordnung richtet sich nach dem Eintrag ins Visum, es handelt sich also nicht um ein wissenschaftliches Kriterium.
[2] Geschäftsreisen sind umstritten: wenn sie im Zusammenhang mit Tagungen z.B. stehen, werden sie unter "Kongresstourismus" dazugerechnet.
[3] Bis auf die DDR waren alle Nachbarstaaten der Sowjetunion.
[4] Vor allem wenn das teilweise etwas angespannte Verhältnis zwischen den Nachbarvölkeren (z.B. Russen und Polen) berücksichtigt wird.
[5] Hinzu kommen Individual- und eben die Privatreisende; die Zahl ausländischer Geschäftsleute, die eine Touristenreise buchten, um sich in den Großstädten eine Übernachtung zu sichern (wenn sie noch keine Niederlassungen bzw. Geschäftspartner dort haben) fallen statistisch wohl nicht ins Gewicht.

meisten der aufgeführten Länder 1989 ein Rückgang der Touristenzahlen gegenüber 1988 zu verzeichnen war. Diese Abnahme konnte in der Gesamtabrechnung jedoch in erster Linie durch Polen und auch Schweden, von wo jeweils etwa doppelt soviel Touristen wie im Vorjahr kamen, ausgeglichen werden; auch für die USA, Norwegen und Japan war zumindest eine leichte Steigerung zu beobachten.[1]

Tab. 9: Ausländische Urlauber in der UdSSR nach Herkunftsländern

	1988			1989		
Land	**FV**	**T**	**Privat**	**FV**	**T**	**Privat**
Finnland	547.000	544.000	3.000	517.400	508.000	9.400
BRD	192.000	190.000	2.000	163.000	153.000	10.000
Italien	75.000	74.000	1.000	56.000	50.000	1.400
Frankreich	61.000	60.000	1.000	48.000	46.000	2.000
GB	60.600	60.000	600	51.200	50.000	1.400
Schweden	47.800	47.000	800	92.700	91.000	1.700
NL	16.000	16.000	0	12.900	11.400	1.500
Österreich	15.400	15.000	400	16.700	16.000	700
Norwegen	13.000	13.000	0	15.200	15.000	200
USA	119.000	116.000	3.000	126.400	121.000	5.400
Japan	20.000	19.000	1.000	21.200	21.000	200
Polen	860.000	316.000	544.000	1.614.000	792.500	821.500
DDR	415.000	397.000	18.000	387.600	347.200	40.400
ČSSR	193.000	174.000	19.000	173.500	133.400	40.100
Rumänien	131.000	100.000	31.000	138.700	89.500	49.200
Bulgarien	110.000	82.000	28.000	107.000	74.400	32.600
Ungarn	95.000	72.000	23.000	394.300	27.200	367.100
Gesamt	**3.182.000**	**2.458.000**	**724.000**	**4.194.200**	**2.7403.00**	**1.453.000**

Quelle: AiF, 19/1989;
Bulletin touristischer Information, 1/1991

1989 ist, wie die seitherige Entwicklung gezeigt hat, als ein Jahr des Übergangs anzusehen, in dem sich zwei gegenläufige Tendenzen überschnitten: Einerseits war noch das durch die Perestrojka im Westen ausgelöste Interesse an der Sowjetunion zu spüren, andererseits machte sich jedoch bereits, regional aus unterschiedlichen Gründen (s.u.), eine Abnahme der Nachfrage bemerkbar - ein Trend der sich 1990 und 1991 noch verstärken sollte.
Dies gilt besonders für die osteuropäischen Länder: Seit dem Zerfall des Ostblocks und der damit einsetzenden größeren Reisefreiheit fahren ihre Bewohner lieber in andere Länder. Die Sowjetunion bzw. ihre Nachfolgestaaten haben bei ihnen viel von der früheren - ja oft auch erzwungenen - Attraktivität als Reiseland verloren.[2]
Der Rückgang der Touristenzahlen aus den meisten westlichen Ländern (Tab. 9) ist dagegen auf andere Gründe zurückzuführen. 1989 war das erste Jahr, in dem die Na-

[1] Die restliche Zunahme entfällt auf sonstige, in den Statistiken nicht einzeln aufgeführte, Länder.
[2] Vgl. die Situation in der früheren DDR bzw. den Neuen Bundesländern.

tionalitätenkonflikte in der UdSSR in größerem Ausmaß mit Waffen ausgetragen wurden, und vor allem wurde erstmals im Ausland ausführlicher darüber berichtet. Dies und auch die befürchteten Versorgungsschwierigkeiten schreckten viele potentielle Touristen von einer Reise in die Sowjetunion ab. Zum Teil mußten die Veranstalter auch Reisen aus ihrem Programm nehmen, weil für die Unruhegebiete zeitweise keine Visa erteilt wurden.[1] Von deutschen Veranstaltern wurde in diesem Zusammenhang ein Nachfragerückgang von 30-50% verzeichnet, 1991 nahm die Zahl ausländischer Touristen um 25-30% ab (Wostok, 3/1992, S. 66; und Angaben vom Deutschen Reisebüro - DER).[2]

Als weitere Gründe für die Abnahme der "Touristen"-Zahlen 1989 sind die stark gestiegenen Preise (s.o.) und sogar die Visaerleichterungen zu nennen. Unter der Rubrik "Touristen" sind ja nur die organisierten (Gruppen-) Reisen erfaßt (s.o.). Sie verlieren jedoch i.R. viel ihrer früheren Attraktivität, sobald der Zugang zu einem Land erleichtert wird. Dieses Phänomen kann seit der Öffnung der osteuropäischen Länder in den letzten Jahren überall beobachtet werden: Diejenigen Reiseanbieter, welche sich traditionell auf Gruppenreisen in diese Länder spezialisiert haben (z.B. Hansa-Tourist), mußten seitdem sehr starke Einbußen verzeichnen, obwohl insgesamt die Zahl ausländischer Touristen dorthin zunahm (Die Zeit, 1.3.1991).

3.4.2.1 Bedeutungsunterschiede der Herkunftsländer

Die osteuropäischen Länder konnten - dank Polen - ihren Anteil von 46% auf 53% 1989 ausbauen (vgl. Tab. 9): Allein aus diesem Nachbarland kamen 1989 29% der ausländischen Touristen (1988 waren es nur 13% gewesen). Unter den westlichen Ländern stellten die Finnen trotz eines leichten Rückgangs mit Abstand das größte Kontingent (18,5%).[3] Ihnen folgten die Touristen aus West-Deutschland (5,5%) und den USA (4,4%).

Die tatsächliche Bedeutung der einzelnen Länder für den sowjetischen Fremdenverkehr hängt jedoch nicht nur von den Gästezahlen ab. Sie wird stärker von der Aufenthaltsdauer und von den Einnahmen, die aus ihrem Aufenthalt in der Sowjetunion erwachsen, bestimmt:
Zwar machten die Touristen aus den osteuropäischen Ländern mehr als die Hälfte der ausländischen Gäste aus (Tab. 9). Sie waren aber trotzdem für die sowjetische Fremden4verkehrswirtschaft nicht sehr interessant und attraktiv, da sie - wie NEMOLJAEVA/CHODORKOV (1985, S. 162f.) dies allgemein für den Reiseverkehr zwischen den sozialistischen Ländern feststellten - im Vergleich zu westlichen Touristen nur relativ kurz im Lande blieben und in dieser Zeit nur wenig Geld, vor allem aber keine Valuta, ausgaben.[4]

---

[1] Davon war - weitgehend aus politischen Gründen - auch das Baltikum betroffen, obwohl es dort keine Unruhen gab; Versorgungsängste waren im allgemeinen unbegründet.

[2] Für 1992 wird ein Rückgang auf ca. ein Drittel des Wertes von 1989 genannt, allerdings bezieht sich diese Angabe vermutlich nur auf INTOURIST (Information von W. Braginski, INTOURIST-Mangager, zitiert nach: Sonntag aktuell, 28.2.1993).

[3] 1988 noch 22%, also deutlich mehr als Polen.

[4] NEMOLJAEVA/CHODORKOV (1985, S. 164) haben dies am Beispiel von Ungarn aufgezeigt.

Nicht zuletzt deswegen war in der Sowjetunion ein Zwei-Klassen-Tourismus zu beobachten: "westliche" contra "sozialistische" (incl. einheimische) Touristen.[1] Die großen modernen Hotels, welche in den letzten 15 Jahren entstanden und die in der Sowjetunion als "Ausländerhotels" bezeichnet wurden, sind in erster Linie nur für eine bestimmte Gruppe von Touristen, nämlich für die zahlungskräftigen aus "kapitalistischen" Ländern, errichtet worden. Für die restlichen mußten die billigeren Hotels (der anderen Organisationen) genügen. Nur als "Pausenfüller", in der Nebensaison also, wurden Touristengruppen aus den anderen sozialistischen Ländern in den noblen INTOURIST-Hotels untergebracht bzw. geduldet.[2]

Ähnliches gilt auch bezüglich der tatsächlichen Bedeutung der einzelnen westlichen Herkunftsländer für die sowjetischen Fremdenverkehrswirtschaft. Die deutschen Touristen belegten beispielsweise 1985[3] hinter den Finnen den zweiten Platz bei den "kapitalistischen" Touristen, lagen bezüglich der Valuta-Einnahmen jedoch deutlich an erster Stelle (Sovremennoe sostojanie turistskogo rynka FRG, 1987). Die relativ geringen Einnahmen durch die Finnen hängen mit folgenden Faktoren zusammen:
- Für Finnen bestanden schon längere Zeit günstigere Einreisebestimmungen, wodurch die Organisation einer Reise in die Sowjetunion erleichtert wurde.[4] Deshalb konnten Finnen es schon in den 80er Jahren i.a. vermeiden, ihre Reise über einen (teuren) Veranstalter (wie z.B. INTOURIST) zu buchen. Dies wird auch durch die Ausführungen von FISENKO (1990, S. 247) bestätigt, in welchen die BRD und USA als die wichtigsten Herkunftsländer für INTOURIST bezeichnet werden;
- Finnen fuhren zwar häufiger in die (frühere) Sowjetunion und wiesen deswegen bereits Mitte der 80er Jahre mit 76% bereits einen besonders hohen Anteil von Zweit-Besuchern auf (BRAGINSKIJ, 1987, S. 70). Sie zeigen aber - unter anderem gerade deswegen - im Vergleich zu anderen westlichen Ausländern ein geringes Interesse am Bildungstourismus. Finnische Touristen bevorzugen im allgemeinen andere Fremdenverkehrs- bzw. Beherbergungsarten, die billiger sind und welche mit weniger Deviseneinnahmen für die sowjetischen Organisationen bzw. den Staat verbunden sind: In Olgino, auf einem zwischen der finnischen Grenze und St. Petersburg gelegenen Campingplatz, befanden sich beispielsweise Ende der 80er Jahre zahlreiche, dauerhaft abgestellte Wohnwagen von finnischen Urlaubern. Die Miete für einen Stellplatz war nicht hoch, die Verpflegung wurde mitgebracht.
- Negativ wirkt sich auch die - abgesehen von den Campingurlaubern - geringe Aufenthaltsdauer aus: Viele Finnen fahren traditionell nur kurz für ein Wochenende oder sogar ohne Übernachtung in die (ehemalige) Sowjetunion, z.B. mit der Fähre nach Tallinn (Estland) oder Leningrad/St. Petersburg. Das Motiv für diese Kurztrips sind in erster Linie der Einkauf bzw. Konsum vor Ort von Alkoholika,[5] die in Finnland extrem teuer sind (vgl. Kap. 10.2).

Dementsprechend sind finnische Touristen nicht sehr beliebt. Sie spielen auch bei Überlegungen für künftige Entwicklungsmöglichkeiten des Ausländertourismus keine große Rolle.

Im Gegensatz dazu sind Länder wie Deutschland, die USA, Japan, Italien, die auch allgemein zu den größten Reisemärkten der Welt gehören, von großem Interesse für

---

[1] Dies war z.B. auch an der Schwarzmeerküste Bulgariens für DDR-Bürger zu beobachten.

[2] Diesen Sachverhalt kann man natürlich auch positiver darstellen, wie dies z.B. NEMOLJAEVA/ CHODORKOV (1985, S. 155) tun: "Dank dem geplantem Charakter des Tourismus mit diesen [sozialistischen] Ländern können Saisonalität ausgeglichen und Kapazitäten besser genutzt werden"; in der "Provinz" wurde die Trennung nicht so stark umgesetzt.

[3] Wie auch 1988 und 1989, s. Tab. 9.

[4] S. hierzu auch HELLE, 1979.

[5] Und nicht zu vergessen die Prostituierten (*prostitutki*), aber davon profitiert der Staat ja kaum.

die Fremdenverkehrswirtschaft auf dem Gebiet der ehemaligen Sowjetunion (vgl. Kap. 10).[1]

3.4.3 FAZIT

Der sowjetische Ausländertourismus konnte Ende der 80er Jahre von dem großen Interesse, das besonders im westlichen Ausland durch *perestrojka* und *glasnost'* geweckt worden war, profitieren.
Bereits 1989 begann das Bild aus verschiedenen Gründen (s.o.) umzuschlagen, doch erst die Auflösung der UdSSR im Jahr 1991 leitete die tiefgreifenden Veränderungen ein, die längerfristig zu einer völligen Umstrukturierung des LAusländertourismus auf dem Gebiet der (ehemaligen) Sowjetunion führen.

Die "Grenzen" zwischen Binnen- und Auslandsreiseverkehr verschieben sich, sie müssen - im gleichen Maße wie die Staatsgrenzen - neu festgelegt werden. Dies hat unter anderem Auswirkungen auf die statistische Erfassung ausländischer Touristen: Ihre Zahl wird insgesamt stark ansteigen, selbst wenn es sich weitgehend nach wie vor um die gleichen Urlauber wie früher handelt.

Die Auswirkungen sind jedoch natürlich nicht nur statistischer Art: Sie betreffen vorrangig praktische Fragen der Urlaubsorganisation sowie - zumindest in einer gewissen Übergangszeit - auch psychologische Hemmschwellen bei den Bewohnern der früheren Sowjetrepubliken, für die traditionelle Urlaubsregionen teilweise plötzlich "im Ausland" liegen (vgl. Kap. 10).
Langfristig ist jedoch davon auszugehen, daß sie in Zukunft den Großteil der ausländischen Touristen auf dem Gebiet der ehemaligen Sowjetunion stellen werden. Deswegen ist auch in den einzelnen Nachfolgestaaten darauf zu achten, daß diese Zielgruppen bei der Fremdenverkehrsplanung nicht ignoriert werden. Touristen aus "westlichen" Ländern sind zwar zahlungskräftiger und vor allem wegen ihren harten Devisen attraktiver, weshalb sie auch intensiver umworben werden. Auf Dauer werden diese Vorzüge jedoch die geringere Nachfrage aus diesen Ländern nicht ausgleichen.

[1] Aus diesem Grund liegen über das Reiseverhalten und Wünsche der dortigen Touristen auch verschiedene Untersuchungen vor (FISENKO, 1990; POVALJAEVA/FISENKO, 1984; Sovremennoe sostojanie turistskogo rynka FRG, 1987); ihr Informationswert hält sich allerdings in Grenzen.

TEIL B: DER BALTISCHE RAUM

Der regionale Schwerpunkt der vorliegenden Arbeit liegt mit dem Baltischen Raum auf einem Gebiet, das sich nicht nur durch seine vergleichsweise kurze Zugehörigkeit zur Sowjetunion abgrenzte. Die baltischen Republiken Litauen, Lettland und Estland sowie die Kaliningrader Oblast' wiesen einige Gemeinsamkeiten auf, durch die sie sich gleichzeitig von den anderen Sowjetrepubliken unterschieden.

Dies gilt z.B. für die geschichtliche Entwicklung: Das Baltikum[1)] (mit Ausnahme der Kaliningrader Oblast') stand zwar schon seit mehreren Jahrhunderten unter dem Einfluß Rußlands. Prägender waren jedoch überall andere Faktoren, wobei in diesem Punkt differenziert werden muß zwischen Estland und Lettland, welche bis Anfang dieses Jahrhunderts - als Folge der vom Deutschen Orden ausgehenden mitteleuropäischen Siedlungswelle - vor allem in wirtschaftlicher Hinsicht durch die Baltendeutschen dominiert wurden, dem Königsberger Gebiet als Teil des ehemaligen Ostpreußens sowie Litauen, das stärker auf Polen ausgerichtet war und wo eine deutsch(baltische)e Tradition fehlt.
In den 20er und 30er Jahren dieses Jahrhunderts wurden Litauen, Lettland und Estland durch ihre (kurze) politische Selbständigkeit sowie nach dem Zweiten Weltkrieg der ganze Raum durch die Sowjetisierung vereint. Der Kaliningrader Oblast' kam dabei eine Sonderrolle zu, da sie verwaltungsmäßig zur Russischen Föderation geschlagen wurde (s. Kap. 4), obwohl sie von ihr durch Litauen getrennt ist.[2)]

In den 70er und 80er Jahren zeichneten sich die baltischen Republiken durch Wirtschaftsdaten aus, die in vielen Bereichen, u.a. beim Lebensstandard, deutlich über dem sowjetischen Durchschnitt lagen.[3)]

Der (vorläufige) Abschluß der gemeinsamen Geschichte setzte mit der Wiedererlangung der Selbständigkeit (1991) von Litauen, Lettland und Estland ein: Seither treten die Unterschiede zwischen den Republiken stärker hervor - einerseits weil sie von den "jungen" Staaten, um sich zu profilieren, betont werden, andererseits weil erst jetzt von der Außenwelt allmählich wahrgenommen wird, daß es "Das Baltikum" als eine Einheit gar nicht gibt.

Naturräumlich gehört der Untersuchungsraum zur Osteuropäischen Ebene, er weist jedoch, da das Relief durch Ablagerungen der jüngsten Vereisung geprägt ist, Höhen bis über 300 m auf. Die Erhebungen[4)] gehören zu den Endmoränenhügeln des Baltischen Landrückens und jüngerer Rückzugsstadien. Das restliche Gebiet wird von teils

---

[1)] Zur Entstehung der Begriffe "baltisch" bzw. "Baltikum" s. STADELBAUER, 1991, S. 714.

[2)] Für die Oblast' galten außerdem jahrzehntelang besondere Bestimmungen, obwohl sie bei der Wirtschaftsgliederung mit den baltischen Republiken zu einer Wirtschaftsregion ("Baltikum") zusammengefaßt wurde; zur historischen und politischen Entwicklung des Baltikums s. stellvertretend bei: WITTRAM, 1954 (Geschichte bis 1918), RAUCH, 1990[3] (Zeit der Unabhängigkeit), MISIUNAS/TAAGEPERA, 1983 (Sowjetzeit), MEISSNER, 1991[2], u.a..

[3)] S. beispielweise zu den Durchschnittslöhnen und dem höheren Autobesatz: Nar. choz. LatSSR v 1990g., 1991, S. 31f., BOND,u.a., 1991; zu den durchschnittlichen Spareinlagen: Nar. choz. SSSR v 1990g., S. 48.

[4)] Den höchsten Punkt bildet der Suur Munamägi (318 m) im Südosten Estlands, dicht gefolgt vom Gaizinkalns (311 m) in Zentrallettland und dem Juozapine-Hügel (294 m) in Ostlitauen.

fruchtbaren (Mittel-Litauische und -Lettische), teils versumpften Ebenen (Niederestland) und von den Küstenniederungen eingenommen.
Der Übergang zur Ostsee (bzw. zum Finnischen Meerbusen) wird weitgehend durch Flach- (teilweise Ausgleichs-)küsten gebildet, nur in Nordestland und der Kaliningrader Oblast' gibt es (kurze) Bereiche mit Steilküsten (vgl. Kap. 4, 8).
Der Baltische Raum liegt im Übergangsbereich von maritim-ausgleichenden Einflüssen der Ostsee zum kontinentalen Klima. Die Durchschnittstemperaturen (an der Küste) steigen dementsprechend durchschnittlich im Sommer (Juli) nicht über 16-17°. Das Maximum der Niederschläge (Gesamtsumme jährlich 560-600 mm) fällt - am ausgeprägtesten in Estland - während der Sommermonate.

Abb. 11: Übersichtskarte Baltikum

Quelle: GNEVECKOW, 1993, S. 385;

Die historisch gewachsene Kulturlandschaft,[1] der höhere Lebensstandard und die bessere Infrastruktur, durch die sich die baltischen Republiken auszeichnen, zogen in den letzten Jahrzehnten sowohl Zuwanderer als auch Urlauber aus der ganzen Sowjetunion an, wobei für die Erholungssuchenden als weitere Attraktionen die feinsandigen (und vergleichsweise sauberen!) Strände sowie für Kurgäste das milde Reizklima hinzukamen.

Durch die zahlreichen, vor allem qualitativen Unterschiede, hatte das Baltikum in der Sowjetunion den Ruf, ein für alle Sowjetbürger erreichbares "westliches Ausland" zu sein, während umgekehrt z.B. Esten bei Reisen durch die UdSSR - nicht nur wegen ihres Akzents - für westliche Ausländer gehalten wurden.[2]

[1] Zur besonderen Attraktivität der baltischen (Haupt-)Städte s. auch Kap. 10.

[2] Dieser Sachverhalt wurde bereits Mitte der 70er Jahre bei SZPORLUK (1976, S. 159ff.) beschrieben.

4 DIE KALININGRADER OBLAST'

Die Kaliningrader Oblast' umfaßt ca. 15.000 km und nimmt den nördlichen Teil der früheren Provinz Ostpreußen (ohne das Memelgebiet) ein. Naturräumlich ist sie bereits zum Osteuropäischen Tiefland zu rechnen und bietet flachwelliges Hügelland mit fruchtbaren Schwemmlandniederungen und einzelnen eiszeitlichen Höhenrücken (s. Samlandküste).

Abb. 12: Die Fremdenverkehrsorte an der Samlandküste (Kaliningrader Oblast')

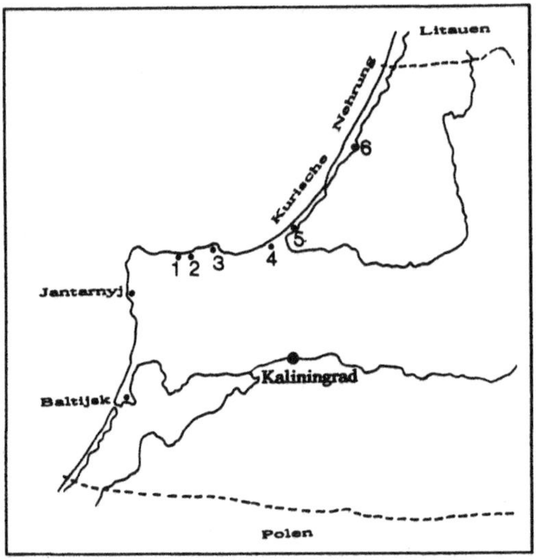

1-Otradnoe/Georgenswalde
2-Svetlogorsk/Rauschen
3-Pionerskij/Neukuhren
4-Lesnoj/Sarkau
5-Zelenogradsk/Cranz
6-Rybačij/Rossitten

0 40km
|---------------------|

E+Z: M. Henningsen

Das Gebiet um Kaliningrad (bis 1945 "Königsberg") kam durch das Potsdamer Abkommen von 1945 an die Sowjetunion und wurde Bestandteil der RSFSR.[1] Es gehört somit eigentlich nicht zum Baltikum, bzw. in eine Untersuchung zum Fremdenverkehr in diesem Gebiet. Dennoch wurde es in die vorliegende Arbeit einbezogen. Ausschlaggebend hierfür ist die Geschichte der Region, bwz. ihre daraus resultierende starke Verflechtung - u.a. in Bezug auf die Fremdenverkehrsnutzung - mit den angrenzenden Gebieten des heutigen Litauens, vor allem mit dem über die Kurische Nehrung verbundenen Memelland (s. auch Kap. 5.1.2). Bis zum Zweiten Weltkrieg war die Entwicklung des Fremdenverkehrs auf der nördlichen Kurischen Nehrung gerade dank der Nachfrage durch die Königsberger Bevölkerung vorangetrieben worden.[2]

---

[1] Von ihr (bzw. heute von der Russischen Föderation) ist die Kaliningrader Oblast' jedoch durch Litauen getrennt, so daß sie seit Herbst 1991 eine Exklave bildet; administrativ ist sie in 13 Rajons und 3 kreisfreie Städte (Kaliningad, Sovetsk, Baltijsk) gegliedert.

[2] Im Unterschied zu Memel/Klaipeda (1939: 40.000 EW) war Königsberg damals schon eine richtige Großstadt mit 370.000 EW (SIETZ, 1990, S. 42; WILLOWEIT, 1968, S. 747).

Erst in sowjetischer Zeit wurde diese Verbindung abgeschnitten, das Gebiet um Kaliningrad abgeschottet. Wegen der jahrzehntelangen Isolation gibt es bisher auch keine wissenschaftlichen Veröffentlichungen zum Fremdenverkehr. Der besondere Status des Gebiets ist jedoch nicht der einzige Grund für die schlechte Quellenlage: Auch ohne ihn läge keine Fremdenverkehrsstatistik wie für Litauen, Lettland oder Estland vor, da diese in der Sowjetunion immer nur auf Republiks-, nicht aber auf Oblast'-Ebene veröffentlicht wurden.[1)]

Die alten Verbindungen nach Litauen wurden von Reiseveranstaltern bereits bald nach der Öffnung der Kaliningrader Oblast' für ausländische Touristen Anfang 1991 reaktiviert: Reisen ins frühere Königsberg werden z.B. mit Ferienaufenthalten in litauischen Nehrungsdörfern kombiniert (vgl. Kap. 10.2.1).[2)]

Für die Einbeziehung der Kaliningrader Oblast' in eine Untersuchung des Fremdenverkehrs im Baltikum sprechen also nicht nur historische Gegebenheiten, sondern auch die aktuellen und zukünftigen Entwicklungsmöglichkeiten.

4.1 Erholungsgebiete

Die Nutzung der Region durch Erholungssuchende konzentriert sich traditionell auf die Küste. Das Hinterland ist wenig geeignet bzw. attraktiv. Eine Ausnahme stellt nur die Südseite des Kurischen Haffs dar, das sich zumindest für Jagd und Sportfischen eignet (KOMAROVA, 1975).

Am intensivsten beansprucht wurde schon immer die Nordküste Samlands, das fast wie eine Halbinsel nordwestlich von Kaliningrad/Königsberg in die Ostsee ragt (Abb. 12). Im Unterschied zu den Flachküsten, die sonst im Baltikum fast ausschließlich anzutreffen sind, handelt es sich hier um eine von zahlreichen Schluchten durchbrochene Steilküste, die von einer Endmoräne gebildet wird.[3)]

Die Dörfer auf dem südlichen Abschnitt der Kurischen Nehrung (Rossitten/Rybačij, Pillkoppen/Morskoe) wurden Anfang dieses Jahrhunderts zwar ebenfalls zur Sommerfrische aufgesucht, doch erreichte keines die Popularität des nördlicher gelegenen Niddens oder Schwarzorts (vgl. Kap. 5.1.2). In sowjetischer Zeit wurden sie ganz vernachlässigt (s.u).

[1)] Deswegen sind die Verzeichnisse der gewerkschaftseigenen Einrichtungen die einzigen zugänglichen Informationsquellen für das Beherbergungsangebot (s.u.).

[2)] Für derartige Angebote gibt es vermutlich auch einen praktischen-technischen Grund: Während in der Kaliningrader Oblast' die früheren Seebäder nur zögernd für westliche Urlauber geöffnet wurden (s.u.), standen im ehemaligen Memelgebiet schneller Übernachtungsmöglichkeiten zur Verfügung.

[3)] Sie steigt von Jantarnyj/Palmnicken im Westen langsam an, erreicht im NW an ihrer höchsten Erhebung 60 m, um dann zur Kurischen Nehrung hin wieder abzusinken; durch die beiden Nehrungen, die sich im SW (*Frische N*) und im NO (*Kurische N*) gebildet haben, wurde das Samland bis zu einem gewissen Grad in die Ausgleichsküste der Ostsee eingebunden (Abb. 12).

4.2 Die Entwicklung des Fremdenverkehrs im Nördlichen Ostpreußen

Bei der Behandlung der Fremdenverkehrsgeschichte im Nördlichen Ostpreußen ist in erster Linie **Cranz** (heute: Zelenogradsk)[1] zu nennen (Abb. 12). Es ist eines der ältesten deutschen Ostseebäder überhaupt.

Zwei Ereignisse waren für die Entwicklung von Cranz und somit auch von anderen Siedlungen an der Samland-Küste zu einem Seebad von großer Bedeutung.
1816 wurde Cranz zum Königlich Preußischen Seebad erklärt,[2] für das die preußische Regierung schon einige Jahre nach einem geeigneten Standort gesucht hatte. Laut MIELCARCZYK (1966, S. 628) war für die Wahl die relativ starke Brandung, die Cranz von anderen Ostseebädern unterscheidet, ausschlaggebend. Zwar war die samländische Küste auch schon vorher für Erholungszwecke genutzt worden, doch erhielt die ganze Region nun neue Impulse: GREGOROVIUS (1852/1989) berichtet in seiner Reisebeschreibung, daß bereits Mitte des 19. Jh. in fast allen Dörfern der Küste Sommergäste aufgenommen wurden.

Noch wichtiger für die Entwicklung des Fremdenverkehrs im Nördlichen Ostpreußen erwies sich die Verbesserung der Verkehrsverbindungen:[3] Nachdem 1885 die Bahnlinie Königsberg-Cranz eröffnet worden war, konnte die Strecke wesentlich bequemer und schneller zurückgelegt werden.[4]
1895 wurde die Bahnlinie Richtung Osten bis ans Haff nach Cranzbeek verlängert. Von dort aus fuhren die sogenannten Bäder-Dampfer zu den Sommerfrischen auf der Kurischen Nehrung, welche auf diese Weise von Königsberg aus gut in (Zwei)-Tagesausflügen erreicht werden konnten und einen deutlichen Aufschwung erlebten.[5]
Im Jahr 1900 wurde die Bahnverbindung Cranz-Neukuhren fertiggestellt; 1906 folgte eine weitere Strecke, die Königsberg direkt mit Neukuhren (heute: Pionerskij) und den westlich gelegenen Orten Rauschen,[6] Georgenswalde[7] etc. verband (MIELCARCZYK, 1966, S. 630).

Dank dieser sog. Bäderbahnen entwickelte sich die samländische Küste ab 1900 zu einem begehrten Ferien- und Naherholungsgebiet. Es wurde in erster Linie von der Königsberger Bevölkerung[8] frequentiert, aber auch von Urlaubern "aus der Provinz, dem Reich, dem benachbarten (vor allem baltischen) und auch weiteren Ausland (vor allem Rußland und Finnland)" (GUSOVIUS, 1966, S. 533).

---

[1] In dem Ortsverzeichnis am Schluß der vorliegenden Arbeit werden die Namen aller wichtigen (Erholungs-)Orte mit ihren anderssprachigen (teilweise ehemaligen) Bezeichnungen aufgeführt.
[2] GREGOROVIUS, 1852/1989; der Ort hatte damals ca. 300 EW (MIELCARCZYK, 1966, S. 628).
[3] Vgl. die Entwicklung der litauischen, lettischen und estnischen Erholungsorte.
[4] Die Fahrt dauerte nur noch 30 Minuten gegenüber 3 Stunden, die seit dem Bau einer Chaussee im Jahr 1862 benötigt worden waren (MIELCARCZYK, 1966, S. 630).
[5] Dies betraf allerdings mehr Nidden, Schwarzort etc. (vgl. Kap. 5.1.2), weniger Sarkau, Pillkoppen oder Rossitten, welches als einziges der drei überhaupt vom Dampfer angesteuert wurde.
[6] 1820 gegründet; es galt als landschaftlich schönstes Bad der Samlandküste; unterschieden wird bis heute zwischen Rauschen-Ort (Svetlogorsk I) und dem eigentlichen Kurort, R.-Düne (Svetl. II), in dem nur Erholungseinrichtungen, keine Wohnhäuser liegen.
[7] Georgenswalde (heute: Otradnoe) zählte zu den jüngsten Seebädern der ostpreußischen Küste; es handelt sich hier um die geplante Anlage eines Badeorts durch den Aufkauf eines Gutes Ende des 19. Jh. durch die Berliner Landesbank (AMBRASSAT, 1912/1978, S. 86).
[8] Um 1900 (incl. Garnison) ca. 190.000 EW (GLINSKI, 1990, S. 72).

Tab. 10 zeigt den kontinuierlichen Anstieg der Urlauberzahlen in Cranz zwischen 1871 (dem Erscheinungsjahr der ersten Gästeliste) und dem Ersten Weltkrieg.[1] Auch die Entwicklung von Rauschen und Neukuhren ist bemerkenswert.[2] Absolut gesehen konnte zwar Cranz nach wie vor die meisten Gäste vorweisen, im Verhältnis zur Einwohnerzahl verschiebt sich das Bild jedoch zugunsten von Rauschen und Neukuhren.[3]

In den 20er Jahren verlor Cranz einen Teil seiner Klientel an Rauschen, da Cranz von zahlreichen Gästen als zu hektisch und mondän empfunden wurde (MIELCARCZYK, 1966, S. 635).
Ein weiterer Grund für den Rückgang der Gästezahlen war das Ausbleiben eines wichtigen Teils der ausländischen, vor allem der russischen Gäste seit dem Krieg bzw. seit der Oktober-Revolution (MIELCARCZYK, 1966, S. 635).[4] Ausländer hatten in Cranz und Rauschen 1905 z.B. immerhin ca. 10% der Gäste gestellt (Dt. Bäderbuch, 1907, S. 457ff.).

Tab. 10: Entwicklung des Fremdenverkehrs in nordostpreußischen Seebädern

Orte	1871	1888	1897	1903	1904	1905	1909	1913
Cranz	1.148	5.500	8.000	10.458	10.750	11.524	13.000	15.000
Rauschen	--	--	--	2.429	2.482	4.560	--	--
Neukuhren	--	--	--	1.952	1.967	1.891	4.000	--
Neuhäuser	--	--	--	1.300	1.500	1.600	--	--

Quelle: MIELCARCZYK, 1966, S. 635;
Dt. Bäderbuch, 1907;
Bäder-Almanach, 1889, 1898, 1910;

Trotz der schwindenden Attraktivität wurden in Cranz die Beherbergungskapazitäten beträchtlich erweitert. In den 30er Jahren gab es zwölf größere Hotels (670 Betten), zahlreiche Pensionen und Fremdenheime mit insgesamt 520 Plätzen sowie 6.000 Gästebetten in Privatquartieren (MIELCARCZYK, 1966, S. 635).[5]

Außer den bereits genannten Seebädern haben sich Ende des letzten Jahrhunderts an der samländischen Küste noch eine ganze Reihe weiterer Bade- und Ausflugs-Orte

---

1) Nach Angaben von SIETZ (1990, S. 155) sind für 1913 noch 200.000 Tagesausflügler dazuzurechnen.
2) Neukuhren wurde im Bäder-Almanach von 1910 als besonders aufstrebendes Ostseebad erwähnt; es sollte sich sogar als Winterluftkurort eignen (Bäder-Almanach, 1910, S. 351; AMBRASSAT, 1912/1978, S. 83).
3) Einwohnerzahl 1906: Cranz 2.600, Rauschen 415, Neukuhren 229 EW (Dt. Bäderbuch, 1907).
4) Hiervon war allerdings nicht nur Cranz, sondern auch Rauschen betroffen.
5) Der Ausbau der Privatquartiere von ca. 2.500 um 1910 auf 6.000 Plätze erfolgte dank der Zuschüsse, die für Ausbau und Modernisierung von Wohnraum gewährt wurden, wenn die Eigentümer sich verpflichteten, ihn für zehn Jahre zu einem festen Mietzins an Sommergäste zu vermieten; dies galt allgemein an der samländischen Küste (GUSOVIUS, 1966, S. 536).

herausgebildet,[1] die jedoch größtenteils keine wirkliche Konkurrenz zueinander darstellten, da ihr Beherbergungsangebot - vor allem im Vergleich zu Cranz oder Rauschen - oft nur sehr begrenzt war und sie sich außerdem an andere Interessenten wandten: Während sich z.B. Cranz bereits Mitte des 19. Jh. den Ruf eines eher mondänen Badeorts mit "steifer Gesellschaftlichkeit" (GREGOROVIUS, 1852/1989) erworben hatte (s.o.), wurden andere Orte mehr von Familien aufgesucht.[2] So bildeten sich mit der Zeit große Unterschiede zwischen den einzelnen Orten heraus, eine Tendenz, die von der Kreisverwaltung unterstützt wurde: Sie versuchte, auf die Entwicklung dahingehend Einfluß zu nehmen, daß größere Investitionen nur in denjenigen Seebädern vorgenommen wurden, in denen sich schon größere Erholungseinrichtungen konzentrierten (Cranz, Rauschen, Neukuhren), während kleinere Orte als Fischerdörfer erhalten werden sollten, für die auch nicht geworben wurde (GUSOVIUS, 1966, S. 526).

Zu beliebten Ausflugs- und Ferienzielen der Königsberger Bevölkerung zählten, wie bereits angeführt, auch die Sommerfrischen auf der Kurischen Nehrung, Rossitten, Nidden, Schwarzort und Sandkrug (Verkehrsverein Königsberg, 1930, S. 21), wenngleich der Verkehr zu den letztgenannten drei (memelländischen) Orten in den 20er und 30er Jahren nach der Abtretung des Memelgebiets nur noch eingeschränkt möglich war (vgl. Kap. 5.1.2).

4.3 Die Fremdenverkehrsstrukturen in der Kaliningrader Oblast'

In sowjetischer Zeit wurde die Tradition der alten samländischen Seebäder zum Teil fortgesetzt. Zwei der heutigen Kurorte der Kaliningrader Oblast'[3] sind aus den beiden größten früheren Seebädern hervorgegangen: Zelenogradsk < Cranz, Svetlogorsk < Rauschen. Nur Otradnoe, der dritte Kurort - wenige Kilometer westlich von Svetlogorsk/Rauschen gelegen - kann auf keine große Vergangenheit zurückblicken: Das ehemalige Georgenswalde war früher nur eine relativ unbedeutende Sommerfrische.

Neukuhren, heute Pionerskij, hat eine Spezialisierung erfahren, die in gewisser Weise die Tradition des Familienbades (s.o.) fortsetzt. Wie schon der heutige Ortsname vermuten läßt, konzentrierten sich dort (Ende der 80er Jahre) Einrichtungen für Jugendliche, so u.a. ein Spezial-Pionierlager der Gewerkschaften, in welchem auch medizinische Betreuung erfolgte.

Andere samländische Sommerfrischen werden nicht mehr für den Fremdenverkehr genutzt[4] oder sind zumindest nicht ausgebaut worden. Es handelt sich zwar überwiegend um solche, die auch früher keine bedeutende Rolle gespielt hatten. Dennoch ist

---

[1] Für den Abschnitt von Narmeln bis Pillkoppen wurden 15 Orte angegeben (GUSOVIUS, 1966, S. 535); eines der jüngsten ist Neuhäuser an der Westküste auf der Frischen Nehrung gelegen, das Mitte der 1860er Jahre - nach Fertigstellung der Pillauer Bahn - von reichen Kaufleuten als vornehmer Villenort mit großen Gärten planmäßig angelegt worden ist (AMBRASSAT, 1912/1978, S. 87).

[2] Hier ist besonders Neukuhren zu nennen, wo das erste Familienbad Ostpreußens eingerichtet wurde (AMBRASSAT, 1912/1978, S. 85; Bäder-Almanach, 1910); vgl. auch Kap. 4.3.

[3] Allen wurde "Republiks-Bedeutung" verliehen.

[4] Jedenfalls nicht für den organisierten Fremdenverkehr.

es falsch, einen Mangel an Attraktivität oder an Erholungsressourcen als Grund anzunehmen. Die ungleiche Entwicklung der verschiedenen samländischen Seebäder bzw. ihre teilweise Vernachlässigung in sowjetischer Zeit hat ihre Ursachen vielmehr im politisch-militärischen Komplex:
Neuhäusern auf der Frischen Nehrung z.B., das Anfang des Jahrhunderts bezüglich der Gästezahlen Neukuhren durchaus ebenbürtig war (vgl. Tab. 10), ist nach dem Zweiten Weltkrieg aufgrund seiner Lage in der Nähe von Pillau (heute Baltijsk) nicht als Fremdenverkehrsort ausgewiesen worden: Baltijsk wurde ein bedeutender Stützpunkt der sowjetischen Ostseeflotte, weshalb die (kreisfreie) Stadt einschließlich der Nehrung zu einem militärischen Sperrgebiet erklärt wurde (vgl. hierzu auch PEITSCH, 1990, S. 214).[1] Eine gewisse Rolle spielte - zumindest bei dem südlichen Teil der Frischen Nehrung - vermutlich auch die Nähe der polnischen Grenze.

Die Ausweisung eines weiteren Sperrgebiets an der Westküste in Jantarnyj (eh. Palmnicken) hängt nicht mit dem Militär, sondern mit der Förderung der dortigen Bernsteinvorkommen zusammen.[2] Im Gegensatz zu Baltijsk/Pillau wird hier die Sperrung jedoch zur Zeit aufgehoben und es bestehen bereits Pläne, den Strand, der zu den breitesten und schönsten der Kaliningrader Oblast' gehört, mit Hilfe ausländischer Investoren für ausländische Gäste (!) der Nutzung zu unterziehen (vgl. hierzu PEITSCH, 1990, S. 62).

Die Grenze auf der Kurischen Nehrung stellte nach dem Zweiten Weltkrieg zwar keine Außengrenze der Sowjetunion (wie auf der Frischen Nehrung) dar, sie trennte nur zwei Sowjetrepubliken. Trotzdem wurde der Landweg gesperrt bzw. war nur mit Sondergenehmigung befahrbar. Da außerdem die Personen-Schiffahrt auf dem Kurischen Haff, die während des Kriegs eingestellt worden war, nicht mehr aufgenommen wurde, konnten die Seebäder auf der Nehrung seit dem Zweiten Weltkrieg von der Bevölkerung der Kaliningrader Oblast' nicht mehr genutzt werden.
Die alten Nehrungsdörfer (Pillkoppen, Rossitten) sind wohl mit Ausnahme von Sarkau (heute Lesnoj)[3] aufgrund ihrer Lage ziemlich verfallen (PEITSCH, 1990, S. 83).

4.3.1 Das Fremdenverkehrsangebot

Von der Gesamtkapazität der Erholungseinrichtungen in der Kaliningrader Oblast', welche dem Gewerkschaftsrat für Kurwesen unterstanden (2.620 Plätze), entfielen Anfang der 80er Jahre 1.142 Plätze auf Zelenogradsk,[4] 1.123 auf die beiden ganzjährigen Sanatorien von Svetlogorsk ("Jantarnyj bereg", "Svetlogorsk") und 355 Plätze auf das Sanatorium in Otradnoe.[5]

[1] Der Stützpunkt wird in Zukunft noch bedeutender sein, da er seit dem Zerfall der Sowjetunion der einzige eisfreie Ostseehafen der GUS bzw. Rußlands ist und somit noch größere strategische Bedeutung erhält; der Hafen sollte zwar 1992 erstmals wieder für ausländische Personenschiffe geöffnet werden, doch wird davon sicher nicht das direkte Umland betroffen sein.
[2] Hier befindet sich der einzige Bernstein-Tagebau der Welt; die Förderung wurde seit dem Zweiten Weltkrieg stark erweitert: 1947 wurden ca. 127 t, in den 80er Jahren 800 t (= 94% der Weltproduktion) gefördert (SIETZ, 1990, S. 158).
[3] Hier liegen eine Turbase und das (zu Zelenogradsk zählende) Erholungsheim "Lesnoe" (s.u.).
[4] Davon werden 300 Pl. in dem (nur im Sommer geöffneten) Erholungsheim ("Lesnoe") am Südrand der Kurischen Nehrung, der Rest (ganzjährig) im Sanatorium ("Zelenogradsk") angeboten (POLTORANOV/SLUCKIJ, 1986, S. 104).
[5] Angaben über die Saisondauer liegen hierfür nicht vor (POLTORANOV/SLUCKIJ, 1986, S. 103).

Diese Kapazitätsangaben allein geben noch keinen Hinweis auf den Rollentausch, der - wie folgendem Reisebericht zu entnehmen ist - seit dem Zweiten Weltkrieg im samländischen Fremdenverkehr stattgefunden hat: Svetlogorsk (Rauschen)

> "... verbreitet mit seinen Sanatorien und gepflegten Parkanlagen einen Flair von Urbanität. Selenogradsk, Cranz, das älteste Kurbad im ehemaligen Ostpreußen, ist ein heimeliges Provinzstädtchen. In Rauschen blühen im Sommer Azaleen und Heckenrosen, in Cranz wächst Kohl und Lauch." (Die Zeit, 27.3.1992)

Für den Tourismus-Sektor[1] sind die Voraussetzungen des Kaliningrader Gebiets noch etwas ungünstiger als in anderen Teilen des Baltikums: Neben dem eingeschränkten Bewegungsradius aufgrund der politischen Lage ist der Mangel an geeigneten Bedingungen für aktive Erholung wie Wassersport oder Wandern ein weiteres Hindernis.[2] Abgesehen von der schönen Natur hat die Region auch - gerade für Sowjetbürger, die nichts über die Geschichte des Nördlichen Ostpreußens wußten bzw. keinen Bezug dazu hatten - kaum Sehenswürdigkeiten zu bieten (s.u.).
Die erste touristische Einrichtung entstand erst Mitte der 60er Jahre, der eigentliche Aufbau touristischer Infrastruktur ist sogar erst auf die erste Hälfte der 70er Jahre, also deutlich später als in den baltischen Republiken (vgl. Kap. 5.2, 6.2, 8.2), zu datieren.

Während der Sommermonate standen in den 80er Jahren 1.700, ganzjährig gut 500 Plätze zur Verfügung. Sie verteilten sich auf zwei Turbasen in Lesnoj auf der Nehrung ("Djuny") und in Primor'e (eh. Groß-Kuhren; "Jakor" - dt. Anker) sowie auf zwei Touristen-Hotels,[3] "Volna" (Welle) in Svetlogorsk/Rauschen und "Turist"[4] in Kaliningrad (Tab. 11).

Die meisten Einrichtungen wurden 1990 - ähnlich wie die Turbase in Palanga/Litauen (vgl. Kap. 5.2.1) - nur für einen längeren Aufenthalt (im Rahmen von radialen Routen) aufgesucht (Tab. 11). Da das Ausflugsprogramm aufgrund der politischen Situation der Oblast' begrenzt war, kann davon ausgegangen werden, daß die Touristenunterkünfte hier an der Küste einfach als billigere Beherbergungsform für einen Strandurlaub gesehen und nicht von "echten sowjetischen" Touristen mit Ambitionen auf sportliche Leistungen genutzt wurden. Insofern wären die Kapazitäten in den touristischen Einrichtungen an der Küste eigentlich eher dem Erholungswesen zuzurechnen.

Für das touristische Hotel in Kaliningrad treffen diese Aussagen nicht zu. Die durchschnittliche Aufenthaltsdauer ist hier wesentlich kürzer, da es meist im Rahmen von linearen, teilweise von überregionalen Routen frequentiert wird (Tab. 11; Tur. maršruty, 1987, 1990). Außerdem steht hier der Bildungstourismus im Vordergrund, auch wenn sich in der im Zweiten Weltkrieg stark zerstörten Stadt, in der auch in der

---

[1]Nach "sowjetischer" Def. (vgl. Kap. 1.2.4); da für diese Beherbergungsform mehr Informationen zugänglich sind (alle Einrichtungen befinden sich in einer Hand), kann auf sie bei allen Teilgebieten etwas ausführlicher eingegangen werden.
[2]Es werden nur Spaziergänge in die nähere Umgebung der Touristenunterkünfte angeboten (Tur. maršruty, 1990, S. 129f.).
[3]Nur diese sind ganzjährig geöffnet (Perečen'..., 1985; Tur. učrez. prof., 1983).
[4]Es wurde 1991 renoviert und in "Jantar" umbenannt.

Nachkriegszeit mehr alte Bausubstanz vernichtet als erhalten worden ist, eigentlich nicht mehr viele Sehenswürdigkeiten befinden.

Tab. 11: Touristenrouten und Touristenunterkünfte in der Kaliningrader Oblast'

Einrichtungen	Routen-Nr.										Aufenthaltsdauer (Durchschnitt)
	1	2	3	4	5	6	7	8	9	10	
Turbasen											
- "Djuny" (Lesnoj) (1965; 654 Pl.)	10	10				10					10 Tage
- "Jakor" (Primor'e) (1975; 520 Pl.)			10	10	10						10 Tage
Turhotels											
- "Volna" (Svetl.) (1976; 262 Pl.)							10	20			15 Tage
- "Turist" (Kgr.) (1973; 261 Pl.)					5	5			4*	4*	4,5 Tage
Transportmittel	R	R	R	R	A	A	R	R	A	A,B	
Saison	So	So	So	So	So	So	So	gj.	gj.	gj.	
Teilnehmerkreis	P	>	>	-	-	-	-	P	-	-	
(Kinder ab d. Alter v.)		7[3]	5[3]								

Zeichenerklärung:

A - lineare Route mit dem Autobus
R - radiale Route
W - Wandern
P - (Ehe)Paar
[3] - "Familen"-Größe auf 3 Personen beschränkt

gj - ganzjährig
So - Sommer
* - überregionale Route

Quelle: Perečen'.., 1985; Tur. maršruty, 1990, S. 129f.;

Auf die schlechte Quellenlage zum Fremdenverkehrsangebot wurde bereits hingewiesen. Es ist davon auszugehen, daß es neben den bereits aufgezählten Gewerkschafts-Einrichtungen auch eine - nicht näher bestimmbare - Zahl von "betrieblichen" Erholungseinrichtungen gab: Zum einen von Kaliningrader Betrieben oder Behörden für ihre Beschäftigten, zum anderen haben sicherlich einflußreiche Institutionen aus der übrigen Sowjetunion (v.a. aus der Moskauer Zentrale) eine Sondergenehmigung für die Anlage eigener Spezial-Erholungseinrichtungen erhalten können. In Svetlogorsk gab es insgesamt - nach Angaben eines Reiseführers von 1990 - 12 Sanatorien und 29 Erholungsheime (SIETZ, 1992, S. 150).
In ihnen sollen sich jährlich ca. 70.000 (Kur)Gäste aufhalten. Offizielle Angaben über die Inanspruchnahme der Erholungseinrichtungen fehlen völlig. Auf die beiden Gewerkschafts-Sanatorien von Svetlogorsk entfallen jährlich nicht mehr als ca. 8.000 Gäste.

Es ist davon auszugehen, daß - im Gegensatz zu Jurmala oder Palanga (vgl. Kap. 5.1.2.1, 7.3) - wegen der besonderen Bestimmungen in der Oblast' organisierte Urlauber bisher deutlich dominierten.
Die Zahl der Tagesausflügler wird auf 50.000 geschätzt (SIETZ, 1990, S. 150).

4.4 Ausblick

Seit Anfang der 90er Jahre hat sich das Bild deutlich geändert, weniger durch den Zerfall der Sowjetunion bzw. die Exklavensituation der Kaliningrader Oblast' als durch ihre Öffnung für ausländische Touristen Anfang 1991, die bisher in erster Linie von früheren Bewohnern des Gebiets (bzw. deren Angehörigen) genutzt wird (vgl. Kap. 10).
Die Öffnung erfolgt anscheinend schrittweise: Zunächst wurden nur Reisen nach Kaliningrad angeboten, dann kamen Übernachtungsmöglichkeiten in Svetlogorsk/Rauschen dazu, während andere samländische Ferienorte nur für Tagesausflüge erreichbar blieben. Seit 1992 stehen nun auch in Zelenogorsk/Cranz Plätze zur Verfügung, für 1993 wird erstmals auch ein Erholungsheim in Otradnoe/Georgenswalde angeboten.[1)]

Die bisher rege Nachfrage der "Ehemaligen" darf allerdings die Veranstalter nicht zu übertriebenem Optimismus verleiten, da der in Frage kommende Urlauberkreis nicht nur begrenzt ist, sondern sich auch wegen des hohen durchschnittlichen Alters der potentiellen Teilnehmer in Zukunft ständig verringern wird.
Um aber Urlauber zu motivieren, mehr als einmal zu kommen, d.h. die Region als Urlaubsziel und nicht nur für Reisen in die Kindheit wahrzunehmen, bzw. um andere Interessenten zu gewinnen, müßte das Angebot - sowohl im Umfang wie auch im Niveau der Beherbergungseinrichtungen - deutlich verbessert und diversifiziert werden.[2)]
Wenn der Reiz des ersten Wiedersehens oder auch des Neuen weg ist, sind Urlauber nicht mehr so leicht bereit, über die zahlreichen Mängel hinwegzusehen und Unannehmlichkeiten in Kauf zu nehmen.[3)]
Dies ist natürlich kein Problem, das nur in der Kaliningrader Oblast' auftritt. Hier wurde die Situation jedoch zusätzlich durch die jahrzehntelange Isolation der Region verschärft, wodurch die gesamte Infrastruktur - sowohl allgemeine wie fremdenverkehrsspezifische - in einem noch schlechteren Zustand ist als in anderen Urlaubsregionen der ehemaligen Sowjetunion.

Die Besonderheiten in der Geschichte und Lage der Kaliningrader Oblast' sind jedoch nicht ausschließlich negativ zu bewerten. Aus ihnen kann das Gebiet auch gerade Pluspunkte für die zukünftige Fremdenverkehrsentwicklung ziehen: Der durch die Isolierung entstandene Rückstand beschert nun eine noch relativ unberührte Naturlandschaft und vor allem unverbaute Küste. Es ist zu hoffen, daß bei Planungen darauf geachtet wird, nicht die Fehler anderer Ferienregionen zu wiederholen. Ein wichtiger

---

[1)] Mit Ausnahme eines Hotels in Svetlogorsk ("Volna") handelt es sich nicht um (frühere) Gewerkschaftseinrichtungen, sondern um Erholungsheime oder Sanatorien von Betrieben oder Behörden (z.B. vom Flottenverband).
[2)] Z.B. Jagd, Angeln ums Haff.
[3)] Vgl. Kap. 3.4 und die Reiseberichte in Sonntag Aktuell, 7.7.1991; Die Zeit, 27.3.1992.

Ansatz wäre z.B. die Verwirklichung der Pläne für einen Nationalpark auf der Kurischen Nehrung.[1)]

Aufgrund der (im Vergleich zu den baltischen Republiken) späten Öffnung für Ausländer und dem daraus resultierenden "Nachholbedarf" (an Devisen) sind die bisherigen (sowjetischen) Urlaubsgäste zunächst etwas verdrängt worden, da sie finanziell zu unattraktiv sind (vgl. Kap. 3.4).
Für Urlauber aus der GUS (oder bei derem Zerfall zumindest aus Rußland) ist dieser Küstenstreifen jedoch seit dem Zerfall der UdSSR noch attraktiver geworden, weil die anderen beliebten baltischen Badeorte wie Palanga oder Jurmala für sie inzwischen im Ausland liegen (vgl. Kap. 3.4) und auch die Schwarzmeerküste nicht mehr ein unproblematisches Reiseziel ist.

Es ist jetzt natürlich noch nicht abzusehen, wie lange sich die Kaliningrader Oblast' als Exklave von Rußland halten läßt, bzw. welche politschen Alternativen sich entwickeln werden. Über die Auswirkung der 1992 eingerichteten Freihandelszone "Jantar" ("Bernstein") auf den Fremdenverkehr läßt sich noch nichts sagen. Bisher scheint sie eher nur auf dem Papier zu bestehen.

[1)] KRASOVSKAJA/MELČENKA, 1990; seit 1976 existiert dort immerhin ein Naturpark (Die Zeit, 27.3.1992).

5 LITAUEN

Auf S. 101 wurde bereits angesprochen, daß sich die Geschichte Litauens deutlich von der der anderen baltischen Republiken unterscheidet. Besonders hinzuweisen ist dabei auf die territoriale Zersplitterung Litauens im 19. Jh. - also zur Zeit einer wichtigen Entstehungsphase des Kur- und Erholungswesens: Während die anderen Untersuchungs(teil-)räume entweder ganz unter russischer (Estland und Lettland) oder unter deutscher Herrschaft standen (Nördl. Ostpreußen/Kaliningrader Oblast'), war Litauen unterteilt in ein russisches Gebiet, das den Großteil des Landes einnahm, ein polnisches Gebiet im Süden[1] sowie einen schmalen deutschen Küstenstreifen (Memelgebiet).
Diese Zersplitterung ist insofern von Bedeutung, als sie unter anderem Unterschiede in der Gästestruktur mit sich bringen mußte (s.u.).[2]

Weniger in den politischen als in den naturräumlichen Gegebenheiten ist der Grund für eine Besonderheit der litauischen Fremdenverkehrsstrukturen zu sehen: Anders als in Estland und Lettland erfolgte die Herausbildung von Sommerfrischen und von Kurorten im engeren Sinn in zwei verschiedenen, räumlich getrennten Teilen des heutigen Litauens.
Einerseits wurde in der ersten Hälfte des 19. Jh. im Landesinneren begonnen, lokal schon länger bekannte Heilressourcen zu nutzen und zu diesem Zweck Kureinrichtungen zu bauen: Als Gründungsjahre für die ersten litauischen Kurorte werden die Jahre 1837 (Druskininkai) und 1846 (Birštonas) angegeben.
Andererseits erlangte zu dieser Zeit die Nutzung der Ostseeküste für die Sommerfrische (Bsp. Palanga) zunehmende Beliebtheit.

In Abb. 13 werden die Bevölkerungsschwerpunkte um Vilnius, die aktuelle und Kaunas, die frühere (und heimliche) Hauptstadt Litauens, ferner an der Küste (Klaipeda) sowie um Šiauliai und Panevežys gezeigt.[3] Außerdem geht aus der Karte die naturräumliche Gliederung Litauens hervor (W-O):[4] An einen schmalen Küstenstreifen (Ausgleichsküste) schließt sich die Erhebung Šamaitens an. Weiter östlich erstreckt sich die Mittel-Litauische Ebene, welche wiederum vom litauischen Abschnitt des Baltischen Landrückens begrenzt wird. Diesem folgen im Südosten Litauens Sanderflächen.[5]

---

[1] Dies wurde allerdings vom russischen Zar in Personalunion mit dem russischen Landesteil verwaltet.
[2] Es hatte auch Auswirkungen auf die Infrastruktur, vgl. Palanga.
[3] Bevölkerung 1989: Vilnius 583.000, Kaunas 423.000, Klaipeda 204.000, Šiauliai 145.000, Panevežys 127.000 (Latvija, Litva, Ėstonija, 1991, S. 24).
[4] Administrativ ist Litauen in 44 Rajons sowie elf Städte mit Republiks-Bedeutung (Kreisfreie Städte) aufgeteilt, darunter die sog. Kurstädte Birštonas, Druskininkai, Palanga und Neringa (vgl. auch STADELBAUER, 1991); in keiner der Baltischen Republiken gab es Oblasti.
[5] Ganz am südöstlichen Rand befinden sich noch Erhebungen älterer Endmoränen.

Abb. 13: Übersichtskarte von Litauen

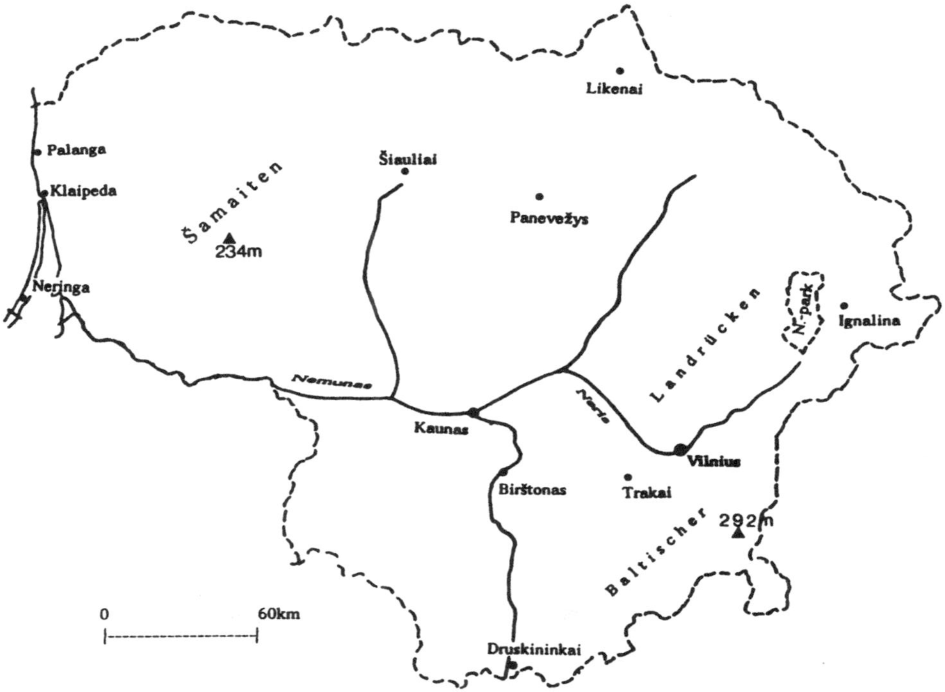

E+Z: M. Henningsen

5.1 Räumliche Fremdenverkehrsstrukturen

In der zweiten Hälfte des 20 Jh. hat sich in Litauen noch eine zweite Erholungszone, das Seengebiet des Baltischen Höhenrückens, herausgebildet. Somit können drei räumliche Ausprägungen des Fremdenverkehrs unterschieden werden:
a) die isoliert gelegenen Kurorte;
b) die Badeorte der Litauischen Ostseeküste;
c) die Erholungsgebiete Ost-Litauens;

Zunächst sollen hier die wichtigsten traditionellen Fremdenverkehrsorte Litauens, die Kurorte und Seebäder, in ihrer Entwicklung und mit ihrem heutigen Angebot dargestellt werden. Daran schließt sich die Betrachtung der heutigen räumlichen Verteilung der verschiedenen Fremdenverkehrseinrichtungen auf Litauen an. Abschließend folgt eine quantitative Analyse von Angebot und Nachfrage sowie die Auswertung von Umfragen zur Kurz- und Langzeiterholung in Litauen.

5.1.1 KURORTE

5.1.1.1 Druskininkai[1)]

Das Vorkommen von salzhaltigen Mineralquellen in Südlitauen war schon lange bekannt,[2)] eine genauere Untersuchung und anschließende Nutzbarmachung erfolgte jedoch erst in der ersten Hälfte des 19. Jh.
1837 wurde das erste Badehaus eröffnet und ein Park angelegt, weshalb dieses Jahr als das Gründungsjahr des Kurorts angesehen wird.[3)] Zunächst verlief die Entwicklung sehr langsam. Dies änderte sich erst, als in den 1860er Jahren die Verkehrsverbindung verbessert wurde: Die (1862 fertiggestellte) Bahnlinie St.Petersburg - Warschau verläuft in nur 16 km Entfernung von Druskininkai, wodurch der Kurort auch für Bewohner dieser Großstädte interessant wurde (JANILJONIS, 1980, S. 12).[4)]
Im Jahr 1913 konnten bereits 18.600 Kurgäste gezählt werden (JANILJONIS, 1980, S. 12), jedoch wurde die Stadt im Ersten Weltkrieg sehr stark zerstört. In der Zeit bis zum Zweiten Weltkrieg lag sie auf dem Gebiet Polens (BUČAS, 1990, S. 113), jedoch direkt an dessen Grenze, weshalb der Kurbetrieb von polnischer Seite nicht intensiviert und die Einrichtungen entsprechend wenig frequentiert wurden.[5)] Zudem hatte Druskininkai nach dem Ersten Weltkrieg auch sein russisches Hinterland (Leningrad, Moskau), wohin gute Bahnverbindungen bestanden, verloren.

[1)](1989) 22.500 EW (Latvija, Litva, Estonija, 1991, S. 24).
[2)]Laut BMĖ (1977ff.) schon seit dem 13. Jh. (vgl. auch Kurorty, 1983); druskinas (lit.) - "salzig".
[3)]Kurorty, 1983; JANILJONIS, 1980, S. 12, u.a.; zu dieser Zeit lag Druskininkai auf dem Gebiet des Zartums Polen, welches im Laufe der zweiten Jahrhunderthälfte jedoch immer stärker ans russische Reich angebunden wurde (vgl. HELLMANN, 1990[4], S. 96).
[4)]1934 erhielt Druskininkai durch eine Stichbahn von Süden her einen direkten Bahnanschluß; dies könnte in Zukunft problematisch werden, da seit der Unabhängigkeit Litauens die Stadt per Bahn nur über das Ausland (Weißrußland) zu erreichen ist.
[5)]Von sowjetischen Autoren wird in diesem Zusammenhang nur auf die hohen Hotelpreise etc. im bürgerlichen Polen, die eine Fremdenverkehrsnutzung verhinderten, verwiesen (s. z.B. JANILJONIS, 1980).

Seit dem Zweiten Weltkrieg hat sich Druskininkai zum wichtigsten Kurort Litauens[1] entwickelt: Über zwei Drittel der insgesamt knapp 4.500 Plätze in litauischen Gewerkschafts-Sanatorien sind dort konzentriert. Allein das Sanatorium "Nemunas" verfügt über 1.200 Betten und ist somit - zusammen mit dem Sanatorium "Latvia" in Kemeri (vgl. Kap. 7.1) - das größte Sanatorium des Baltikums.[2]
Daneben gibt es noch ein Gemeinschafts-Sanatorium ("Ėlga") verschiedener Kolchozen, in dem Anfang der 80er Jahre 8.500 Gäste pro Jahr Aufnahme fanden.[3] Außerdem befinden sich in Druskininkai noch zwei Kinder-Sanatorien[4] und ein betriebliches Sanatorium (JANILJONIS, 1980, S. 13).

Auch wenn in dieser Aufzählung sicherlich nicht alle Erholungseinrichtungen, sondern nur die wichtigsten, erfaßt wurden, so kann für Druskininkai doch eine eindeutige Ausrichtung innerhalb des organisierten Fremdenverkehrs auf Kurbetriebe festgestellt werden: Reine Erholungseinrichtungen ohne medizinisches Angebot wie Erholungsheime etc. fehlen. Seit 1981 wird zwar in Druskininkai auch eine Turbase betrieben (s.u.), jedoch verfügt sie nur über eine sehr geringe Kapazität (120 Plätze), so daß die Touristen im Vergleich zu den Kurgästen nicht ins Gewicht fallen.[5] STAUSKAS (1984, S. 9) spricht in diesem Zusammenhang von einer Monofunktionalität Druskininkais, welche diesen Kurort von den anderen litauischen Fremdenverkehrsorten unterscheidet.

Neben den bereits genannten Heilressourcen wie den Mineralquellen[6] und dem Heilschlamm, welcher aus der Nähe der Stadt zwischen dem See Druskonis und dem Fluß Nemunas stammt, wird auch das milde Klima, das auf die geschützte Lage im Windschatten des hohen linken Nemunas-Ufers zurückzuführen ist, eingesetzt (1780 Sonnenstunden/Jahr). Die Indikationen sind - je nach eingesetzten Heilmitteln: Störungen von Stoffwechsel, Kreislauf und Verdauungsapparat (Mineralwasser), Erkrankungen des Nervensystems und der Atemwege (Klima), Störungen des Bewegungsapparats, der Nerven sowie Frauenleiden (Schlamm).[7]

5.1.1.2 Birštonas[8]

Dieser 39 km südlich von Kaunas am Nemunas gelegene Kurort weist einige Gemeinsamkeiten mit Druskininkai auf. Mineralquellen (Natrium-Chlorid und Brom) waren bereits Ende des 18. Jh. von Wissenschaftlern der Universität Vilnius entdeckt und auch von der lokalen Bevölkerung genutzt worden, jedoch erst 1846 setzte die offizielle Nutzung zu Heilzwecken ein. Dieses Jahr gilt somit als das Gründungsjahr des Kurorts (JANILJONIS, 1980, S. 14), auch wenn eine detailliertere Untersuchung

[1] Republiks-Bedeutung nach sowjetischer Klassifikation.
[2] POLTORANOV/SLUCKIJ, 1986, S. 586; BMĖ, 1977ff.
[3] Geplant war eine Aufstockung auf 1.500 Plätze, was wohl einer Verdoppelung der Kapazität entsprochen hätte.
[4] Eines davon gehörte dem weißrussischen Gesundheits-Ministerium, so daß die jetzige Nutzung fraglich ist.
[5] Vgl. Birštonas, dort ist es umgekehrt.
[6] Sie sind durch fünf Bohrlöcher aus einer Tiefe bis 325m, Mineralgehalt bis 55,6g/l. Chlor-Natrium-Kalzium und Brom (POLTORANOV/SLUCKIJ, S. 584, 1986; u.a.) erschlossen und werden sowohl für Trink- wie auch für Badekuren genutzt.
[7] BMĖ, 1977ff; Kurorty, 1983; POLTORANOV/SLUCKIJ, 1986, S. 584.
[8] Ca. 4.000 EW (1989).

des Mineralwassers erst 1851 vorgenommen wurde und der Bau erster Einrichtungen sogar noch bis 1854/55 auf sich warten ließ (Kurorty, 1983; JANILJONIS, 1980, S. 14).
Zunächst wurden die Einrichtungen nur im Sommer (von jeweils ca. 200 Familien; JANILJONIS, 1980, S. 14) genutzt. Dank der ständig steigenden Beliebtheit des Ortes und der 1878 neu entdeckten Mineralquelle (Kurorty, 1983) konnten Anfang des 20. Jh. aber immerhin jährlich 1.000 Kurgäste und eine beträchtliche Anzahl (wohlhabender) Erholungssuchender gezählt werden.
Diese positive Entwicklung wurde jedoch schon bald durch einen Brand, dem die Stadt 1905 zum Opfer fiel, und die starken Zerstörungen während des Ersten Weltkriegs unterbrochen. Das Litauische Rote Kreuz, dem 1924 alle Erholungseinrichtungen übergeben wurden,[1] fand diese in einem sehr vernachlässigten und desolaten Zustand vor. Von den Kampfhandlungen des Zweiten Weltkrieg wurde Birštonas ebenfalls nicht verschont, weshalb anschließend noch einige Jahre vergingen, bevor die Kureinrichtungen wieder genutzt werden konnten.

Zwar bekam Birštonas ebenfalls das Prädikat "Kurort mit Republiksbedeutung" verliehen, seine Kapazitäten reichen aber bei weitem nicht an die Druskininkais heran. In den 80er Jahren gab es nur ein Sanatorium der Gewerkschaften,[2] dessen Hauptgebäude zumindest noch aus den 30er Jahren stammt (BUČAS, 1990, S. 116), und ein (1968 eröffnetes) Sanatorium für Arbeiter aus der Landwirtschaft.[3] Die Gästezahl wird mit ca. 16.000 pro Jahr für beide Sanatorien zusammen angegeben (JANILJONIS, 1980, S. 14).

Auch wenn es - zumindest von den Gewerkschaften - keine Erholungsheime gibt, ist Birštonas im Gegensatz zu Druskininkai kein "reiner" Kurort: Bereits 1959 wurde eine Turbase eröffnet, deren Kapazität von anfangs 60 bis Mitte der 80er Jahre auf 700 Plätze erhöht werden konnte.[4] Zusammen mit anderen Erholungssuchenden,[5] deren Zahl von JANILJONIS (1980, S. 14) auf ca. 20.000 pro Jahr veranschlagt wird, halten sich in Birštonas also während der Sommermonate wesentlich mehr gesunde Urlauber als Kurgäste auf. Dadurch sind Nutzungs- und Interessenskonflikte natürlich bereits vorprogrammiert.[6]

5.1.1.3 Likenai

Wie schon bei Druskininkai fällt auch beim dritten litauischen Kurort die extreme Grenzlage auf: Likenai liegt in NO-Litauen,[7] nur 12 km von der lettischen Grenze entfernt. Im Gegensatz zu Druskininkai konnte aber in Likenai dieser Nachteil nicht durch eine gute Verkehrsanbindung zu (russischen) Ballungs-, bzw. Nachfragezentren

---

[1] Nach dem Krieg waren die Einrichtungen zunächst verstaatlicht worden (BUČAS, 1990, S. 115).
[2] "Spalis" (lit.: Oktober); die Kapazitätsangaben dafür schwanken zwischen 525 (Kurorty, 1983) und 685 Plätzen (POLTORANOV/SLUCKIJ, 1986, S. 584).
[3] Ebenfalls ganzjährig geöffnet (200 Plätze); allein das große Sanatorium von Druskininkai ("Nemunas") hat also eine größere Kapazität als diese beiden zusammen.
[4] Perečen'.., 1985; Tur. učrež. prof., 1983; nur 100 Plätze stehen ganzjährig zur Verfügung.
[5] Individualurlauber und Gäste der betrieblichen Erholungsheimen, s. auch Abb. 16.
[6] Z.B. wegen eines unterschiedlichen Ruhebedürfnisses.
[7] Der Ort liegt ca. 8 km westlich von Biržai.

ausgeglichen werden. Hinzu kommt noch, daß der Kurort auch von größeren litauischen Städten sehr weit entfernt ist.
Dabei waren die Voraussetzungen eigentlich nicht schlecht: Heilressourcen (Mineralwasser und Heilschlamm) wurden sogar schon seit dem 16. Jh. von der lokalen Bevölkerung genutzt. Erst 1890 aber wurde - auf Privatinitiative hin - die erste Kureinrichtung eröffnet,[1] die bereits im folgenden Jahr wieder niederbrannte; es dauerte bis 1932, bevor ein Wiederaufbau stattfand. In den 30er Jahren wurden zahlreiche Pläne für einen Ausbau des Kurorts erarbeitet, doch wurden sie nicht verwirklicht (BUČAS, 1990, S. 118).
Auch nach dem Zweiten Weltkrieg konnte Likenai keine größere Popularität erreichen,[2] weshalb auch in den 80er Jahren nur ein ganzjährig geöffnetes Gewerkschafts-Sanatorium mit 190 Plätzen zur Verfügung stand.[3]

Im Gegensatz zu Birštonas konnte Likenai aber auch als Erholungsort keine Bedeutung gewinnen. Wie aus Abb. 16 und 19 hervorgeht, fehlen Erholungsheime oder touristische Einrichtungen. Es finden sich dort lediglich Erholungsbasen (Abb. 17), die ja stärker für Kurzzeiterholung gedacht sind.

5.1.2 DIE SEEBÄDER DER LITAUISCHEN OSTSEEKÜSTE

Bei der Nutzung der litauischen Ostseeküste für Erholungszwecke machte sich die wechselvolle politische Geschichte länger - noch bis in die zweite Hälfte dieses Jahrhunderts - und auch stärker als bei den Kurorten bemerkbar.[4]

Neben Palanga und den anderen traditionellen Seebädern auf der Kurischen Nehrung (s. Neringa) hat sich in den letzten Jahrzehnten mit der Naherholungszone von Klaipeda noch ein drittes Erholungsgebiet herausgebildet. Dadurch wird heute praktisch die gesamte litauische Ostseeküste - mit Ausnahme des direkten Stadt- bzw. Hafengebiets von Klaipeda - weitgehend intensiv für Erholungszwecke genutzt.[5] Auch wenn das litauische Erholungswesen dennoch nicht mit ganz so starken Konzentrationsproblemen zu kämpfen hat wie z.B. der lettische Fremdenverkehr,[6] ergeben sich an der Küste trotzdem vielfältige Nutzungskonflikte mit Naturschutzzielen (vor allem auf der Kurischen Nehrung) einerseits und mit anderen Wirtschaftszweigen andererseits. Bisher wurde aber auf ungebremsten Ausbau der Kapazitäten gesetzt (s.u.).

---

[1] BUČAS, 1990, S. 118; Kurorty, 1983; bis ins 20 Jh. hieß der Ort "Smardone".
[2] Ein wesentlicher Grund hierfür ist sicher die Lage des Ortes; in manchen Verzeichnissen (z.B. JANILJONIS, 1980) wird Likenai (1989 nur etwas mehr als 1.000 EW) auch gar nicht als eigenständiger Kurort erwähnt.
[3] Für Kurgäste mit Störungen des Bewegungsapparates (BMĖ, 1977; Kurorty, 1983; POLTORANOV/ SLUCKIJ, 1986, S. 587).
[4] Siehe u.a. die Entwicklung von Neringa sowie die Verkehrsanbindungen von Palanga.
[5] Darin unterscheiden sich die Fremdenverkehrsstrukturen Litauens von denen der Nachbarrepubliken; diese verfügen allerdings auch - absolut und im Verhältnis zur Fläche - über eine größere Küstenlänge.
[6] Dort konzentrieren sich 95% der Kapazitäten an der Küste (fast ausschließlich in der Nähe von Riga; vgl. Kap. 6), in Litauen sind es nur 40% der Kapazitäten (STAUSKAS, 1984, S. 8).

5.1.2.1 Palanga (dt. Polangen)[1]

Palanga, heute das wichtigste litauische Seebad,[2] erlangte zunächst als Fischerdorf und später (zur Zeit des Dt. Ordens) als Handelsstützpunkt auf dem Weg von Königsberg nach Riga Bedeutung. Im 19. Jh. gehörte Palanga zu Kurland und stand somit unter russischer Verwaltung. Die Grenze zu Ostpreußen verlief nur wenig südlich, so daß Palanga auch viel von Ausländern besucht wurde, nachdem der Ort ab Mitte des 19. Jh. zunehmend Bedeutung als Sommerfrische gewann (MARKELITE, 1983, S. 14).[3]
Günstig für die Entwicklung des Fremdenverkehrs erwies sich der Versuch des Grafen Tyszkiewicz, den Hafen von Palanga zu reaktivieren:[4] Die in diesem Zusammenhang Ende der 1880er Jahre erbaute Mole dient den Sommerfrischlern bis heute zur Strandpromenade (HÖH, 1992, S. 228; JANILJONIS, 1980, S. 6; MARKELITE, 1983, S. 14). Außerdem wurde an diesem Strömungshindernis Sand abgelagert, wodurch mit der Zeit der Strand von Palanga vergrößert werden konnte (s. Abb. 14).[5]

Abb. 14: Entwicklung der Strandlinie in Palanga

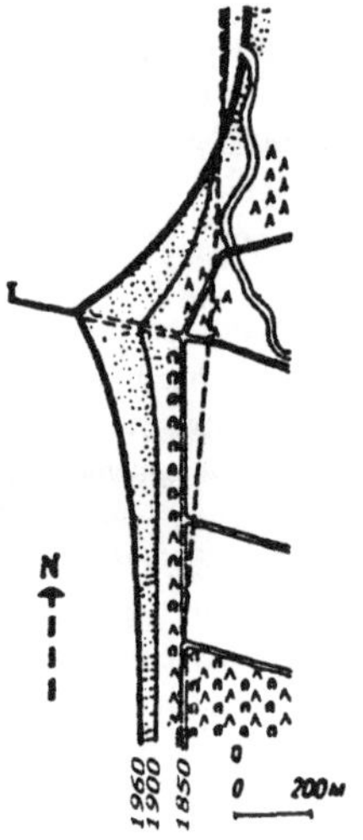

Quelle: STAUSKAS, 1984, S. 38;

Gegen Ende des 19. Jh. wurden auch die ersten Kureinrichtungen errichtet, von denen der Großteil dem Grafen Tyszkiewicz gehörte.[6] Für die Zeit um die Jahrhun-

[1] (1989) 19.400 EW (Latvija, Litva, Èstonija, 1991, S. 24).
[2] Es erhielt nach sowjetischer Klassifikation jedoch "nur" die Qualifikation "Republiks-Bedeutung".
[3] Vgl. die Entwicklung von Cranz.
[4] Er war 1589 von der englischen Handelsvertretung erstmals angelegt, 1701 jedoch auf Drängen von Kaufleuten aus Riga und Liepaja zugeschüttet worden (JANILJONIS, 1980, S. 6).
[5] Das war für den Hafen allerdings ungünstig, der nur bis 1892 betrieben werden konnte, da er dann wieder versandete.
[6] Von diesem erhielt Palanga auch 1909 das Recht verliehen, sich "Kurort" zu nennen (BUČAS, 1990, S. 104).

dertwende wird für Palanga eine Zahl von ca. 4.000 Erholungssuchenden pro Jahr genannt.[1]
Erst 1928 - Palanga war im Ersten Weltkrieg zur Hälfte zerstört worden und fiel anschließend an Litauen - wird die gleiche Zahl von Gästen wieder erreicht. Von ihnen stellten Ausländer 13% (JANILJONIS, 1980, S. 8).
Es ist davon auszugehen, daß ihr Anteil im Zusammenhang mit den Verbesserungen der Visabestimmungen, welche zwischen Ostpreußen und Litauen 1930 für das Memelgebiet vereinbart wurden (vgl. Kap. 5.1.2.2) und in die Palanga ausdrücklich miteinbezogen worden war (s. KRIPS, 1930, S. 8), noch anstieg. Diese Regelungen lagen auch im Interesse der litauischen Wirtschaft, da Palanga zunächst ein "litauisches Hinterland" fehlte: Alle Verkehrsverbindungen, besonders die Eisenbahn, waren noch auf das (Nördliche) Ospreußen ausgerichtet (Atlas LitSSR, 1981, S. 174). Erst in der Zwischenkriegszeit, im "Freien Litauen", wurde die Ostseeküste durch eine direkte Bahnlinie mit den litauischen Bevölkerungszentren im Inland verbunden.[2] Für 1939 gibt JANILJONIS (1980, S. 8) eine Gesamtzahl von 5.600 Kurgästen an, während in der Encyclopedia Lithuanica (1970 ff.) sogar 15.000 genannt werden.[3]

Nach dem Zweiten Weltkrieg wurde in Palanga versucht, rasch ein Erholungswesen nach sowjetischem Muster aufzubauen. Dabei wurde zunächst - wie Anfang der 20er Jahre in der jungen Sowjetunion - auf verstaatlichte Villen, Hotels, Datschas etc. zurückgegriffen, die allerdings bis heute nur unzureichend von neueren (moderneren) Einrichtungen ersetzt worden sind.
Ein erstes Erholungsheim ("Jurite") wurde bereits 1946 eröffnet und wenig später in ein Sanatorium umgewandelt. Weitere Sanatorien folgten zwar, doch vollzog sich die Ausstattung mit Kureinrichtungen insgesamt - entsprechend der anderen Ausrichtung von Palanga als z.B. von Druskininkai - schleppend: In den 80er Jahren gab es nur ein Sanatorium der Zentralgewerkschaften[4] mit 526 Plätzen und noch zwei weitere Sanatorien anderer Gewerkschaften,[5] so daß insgesamt für Kurgäste maximal eine Kapazität von etwa 1.000 Plätzen zur Verfügung stand.[6]
Zur Behandlung werden neben dem milden Reizklima (1660 Sonnenstunden/Jahr) auch Meerwasserbäder, Heilschlamm sowie - seit 1959 - auch die örtliche Mineralquelle genutzt.[7]

Stärker ins Gewicht fallen in Palanga dagegen Erholungseinrichtungen, die wenig oder gar nichts mit einem Kurbetrieb zu tun haben.
Dazu gehören vor allem Erholungsheime mit einer Gesamtkapazität von ca. 4.000 Plätzen, von denen fast 50% auf die zwei Gewerkschaftsheime[8] entfallen. Pro Jahr werden in ihnen insgesamt 34.000 - 35.000 Gäste gezählt. Daneben gab es Anfang

[1] Bevölkerung in diesem Zeitraum 2.500-3.000 EW (MARKELITE, 1983, S. 38; JANILJONIS, 1980, S. 7; KJAULEJKIS, 1957).
[2] Palanga selbst wurde nicht angeschlossen; der nächstgelegene Bahnhof befindet sich immer noch 13km östlich in Kretinga (Atlas LitSSR, 1981, S. 174).
[3] Die große Diskrepanz erklärt sich vermutlich aus der Tatsache, daß der Artikel von JANILJONIS in der Sowjetunion, die *Encyclopedia* aber von Exillitauern in den USA veröffentlicht wurde.
[4] "Jurite", also mindestens 40 Jahre alt.
[5] Sie sind also nur für die entsprechenden Berufsgruppen zugänglich (vgl. JANILJONIS, 1980, S. 8).
[6] Davon ganzjährig 845 Plätze (JANILJONIS, 1980, S. 9).
[7] Sie wurde 1939 entdeckt und enthält Chlor-Natrium-Sulfat (JANILJONIS, 1980, S. 8); Indikationen: Erkrankungen des zentralen Nervensystems, der Verdauung, Kreislauf, Atemwege (POLTORANOV/SLUCKIJ, 1986, S. 589).
[8] "Gintaras" (lit.: Bernstein) 848, "Neringa" 920 Betten.

der 80er Jahre noch zahlreiche (nicht genauer erfaßte) Erholungsheime von Betrieben, Behörden etc. mit ca. 5.000 Plätzen, in denen sich jährlich ebenfalls etwa 35.000 Gäste erholen (Kurorty, 1983; JANILJONIS, 1980, S. 9). Entsprechende Einrichtungen befinden sich auch noch in Šventoji.[1]

Auch der Tourismus-Sektor ist in Palanga mit einem relativ großen städtischen Campingplatz (400 Plätze) und einer 1964 eröffneten Turbase vertreten.[2] Allerdings werden beide Einrichtungen weniger als Ausgangspunkt für Ausflüge, Wanderungen und andere sportliche Aktivitäten, denn als Standquartier für einen Strandurlaub genutzt (vgl. Kap. 5.2) (VAJČJUNAS, 1970, S. 44).

Den Erholungsheimen und touristischen Einrichtungen ist gemeinsam, daß sie - im Gegensatz zu den Sanatorien - in den Wintermonaten nur über eine sehr eingeschränkte Kapazität verfügen: Bei den Erholungsheimen der Gewerkschaften reduziert sich das Angebot auf 400 Plätze (= 10%), bei der Turbase auf 70 Plätze, der Campingplatz bleibt ganz geschlossen (JANILJONIS, 1980, S. 9; Perečen'..., 1985). Somit kommt dem Kurwesen, vor allem den Sanatorien,[3] doch eine gewisse Bedeutung zu, da der Erholungsort sonst nicht ganzjährig geführt werden könnte. Die Umstellung erfolgte bereits in den 60er Jahren.
Zu dieser Zeit wurde auch ein Entwicklungsplan für Palanga erarbeitet, in dem erstmals das ehrgeizige Projekt der Fremdenverkehrsregion "Groß-Palanga" (*Bol'šoj Palanga*, in Anlehnung an "Groß-Soči" am Schwarzen Meer) vorgestellt wurde, dessen Kernpunkt die Anlage von fünf neuen Fremdenverkehrsrajons, welche zusammen 40.000-45.000 Plätze bieten sollten, darstellte.[4] In diesem Zusammenhang wurde u.a. auch die Umsiedelung der Bevölkerung aus dem Stadtkern in neue Wohngebiete und die Verlegung des Flughafens von Palanga nach Gargždai (östlich von Klaipeda; JANILJONIS, 1980, S. 16) vorgesehen.
Verwaltungsmäßig wurde das Stadtgebiet von Palanga inzwischen zwar auf eine Länge von 24 km entlang der Küste (von Nemirseta bis zur lettischen Grenze) ausgedehnt,[5] doch scheint bis Ende der 80er Jahre von den Erweiterungsplänen der Übernachtungskapazitäten nur wenig umgesetzt worden zu sein. Eine der wenigen Ausnahmen stellt Vanagupe dar, wo bereits Anfang der 80er Jahre einige Erholungseinrichtungen fertiggestellt worden waren.[6] Allerdings wurde anscheinend auch hier nicht die ursprünglich angestrebte Anzahl von Betten errichtet, denn für 1987 wird die Übernachtungskapazität von Palanga (ohne Šventoji) mit 19.000 angegeben (KAVALJAUSKAS/IGNATONIS, 1987).

---

[1] Palanga und Šventoji (13km entfernt) werden in der Literatur oft zusammengefaßt; schon in alten Quellen ist oft nicht ersichtlich, ob von Palanga oder von Šventoji die Rede ist; inzwischen wurde Šventoji eingemeindet (s.u.), gehört also zu "Groß-Palanga" (JANILJONIS, 1980, S. 7).

[2] Bei der Turbase liegen sehr unterschiedliche Kapazitätsangaben vor: Tur. učrež. prof. (1983) nennt 310, Perečen'.. (1985) 260 Plätze, JANILJONIS (1980, S. 9) dagegen 695 Pl.; u.U. bezieht dieser das Pionierlager von Palanga mit ein.

[3] Zusätzlich werden die beiden Erholungsheime im Winter als Pensionen mit medizinischer Betreuung geführt (POLTORANOV/SLUCKIJ, 1986, S. 588f.).

[4] Vanagupe (15.000), Kunigunda (10.000), Mantas (8.000), Nemirseta (11.000), Burite (JANILJONIS, 1980, S. 15f.; JEMELJANOVAITE, 1987).

[5] Die Umsiedlung der Bevölkerung in die neuen Stadtgebiete ist ebenfalls - zumindest teilweise - erfolgt.

[6] Z.B. Erholungsheim für Seeleute der Klaipeder Flotte oder für landwirtschaftliche Arbeiter (MARKELITE, 1983, S. 38).

Ungeachtet der sehr schleppenden Realisierung der Bauvorhaben wurden die Planungsvorhaben ständig erweitert: Für Anfang der 90er Jahre wurde für "Groß-Palanga" ein Bedarf von 200.000 Plätzen in Erholungseinrichtungen angegeben.[1]

Obwohl zu Stoßzeiten sicher auch in Palanga die Nachfrage regelmäßig das Angebot an Erholungsmöglichkeiten überstiegen hat, sollte die Tatsache, daß das Projekt "Groß-Palanga" nur in sehr reduziertem Umfang realisiert wurde, nicht nur negativ beurteilt werden: Sowohl unter ökologischen Gesichtspunkten als auch im Hinblick auf die wachsende Abneigung der Urlauber gegenüber "Bettenburgen" (s.u.), könnte sich diese Verzögerung als Vorteil erweisen. Nicht zuletzt erfordert die veränderte politische und wirtschaftliche Lage im Baltikum, derartige Großprojekte zu überdenken,[2] da zumindest mittelfristig - aber vermutlich auch nach Konsolidierung der wirtschaftlichen Lage - die Nachfrage nach Erholungseinrichtungen nicht wieder das hohe Niveau aus sowjetischer Zeit erreichen wird.

Bisher war nur von Einrichtungen des organisierten Fremdenverkehrs in Palanga die Rede. Sie nehmen jedoch lediglich etwa die Hälfte der Urlauber auf: Bereits Ende der 70er Jahre verbrachten ca. 130.000 Menschen[3] ihre Ferien in Privatquartieren, die sie sich auf eigene Faust bei der Bevölkerung gesucht hatten. Ihnen standen ca. 20.000-25.000 Plätze zur Verfügung (JANILJONIS, 1980, S. 9). Für die zweite Hälfte der 80er Jahre ist von ca. 160.000 "wilden" Urlaubern jährlich auszugehen (25.000-30.000 Plätze; KAVALJAUSKAS/IGNATONIS, 1987).

Palanga wird jedoch nicht nur für den Jahresurlaub, sondern - vor allem von der Bevölkerung Klaipedas (s.u.) - auch für Nah- bzw. Kurzzeiterholung genutzt: Anfang der 80er Jahre wurde ihre Zahl mit ca. 250.000 jährlich angegeben. Aktuellere Angaben liegen dazu nicht vor, doch dürfte sie zugenommen haben.
Insgesamt wird die Zahl der jährlichen Erholungssuchenden in Palanga für Anfang der 90er Jahre auf über 500.000 geschätzt. Dies führt natürlich zu einer beträchtlichen Belastung für die Stadt und den Strand, der sogar zeitweise gesperrt werden mußte: 1985 wurden an sommerlichen Spitzentagen bereits 120.000, 1987 150.000 Menschen gezählt (JEMELJANOVAITE/SLEVIČIUS, 1989/90, S. 283).[4]

Ein zunehmendes Problem stellen vor allem die motorisierten Kurzzeiturlauber dar: Für die bis zu 16.000 Autos reichen die Parkmöglichkeiten bei weitem nicht aus (JEMELJANOVAITE/SLEVIČIUS, 1989/90, S. 283). Zwar wurde eine Absperrung vor der Stadt eingerichtet, an der eine Kurtaxe erhoben wird (HÖH, 1992, S. 231), aber im Gegensatz zu Neringa oder Jurmala (Lettland, s. Kap. 7.3) ist diese Maßnahme nicht mit einer Begrenzung oder gar einer Abgaskontrolle verbunden.

---

[1] Gegenüber 80.000 - 100.000 Plätzen (jeweils Lang- und Kurzzeiterholung) zu Beginn des Projekts (KAVALJAUSKAS, 1989/90, S. 248).
[2] Sie würden auch für westliche Touristen keine Anziehungspunkte darstellen.
[3] 1956: 80.000 (KJAULEJKIS, 1957).
[4] Bereits Ende der 50er Jahre wurde die Häufung von Tagestouristen und Urlaubern als Problem gesehen (KJAULEJKIS, 1957), obwohl es 1965 erst etwa 36.000 Menschen waren (JEMELJANOVAITE, 1987).

5.1.2.2 Neringa (2.500 EW)

Bei Neringa handelt es sich - ähnlich wie bei Jurmala in Lettland (s. Kap. 7) - um ein "Kunstgebilde": Es hat nie eine Siedlung mit diesem Namen auf der Kurischen Nehrung gegeben. Erst 1961 wurden die litauischen Nehrungsdörfer Nida, Pervalka, Preila und Juodkrante[1] zu Neringa, das sich somit über 50 km erstreckt, zusammengeschlossen (BSĖ, 1977).[2]
Ein Teil der Orte (Nidden/Nida, Schwarzort/Juodkrante) stellten schon zu Beginn dieses Jahrhunderts vor allem für die Bewohner von Königsberg und von Memel beliebte Ausflugs- und Erholungsziele dar (JANILJONIS, 1980, S. 11). Andere werden erst seit ca. 50 Jahren, intensiver für Erholungszwecke genutzt. Gemeinsam ist allen ihr Ursprung als einfache Fischerdörfer und ihre Lage auf der Haffseite der Kurischen Nehrung.
Außer den heute zu Neringa zusammengeschlossenen Dörfern ist noch Sandkrug[3] an der Nordspitze der Nehrung zu nennen, das inzwischen nach Klaipeda eingemeindet wurde. Hier, wie auch in Schwarzort und Nidden, war eine Nutzung durch den Fremdenverkehr bereits in der zweiten Hälfte des letzten Jahrhunderts - zumindest im Ansatz - vorhanden (WILLOWEIT, 1968, S. 692). Überregionale Bedeutung kann ihm jedoch erst für die 1920er und 30er Jahre zugesprochen werden, auch wenn z.B. in Schwarzort Ende des 19. Jh. bei einer Bevölkerung von gut 400 EW jährlich immerhin 1.700 Gäste gezählt wurden.[4]
Einen ersten Aufschwung erlebte der Fremdenverkehr in den Nehrungsdörfern, als die Verkehrsverbindung nach Königsberg verbessert wurde: Durch die Verlängerung der Samlandbahn, welche Königsberg mit Cranz verband, bis nach Cranzbeek (vgl. Kap. 4.2), konnten Königsberger Bürger ab der Jahrhundertwende in einer knappen Stunde einen der Raddampfer, der die Nehrungsdörfer ansteuerte, erreichen.[5]

Während des Ersten Weltkriegs war der Erholungsbetrieb weitgehend eingestellt. Er kam auch in den ersten Jahren danach - infolge der veränderten, gleichzeitig aber noch unsicheren politischen Lage, bzw. territorialen Zugehörigkeit des Memelgebiets - zunächst nicht wieder in Gang.[6]
Nachdem zwischen Litauen und Ostpreußen die Einführung eines sogenannten Bädervisums beschlossen wurde, das den Besuch der Nehrungsdörfer und der nördlich anschließenden Badeorte an der litauischen Küste von Königsberg aus während der

---

[1] Frühere deutsche Namen: Nida < Nidden; Perwalka < Perwelk; Prejla < Preil; Juodkrante (lit. "Schwarzer Strand") < Schwarzort.

[2] Im Gegensatz zu Jurmala ist es aber nicht zusammengewachsen, es gibt auch keine funktionale Aufgabenteilung; in Landkarten wird die kreisfreie Stadt Neringa meist als Punkt auf der Höhe von Nida eingezeichnet (vgl. Atlas LitSSR, 1981); dadurch entsteht leicht der Eindruck, es handele sich um nur einen anderen Namen für diesen Ort.

[3] Lit.: Smiltyne (smelis (lit.): Sand).

[4] Seit 1880 gab es Übernachtungsmöglichkeiten in Villen und Hotels sowie einen Kursaal (JANILJONIS, 1980, S. 11).

[5] Entwicklung der Gäste in Schwarzort: 1903: 2.353, 1904: 2.311, 1915: 2.411 Gäste (Dt. Bäderbuch, 1907).

[6] Im Versailler Vertrag war das Memelland an den Völkerbund abgetreten worden und stand 1920-23 unter französischer Mandats-Verwaltung (Militär); es sollte ein Freistaat werden, wurde aber Anfang 1923 von Litauen besetzt; in der Darstellung von BRÖNNER-HOEPFNER (1927) wird anschaulich dargestellt (auch wenn sie sicher gefärbt ist), wie die politische Unsicherheit in den ersten Nachkriegsjahren die wirtschaftliche Entwicklung hemmte.

Sommermonate wesentlich erleichterte (KRIPS, 1930, S. 8),[1] lebte der Fremdenverkehr auf dem nördlichen Teil der Kurischen Nehrung wieder auf. Nach WILLOWEIT waren die Nehrungsdörfer für ihre Existenzsicherung auf den Fremdenverkehr angewiesen, da sie einen Ersatz für den Fischhandel brauchten, der nach der Abtrennung des Königsberger Markts sehr starke Einbußen erlebte.
In den 20er Jahren wurden in Nidden, Schwarzort, Sandkrug und den anderen memelländischen Fremdenverkehrsorten zusammen jährlich etwa 7.000 bis 10.000 Badegäste gezählt. In den 30er Jahren stieg ihre Zahl noch einmal beträchtlich an, nachdem weitere Erleichterungen für die Visumsbeschaffung in Kraft traten (WILLOWEIT, 1968, S. 692, 880).
Vor dem Zweiten Weltkrieg standen den Gästen in Schwarzort fünf Hotels, vierzehn Villen und drei Pensionen, in Nidden fünf Hotels, sechs Villen und zwei Pensionen zur Verfügung (PIETSCH 1982, S. 33, 65).[2]
Besonders beliebt waren die Nehrungsdörfer, v.a. Nidden, bei Künstlern. Einer der bekanntesten war Thomas Mann, der 1929-32 dort die Sommermonate verbrachte.[3]
Den größten Zulauf erhielt aber Sandkrug, wohin in den 30er Jahren jährlich 5.000 Gäste kamen (JANILJONIS, 1980, S. 11). Ein wichtiger Anziehungspunkt dürfte vor allem die Staatliche konzessionierte Spielbank von Sandkrug gewesen sein (Verkehrsverein Königsberg, 1930, S. 74). Außerdem profitierte der Ort vermutlich schon damals von seiner Nähe zu der Stadt Memel/Klaipeda, die direkt gegenüber auf der anderen Seite des an dieser Stelle nur noch sehr schmalen Haffs liegt (s.u.).
Der Anteil ausländischer (v.a. deutscher) Badegäste vor dem Zweiten Weltkrieg wird für die Nehrungsdörfer mit 66-90% angegeben.[4]

Auch wenn der Fremdenverkehr in den 20er und 30er Jahren auf der Kurischen Nehrung (nördlicher Teil) also stärker entwickelt war als in Palanga, so hat sich seit der Nachkriegszeit das Bild grundlegend geändert: Neringa hat heute als Erholungsort eine wesentlich geringere Bedeutung; Kureinrichtungen fehlen sogar ganz (Abb. 15).[5]
Der Schwerpunkt des Angebots an organisiertem Fremdenverkehr liegt auf Jugend-(Pionier) und Sportlagern (JANILJONIS, 1980, S. 10f.). Naherholer und nichtorganisierte Urlauber, die Privatquartiere beziehen etc., gibt es nur in begrenztem Umfang.

Diese Entwicklung wurde bewußt gesteuert, wobei allerdings zu bezweifeln ist, daß der in der sowjetischen Literatur angegebene Landschaftsschutz (JANILJONIS, 1980, S. 11; JEMELJANOVAITE, 1987) wirklich das einzige Motiv darstellte. Vielmehr wird die Lage des Gebiets in unmittelbarer Nähe zur Kalingrader Oblast', die bis Ende der 80er Jahre Sperrgebiet war, die Entscheidung wesentlich beeinflußt haben.[6]
Für die Richtigkeit dieser Interpretation spricht die Tatsache, daß Anfang der 70er Jahre ein Versuch, die Kurische Nehrung zum Nationalpark zu erklären, an dem Widerstand einflußreicher Betriebe und Behörden scheiterte. Diese bekamen sogar die

---

[1] WILLOWEIT (1968, S. 692) kritisiert, daß dies nicht schon früher geschah, ohne zu berücksichtigen, daß die litauische Regierung vorher (in den ersten Nachkriegsjahren) gar nicht zuständig war.
[2] Alle Erholungseinrichtungen auf der Nehrung scheinen (noch) deutsche Namen getragen zu haben.
[3] In seinem ehemaligen Sommerhaus wurde inzwischen ein Thomas-Mann-Museum eingerichtet.
[4] WILOWEIT, 1968, S. 882; JANILJONIS, 1980, S. 10f.; bei sowjetischen Quellen wird nie eine Begründung für diesen hohen Anteil gegeben; gleiches gilt für andere Grenzgebiete, z.B. die heutige Kaliningrader Oblast'.
[5] Neringa ist also in dieser Hinsicht als Gegenstück zu Druskininkai zu sehen (s. auch BUČAS, 1990, S. 109).
[6] Für Küstenregionen galten ja oft Sonderregelungen; vgl. Lettland, Estland.

Erlaubnis, dort Erholungseinrichtungen zu bauen, wodurch in der Folgezeit die Zahl der Urlauber auf der Nehrung stark anstieg (TAAGEPERA, 1982, S. 155).
Ursprünglich war Ende der 60er Jahre die Norm für das Jahr 2000 auf 3.000 Plätze festgelegt worden. Diese Zahl wurde jedoch bereits 1975 erreicht und Mitte der 80er Jahre waren es sogar schon 7.000 Übernachtungsplätze.[1] Die Planung wurde Ende der 80er Jahre dann auch nach oben auf 13.000-15.000 Plätze "korrigiert" (KAVALJAUSKAS, 1989/90, S. 250).[2]
Die "betrieblichen" Erholungsheime haben aufgrund ihrer schönen Lage, vor allem aber wegen ihrer für sowjetische Verhältnisse meistens überdurchschnittlich guten Ausstattung als eine der wenigen Erholungseinrichtungen an der litauischen Küste realistische Chancen, in größerem Maßstab in die Nutzung durch - zahlungskräftige - West-Touristen einbezogen zu werden.[3] Deshalb ist der Erfolg des 1991 doch noch ausgewiesenen Nationalparks "Kurische Nehrung" (National Report, 1992, S. 87) zweifelhaft.

5.1.2.3 Die Naherholungszone von Klaipeda

Zwischen den traditionellen Seebädern - Neringa im Süden und (Groß-)Palanga im Norden - liegt das Naherholungsgebiet für die Bevölkerung von Klaipeda.[4]
Das frühere Memel wurde in sowjetischer Zeit verstärkt zu einer wichtigen Industrie- und Hafenstadt ausgebaut: In der zweiten Hälfte der 80er Jahre stammten von hier 11% der litauischen industriellen Produktion,[5] über den Hafen wurden 18% des baltischen Seehandels, vor allem Ölexport, abgewickelt.
Im Zusammenhang mit dem Ausbau der Wirtschaft stieg auch die Einwohnerzahl der Stadt stark an: 1959 betrug sie noch 89.9000, 1987 bereits 200.600 EW.[6] Die Zunahme (223,1%) lag damit deutlich über dem Republiksdurchschnitt (134,3%).[7]

Mit der Einwohnerzahl der Stadt stieg ebenfalls der Bedarf an Naherholungsmöglichkeiten für die Bewohner. Die Kapazitäten sollten in den letzten zwei Jahrzehnten von 29.000 auf 42.000 Plätze erweitert werden (KAVALJAUSKAS, 1989/90, S. 247). Zu den Maßnahmen gehörten z.B. die Einrichtung eines Meeresmuseums mit Aquarium in der alten Festung von Memel auf der Nordspitze der Nehrung[8] und auch der Aufbau einer neuen Fremdenverkehrssiedlung ("Alksnyne") auf der Nehrung,[9] welche die traditionellen Naherholungsgebiete der Klaipedianer auf der Nehrung in Smiltyne sowie in Melnrage und Giruliai nördlich der Stadt ergänzen soll.

---

[1] JANILJONIS, 1980, S. 11; JANULITE, 1984, S. 12; JEMELJANOVAITE, 1987; Atlas LitSSR, 1981, S. 188.
[2] Vgl. auch Abb. 16 zur Verteilung von Erholungsheimen.
[3] Erste Ansätze dazu sind bereits durchaus vorhanden, wie die Prospekte einschlägiger Reiseveranstalter zeigen; s. auch Die Zeit, 27.3.1992.
[4] Zwischen den einzelnen Erholungsgebieten gibt es natürlich Überschneidungen
[5] Hier befindet sich u.a. die größte Zellulosefabrik Litauens und die einzige große Schiffswerft des Baltikums (Atlas LitSSR, 1981, S. 144; JEMELJANOVAITE/SLEVIČIUS, 1989/90, S. 281; RADVANYI, 1984, S. 59).
[6] 1989: 204.100 EW (Latvija, Litva, Estonija, 1991, S. 24).
[7] JEMELJANOVAITE/SLEVIČIUS, 1989/90, S. 281; entsprechend hoch ist in Klaipeda - im Vergleich zu anderen litauischen Städten - der Anteil der russischen Bevölkerung (vgl. Atlas LitSSR, 1981, S. 128; STADELBAUER, 1991, S. 717).
[8] In Süderspitze, 1979 eröffnet.
[9] Geplante Kapazität: 2.000 Pl. (KAVALJAUSKAS, 1989/90, S. 250).

Besonders der letztgenannte Ort, Giruliai (dt.: Bad Försterei), kann auf eine lange Nutzung für Erholungszwecke zurückblicken: Ende des letzten Jahrhunderts hatte es sich bereits zu einer vornehmen Sommerfrische mit gepflegten Villen entwickelt,[1)] wurde aber auch schon - vor allem wegen seiner schönen Lage - von Memel aus zur Naherholung aufgesucht.
In sowjetischer Zeit änderte sich die Nutzung durch die Errichtung verschiedener Fremdenverkehrseinrichtungen: Neben einem Campingplatz für Autotouristen (260 Plätze), kleineren Erholungsbasen (zusammen 150 Pl.) und einem Prophylaxe-Sanatorium (100 Pl.) wurden vor allem zahlreiche Pionierlager angelegt (IGNATONIS, 1989/90, S. 279).
Zwar bestehen schon seit den 60er Jahren Pläne, ein Zentrum für Kindererholung lieber in Šventoji nördlich von Palanga zu errichten und die bestehenden Pionierlager von Giruliai dorthin zu verlegen,[2)] doch wurden sie nicht realisiert: Ende der 80er Jahre standen 2.600 Plätze in Pionierlagern zur Verfügung, weshalb Giruliai den Beinamen "litauisches Artek" erhielt.[3)]

Inzwischen hat sich die Situation durch die Wiedererlangung der Selbständigkeit Litauens geändert: Die Pionierlager, gegen deren Konzeption sich schon in den letzten Jahren Widerstand geregt hatte (KAVLJAUSKAS, 1989/90, S. 252), wurden offiziell aufgelöst. Über die derzeitige Nutzung der Gelände liegen keine Informationen vor.

5.1.2.4 Konfliktpotentiale an der litauischen Küste

Der bereits angesprochene Ausbau der litauischen Ostseeküste zu einem wichtigen Industrie- und Hafenstandort führte nicht nur zu einem steigenden Bedarf an (Nah)erholungseinrichtungen, er schuf gleichzeitig auch Konfliktpotential gegenüber dem Fremdenverkehr.
Zu nennen sind hier die sich aus dem jeweiligen Flächenbedarf ergebenden Nutzungskonflikte, vor allem aber die Beeinträchtigung einer der wichtigsten Erholungsressourcen selbst, des Wassers.
Nicht nur die Havarie des Öltankers "Globe Assimi" im Hafen von Klaipeda Ende 1981, bei der 17.000 t Öl ausliefen, verschmutzte nachhaltig die Ostsee und das Kurische Haff.[4)] Die Hafenanlage belastet auch ohne besondere Katastrophen das Haff jährlich mit ca. 20 t Zink, Nickel, Chlor, Blei und Ölrückständen (BUTENSCHÖN, 1992, S. 223).
Weitere Verursacher sind die fehlende bzw. mangelhafte Kanalisation und Kläranlagen von Palanga (4,1 Mio m^3 Abwässer jährlich), Klaipeda und Neringa,[5)] die Industriebetriebe Klaipedas (sie "entlassen" jährlich u.a. 11.700 kg Nickel, 2.500 kg Zink ins Haff), aber auch Industrie- und Landwirtschaftsbetriebe aus dem Inland: Da ca.

---

1) 1863 waren auf Initiative von Kaufleuten aus Memel erste Villen errichtet worden (IGNATONIS, 1989/90, S. 275; SCHARFENBERG, 1990, S. 80).
2) JANILJONIS, 1980, S. 15; KAVALJAUSKAS, 1989/90, S. 252.
3) Nach dem bekanntesten und größten sowjetischen Kindererholungskomplex "Artek" am Schwarzen Meer (vgl. IGNATONIS, 1989/90; SCHARFENBERG, 1990, S. 80).
4) Durch das stürmische Wetter wurde der Ölteppich sogar 45 km an der Küste entlang nach Norden (bis Liepaja/Lettland) getrieben (JEMELJANOVAITE/SLEVIČIUS, 1989/90, S. 285; PUSTELNIKOVAS, 1989/90, S. 211).
5) Dieses Problem war bereits Ende der 70er Jahre bekannt (s. JANILJONIS, 1980, S. 36; vgl. auch WEISSENBURGER, 1991, S. 206).

drei Viertel von Litauen, darunter alle wichtigen Städte und Industriezentren, im Einzugsbereich des Nemunas liegen, gelangen jedes Jahr rund 500 Mio m^3 Abwässer mit u.a. 120.000 t organische Stoffe,[1] 5.500 t Sulfate, 15.000 t Chloride in das Kurische Haff (JEMELJANOVAITE/SLEVIČIUS, 1989/90, S. 282f.).[2]
Dies alles führte zu einer äußerst kritischen ökologischen Lage der Gewässer: Im Kurischen Haff - eins der am meisten verschmutzten Gewässer Europas (PISSULLA, 1993, S. 27), das Ende der 80er Jahre nach Angaben von JEMELJANOVAITE/SLEVIČIUS (1989/90, S. 283) bereits umzukippen drohte, ist Baden ebenso verboten wie in der Ostsee bei Melnrage und Giruliai.
In Palanga ist wiederum der Strand gesperrt worden. Diese Maßnahme war allerdings wahrscheinlich eher aufgrund der Überlastung durch die große Zahl von Erholungssuchenden selbst nötig geworden. Hier wird sich die Situation durch den Rückgang der Gästezahlen seit Anfang der 90er Jahre sicher etwas entspannen.
An der Verbesserung der Abwasserentsorgung von Klaipeda wird gearbeitet, doch mußte der Bau der Kläranlage wegen Devisenmangel unterbrochen werden (National report, 1992, S. 73).
Dies weist auf eines der grundlegenden aktuellen Probleme - nicht nur Litauens oder des Baltikums, sondern allgemein des ehemaligen Ostblocks - hin: Aufgrund wirtschaftlicher Schwierigkeiten können Maßnahmen, die u.a. aus ökologischer Sicht dringend notwendig wären, nicht durchgeführt werden.[3] Abgesehen von anderen Konsequenzen wirkt sich das negativ auf das Image des Landes als Reiseziel aus, wodurch ausländische Gäste abgeschreckt werden, deren Devisen aber für die Stabilisierung der Wirtschaft eigentlich benötigt würden.

5.1.3 REGIONALE DIFFERENZIERUNG DER ERHOLUNGSEINRICHTUNGEN

Bei der bisherigen Darstellung der einzelnen Fremdenverkehrsorte lag der Schwerpunkt - mangels anderer detaillierter Angaben - auf den Einrichtungen der Gewerkschaften.
Informationen über die Verteilungen von Erholungseinrichtungen anderer Organisationen und Betreiber in Litauen sind nur den Arbeiten von P. Kavaljauskas und J. Ignatonis zu entnehmen. Diese basieren auf Erhebungen, die Ende der 70er/Anfang der 80er Jahre zur Inventarisierung aller Erholungseinrichtungen in der Republik durchgeführt wurden. Die Geographen der Universität Vilnius unter der Leitung von P. Kavaljauskas legten dabei einen erweiterten Erholungsbegriff zu Grunde:[4] Erfaßt werden sollten "alle Einrichtungen, die zur Erholung dienen können, also auch Einrichtungen, die sonst zur kulturellen Infrastruktur gerechnet werden (z.B. Kinos, Museen, etc.)".[5] Dadurch gestalteten sich die Kartierungen sehr zeitaufwendig und nahmen mehrere Jahre in Anspruch. Problematischer ist jedoch die Tatsache, daß bei der

[1] Die Nitratkonzentration im Haff überschreitet bis zu achtmal die zulässige Höchstgrenze (National report, 1992, S. 70).
[2] Z.B. DDT- und Düngemittelrückstände (WEISSENBURGER, 1991, S. 209) oder die Abwässer einer Textil- und Lederfabrik in Kretinga (TAAGEPERA, 1982, S. 157), aber auch Abwässer von Städten wie Kaunas und Vilnius; Litauen galt innerhalb der Sowjetunion als einer der größten Verschmutzer seiner Flüsse (TAAGEPERA, 1982, S. 155); hinzu kommen noch die Abwässer von Industrieanlagen auf Kaliningrader Seite des Nemunas, v.a. ein veraltetes Papier- und Zellulosekombinat in Sowjetsk (BUTENSCHÖN, 1992, S. 222; PISSULLA, 1993, S. 27);
[3] Vgl. auch die Diskussion um das litauische KKW Ignalina.
[4] Vgl. die "Geographie des Freizeitverhaltens" der Münchner Schule.
[5] KAVALJAUSKAS/IGNATONIS, 1988, S. 98.

Wiedergabe der Ergebnisse oft sehr verschiedenartige Einrichtungen (z.B. Hotels, Turbasen, Theater, Kulturhäuser) in einer Klasse zusammengefaßt wurden.
Nach erneuten Erhebungen wurden die Ergebnisse dann in kartographischer Darstellung veröffentlicht (KAVALJAUSKAS/IGNATONIS, 1985, 1988). Dabei wurde zwar die Einteilung in die verschiedenen Klassen geändert, doch deckt sich auch die neue Klassifizierung nicht mit den Angaben, die i.a. in (sowjetischen) Statistiken oder Veröffentlichungen verwendet werden,[1] wodurch die Vergleichbarkeit mit anderen Untersuchungen und Quellen eingeschränkt ist. Außerdem ist die Abbildung von KAVALJAUSKAS/IGNATONIS (1988, S. 100) durch die Berücksichtigung sehr vieler Elemente stark überfrachtet und unübersichtlich.[2]

Trotz dieser Mängel liefert die Studie von Kavaljauskas und Ignatonis erstmals die Möglichkeit, die Verteilung verschiedener Erholungsarten in Litauen genauer zu analysieren und sie zum Raum in Bezug zu setzen. Dies ist selbstverständlich - zusammen mit einer Bedarfsanalyse, wie sie ebenfalls von den Geographen in Vilnius durchgeführt wurde (s.u.) - eine wesentliche Voraussetzung, um die zukünftige Entwicklung des Fremdenverkehrs in Litauens realistisch planen zu können.

In den Abbildungen 15-19 wird die Verteilung der wichtigsten Erholungseinrichtungen Litauens wiedergegeben. Grundlage bilden die obengenannten Arbeiten,[3] wobei aber weitgehend nur solche Einrichtungen berücksichtigt wurden, die auch über Übernachtungsmöglichkeiten verfügen.[4]

Abb. 15 zeigt die Verteilung der Sanatorien. Sie entspricht - zumindest was die Gewerkschafts-Einrichtungen anbetrifft - den Vorkommen von Heilressourcen und somit der Lage der traditionellen Kurorte (vgl. Kap. 5.1.1 und Abb. 13). Zusätzlich sind noch "lokale" sowie die dem Gesundheitsministerium unterstehenden Sanatorien verzeichnet. Diese sind auf Tuberkulose-Erkrankungen und auf die Behandlung von Kindern spezialisiert und deswegen in ihrer Verteilung weniger an Heilressourcen, sondern mehr an Bevölkerungs-, bzw. Nachfragezentren orientiert.[5]
Auch die Verteilung von Prophylaktorien ergibt naturgemäß ein etwas anderes Bild als die der (Gewerkschafts-) Sanatorien: Sie konzentrieren sich in erster Linie in der Nähe von größeren Bevölkerungsballungen, vor allem also um Kaunas und Vilnius.

In Abb. 16 sind Einrichtungen für Langzeiterholung eingetragen. Hierbei wurde von KAVALJAUSKAS/IGNATONIS zwischen Erholungsheimen der Zentral-Gewerkschaft und sog. "betrieblichen" unterschieden (vgl. Kap. 3.1.1.2).
Während die Zahl zentraler Einrichtungen mit sechs Erholungsheimen nur sehr gering ist,[6] gibt es relativ viele "betriebliche". Sie zeigen eine deutliche Konzentration auf landschaftlich reizvolle Gebiete, welche gleichzeitig für die Landwirtschaft von gerin-

[1] Z.B. wurde eine Unterscheidung in "zentrale" und "behördliche/betriebliche" Einrichtungen vorgenommen (s.u.).
[2] Gleichzeitig kann sie, zumindest bei kleineren Einrichtungen, sicher nicht Anspruch auf Vollständigkeit erheben.
[3] Ergänzt wurden sie durch andere Quellen, z.B. Atlas LitSSR, 1981.
[4] Gartenkooperativen sind ja eigentlich nicht dafür gedacht, doch in Wirklichkeit sind die meisten mit Schlafstätten für mehrere Personen ausgestattet.
[5] Um Kaunas gibt es besonders viele (vgl. Atlas LitSSR, 1981, S. 188).
[6] Sie weisen allerdings größere Kapazitäten auf.

gem Interesse und auch - mit Ausnahme der Küste - nicht so dicht besiedelt sind. Die bevorzugten Regionen sind:

1.) der gesamte Küstenstreifen von der lettischen Grenze bis einschließlich der Kurischen Nehrung,

2.) der östliche Teil von Šamaiten, vor allem aber

3.) der Baltische Landrücken mit seinem kuppigen, abwechslungsreichen Relief und einer Landschaft, die durch die zahlreichen, teils von Wald umgebenen Seen einen hohen Erholungswert hat.[1]

Ganz anders stellt sich die Verteilung der Erholungsbasen dar (Abb. 17). Auch wenn diese im östlichen Landesteil etwas zahlreicher vertreten sind, so weisen sie dennoch von allen untersuchten Fremdenverkehrseinrichtungen die gleichmäßigste Verteilung auf. Im Vergleich zu den Erholungsheimen ist die Affinität zu landschaftlich reizvollen Regionen wesentlich schwächer ausgeprägt. Entsprechend ihrer stärkeren Ausrichtung auf Kurzzeiterholung zeichnet sich eher - vor allem im östlichen Teil - eine gewisse Orientierung an Bevölkerungzentren und guten Verkehrsverbindungen ab. So läßt sich eine leichte Häufung von Erholungsbasen in Rajons feststellen, die von Kaunas und/oder Vilnius auf Schienen oder größeren Straßen gut zu erreichen sind.[2]

Zu Einrichtungen, die bei der Erhebung von KAVALJAUKAS/IGNATONIS erfaßt wurden, im allgemeinen aber nicht in Fremdenverkehrs-Statistiken etc. auftauchen (s.o.), gehören auch die Gartenkooperativen (Abb. 18). Bei ihnen lassen sich wieder deutliche Konzentrationsphänomene feststellen (vgl. MALIŠAUSKAS/KONČIUS, 1985, S. 129). Anziehungspunkte sind zum einen die Bevölkerungsballungen von Vilnius, Kaunas und Šiauliai, vor allem aber die Gebiete der Mittel-Litauischen Ebene mit günstigen Böden (vgl. auch Atlas LitSSR, 1981, S. 119).
Besonders um die Großstädte Kaunas und Vilnius ist die zunehmende Ausbreitung von Gartenkooperativen zu einem ernsten Problem geworden. Da meistens die Bestimmungen, welche die Ausstattung der Gärten mit Wohngebäuden beschränken sollen, umgangen werden,[3] kommt es zu einer Verstädterung immer größerer Flächen rund um die eigentlichen Städte (vgl. auch Kap. 6.1.2).

Abb. 19 zeigt die Verteilung der Touristenunterkünfte des litauischen Tourismus-Rat der Gewerkschaften (*Litovskij respublikanskij sovet po turizmu i ėkskursijam*).
Mit Ausnahme der Turbase von Palanga und des Campingplatzes in Giruliai liegen alle Einrichtungen im Ostteil des Landes, vor allem im Bereich des Baltischen Landrückens. Dies erklärt sich einerseits aus den naturräumlichen Gegebenheiten, die ja gerade für Turbasen wichtige Standortfaktoren bilden,[4] andererseits aber auch durch die Nähe von Städten wie Kaunas, Vilnius und anderer Sehenswürdigkeiten.[5]
Die Touristenrouten (Abb. 19, Tab. 11) verteilen sich in Litauen (im Unterschied zu Lettland und Estland) relativ gleichmäßig auf alle Einrichtungen, auch wenn (1990) zwei von ihnen, die Turbasen von Birštonas und Palanga, in besonders viele Routen einbezogen wurden.

---

[1] Fortsetzung der Masurischen Seenplatte; hier wurde 1974 der erste litauische Nationalpark angelegt (s. Kap. 9.4).
[2] Jeweils südwestlich der Städte.
[3] Oft entstehen sogar zweigeschossige, beheizbare Wochendhäuschen.
[4] Eignung für aktive Erholung.
[5] Z.B. Trakai (30 km sw von Vilnius), eine Schloßanlage aus dem 14./15. Jh..

Abb. 15: Regionale Verteilung der Sanatorien und Prophylaktorien in Litauen

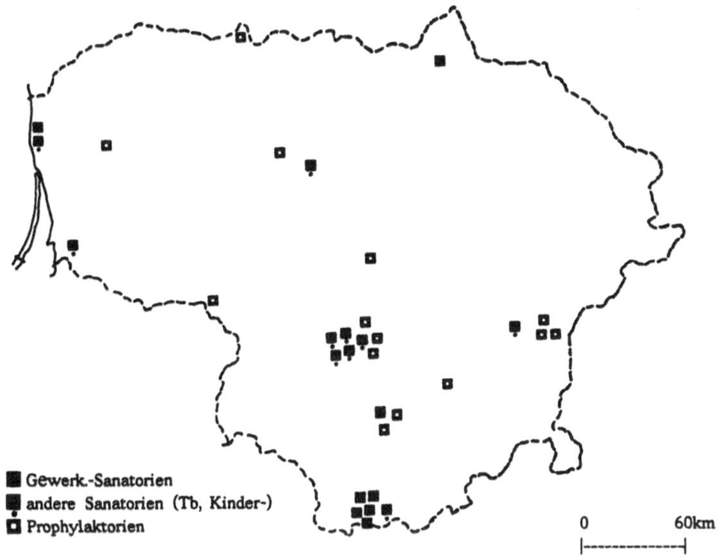

Quelle: KAVALJAUSKAS/IGNATONIS, 1988, S. 100;

Abb. 16: Regionale Verteilung der Erholungsheime in Litauen

Quelle: KAVALJAUSKAS/IGNATONIS, 1988, S. 100;

Abb. 17: Regionale Verteilung der Erholungsbasen in Litauen

Quelle: KAVALJAUSKAS/IGNATONIS, 1988, S. 100;

Abb. 18: Regionale Verteilung der Gartenkooperativen in Litauen

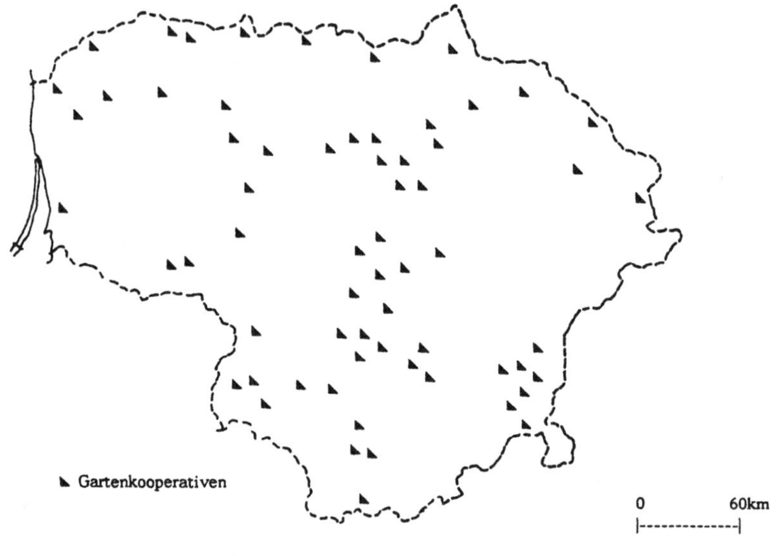

Quelle: KAVALJAUSKAS/IGNATONIS, 1988, S. 100;

Abb. 19: Verteilung der Touristenrouten und Touristenunterkünfte in Litauen

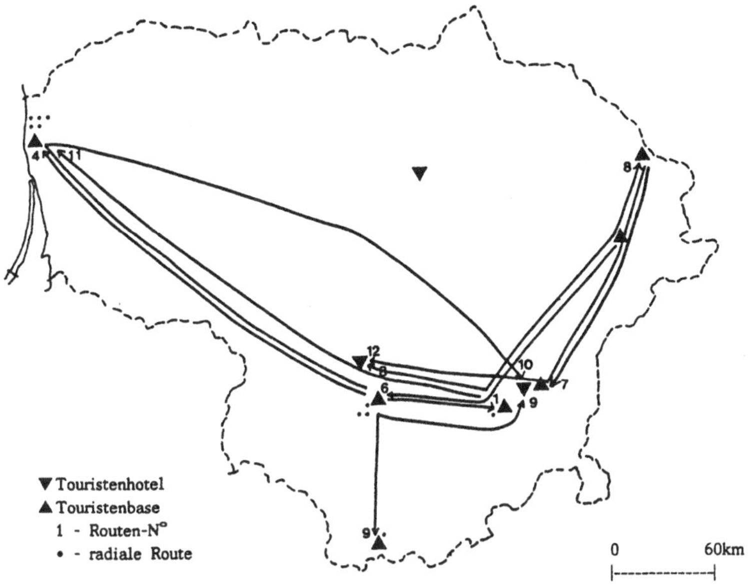

Quelle: Perečen'_, 1985; Turistskie maršruty, 1990, S. 133ff.; E+Z: M. Henningsen

5.1.3.1 Zusammenfassung[1)]

Trotz leichter Unterschiede in der Verteilung der verschiedenen Erholungseinrichtungen (Abb. 15-19), kristallisieren sich - am deutlichsten bei den Einrichtungen für Langzeiterholung - zwei regionale Schwerpunkte heraus: a) die Ostseeküste und b) die Seengebiete des Baltischen Landrückens mit seinen westlichen Ausläufern incl. des südlichen Teils der Mittel-Litauischen Ebene.

Sowohl die unterschiedliche naturräumliche Ausstattung der beiden Regionen als auch ihre Lage zu den Bevölkerungsschwerpunkten Litauens legen den Grundstock zu einer gewissen Funktionsteilung: Die Orte an der Küste werden in erster Linie für Langzeiterholung, für den (Jahres)Urlaub, genutzt, während die im Landesinnern gelegenen Gebiete mehr für die Naherholung am Wochenende, bzw. für den Kurzurlaub aufgesucht werden.
Diese Trennung ist natürlich nicht vollständig: Die Bewohner küstennaher Städte, v.a. von Klaipeda, verbringen auch das Wochenende an der Ostsee, während Erholungssuchende aus anderen Republiken für ihren Urlaub in die östlichen Landesteile Litauens fahren. Für Bezirke im Nordosten Litauens haben Untersuchungen Anfang der 80er Jahre ergeben, daß bis zu 80% der Urlauber aus anderen Republiken stammen (KA-

[1)] Die Kurorte werden hier nicht erwähnt, da sie nicht zur Herausbildung von Fremdenverkehrsregionen führten.

VALJAUSKAS, 1981).[1] Hierbei wird neben der Attraktivität der Seenlandschaft auch die Bahnlinie (Leningrad-Vilnius-Grodno) einen wichtigen Entwicklungsschub geleistet haben.[2]
Gute Verkehrsanschließung hat auch bei der Entwicklung innerhalb dieser Region eine Rolle gespielt. So wird Ende der 60er Jahre in einer Studie kritisiert (BELINKIS/ STAUSKAS, u.a., 1969, S. 37), daß Fremdenverkehr in den Rajonen Zarasai, Moletai und Lazdijai nur sehr schwach entwickelt sei, obwohl diese von ihren naturräumlichen Vorausetzungen her gut geeignet wären. Es handelt sich hierbei um Rajone, die nicht an oder wenigstens in direkter Nähe der Bahnlinie Leningrad/St.Petersbsurg-Grodno oder Moskau-Vilnius liegen.

Im restlichen Litauen zeichnen sich bzgl. ihrer Nutzung durch den Fremdenverkehr noch einmal zwei unterschiedliche Teilräume ab:
Während im Nordteil der Mittel-Litauischen Ebene zwar reine Langzeit-Erholungseinrichtungen wie Erholungsheime weitgehend fehlen, dafür aber Erholungsbasen und Gartenkooperativen zahlreich vertreten sind, ist Šamaiten die einzige Region Litauens, die fast nur einzelne, isoliert liegende Erholungseinrichtungen vorweisen kann (vgl. Abb. 15-18). Lediglich am nördlichen und östlichen Rand[3] sind zumindest kleinere Konzentrationen von "betrieblichen" Erholungsheimen sowie von Erholungsbasen festzustellen.
Gründe für die geringe Nutzung sind einerseits in der naturräumlichen Ausstattung der Region zu sehen: Zwar hat die Hügellandschaft einen gewissen Reiz, doch gibt es hier im Vergleich zum Baltischen Landrücken nur wenig Seen (s. auch STÖHR, 1930, S. 6), dafür mehr versumpfte Stellen und damit auch schlechte Böden.[4] Außerdem sind, besonders am Westrand der Erhebung, die höchsten Niederschläge Litauens zu verzeichnen (Atlas LitSSR, 1981, S. 66).
Andererseits fehlt ein Nachfragepotential (für Kurzzeiterholung), da außer Šiauliai (145.000 EW) keine Städte in der Nähe sind. Von Panevežys und Klaipeda aus, die beide etwa 100 km entfernt liegen, ist Šamaiten, zumindest mit der Bahn, nicht gut erreichbar. Vor allem aber gibt es für die Bewohner dieser Städte attraktivere und zumindest für die Klaipedianer wesentlich näher liegende Erholungsziele.

5.2 Entwicklung des Fremdenverkehrs in Litauen

5.2.1 ENTWICKLUNG DES ANGEBOTS

Bei der bisherigen Darstellung des litauischen Erholungswesens war kaum von der zahlenmäßigen Entwicklung die Rede.
Dies liegt daran, daß wirklich zuverlässige Erhebungen und Kartierungen, die alle Erholungseinrichtungen mit ihren Kapazitäten - und entsprechend den üblichen Katego-

[1] Aus der Erhebung von KAVALJAUSKAS/IGNATATONIS (1988) geht leider nicht hervor, wem die Einrichtungen gehören, ob Institutionen aus Litauen oder anderen Republiks- bzw. Zentralbehörden, etc..
[2] Es sind Parallelen zur Nutzung des ostestnischen Grenzgebiets durch die Bevölkerung Leningrads/ St.Petersburgs festzustellen (vgl. Kap. 8).
[3] Dort befinden sich die einzigen größeren Seen der Region; außerdem liegt die Stadt Šiauliai in der Nähe.
[4] Die Gegend ist also auch für Gartenkooperativen nicht interessant (Atlas LitSSR, 1981, S. 119).

rien - erfassen, fehlen.[1] Sie wurden selbst auf der niedrigeren Ebene der Kurorte nicht durchgeführt[2] und waren auch wohl nicht möglich.
Umfassendere Angaben können nur aus den Statistischen Jahrbüchern entnommen werden. Es sind jedoch auch auf Republiksebene die gleichen Einschränkungen und Vorbehalte gegenüber der offiziellen Fremdenverkehrsstatistik zu machen, wie sie in Kap. 3.3 für die nationale Ebene aufgeführt wurden.
Zum Beispiel ist der besonders starke Zuwachs der Kapazitäten in litauischen Touristenunterkünften (im Vergleich zur Zahl der Einrichtungen, s. Abb. 21) nicht nur auf den Bau neuer, besonders großer, bzw. auf die Erweiterung bestehender Einrichtungen zurückzuführen, sondern auch auf eine Besonderheit der litauischen Statistik, die seit der zweiten Hälfte der 70er Jahre auch die dazugemieteten Kapazitäten (in Schulen etc.) erfaßte.[3] Da andere Republiken, z.B. Lettland und Estland, nach einem anderen Erfassungsmodus vorgingen, kann das Angebot nur eingeschränkt verglichen werden.

Angesichts der genannten Einwände lassen sich nur einige (allgemeine) Aussagen zur Entwicklung in den 70er und 80er Jahren machen (s. auch Abb. 20-22):[4]
Die Entwicklung entsprach weitgehend den allgemein für die Sowjetunion festgestellten Trends (vgl. Abb. 7-9), nur die Erholungsheime wichen ab: Ihre Zahl und die Kapazitäten stiegen in Litauen ständig an.
Sehr auffallend - und gleichzeitig typisch fürs Baltikum - ist der seit 1970 fast gleichbleibend hohe Anteil von Erholungsbasen am litauischen Erholungswesen (1989: 89%).

Der besonders große Anteil von Erholungsbasen am litauischen Erholungswesen spiegelte sich auch in deren Bedeutung auf gesamtsojwetischer Ebene wider: Sie stellten 1990 fast 15% aller sowjetischer Erholungsbasen.[5]

Durch die sehr hohe Zahl von Erholungsbasen wurden die anderen Einrichtungen in ihrer Bedeutung für den litauischen Fremdenverkehr stark zurückgedrängt.[6] Im regionalen Vergleich (mit Estland und Lettland) konnten jedoch zumindest die Prophylaktorien und Erholungsheime ihre Vorrangstellung behalten (s. Kap. 8.2.3).

Bei den Kapazitäten sind die Unterschiede wegen der relativ kleinen Größe der Erholungsbasen zwischen den einzelnen Beherbergungsarten nicht so groß. Außerdem bilden die touristischen Einrichtungen mit ihren großen (angemieteten) Kapazitäten (s.o.) ein starkes Gegengewicht.
Mit Ausnahme der Sanatorien entfallen auf litauische Fremdenverkehrseinrichtungen deutlich mehr als 50% der jeweiligen gesamtbaltischen Kapazitäten (Kap. 8.2.3).

---

[1] Auch die Arbeiten von KAVALJAUSKAS/IGNATONIS erfüllen diese Voraussetzungen ja nicht.
[2] Z.B. gibt es keine ganz genauen Angaben über "betriebliche" Einrichtungen.
[3] Ihr Anteil siteg in Litauen in den 80er Jahren außerdem besonders stark an (vgl. Kap. 3.3).
[4] Für die erste Hälfte der 70er Jahre liegen in allen baltischen Republiken nur unvollständige Daten vor.
[5] Der Anteil aller Fremdenverkehrseinrichtungen betrug zusammen "nur" 8% - bei 1,3% an der Bevölkerung bzw. 0,3 % an der Fläche - (Nar. choz. SSSR, 1990, S. 236/37).
[6] Auch unionsweit spielten diese nur eine untergeordnete Rolle; am höchsten waren noch die Anteile der Erholungsheime und der touristischen Einrichtungen, die beide über dem Bevölkerungsanteil lagen.

Abb. 20: Entwicklung des litauischen Fremdenverkehrs (1970–1990)

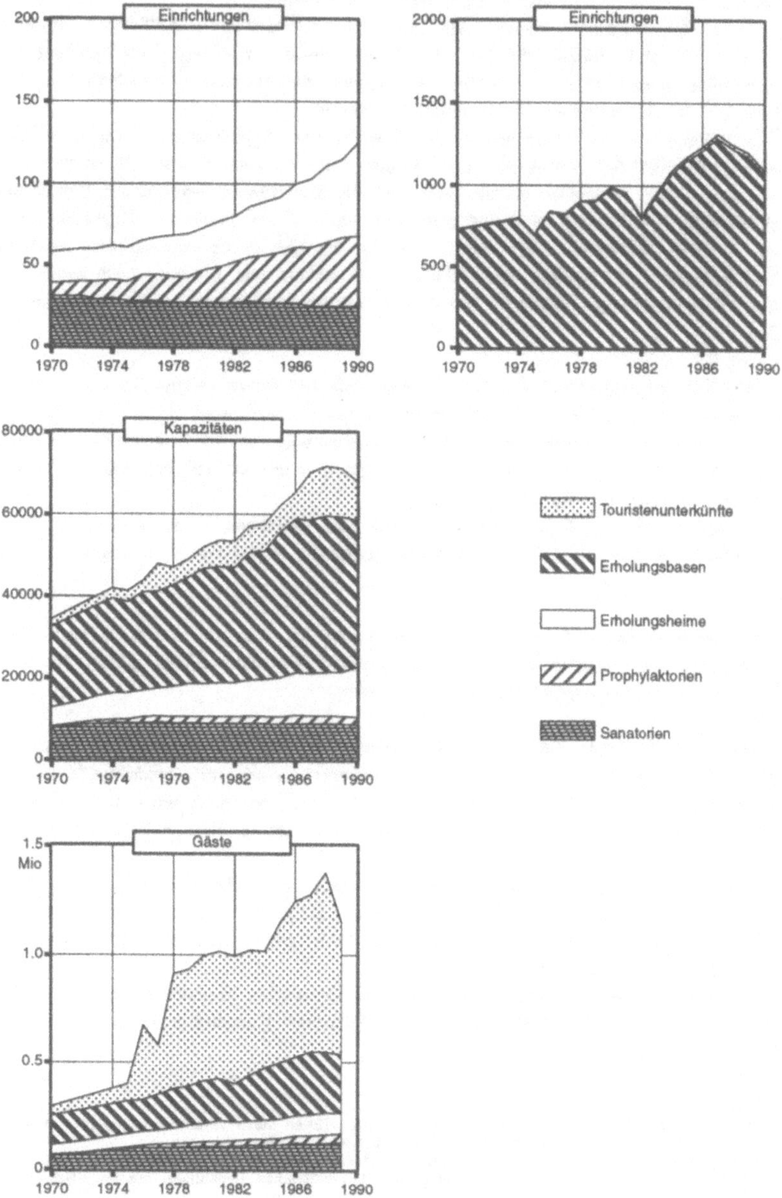

Quelle: Nar. choz. SSSR v 1970g., 1971 u. Folgebände; Ochrana zdorov'ja v SSSR, 1990, S.213; Nar. choz. LitSSR v 1970g., 1971 u. Folgebände;

Abb. 21: Entwicklung der einzelnen Beherbergungseinrichtungen in Litauen

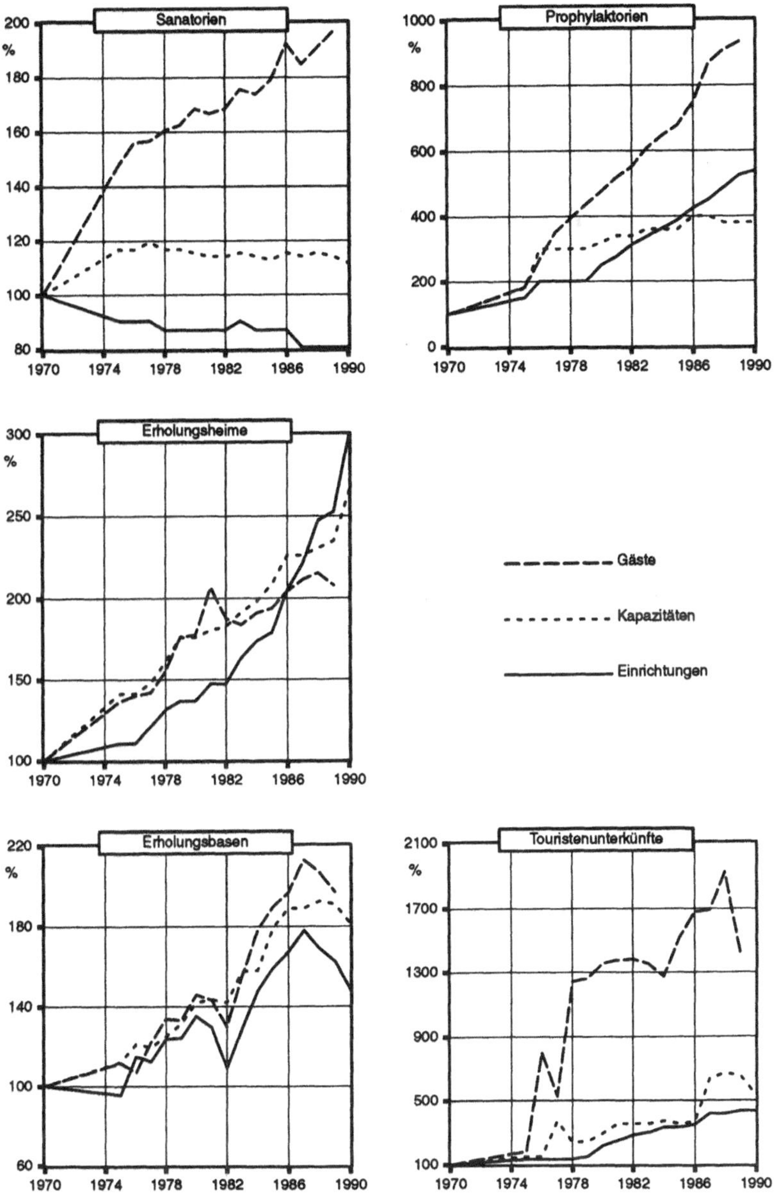

Quelle: Nar. choz. SSSR v 1970g., 1971 u. Folgebände; Ochrana zdorov'ja v SSSR, 1990, S.213;
Nar. choz. LitSSR v 1970g., 1971 u. Folgebände;

Abb. 22: Anteile der Beherbergungseinrichtungen in Litauen bei Angebot und Nachfrage

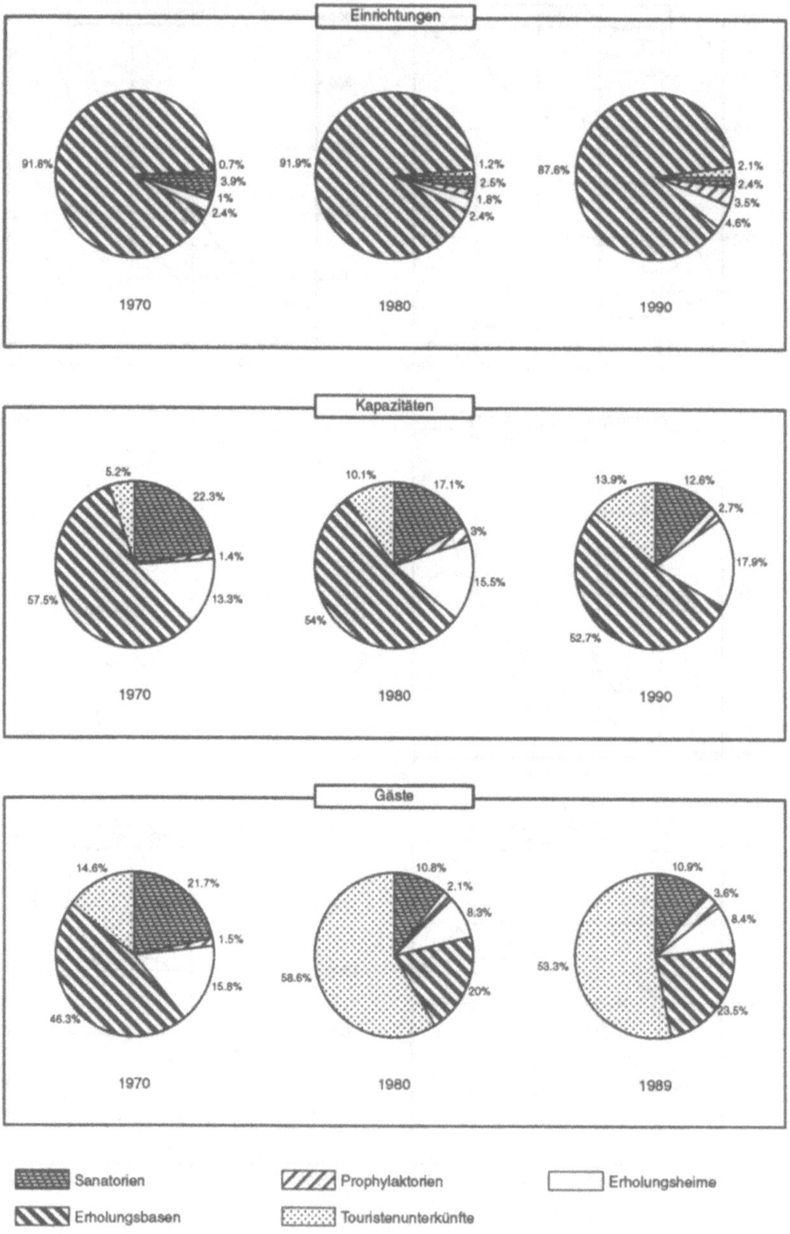

Quelle: Nar. choz. SSSR v 1970g., 1971 u. Folgebände; Ochrana zdorov'ja v SSSR, 1990, S.213; Nar. choz. LitSSR v 1970g., 1971 u. Folgebände;

Tourismus-Sektor

Die Gesamtkapazität der gewerkschaftseigenen touristischen Einrichtungen betrug 1990 ca. 3.400 Plätze, von denen 780 auf die drei Touristen-Hotels, der Rest auf die sieben Turbasen entfielen.[1] Diese wiesen sehr unterschiedliche Kapazitäten von 120 (Druskininkai) bis 700 Plätze (Birštonas) auf (Tab. 12, Abb. 19).[2]

Die Entstehungszeit der touristischen Einrichtungen Litauens kann in drei Phasen eingeteilt werden:[3]

a) Ende der 50er/erste Hälfte 60er Jahre: 5 der heutigen 7 Turbasen (Birštonas, Vilnius, Ignalina: 1959, Palanga, Trakai: 1964)

b) Mitte 70er Jahre: Touristen-Hotel Vilnius (1974), Turbase Zarasai (1975);

c) Anfang 80er Jahre: Turbase Druskininkai (1981), Turhotel Panevežys (1983).[4]

Nicht nur die Übernachtungskapazitäten, auch das Angebot an Touristenrouten, ist in den letzten 20 Jahren stark erweitert und ständig verändert worden:
Nachdem im 10. und 11. Planjahrfünft (1976-85) die Zahl der "lokalen Routen" deutlich gesteigert werden konnte,[5] hat sich durch die Reorganisation der Strukturen[6] das Angebot an touristischen Pauschalreisen Ende der 80er Jahre noch einmal deutlich verändert: War Litauen 1987 noch in sechs nationale Touristen-Routen eingebunden (davon vier in Verbindung mit Nachbarrepubliken), so wurden 1990 nur noch zwei überregionale Routen angeboten.
Da sich gleichzeitig die Zahl der lokalen Routen seit 1987 nur unwesentlich erhöhte, muß man von einer zahlenmäßigen Reduzierung des Angebots sprechen. Trotzdem ist in Litauen das Angebot mit über 20 Routen wesentlich größer als in den Nachbarrepubliken (Kap. 6.2, 8.2).
Außerdem konnte durch das 1989 eröffnete Touristenhotel in Kaunas ein neuer Standort hinzugewonnen und das Angebot auf diese Weise diversifiziert werden. Neu ist auch die Route Ignalina-Vilnius.

Die relativ gleichmäßige Verteilung der Routen auf die Einrichtungen ist bereits angesprochen worden. Nur das (1983 eröffnete) Touristenhotel in Panevežys wurde in keine der Routen, weder 1987 noch 1990, einbezogen. Vermutlich bietet es aufgrund seiner Lage in einer modernen Industriestadt mit der landschaftlich nicht sehr attraktiven Umgebung zu wenig Anreiz für Touristen und wird deswegen an andere Organisationen oder an die Stadt vermietet.[7]

Tab. 12 zeigt die Aufstellung aller lokalen Routen, die 1990 angeboten wurden (s. auch Abb. 19) mit Angaben über Art und Zeitpunkt der Routen,[8] Fortbewegungsmit-

---

[1] Zarasai im NO Litauens wurde Anfang der 80er Jahre noch als Campingplatz geführt (Perečen'.., 1985); es gab dort allerdings nie Stellplätze für Zelte, sondern nur Sommerhäuschen.
[2] Perečen'.., 1985; Tur. maršruty, 1990.
[3] Eine Ausnahme bildet nur das erst 1989 eröffnete Touristen-Hotel in Kaunas.
[4] Den Phasen, welche zum Teil auch bei den anderen Baltischen Republiken festzustellen sind, lassen sich die verschiedenen Entwicklungsstufen des sowjetischen Tourismus in den letzten Jahrzehnten zuordnen (s. Kap. 2.3.1.1).
[5] V.a. durch die Einbeziehung der neuen Turbasen und die größere Anzahl radialer Routen.
[6] Zur Abschaffung der Unterscheidung in nationale und lokale Routen s. Kap. 3.2.2.
[7] Vgl. das Touristenhotel in Ventspils (Lettland).
[8] Linear/radial; Sommer, Nebensaison, ganzjährig.

tel, Angebotsschwerpunkt (Ausflüge, Sport) und Teilnehmerkreis sowie die jeweilige Aufenthaltsdauer in den Einrichtungen.[1]

Die durchschnittliche Aufenthaltsdauer ist - entsprechend dem hohen Anteil radialer Routen - in Palanga am höchsten (10,6 Tage). Allgemein sank sie auf jeder Turbase im Vergleich zu 1987, da 1990 wesentlich mehr Stationen während der einzelnen Routen aufgesucht wurden.[2]
Das Angebot der meisten Routen beschränkt sich auf "passive Erholung" (Ausflüge, Besichtigungen). Lediglich in den Turbasen von Birštonas, Trakai und Ignalina steht ein Sportprogramm im Vordergrund (v.a. Wassersport).
Die meisten Orte werden im Rahmen von "linearen" Routen angefahren, nur in Birštonas und vor allem in Palanga überwiegen radiale Routen. Bei Palanga liegt das sicher an der großen Attraktivität des Strandes, der zu einem (längeren) Erholungsurlaub einlädt. Ein anderer Grund ist die abseitige Lage der Stadt, wodurch sich ein Aufenthalt in dieser Turbase nicht so gut mit anderen kombinieren läßt, wie dies z.B. bei den näher beieinander liegenden Einrichtungen in Süd- und Ostlitauen der Fall ist.
Die Saisonalität ist stark ausgeprägt: 16 der 22 Routen wurden 1990 nur im Sommer durchgeführt, hinzukommen noch die drei ganzjährigen (in Druskininkai). Für die Nebensaison waren lediglich drei Routen vorgesehen (s. Tab. 12).[3]
Auffallend ist bei dem Angebot des litauischen Tourismus-Rats der relativ große Anteil von Routen, bei denen auch Familien mit Kindern teilnehmen können: Dies ist bei drei Viertel Reisen der Fall.[4] Allerdings sind einige Einwände angebracht: An zwei Dritteln der "Familien-Routen" (12 Routen) dürfen nur Kinder teilnehmen, die bereits älter als 12 Jahre sind. Bei fünf Routen sind Kinder ab 7 Jahre zugelassen, jedoch wird die Familiengröße bei diesen meisten so beschränkt (auf drei oder sogar nur zwei Personen, vgl. Tab. 12), daß nur 1-Kind-Familien wirklich zusammen fahren können.

5.2.2 ENTWICKLUNG DER GÄSTEZAHLEN

Auch die Entwicklung der Gästezahlen in litauischen Erholungseinrichtungen (Abb. 20-21) entsprach in den 70er und 80er Jahren weitgehend dem allgemeinen Trend in der Sowjetunion.
Die Verteilung der Urlauber auf die verschiedenen Einrichtungen zeigt dagegen einige Verschiebungen: Der Anteil von Gästen in Erholungsbasen hat im Vergleich zu den anderen baltischen Republiken zwar stark gewonnen (vgl. Kap. 8.2.3),[5] innerhalb der Republik aber deutlich abgenommen (Abb. 22). Als Grund hierfür ist die Entwicklung

[1] Vgl. die entsprechenden Tabellen für den Tourismus-Sektor der Kaliningrader Oblast' sowie von Lettland und Estland.
[2] 1987: 24, 1990: 34 Stationen bei jeweils 13 linearen Routen.
[3] Da alle Einrichtungen von ihnen berührt wurden, bedeutet das, daß im Prinzip alle ganzjährig sein können; nach Angaben des Perečen'.. (1985) betrug der Anteil der ganzjährig zur Verfügung stehenden Kapazitäten Mitte der 80er Jahre jedoch nur ca. 37%.
[4] Der Anteil ist somit viel höher als in Lettland oder Estland.
[5] Nach lettischen Angaben ist das auf die kürzere durchschnittliche Aufenthaltsdauer in litauischen Erholungsbasen zurückzuführen.

Tab. 12: Touristenrouten und Touristenunterkünfte in Litauen

Einrichtung	Routen-Nr.																								Aufenthaltsdauer
	1	2	3	4	5	6	7	8a	8b	9a	9b	10	11	12	13	14	15	16	17	18	19	20	21	22	(Durchschnitt)
Turbasen																									
- **Birštonas** (1959; 706 Pl.)	4	15		10	15	5				5	5	4								15					8,6 Tage
- **Druskininkai** (1981; 120 Pl.)			12							5	5														7,3 Tage
- **Ignalina** (1959; 632 Pl.)						10	5	5	5					4								15			4,6 Tage
- **Palanga** (1964; 260 Pl.)				10								8	5		10	10	10	15	15						10,3 Tage
- **Trakai** (1964; 523 Pl.)	12					5		5	5				5								15				7,8 Tage
- **Vilnius** (1959; 268 Pl.)							5							4											4,5 Tage
- **Zarasaj** (1975; 181 Pl.)							5	5	5					4											4,7 Tage
Turhotels																									
- **Kaunas** (1989; 330 Pl.)								5	5				5	4											4,7 Tage
- **Vilnius** (1974; 300 Pl.)										5	5	4											4*	4*	4,4 Tage
- **Panevežys** (1983; 150 Pl.)																									-
Transportmittel	A	R	R	E	R	A,E	A,E	A,E	A,E	A	A	A,E	A,E	A,E	R	R	R	R	R	R	R	R	A	A,E	
aktive Erholung	B	B			B	B,W													B	B	F				
Saison	So	So	gj.	So	So	So	So	So	So	gj.	gj.	NS	NS	NS	So	So	So	So	So	So	So	So	gj.	gj.	
Teilnehmerkreis (Kinder ab Alter von)	>	> 12	> 7	> 12	> 12	> 7[3]	- 12	>	> 12	> 12	> 12	> 12	> 12	> 12	> 12	> 7[2]	- 7[4]	>	> 7[3]	- 12	-	-	-	-	

Zeichenerklärung:

A - lineare Route mit dem Autobus
E - " " " der Eisenbahn
R - radiale Route

B - Bootfahren
F - Fahrrad
W - Wandern

Ns - Nebensaison
So - Sommer
gj - ganzjährig

[2] - "Familien"-Größe auf 2 Personen beschränkt
* - überregionale Route

Quelle: Perečen'., 1985; Tur. maršruty, 1990, S.133f.;

der touristischen Einrichtungen zu sehen, bei denen eine überproportionale Zunahme festzustellen war (Abb. 20-21). Diese lag zum einen an der extrem niedrigen Gästezahl 1970, die ja als Basis für die Entwicklungskurven genommen werden,[1] zum anderen aber auch an der bereits erwähnten Einbeziehung der dazugemieteten touristischen Kapazitäten in Litauen.[2]
Neben diesen statistischen "Verzerrungen" ist als weiterer Grund für die deutliche (absolute) Zunahme der Gästezahlen natürlich auch die Erweiterung des Angebots an Touristenrouten zu nennen, wobei sich durch die Erhöhung der Stops pro Route (s.o.) ein zusätzlicher Multiplikatoreffekt ergibt.
Genauere Angaben über die Gästezahlen der einzelnen touristischen Einrichtungen liegen nicht vor. Sie lassen sich auch nicht aus der in Tab. 12 aufgeführten Zahl der angebotenen Touristenrouten oder aus der Aufenthaltsdauer schließen, da sowohl die Zahl der geplanten bzw. durchgeführten Routen pro Jahr als auch die jeweilige Gruppenstärke unbekannt ist. Außerdem lassen sie die "selbständigen Touristen", die den Großteil der Gäste einer Turbase ausmachen, unberücksichtigt.[3]

Mit den Daten aus dem Statistischen Jahrbuch wird auch in Litauen nur der organisierte Fremdenverkehr abgedeckt.[4] Weder das Angebot noch die Anzahl der "wilden" Urlauber wurde bisher republiksweit erfaßt (vgl. Kap. 3.3).

5.2.3 UMFRAGEN ZUR KURZ- UND LANGZEITERHOLUNG

Seit Anfang der 70er Jahre wurden in Litauen von verschiedenen Instituten mehrere Quellgebiets-Befragungen durchgeführt, um die Bedürfnisse und Wünsche der Bevölkerung an Erholungseinrichtungen zu ermitteln. Nur zwei von ihnen, die sog. Republiksumfragen RU I und RU II, sind jedoch als repräsentativ zu bezeichnen, da diese zumindest flächendeckend in ganz Litauen durchgeführt wurden, während die anderen nur einen sehr begrenzten Umfang hatten.[5]
Die erste republiksweite Befragung (RU I) wurde 1972 von Mitarbeitern des "Litauischen Forschungsinstituts für Bauwesen und Architektur" in Kaunas (LitNIISiA - *Litovskij Naučno-Issledovatel'skij Institut Stroitel'stva i Architektury*) unter der Leitung des Architekten V.P. Stauskas, die zweite 1985-86 von Geographen der Universität in Vilnius durchgeführt.[6] Allerdings gibt es einen schwerwiegenden Mangel: Die Zahlen sind nicht immer verwertbar, auf jeden Fall aber schlecht mit anderen Daten vergleichbar. Anscheinend waren z.B. Mehrfachnennungen möglich, es ist aber alles etwas undurchsichtig. Deswegen können im folgenden nur die wichtigsten Tendenzen herausgearbeitet werden.

Bei beiden Umfragen schien die regionale Verteilung der Langzeit-Erholungseinrichtungen (vgl. Abb. 15-19) in etwa den Wünschen der Bevölkerung zu entsprechen

---

[1] 43.000 Touristen 1970 bei 1.800 Plätzen; zum Vergleich: Lettland: 93.500 Touristen/1.700 Plätze.
[2] Es werden dort auch die Gäste in den angemieteten Einrichtungen mitgezählt.
[3] Laut STAUSKAS (1984, S. 12) stellten sie bis zu 70% der Touristen.
[4] Zu den in Abb. 21 aufgführten 1,1 Mio Erholungssuchenden 1989 in Litauen, kamen noch 33.000 Ausflügler dazu.
[5] Auch bei den "RUs" wird jedoch leider nicht angegeben, wieviel Menschen befragt wurden.
[6] Veröffentlicht wurden die Ergebnisse u.a. in (RU I): KAVALJAUSKAS/KURŠEVIČIUS, 1977 (in litauischer Sprache, doch mit relativ ausführlichem russischen Resümee); (RU II): KAVALJAUSKAS/IGNATONIS, 1990; s. auch KAVALJAUSKAS/IGNATONIS, 1985; IGNATONIS, 1989.

(KAVALJAUSKAS/IGNATONIS, 1990, S. 83): Ihren (Jahres)Urlaub wollten ca. zwei Drittel der Befragten am liebsten an der Küste verbringen, für die Wochenenderholung bevorzugten fast 80% die Wasserflächen im Landesinneren, vor allem die Seengebiete. Dies kommt auch bei der Bewertung der akzeptablen Entfernung von Erholungszielen zum Ausdruck: Die Mehrheit der Befragten hielt eine Distanz unter 100 km für Wochenenderholung im Sommer für annehmbar,[1] nur 15% würden 300 km fahren. Dies bedeutet, daß die Küste für den Großteil der Bevölkerung in den litauischen Großstädten (Vilnius, Kaunas, Panevežys) außerhalb des Bewegungradius für Wochenenderholung liegt.

Es ist jedoch nicht möglich, aus den Umfrage-Ergebnissen zu ermitteln, inwieweit das Beherbergungsangebot den Bedürfnissen auch quantitativ entspricht, da erstens nicht bekannt ist, wieviele der Erholungs- und Kureinrichtungen wirklich von der Bevölkerung Litauens genutzt werden konnten. Je nach Erholungsart wird der Anteil sehr unterschiedlich gewesen sein: 100% bei den Gartenkooperativen, relativ hoch bei den Erholungsbasen sowie den lokalen Sanatorien und den Prophylaktorien mit fallender Tendenz zu Erholungsheimen (betriebliche und zentrale) und den Einrichtungen der zentralen Gewerkschaften (Kur- und Tourismus-Sektor).
Zweitens ist nicht gesagt, daß alle Befragten, die die Küste als Wunschziel angaben, dies auf die litauische Ostseeküste bezogen: Der Anteil derjenigen Litauer, die immer innerhalb der Republik Urlaub machen, sank jedenfalls seit 1972 von 70% (städt. Bev.: 53%) auf 45% (19%), bereits 14% verbrachten Mitte der 80er Jahre ihre Ferien regelmäßig außerhalb Litauens.[2]

Die Saisonalität ist - entsprechend der Lage Litauens - stark ausgeprägt: 85% der städtischen Bevölkerung (68% der Landbevölkerung) wollen unbedingt in den drei Sommermonaten (Juni-August) Urlaub machen.[3] Die propagierte Aufsplittung des Urlaubs auf Sommer und Winter findet so gut wie gar keinen Zuspruch (1%; KAVALJAUSKAS/IGNATONIS, 1990, S. 82).

Vergleiche der beiden Umfragen ergaben deutliche Verschiebungen bei der gewünschten Größe von Ferienorten (KAVALJAUSKAS/IGNATONIS, 1990, S. 89): Mitte der 80er Jahre sprachen sich 85% für eine maximale Gesamtkapazität von 1.000 Betten bei Seebädern, bzw. 82% für weniger als 100 Plätze bei Erholungsorten im Landesinnern (an Flüssen und Seen) aus. 1972 waren es noch lediglich 70% bzw. 58% gewesen, der Rest der Befragten bevorzugte jeweils größere Fremdenverkehrsorte.[4] Diese Ergebnisse sind insofern bemerkenswert, als sie der offiziellen sowjetischen Fremdenverkehrsplanung in den letzten Jahrzehnten widersprechen (vgl. auch IGNATONIS, 1989).

Nach den Umfrage-Ergebnissen von 1985/86 zu urteilen, ist der Prozentsatz der litauischen Bevölkerung, die während ihres Urlaubs zu Hause blieb, mit nur 15%[5] im

[1] Ohne Übernachtung sogar nur ca. 50 km.
[2] Gegenüber 7% 1972; den Wunsch hiernach zeigten 25% (KAVALJAUSKAS/IGNATONIS, 1990, S. 81).
[3] Nach Angaben von STAUSKAS (1984, S. 8) machen 63-69% auch wirklich in dieser Jahreszeit Urlaub.
[4] Entsprechendes gilt für Größe der Einrichtungen selbst.
[5] 10% der städtischen, bzw. 30% der ländlichen Bevölkerung (KAVALJAUSKAS/IGNATONIS, 1990, S. 81).

Verhältnis zum gesamtsowjetischen Durchschnitt (vgl. Kap. 3.3.2.1) sehr gering. Mitte der 60er Jahre betrug dieser Wert noch 34% (BELINSKIS/STAUSKAS,u.a., 1969, S. 39).
Gegenüber der ersten Umfrage ist gleichzeitig der Anteil derjenigen, die am organisierten Fremdenverkehr teilnehmen, deutlich gestiegen, während weniger Befragte als früher ihren Urlaub bei Verwandten oder in einem bei der Ortsbevölkerung gemieteten Zimmer[1] verbrachten. Das läßt - da gleichzeitig weniger Menschen im Urlaub zu Hause blieben - auf eine verbesserte Versorgung der Bevölkerung mit Einrichtungen des organisierten Fremdenverkehrs schließen, was auch durch einen Vergleich der Bevölkerungsentwicklung und der Kapazitätszahlen in Fremdenverkehrseinrichtungen bestätigt wird. Dies soll aber nicht heißen, daß die bestehenden Einrichtungen ausreichend sind: Die Wünsche lagen noch viel höher (KAVALJAUSKAS/IGNATONIS, 1990, S. 85).

In der Umfrage von 1985/86 wurde auch die allgemeine Zufriedenheit der Bevölkerung mit dem organisierten Erholungswesen in Litauen ermittelt. Als Fazit wird von KAVALJAUSKAS/IGNATONIS (1990, S. 89) festgehalten, daß ca. ein Drittel der Bevölkerung völlig unzufrieden ist. Bei dieser Zahl wurde allerdings die Bewertung für die Bereiche Urlaubseinrichtungen, Freizeitmöglichkeiten am Wohnort, sowie am Arbeitsplatz zusammengefaßt.
Aufgeschlüsselt nach diesen drei Bereichen, zeigt sich die größte Unzufriedenheit mit dem "betrieblichen" Erholungsangebot.[2] Zwar wird die Fragestellung nicht weiter präzisiert, doch ist anzunehmen, daß mit "betrieblichem Freizeitangebot" nur die Möglichkeiten auf dem Gelände selbst (am Feierabend), also Clubs etc., und nicht die auswärts gelegenen Erholungsbasen und -heime gemeint sind.
Auch sonst fehlen detailliertere Angaben. So werden z.B. nicht die Gründe für die Unzufriedenheit mit Urlaubseinrichtungen genannt: Lag es an der Quantität oder an der Qualität des Angebots oder aber an der mangelnden Zugänglichkeit vieler Einrichtungen für die Republiks-Bewohner? Dieser Informationsmangel müßte bei zukünftigen Befragungen unbedingt behoben werden, um eine genauere Vorstellung von den Wünschen und Bedürfnissen der Bevölkerung zu erhalten.

5.3 Ausblick

Zu Beginn des Kapitels wurde darauf hingewiesen, wie sich die Geschichte Litauens von der Estlands und Lettlands unterscheidet.

Nach den Wahlen von November 1992 und Februar 1993, aus denen die Partei der litauischen Reformkommunisten bzw. der frühere Chef der litauischen KP als Sieger hervorgingen, zeichnet sich ein erneuter Sonderweg Litauens innerhalb des Baltikums ab. Während Lettland und Estland auf Unabhängigkeitskurs bleiben, will die litauische Regierung sich wieder mehr Moskau annähern.

---
[1] Leider wurden beide Kategorien zusammengenommen.
[2] 41%, beim Jahresurlaub waren es nur 14%.

Ganz umkehrbar (zumindest mit friedlichen Mitteln) wird - und soll - zwar auch hier die Lage nicht sein, als Tendenz wird sich aber eine derartige Neu- bzw. Rückorientierung doch bemerkbar machen.

Auch das Erholungswesen kann davon berührt werden. Zwar wird die Organisation des Kurwesens und des Tourismus-Sektors nicht mehr nach den alten Strukturmustern der Gewerkschaften in Moskau zentralisiert werden. Es bestehen aber z.B. für Institutionen in Rußland mit "betrieblichen" Erholungseinrichtungen in Litauen eher Möglichkeiten, sie wieder bzw. weiter zu nutzen,[1] was in Lettland und Estland viel problematischer ist.
Dies betrifft einerseits Erholungsheime auf dem Baltischen Höhenrücken im (nord)östlichen Litauen und andererseits Erholungseinrichtungen in den Seebädern an der Küste. Die Nutzung dieser Einrichtungen durch westliche Ausländer kann davon auch eingeschränkt werden, allerdings werden da finanzielle Aspekte, insbesondere der Drang nach Devisen, vermutlich überwiegen.

Noch ist es zu früh, um die Auswirkungen der Wahlen zu beurteilen, doch müßte auch die skizzierte Entwicklung nicht unbedingt negativ für das litauische Erholungswesen sein: Der Rückgang der Gästezahlen könnte in Litauen unter Umständen geringer ausfallen, als wenn sich die Republik ganz gen Westen orientiert bzw. stärker von Moskau oder der GUS distanziert.

Es besteht allerdings natürlich die Gefahr, daß sich ausländische Investoren in Zukunft auch im Fremdenverkehr angesichts der politischen Veränderungen in Litauen noch mehr zurückhalten.

Unabhängig von der politischen Entwicklung sollten Großprojekte wie z.B. der weitere Ausbau von Groß-Palanga gestoppt werden. Das Gleiche gilt für die Erweiterungspläne auf der Kurischen Nehrung (vgl. Kap. 5.1.2). Die räumliche Konzentration der Kapazitäten ist zwar kein so großes Problem wie in Lettland, aber auch in Litauen muß versucht werden, die Küste nicht noch weiter zu belasten, sondern das Hinterland möglichst attraktiv und bei Urlaubern bekannt zu machen.

Vorrang sollte - wie überall im Baltikum bzw. der ehemaligen Sowjetunion - die grundlegende Renovierung und Modernisierung von Einrichtungen haben, soweit das je nach Zustand der Bausubstanz und der Architektur (noch) sinnvoll ist. Dabei sollte nicht immer das Ziel, durch entsprechende Ausstattung westliche Touristen anzuziehen, im Vordergrund stehen: Auch für die eigene Bevölkerung bzw. die Bewohner der ehemaligen sozialistischen Nachbarrepubliken und -staaten, welche in Zukunft sicher die Mehrheit der ausländischen Urlauber ausmachen werden (vgl. Kap. 3.4), ist mehr Komfort und besserer Service anzustreben. Dazu gehört außerdem die Verbesserung der touristischen Infrastruktur mit Restaurants, Cafés, Campingplätzen, kleineren Pensionen, u.a.
Neubauten sollten sich - sofern sie derzeit angesichts der wirtschaftlichen Lage überhaupt durchgeführt werden können - auf kleinere Einheiten beschränken.

---

[1] Die Bedingungen (für Miete, Abgaben etc.) werden allerdings sicherlich neu festgesetzt.

Von großer Bedeutung wird ebenfalls sein, wie die Umweltprobleme, vor allem die Verschmutzung der Gewässer, darunter das Kurischen Haff, gelöst werden. Die Umsetzung von Plänen, Klaipeda zu einem Ölhafen auszubauen, um von Lieferungen aus der GUS bzw. Lettland (Ventspils) unabhängig zu sein (Badische Zeitung, 27.3.1993), wäre hierfür sicher keine gute Voraussetzung.

6 LETTLAND

Im Verhältnis zu seiner Größe und im Vergleich zu den Nachbarrepubliken ist Lettland reich an Heilressourcen. Hier wirkt sich seine intermediäre Lage aus: Während Estland fast nur über Heilschlamm und Litauen über Mineralquellen verfügt, kann Lettland mehrere Vorkommen von Mineralwasser unterschiedlicher Zusammensetzung (Schwefel- bzw. Chlor-Natrium-haltige Quellen in Baldone, Kemeri, Jurmala, Liepaja und Liči) und von Heilschlamm (Baldone, Kemeri, Liepaja, Mežciems) vorweisen.[1]

Trotz dieser günstigen natürlichen Voraussetzungen haben sich in Lettland seit dem 19. Jahrhundert nur zwei Kurorte, Kemeri/Jurmala und Baldone, herausgebildet, wobei sich aber auch letzterer - obwohl zu den ältesten des Baltikums zählend (s.u.) - auf Dauer nicht neben dem "übermächtigen" Kemeri behaupten konnte. Die restlichen Lagerstätten erlangten nur lokale Bedeutung und führten lediglich zur Anlage einzelner Kureinrichtungen ohne Kurort-Bildung.

Als Hauptgrund für diese sehr ungleiche Nutzung der Vorkommen ist vor allem die siedlungsgeographische Struktur Lettlands zu nennen: Während sich in Estland und Litauen ein bipolares Siedlungssystem herausgebildet hat,[2] ist in Lettland traditionell alles auf Riga ausgerichtet, welches sich - nicht erst in sowjetischer Zeit - zu einer Primatstadt entwickelte.[3]
Kemeri profitierte deutlich von seiner Nähe zu Riga bzw. zum "Rigaer Strand" (s.u.) und konnte sich seit dem späten 19. Jh. dank eines Eisenbahnanschlusses (1877) ständig steigender Nachfrage aus Riga und aus russischen Städten erfreuen, während das abgelegenere Baldone (bis heute) ohne Bahnverbindung blieb und zunehmend in Vergessenheit geriet. Andere Vorkommen von Heilressourcen wie z.B. in Mežciems und Liči (in der Nähe von Daugavpils bzw. Valmiera), deren Lage noch ungünstiger war, konnten sich erst recht nicht neben Kemeri durchsetzen.

Das Relief Lettlands ist weitgehend flach oder sanft hügelig, nur 2,5% der Fläche liegen über 200 m. Als Hügelländer lassen sich die "Zentrallivländische" (mit Gaizinkalns - 311 m höchster Berg Lettlands), die "Lettgallische" im Osten und eine kleinere Erhebung im Nordosten (bei Aluksne) sowie die etwas geringeren Höhen der "Kurländischen Schweiz" im Westen ausmachen (Abb. 23). Die wichtigsten Tiefländer sind die sandigen Küstenniederungen und die fruchtbare "Mittellettische Ebene".[4]

---

[1] Atlas Latvijskoj SSR, 1988, S. 7; Kurorty, 1983; POLTORANOV/SLUCKIJ, 1986, S. 596ff.; TERENT'EVA, 1984.
[2] Litauen mit Vilnius und Kaunas; Estland mit Tallinn und (als geistiges Zentrum) Tartu.
[3] 34% der Bevölkerung; 915.100 EW (1990) - die nächstgrößeren Städte weisen nur 126.700 (Daugavpils), 114.500 (Liepaja), bzw. 74.700 EW (Jelgava) auf (Nar. choz. LatSSR, 1991, S. 42).
[4] Die administrative Einteilung in 26 Rajons und 7 kreisfreie Städte (Riga, Daugavpils, Jelgava, Jurmala, Liepaja, Rezekne, Ventspils), wie sie in der Lettischen SSR bestand, wurde - zumindest vorläufig - beibehalten.

Abb. 23: Übersichtskarte von Lettland

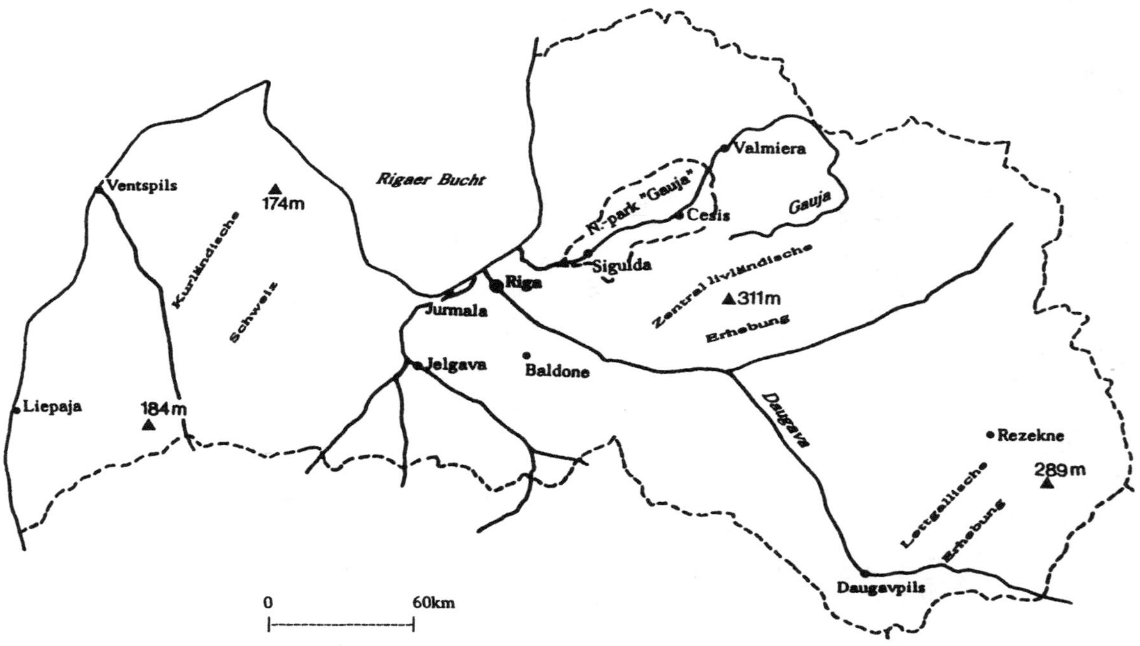

E+Z: M. Henningsen

6.1 Räumliche Freizeit- und Fremdenverkehrsstrukturen

Nach dem Zweiten Weltkrieg hat sich nicht viel an den genannten Strukturen geändert:[1] Der Ausbau des (organisierten) Fremdenverkehrs erfolgte fast ausschließlich in Kemeri/Jurmala, außerhalb finden sich nur vereinzelt Kur- oder Erholungseinrichtungen (s. Abb. 24).
Eine Ausnahme bildet nur Sigulda, das touristische Zentrum der "Livländischen Schweiz". In den 70er Jahren wurde hier ein Erholungszentrum (mit Schwerpunkt Kurzzeiterholung) aufgebaut. Sein Angebot ist allerdings weder im Umfang noch in seiner Vielfalt mit dem von Jurmala vergleichbar.[2]
Diesem kann - analog zur Stellung Rigas im lettischen Siedlungs- und Wirtschaftsgefüge - eine überragende Rolle für den Fremdenverkehr zugesprochen werden: Nicht nur die Kur- und Erholungseinrichtungen der Gewerkschaften sowie anderer zentraler Behörden und Betriebe konzentrieren sich hier, die Küste bei Jurmala ist auch beliebtes Ziel für Individualurlauber (in den Datschas) und für Naherholungssuchende aus Riga, sowie - inklusive der anschließenden Küstenabschnitte der Rigaer Bucht - bevorzugter Standort für Erholungsbasen. Auf Grund ihrer überragenden Bedeutung für den lettischen, bzw. ihrer wichtigen Rolle innerhalb des sowjetischen Fremdenverkehrs, wird die Erholungsregion "Groß-Jurmala" im Anschluß an die Darstellung der Fremdenverkehrsstrukturen Lettlands gesondert behandelt (Kap. 7).[3]

Baldone, der zweite lettische Kurort, spielt zwar keine große Rolle. Dennoch soll er hier kurz vorgestellt werden, da es sich immerhin um den ältesten Kurort des Baltikums handelt.

6.1.1 BALDONE[4]

Baldone, 33 km südöstlich von Riga gelegen, wurde bereits 1797 von Pavel I. eröffnet; die schwefelhaltigen Quellen waren sogar schon seit Ende des 15. Jh. bekannt gewesen.[5]
Nach der Eröffnung erlangte der Kurort bei Gästen aus Riga und St.Petersburg zunächst große Beliebtheit. Seine Popularität sank jedoch in der zweiten Hälfte des 19. Jh. schnell wieder ab, nachdem der Kurort Kemeri 1877 einen Bahnanschluß nach Riga erhalten hatte (s.u.) und aus diesem Grund von den Urlaubern bevorzugt wurde (Kurorty, 1983; SUCHODREV, 1959).
Baldone geriet zunehmend in Vergessenheit. Die Verkehrsverbindung verbesserte sich erst in den 30er Jahren dieses Jahrhunderts, als die Straße nach Riga asphaltiert wurde und Baldone somit bequemer und schneller erreicht werden konnte (SUCHODREV, 1959). Ein Bahnanschluß fehlt aber bis heute.

---

[1] In sowjetischer Zeit kam allerdings noch ein limitierender Faktor hinzu: Teile der lettischen Küste wurden aus militärischen und strategischen Gesichtspunkten für den Fremdenverkehr weitgehend gesperrt (vgl. hierzu auch TRAPANS, 1982, S. 177) und konnten nur für die (Nah)-Erholung von der dortigen Bevölkerung, vor allem aus den Industriestädten Liepaja und Ventspils, genutzt werden.
[2] Da das Erholungsgebiet im lettischen Nationalpark "Gauja" liegt, wird es in Kap. 9 ausführlich vorgestellt.
[3] Dort wird auch auf die Besonderheiten der Namensgebung eingegangen.
[4] 2.400 EW 1989 (Nar. choz. LatSSR, 1991, S. 43).
[5] BLAUS, 1962; POLTORANOV/SLUCKIJ, 1986, S. 609; SUCHODREV, 1959.

Dies war sicher einer der Hauptgründe, warum der Ausbau von Baldone auch in der Folgezeit weit hinter dem von Kemeri (s. Kap. 7.1) zurück blieb. Daneben wirkte sich vermutlich auch die nicht so attraktive Lage negativ aus.

Dem Kurort wurde zwar in sowjetischer Zeit Republiks-Bedeutung zuerkannt (POLTORANOV/SLUCKIJ, 1986, S. 609), er konnte aber dennoch in den 80er Jahren nicht mehr als ein Gewerkschafts-Sanatorium mit 500 Plätzen aufweisen. Andere Erholungseinrichtungen der Gewerkschaften oder von sonstigen Organisationen fehlen. Baldone wird sicherlich auch in Zukunft im Schatten von Jurmala/Kemeri bleiben.

6.1.2 REGIONALE DIFFERENZIERUNG DER ERHOLUNGSEINRICHTUNGEN

Die Erholungsregion "Groß-Jurmala" nimmt zwar insgesamt eine unangefochtene Spitzenstellung im lettischen Fremdenverkehr ein, doch ist das Konzentrationsphänomen nicht bei allen Einrichtungen gleich stark ausgeprägt. Manche fehlen dort sogar oder sind zumindest nur schwach vertreten. Deswegen soll im folgenden die regionale Differenzierung der einzelnen Erholungseinrichtungen untersucht und Besonderheiten in ihrer Verteilung herausgearbeitet werden.

Sanatorien, Pensionen und Erholungsheime

Sie gehören zu denjenigen Fremdenverkehrseinrichtungen, die sich am stärksten auf "Groß-Jurmala" konzentrieren: 85% der Sanatoriums-Kapazitäten für Erwachsene,[1] 78% der Plätze in Erholungsheimen und alle medizinischen Pensionen Lettlands befinden sich dort (GOSSTROJ, 1988, S. 167, 177f.).
Bemerkenswert ist diese ungleiche Verteilung bei den Erholungsheimen, die ja in ihrer Lage von Heilressourcen unabhängig sind und für die z.B. in den Hügelländern Lettlands gute Voraussetzungen vorhanden wären. Dennoch gibt es in diesen Regionen nur eine Einrichtung der Gewerkschaften (bei Cesis)[2] sowie zwei "betriebliche" Erholungsheime (in der Kurländischen Schweiz).[3]

Prophylaxe-Sanatorien

Wie bereits in Kapitel 3.2.1.2 ausgeführt, liegen Prophylaktorien, welche zwar zu den Kureinrichtungen zu rechnen, in ihrer Verteilung aber nicht an Heilressourcen gebunden sind, meistens am Stadtrand in 30-40 Fußminuten von der Arbeitstelle auf dem Gebiet des Betriebes, dem sie gehören. Diesem allgemeinen Grundsatz entspricht auch ihre Verteilung in Lettland.
1987 wurden 12 Prophylaktorien mit einer ganzjährigen Kapazität von knapp 1.100 Plätzen gezählt, von denen fünf in Riga und je zwei in Daugavpils und Ogre lagen, während sich die anderen auf Jurmala, Valmiera und Cesis verteilten (Tab. 13).
Im allgemeinen wird auf Prophylaktorien in Arbeiten zum sowjetischen Fremdenverkehr nicht näher eingegangen, nur ihre Anzahl und die Gesamtkapazität erscheinen in

[1] Außerhalb Jurmalas gab es nur gewerkschaftseigene, keine "betrieblichen" Sanatorien.
[2] Die Zuordnung ist bei dieser Einrichtung nicht ganz eindeutig: die Hälfte der Plätze scheint Urlaubern offen zu stehen, während der Rest (400 Pl.) für Eltern mit kranken Kindern reserviert ist, also als medizinische Pension - vermutlich in Zusammenhang mit der 1971 erschlossenen Mineralquelle in Cirulīši - genutzt wird (POLTORANOV/SLUCKIJ, 1986, S. 613); in der Aufstellung von Gosstroj, 1988 (s.u.) wird die Einrichtung nur als Erholungsheim geführt.
[3] Vgl. die andersartige Verteilung in Litauen.

den Statistischen Jahrbüchern. Der Grund liegt vermutlich einerseits in den Schwierigkeiten, genauere Daten und Informationen zur Lage, Kapazität oder dem Betreiber der einzelnen Einrichtungen zu bekommen, da eine zentrale - übergeordnete - Institution fehlt. Andererseits liegen Prophylaktorien im allgemeinen ja nicht in Fremdenverkehrsgebieten und werden aus diesem Grund nicht erfaßt. Außerdem gibt es natürlich auch Zuordnungsprobleme, da die Dauer des "Aufenthalts" in ihnen zwar oft 24 Tage beträgt, er aber, weil die Arbeit ja nicht unterbrochen wird, nicht als Urlaub zu werten ist.
Exemplarisch soll an dieser Stelle eine Aufstellung der lettischen Prophylaktorien mit Angaben zu ihren Betreibern, Standorten etc. wiedergegeben werden, wie sie 1988 vom Gosstroj Lettlands zusammengestellt worden ist.[1] In allen Einrichtungen stehen die genannten Kapazitäten ganzjährig zur Verfügung.

Tab. 13: Betreiber und Kapazitäten lettischer Prophylaktorien

Betreiber/Name	Standort	Kapazität (Plätze)	Schichten (pro Jahr)
Lett. Min. f. Leichtindustrie	Riga	150	14
Wagonfabrik Riga	"	100	14,5
Lett. Universität	"	50	"
Pädagogisches Institut Riga	"	50	"
Gewerkschaft der Radioelektro-Ind.	"	100	"
Verkehrsministerium (Abt. Daugavp.)	Daugavp.	50	"
Chemiefaserfabrik v. Daugavpils	" "	100	"
Baltische Eisenbahn (Abt. Riga)	Ogre	130	"
"Neptun"	Ogre	100	"
"Dzintari"	Jurmala	100	"
"Jan'mujža"	Cesis-Rajon	50	12
"Diči"	Valmiera-R.	100	14,5

Quelle: Gosstroj, 1988, S. 175;

Erholungsbasen

Die große räumliche Nähe von dem Hauptballungs- und dem größten Erholungsgebiet in Lettland wirkt sich auch bei der Verteilung der Erholungsbasen aus, obwohl sie etwas günstiger, d.h. gleichmäßiger als beispielsweise die der Sanatorien, ausfällt. Erholungsbasen stellen ja im allgemeinen diejenige Fremdenverkehrseinrichtung dar, die am ehesten zur Entzerrung der Fremdenverkehrsgebiete beitragen kann, da ihre Verteilung sich weniger an Ressourcen und sonstigen natürlichen Voraussetzungen als am Nachfragepotential orientiert. Dies hat sich am Beispiel von Litauen gezeigt. Auch in Lettland folgt die Verteilung der Erholungsbasen den gleichen "Gesetzen".

[1] Arbeitstitel: "*Razrabotat' sistemu rekreacii v LatSSR obespečivajuščuju racional'noe ispol'zovanie i usoveršenstvovanie rekreacionnoj sredy*" (*Ėtap 3: "Schema razvitija rekreacija v LatSSR do 2005"*) "Ausarbeitung eines Fremdenverkehrssystems in Lettland, das eine rationelle Nutzung und Vervollkomnung des Erholungs-Umfelds gewährleistet" (3. Etappe: "Entwicklungsschema für den lettischen Fremdenverkehr bis zum Jahr 2005"); die Arbeit wird im folgenden nur mit "Gosstroj (1988)" zitiert.

Abb. 24: Verteilung der lettischen Sanatorien und Erholungsheime (o. "Groß-Jurmala")

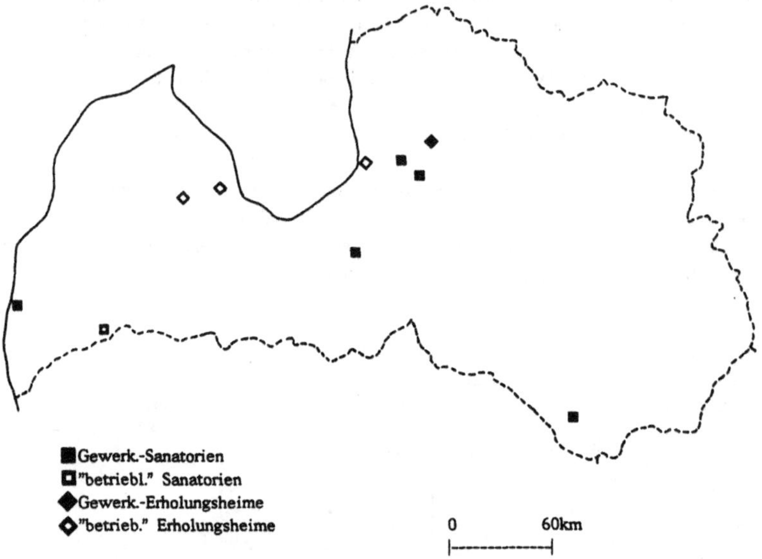

Quelle: POLTORANOV/SLUCKIJ, 1986, S. 609ff; Gosstroj, 1988, S. 167f; E+Z: M. Henningsen

Abb. 25: Regionale Verteilung der Erholungsbasen in Lettland

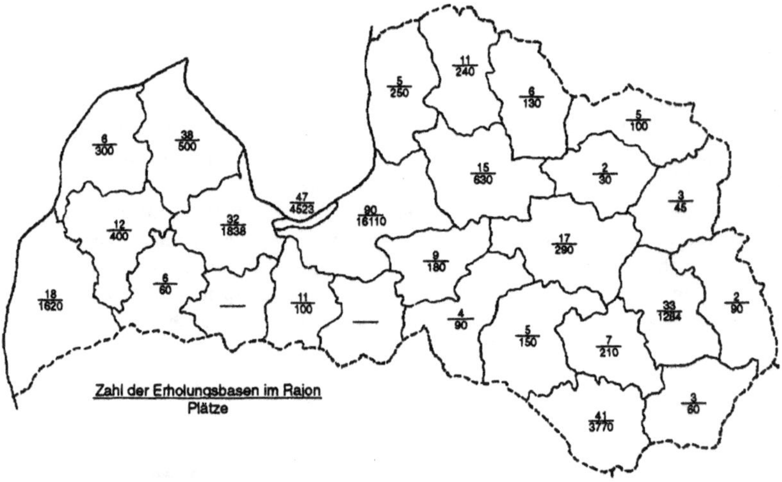

Quelle: Gosstroj, 1988, S. 207;

E: M. Henningsen
Z: M. Jünke

Abb. 25 zeigt, wie sich das Angebot in Rajons mit größeren Städten häuft.[1] Aufgrund der lettischen Siedlungsstruktur bedeutet die Ausrichtung der Basen auf die Umgebung von größeren Städten aber vor allem eine weitere Konzentration auf die Umgebung von Riga, zu der ja auch Jurmala zu rechnen ist.

Die große Popularität, welche die Erholungsbasen seit ihren Anfängen in Lettland - wie allgemein im Baltikum - erfahren haben (vgl. auch Abb. 27-29), hat einerseits dazu geführt, daß die Anlagen mit der Zeit immer besser ausgestattet wurden, während anfangs kleine, armselige Einrichtungen dominierten. Auch für die notwendige Infrastruktur wurde nun zumindest teilweise gesorgt. Dadurch verbesserte sich zwar der Komfort, doch führte es gleichzeitig zu einer zunehmenden Verstädterung der Areale und somit zu stärkeren Eingriffen in die Natur, bzw. zu größeren Belastungen der Umwelt.
Bereits 1972 waren zwar in Lettland vom Gosstroj "Richtlinien für Planung, Bau und Nutzung von Erholungsbasen in der Lettischen SSR" erlassen worden,[2] doch konnten auch sie nicht verhindern, daß die meisten Erholungsbasen nach wie vor von den späteren Betreibern (Fabriken, Behörden, Betriebe und sonstige Institutionen) in Eigeninitiative planlos, oft ohne Berücksichtigung der Rahmenbedingungen, wie z.B. Belastbarkeit der Ökosysteme, bestehende Landschaftsschutzgesetze etc., gebaut wurden.
Eine erwähnenswerte Ausnahme bilden nur die Erholungsbasen der Stadt Rezekne: Ihnen wurde von der Stadtverwaltung am ca. 20 km entfernten Reznas-See eine Fläche übergeben, auf der alle Basen errichtet werden müssen (MELLUMA, 1982, S. 43). Allerdings bleiben auch hier die Pobleme nicht aus, da von dem zugewiesenen Areal (gut 38 ha) für Erholungszwecke nur ca. 16 ha geeignet sind, darunter drei Hektar, auf denen sich alle Gebäude der insgesamt 30 Basen konzentrieren. Entsprechend hoch ist die Belastung für diese Teilstücke, es kommt zu einer Konzentration von durchschnittlich 40 Hütten bzw. 132 Plätzen pro Hektar.
Diese Werte liegen bereits deutlich über den Normen, die in den oben erwähnten Richtlinien für den Flächenbedarf von Erholungsbasen gegeben wurden: 80-100 Plätze/ha (bzw. 100-125m² pro Erholungssuchenden).[3] Nach MELLUMA (1982) sind jedoch auch 100 Plätze/ha schon zu viel, vor allem da oft eine elementarste Ausstattung der Basen (sanitäre Anlagen, Wege, etc.) fehlt, wodurch die Natur noch stärker geschädigt wird.
Eine Untersuchung der 80 Erholungsbasen im Rigaer Rajon Anfang der 80er Jahre hat ergeben, daß über 50% noch weniger Fläche pro Erholungssuchenden boten, 18% entsprachen der offiziellen Norm und nur 28% konnten bessere Verhältnisse vorweisen: Nur 22 Erholungsbasen entsprachen also den Anforderungen von MELLUMA und seinen Mitarbeitern. In einigen Basen in der Umgebung von Riga kommt es dagegen zu Spitzenbelastungen von bis zu 400-500 Plätzen pro Hektar (MELLUMA, 1982, S. 43).

Abb. 25 zeigt außerdem, daß im allgemeinen die größeren Erholungsbasen in denjenigen Rajons zu finden sind, die auch insgesamt die größten Kapazitäten in diesem Sektor aufweisen. So beträgt die durchschnittliche Kapazität z.B. im Rigaer-Rajon

---

[1] Ausnahme Ventspils, dort sind, wahrscheinlich im Zusammenhang mit dem militärischen Sperrgebiet, wenig Basen verzeichnet.
[2] 1980 leicht verändert (MELLUMA, 1982, S. 43).
[3] Die Möglichkeiten dieses Areals waren also schon Anfang der 80er Jahre erschöpft (vgl. MELLUMA, 1982, S. 44).

(Gesamtkapazität: 16.110 Pl.) 160, in Jurmala (7.500 Pl.) 92, im Aluksne-Rajon (100 Pl.) dagegen nur 20 oder im Salduski-Rajon (60 Pl.) 10 Plätze.

Touristische Einrichtungen

Die Verteilung der Touristenunterkünfte auf die Republik ist relativ günstig: "Nur" zwei Turbasen und ein Hotel liegen an der Rigaer Bucht,[1] die restlichen verteilen sich - mit Ausnahme des Touristenhotels von Ventspils (s.u.) - im Landesinneren auf Regionen, die mit ihrem hügeligen Relief und den Flüssen bzw. Seen über gute naturräumliche Voraussetzungen für aktive Erholung (Wanderungen oder Wassersport) verfügen: Dies sind die Turbasen Kandava in der "Kurländischen" und Sigulda in der "Livländischen Schweiz" sowie Sauleskalns und Ezernieki, welche im Lettgallischen Hochland, den lettischen Ausläufern des Baltischen Höhenrückens, liegen (Abb. 26).[2]

Abb. 26: Verteilung der Touristenrouten und Touristenunterkünfte in Lettland

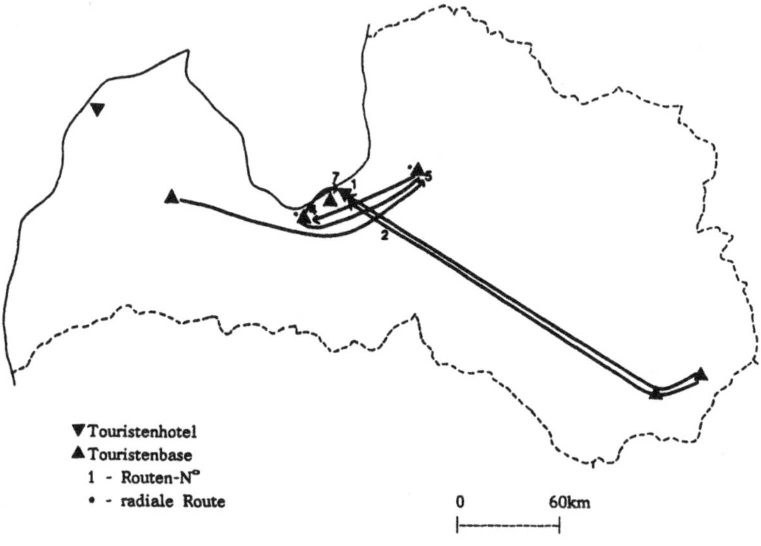

Quelle: Perečen'.., 1985; Tur. maršruty, 1990, S. 131f.; E+Z: M. Henningsen

Diese vier Einrichtungen tragen allerdings weniger zu einer Entlastung des Haupterholungsgebietes an der Rigaer Bucht bei als ihr Anteil an den Kapazitäten annehmen läßt. Abb. 26 zeigt, daß nicht alle Einrichtungen gleichmäßig in den organisierten Tourismus eingebunden werden: Von zehn Routen, die 1990 angeboten wurden, führ-

[1] Turbasen in Vaivari und Riga; Turhotel "Turist" in Riga (s. Tab. 15).

[2] Die Bezeichnung "Schweiz" bezieht sich nicht auf die - zumindest für lettische/baltische Verhältnisse - großen Höhen, sondern auf den besonderen landschaftlichen Reiz der jeweiligen Region; deswegen ist mit der "Livländischen (bzw. Lettischen) Schweiz" auch nicht die "Zentrallivländische Erhebung", sondern das im Bereich Cesis-Sigulda besonders tief eingeschnittene Gaujatal gemeint (vgl. Kap. 9).

ten acht nach Riga und/oder Jurmala. Nur die Turbase von Sigulda ist auch noch das Ziel einer größeren Zahl von Routen (Tab. 15). Das 1972 eröffnete Touristenhotel in Ventspils - es hat nur 33 Plätze - wird gar nicht in die Routen einbezogen.[1] Insgesamt findet also keine Entzerrung, sondern vielmehr eine weitere Konzentration auf die Küste statt. Die Gesamtgästezahlen (zu denen neben den Teilnehmern der Touristenrouten auch die "selbständigen" Touristen zu zählen sind) bestätigen diese Tendenz: Auf die Einrichtungen an der Rigaer Bucht entfielen in den 80er Jahren gut 50 % der Gäste (Turhotel in Riga allein ca. 30%), obwohl sich hier "nur" ein Drittel der Kapazitäten befindet (ŠVEDE, 1987, S. 23; PIPIKA, 1989, S. 67).

Campingplätze
Wie der litauische Gewerkschaftsrat für Tourismus und Ausflugswesen verfügte auch der lettische nicht über Campingplätze. Die ca. 16 Anlagen mit einer Gesamtkapazität von etwas über 1.600 Übernachtungsplätzen, welche in den 80er Jahren gezählt wurden,[2] unterstanden dem Ministerium für Dienstleistungen (*Ministerstvo bytovogo obsluživanija*) bzw. den Gemeinden. Ihre jeweilige Kapazität ist sehr unterschiedlich, sie reicht von nur 10 Plätzen auf dem Campingplatz bei Rezekne bis zu 300 Plätzen in Saulkrasti (Tab. 14).

Tab. 14: Lage und Kapazität der lettischen Campingplätze

Name	Ort/Rajon	Kapazität
Saulkrasti	Saulkrasti	300 Plätze
Jurmala	Dzintari	200 "
Lielvarde	Lielvarde	176 "
Stropi	Daugavpils	150 "
Ungura	Cesis-Rajon	125 "
Begri	Riga	100 "
Vitrupe	Limbaži-R.	100 "
Engure	Tukums-R.	100 "
Aglona	Preili-R.	90 "
Vasari	Kuldigas-R.	80 "
Skriveri	Aizkraukles-R.	73 "
Jaunaluksne	Aluksnes-R.	64 "
Cirma	Ludzas-R.	52 "
Kraslava	Kraslavas-R.	40 "
Saldu	Saldus-R.	40 "
Gaujasliči	Valmieras-R.	40 "
Razna	Rezeknes-R.	10 "

Quelle: Gosstroj, 1988, S. 204/205;

[1] Dieses Hotel taucht auch nicht in Untersuchungen zum Angebot des lettischen Tourismus-Rats (PIPIKA, 1989; ŠVEDE, 1987) auf; es ist anzunehmen, daß es, ähnlich wie das Turhotel in Panevežys (Litauen), für Touristen zu unattraktiv liegt, und deswegen an andere Organisationen vermietet wurde.
[2] Gosstroj, 1988, S. 203; MELLUMA (1982, S. 50) nennt für Anfang der 80er Jahre 20 Plätze.

Traditionell sind die Campingplätze der ehemaligen Sowjetunion in ihrem Erscheinungsbild und dem gebotenen Komfort den Erholungsbasen sehr ähnlich:[1] Auch sie bieten den Urlaubern vor allem kleine, oft eng beieinander stehende, "saisonale" Holzhütten. Erst in den letzten zehn Jahren wurde in Lettland begonnen, auch andere Formen zu entwickeln: zum einen komfortablere Anlagen, die eher in Richtung von Motels gehen, und zum anderen (noch) einfachere, auf die - im Gegensatz zur bisher gültigen Regel - auch Zelte mitgebracht und aufgestellt werden können und die somit eher den westlichen Vorstellungen von Campingplätzen entsprächen (MELLUMA, 1982, S. 50).
Anscheinend wurde die erste Variante bisher wenig realisiert, jedenfalls wird in dem Bericht vom Gosstroj das sehr niedrige Niveau aller Campingplätze kritisiert, das unter anderem zu großen Schäden für die Natur und Landschaft führt (Gosstroj, 1988, S. 203).

Die Bereitstellung von Stellflächen für mitgebrachte Zelte erscheint im Prinzip, solange es nicht mit einer noch weiteren Absenkung des Niveaus und völligem Verzicht auf infrastrukturelle bzw. sanitäre Einrichtungen verbunden ist, eine gute Lösung zu sein. Auf diese Weise könnten mit relativ geringen Investitionen die Kapazitäten beträchtlich erweitert und diese neuen Plätze vorwiegend für nicht-organisierte Urlauber bereitgehalten werden, welche bisher oft auf Campingplätzen - meist rein aus Prinzip und nicht unbedingt wegen Auslastung der Kapazitäten - abgewiesen wurden. Dadurch könnte auch in Zukunft der Mißbrauch bzw. die Umfunktionierung normaler Parkplätze durch Camper für ihre Zwecke reduziert werden.
Die Erweiterung der Campingplätze bietet außerdem die Möglichkeit, mit relativ geringem finanziellen und organisatorischen Aufwand das Fremdenverkehrsangebot gerade auch für westliche Touristen zu erweitern, welche sich in Zukunft immer weniger nur auf die wichtigsten Attraktionspunkte[2] beschränken werden wollen. Hierfür stellt das Verteilungsmuster der lettischen Campingplätze entlang der Verkehrsverbindungen zwischen den wichtigsten Fremdenverkehrszentren[3] eine erste und ausbaufähige Ausgangsbasis dar.

Gartenkooperativen

1988 waren in Lettland knapp 80.000 Gartenkooperativen mit einer Gesamtfläche von 7.900 ha registriert. Da die Grundstücke jeweils von mehreren Familienmitgliedern genutzt werden können, wird bei der Berechnung ihrer Auslastung ein sogenannter Familien-Koeffizient von 3,7 zu Grunde gelegt. Danach wurde für Ende der 80er Jahre eine Kapazität von fast 300.000 Menschen für die Gartenkooperativen veranschlagt. Das sind mehr als bei jeder anderen Erholungsart Lettlands (Gosstroj, 1988, S. 216; LARS, 1989, S. 37). Allerdings ist dieser Wert praktisch auch gleichbedeutend mit der Gesamtzahl der Erholungssuchenden, die während eines ganzen Jahres Gartenkooperativen nutzen, da dort ja - im Gegensatz zu Erholungsheimen, Sanatorien, aber auch zu Erholungsbasen oder sogar zu den lettischen Datschas (s.u.) - eine mehrfache Belegung im Laufe einer Saison nicht möglich ist.

---

[1] Im Gegensatz zu diesen sind sie aber nicht nur für die jeweiligen Betriebsangehörigen, sondern allgemein zugänglich.
[2] Nur dort, d.h. in Riga und Umgebung, bestanden bisher Übernachtungsmöglichkeiten.
[3] Riga-Cesis-Valmiera; Riga-Tallinn; Riga-Daugavpils.

Aufgrund ihrer Aufgaben für die Nah- bzw. Kurzzeiterholung und für die Versorgung mit Lebensmitteln konzentrieren sich Gartenkooperativen - noch stärker als Erholungsbasen - in der unmittelbaren Nähe von Städten. Dort konzentrieren sich 75%, um Riga allein 40% der Kapazitäten (Gosstroj, 1988, S. 216).

Der Großteil der Anlagen entstand Mitte der 60er Jahre, als eine Alternative zu den Datschas, welche als zu elitär angesehen wurden, geschaffen werden sollte (Gosstroj, 1988, S. 216). Vor allem im 11. Planjahrfünft wurden die Flächen dann noch einmal stark erweitert. Dies führte aber neben der Zersiedelung weiter Landstriche[1] auch zu immer größeren Entfernungen der Gärten von den Wohnorten:[2] Von Riga aus waren Ende der 80er Jahre bereits bis zu 70 km zurückzulegen, so daß die Naherholungsfunktion eigentlich nicht mehr erfüllt werden kann.

Laut den Planungsvorgaben von LARS[3] soll das Entwicklungstempo der Gartenkooperativen denn auch in Zukunft gesenkt werden, da zum einen ein "Mangel an geeignetem Land bestehe und gleichzeitig ein hoher Versorgungsgrad erreicht sei" (LARS, 1989, S. 39). Allerdings ist anzunehmen, daß diese Planung revidiert wird, da angesichts der stark gestiegenen Preise (allgemein und auch speziell im Fremdenverkehrsbereich) der Bedarf nach dieser relativ billigen (und leicht zu organisierenden) Erholungsform steigen wird, zumal sie ja auch gleichzeitig zur besseren Versorgung der Bevölkerung mit Nahrungsmitteln beitragen kann (und soll).

Datschas

Die Datschas zählen zu den Beherbergungsformen, die in Lettland fast ausschließlich an der Rigaer Bucht zu finden sind. Besonders für Jurmala, wo ca. 80% der Kapazitäten (30.000 Plätze) konzentriert sind, stellen sie eine typische Besonderheit dar, die auf eine lange Tradtition zurückblicken kann (Gosstroj, 1988, S. 213). Deshalb wird in dem Kapitel über Jurmala ausführlicher auf sie eingegangen werden (s. Kap. 7.3).

Die restlichen Datschas liegen an der Bucht im nordöstlich an Riga anschließenden Küstenabschnitt. Einen Schwerpunkt bildet hier traditionell die Gegend um Saulkrasti,[4] wo nur wenig später als am Rigaer Strand (bzw. als in Dubulti, s. Kap. 7) die ersten Sommerhäuser errichtet worden waren. Im Vergleich zu Jurmala wurde Saulkrasti aber nicht so bekannt, weshalb hier die Datschas[5] fast alle privat und vorwiegend an die Bevölkerung Lettlands vermietet werden (vgl. Jurmala).

[1] Diese sind damit auch für Erholungszwecke oder andere Nutzung nicht mehr allgemein zugänglich (vgl. MELLUMA, 1982, S. 96).

[2] Die Ausdehnung folgt im allgemeinen den Eisenbahnlininen.

[3] Zu den Aufgaben und Zielen von LARS (*Latvijas apvienota rekreacijas sistema* - "Lettisches Fremdenverkehrs-Verbundsystem") s. Kap. 7).

[4] 1823 unter dem Namen Neubad gegründet (Baltisches Historisches Ortslexikon, 1990).

[5] Ende der 80er Jahre standen ca. 1200 Datschen mit etwa 4.500 Plätzen zur Verfügung.

6.2 Entwicklung des lettischen Fremdenverkehrs (1970-1990)

6.2.1 ENTWICKLUNG DES ANGEBOTS

Die Entwicklung des Angebots weist in Lettland im Vergleich zu den Nachbarrepubliken bei den Erholungsbasen und im Tourismus-Sektor Abweichungen auf.

Anfang der 80er Jahre war bei den Erholungsbasen eine sprunghafte Zunahme besonders der Einrichtungen zu verzeichnen (Abb. 28), die bei den anderen Republiken keine Entsprechung findet. Zwar relativieren sich die hohen Zuwachsraten etwas vor dem Hintergrund der sehr niedrigen Ausgangsbasis (1970: 179, Litauen 724 Einrichtungen). Auch soll den lettischen Erholungsbasen ihre wichtige Rolle für den Fremdenverkehr der Republik keineswegs abgesprochen werden (vgl. Abb. 29), doch ist eine Steigerung um 90% (bzw. um fast 20.000 Plätze) bei den Kapazitäten oder gar 240% bei den Einrichtungen in nur drei Jahren (1981-84) sehr unwahrscheinlich. Dagegen spricht auch, daß nach 1988 die Werte genauso abrupt wieder (auf das Niveau der 70er Jahre) abfielen (Abb. 29).
In Wirklichkeit handelt es sich hier um eine Änderung im Erfassungsmodus. Lettische Geographen äußerten in Diskussionen zu diesem Thema die Vermutung, daß in den statistischen Jahrbüchern Anfang der 80er Jahre unter die Rubrik Erholungsbasen auch ergänzende, saisonale Beherbergungsangebote in Schulen etc., welche in anderen Republiken zum Tourismus-Sektor gerechnet wurden, aber auch Freizeit-Einrichtungen wie Grill-, Bade- und Spielplätze miteinbezogen wurden. Letzteres würde vor allem die wesentlich stärkere Zunahme der Einrichtungszahlen als der Übernachtungs-Kapazitäten erklären.[1]

Eine endgültige Klärung dieser Fragen ist nicht möglich. In einem internen Bericht des Gosstroj Lettlands, welcher 1988 in Zusammenarbeit mit dem lettischen Forschungsinstitut für Bauwesen erstellt worden ist (s.o.), wurden für 1987 jedenfalls nur etwas mehr als 400 Erholungsbasen genannt (S. 207),[2] während bei den Kapazitäts-Angaben die Unterschiede wesentlich geringer sind (36.000 vs. 40.400 Plätze).
Die deutliche Abnahme der Einrichtungszahlen seit 1988 läßt auf eine Berichtigung der Zahlen schließen. Ein weiterer Grund ist in der Schließung von Erholungsbasen als Folge der sich verändernden wirtschaftlichen und politischen Lage zu sehen: Zum einen begannen erste allgemeine Umstrukturierungen im Fremdenverkehrssektor, unter anderem wurden Erholungseinrichtungen der KPdSU und anderer zentraler Organisationen den jeweiligen Republiken übergeben, welchen aber oft die Konzepte und Mittel für die Aufrechterhaltung der bisherigen Nutzung fehlen.[3]
Zum anderen haben gerade finanzielle bzw. wirtschaftliche Probleme auch zur Schließung "rein" lettischer, bzw. normaler (d.h. nicht für Kader etc. reservierter Spezial-) Erholungseinrichtungen geführt (s.u.).

---

[1] Möglich wäre auch, daß eine Zählung aller Gebäude stattfand, was jedoch ebenfalls nicht sinnvoll wäre.
[2] Gegenüber mehr als 1.000 Erholungsbasen in Nar. choz. LatSSR (1988, S. 138); auf diese Diskrepanz wird in dem Bericht von Gosstroj jedoch nicht eingegangen.
[3] Lettland, wo es besonders viele derartige Erholungseinrichtungen gegeben hatte (vgl. Kap. 7), war hiervon stärker betroffen als Estland oder Litauen: der Anteil der lettischen Einrichtungen an den Kapazitäten baltischer Erholungsbasen hat dementsprechend abgenommen: von 48% (1970), 46% (1985) auf 29% (1990), vgl. Kap. 8.2.3.

Dieser Trend, der 1989 zum Teil auch in den anderen baltischen Republiken zu beobachten war, betrifft - wenngleich in schwächerem Maße - ebenfalls die anderen Fremdenverkehrsarten.[1] 1990 schien sich die Lage etwas zu stabilisieren, doch ist davon auszugehen, daß sich im Zusammenhang mit der Wiedererlangung der Selbständigkeit der Rückgang erneut verstärkte.

Bei den touristischen Einrichtungen war ein im Vergleich zu den Nachbarrepubliken auffallend langsamer Anstieg der Kapazitäten zu verzeichnen (Abb. 28). Dem entspricht auch Ende der 80er Jahre - laut den Angaben im Statistischen Jahrbuch - ein deutlich geringeres Bettenangebot als z.B. in Litauen (Lettland (1990): 4.400, Litauen: 9.500 Plätze). Dieses Bild wird jedoch bei der Betrachtung der gewerkschaftseigenen Touristenunterkünfte,[2] wo die Differenz deutlich kleiner ausfällt (Lettland (1985): 2.442, Litauen 3.156 Plätze),[3] relativiert. In Lettland gibt es also nicht wirklich wesentlich geringere Kapazitäten in touristischen Einrichtungen, der Erfassung lagen nur unterschiedliche Kriterien zugrunde (vgl. Kap. 5.2.1).

Abb. 29 verdeutlicht noch einmal, wie unterschiedlich teilweise die Entwicklung der Fremdenverkehrseinrichtungen und ihrer Kapazitäten verlief: Während sich die Gewichtung der verschiedenen Fremdenverkehrsarten bei den Einrichtungen deutlich änderte (der Anteil der Erholungsbasen nahm deutlich zu, der der Sanatorien etc. sank stark ab), haben sich beim Bettenangebot - trotz der ebenfalls sehr unterschiedlichen (prozentualen) Entwicklung - keine größeren Verschiebungen vollzogen. Zwar stieg der Anteil der Kapazitäten in touristischen Einrichtungen etwas an, tragende Säulen blieben aber die Erholungsbasen (1990: 45% der Kapazitäten, 1970: 49%) und die Sanatorien (29%), deren Kapazitäten - im Gegensatz zu den anderen baltischen Republiken und auch zur allgemeinen Entwicklung in der Sowjetunion - ihre Position im Fremdenverkehr Lettlands seit 1970 behaupten (und sogar geringfügig ausbauen) konnten.[4]
Dementsprechend blieb auch die Stellung der lettischen Sanatorien und medizinischen Pensionen innerhalb des Baltikums unangefochten: Sie stellten 1989 52% der Kapazitäten (1970: 49,5% - vgl. Kap. 8.2.3). Beachtenswert ist dabei, daß der Anteil der lettischen Sanatorien an denen des Baltikums ebenfalls anstieg, obwohl dieser einrichtungstyp innerhalb des lettischen Fremdenverkehrs ja deutlich an Gewicht verlor (s. Abb. 29).

Die Entwicklung in den Bereichen Prophylaxe-Sanatorien, Erholungsheime und Tourismus entsprach in etwa dem allgemeinen sowjetischen Trend (vgl. hierzu Abb. 7, 8).

---

[1] Am ausgeprägtesten war er überall bei den Erholungsbasen.
[2] Nur diese wurden für Touristen konzipiert und gebaut; sie sind auch von ihrem Angebot her besser auf deren Bedürnisse ausgerichtet.
[3] Perečen'.., 1985; in Nar. choz. SSSR (1986, S. 455) werden für das gleiche Jahr 3.900 (Lettland) bzw. 6.400 Betten angegeben.
[4] Vgl. Litauen: 22,3 % (1970) - 12,3% (1989); Estland 31,2% - 17,5%; SU-Durchschnitt: 55,7% - 23,9% (Nar. choz. SSSR, 1990, S. 238/39).

Abb. 27: Entwicklung des lettischen Fremdenverkehrs (1970–1990)

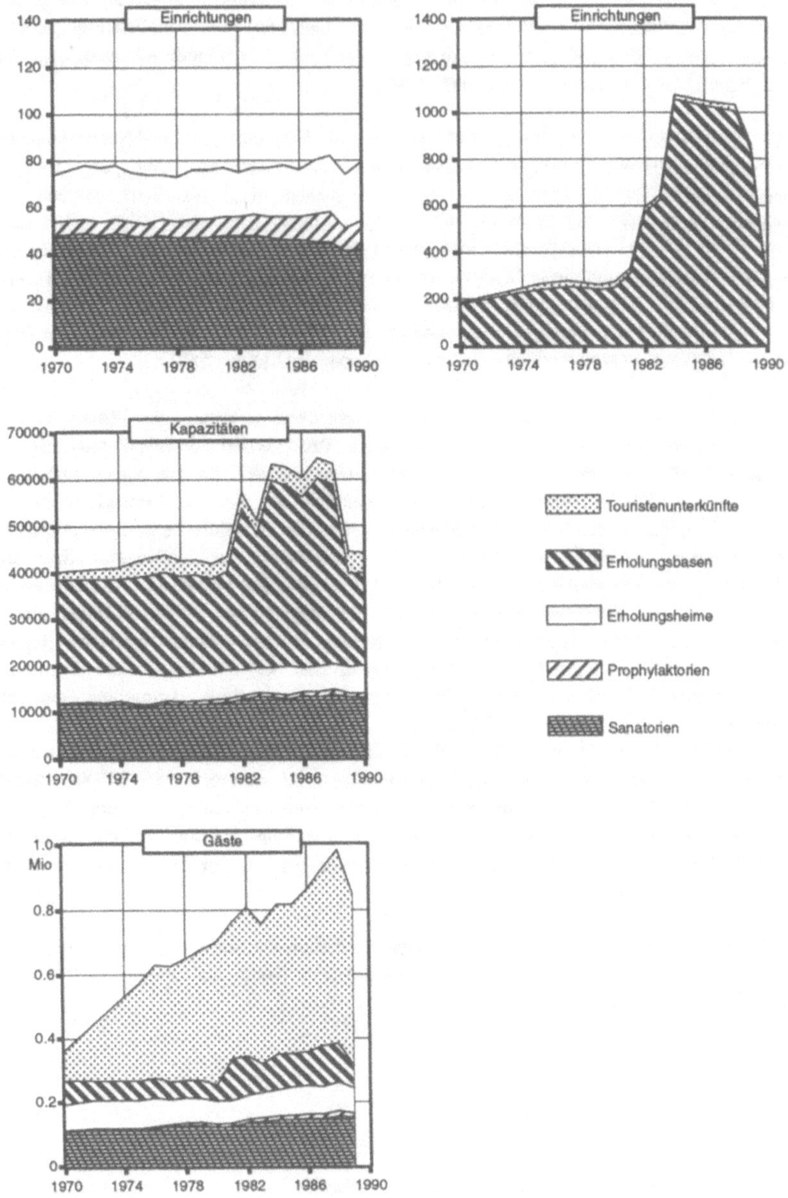

Quelle: Nar. choz. SSSR v 1970g., 1971 u. Folgebände; Ochrana zdorov'ja v SSSR, 1990, S.213; Nar. choz. LatSSR v 1970g., 1971 u. Folgebände;

Abb. 28: Entwicklung der einzelnen Beherbergungseinrichtungen in Lettland

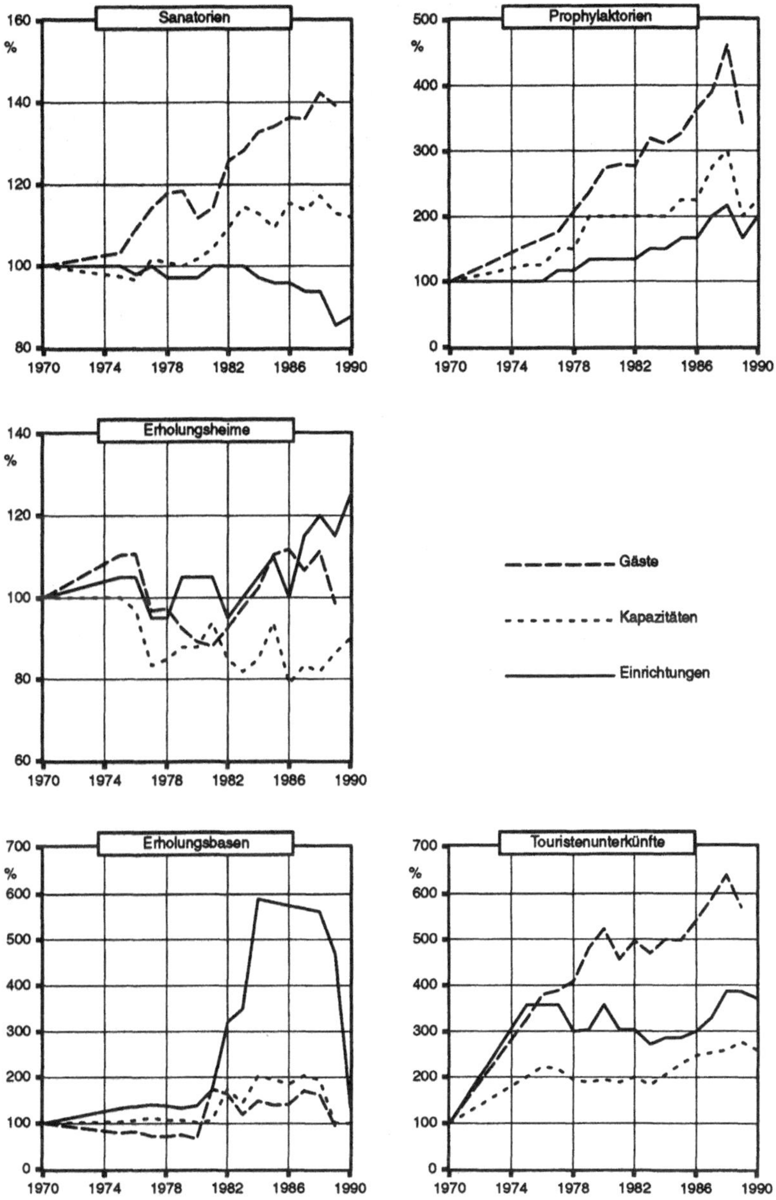

Quelle: Nar. choz. SSSR v 1970g., 1971 u. Folgebände; Ochrana zdorov'ja v SSSR, 1990, S.213; Nar. choz. LatSSR v 1970g., 1971 u. Folgebände;

Abb. 29: Anteile der Beherbergungseinrichtungen in Lettland bei Angebot und Nachfrage

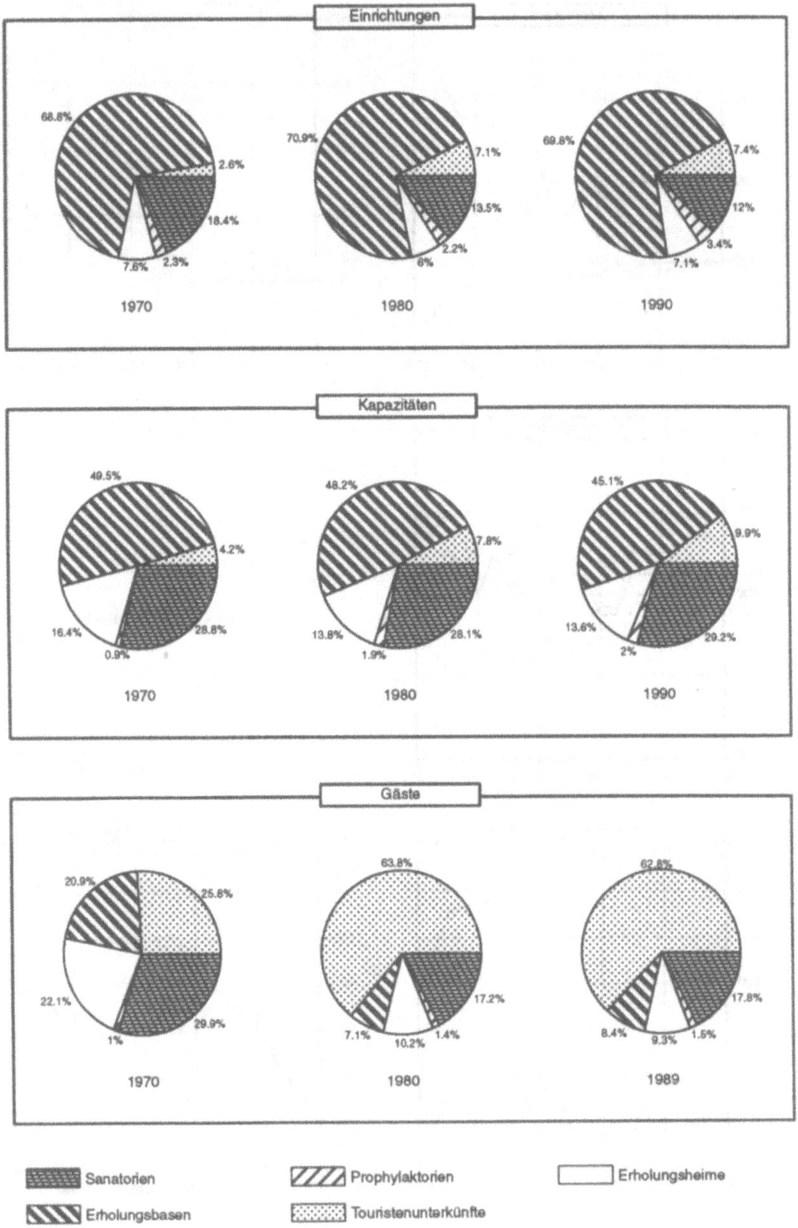

Quelle: Nar. choz. SSSR v 1970g., 1971 u. Folgebände; Ochrana zdorov'ja v SSSR, 1990, S.213; Nar. choz. LatSSR v 1970g., 1971 u. Folgebände;

Tourismus-Sektor

Vom Lettischen Gewerkschaftsrat für Tourismus und Ausflugswesen wurden in den 80er Jahren sechs Turbasen und zwei touristische Hotels betrieben, in denen etwa 2.700 Plätze zur Verfügung standen. Die Einrichtungen (mit Kapazitäten von 140 bis 450 Plätzen, s. Tab. 15) sind jedoch verhältnismäßig alt, die jüngsten wurden bereits in der ersten Hälfte der 70er Jahre eröffnet. Im Gegensatz zu den Nachbarrepubliken, wo auch in den 80er Jahren noch touristische Einrichtungen entstanden, fehlt in Lettland diese dritte Phase (vgl. Kap. 5.2.1). Es wurden auch keine Erweiterungen der bestehenden Einrichtungen vorgenommen.[1]

Tab. 15: Touristenrouten und Touristenunterkünfte in Lettland

Einrichtung	Routen-Nr.										Auf.haltsdauer
	1	2	3	4	5	6	7	8	9	10	(Durchschnitt)
Turbasen											
- **Ezernieki** (1972; 426 Pl.)	5	5									5 Tage
- **Kandava** (1958; 180 Pl.)					8	8					8 Tage
- **Riga** (1964; 140 Pl.)											-
- **Sauleskalns** (1973; 452 Pl.)	5	5									5 Tage
- **Sigulda** (1955; 300 Pl.)				8	8		4	10			7,5 Tage
- **Vaivari** (1964; 250 Pl.)			16	8		8	8				10 Tage
Turhotels											
- **"Turist" (Riga)** (1974; 454 Pl.)	5	5					4		5[x]	3[x]	5,4 Tage
- **Ventspils** (1972; 33 Pl.)											-
Transportmittel	A	A	R	A	A	A	A	R	A	A,B	
aktive Erholung	W,S	W,B		SB	B	B,F		B			
Saison	Ns	So	So	gj.	So	So	Ns	So	gj.	gj.	

Zeichenerklärung:

A - lineare Route mit dem Autobus
E - " " " der Eisenbahn
R - radiale Route

B - Bootfahren
F - Fahrrad
W - Wandern

Ns - Nebensaison
So - Sommer
gj - ganzjährig

[x] - überregionale Route

Quelle: Perečen'.., 1985; Tur. maršruty, 1990, S. 131f.;

[1] In "Perečen'.. (1985) wird zwar die Kapazität der Turbase in Vaivari (Jurmala) mit 663 Plätzen angegeben (Tur. učrež. prof., 1983: 250 Pl.), doch handelt es sich hier nicht um eine Erweiterung, sondern nur um die Einbeziehung von Sommerhotels und anderen angemieteten Einrichtungen; im Gegenteil: die Turbase von Vaivari wurde 1985 teilweise zwecks Renovierung geschlossen (vgl. Kap. 7.3.2).

Der Umfang des Angebots an Pauschalreisen unterlag mehreren Veränderungen und ist in seiner Entwicklung mit dem von Litauen vergleichbar: Für die Zeit von 1975 bis 1987 kann eine deutliche Steigerung des Angebots an lokalen Routen, allerdings auf Kosten der nationalen,[1] festgestellt werden. Das Angebot für 1990 läßt sich ja wegen der Umstrukturierungen (vgl. Litauen) nicht direkt mit früheren vergleichen, insgesamt ist aber eine Reduzierung zu verzeichnen: Es wurden nur noch zehn Routen angeboten.

Groß ist in Lettland das Angebot an Pauschalreisen mit Sportprogramm (aktive Erholung): Sechs der zehn Routen bieten vorwiegend Wassersport (Kanu, Bootfahren), teilweise auch Wanderungen und andere Aktivitäten an (Tab. 15). Der Anteil von radialen Routen ist dagegen in Lettland sehr klein: Während sie in Litauen die Hälfte und in Estland sogar über 50% des Angebots ausmachen, gibt es in Lettland nur zwei radiale Routen. Allerdings ist die Aufenthaltsdauer in den einzelnen Einrichtungen auch bei den linearen Routen mit jeweils bis zu acht Tagen relativ hoch.
Die Saisonalität ist weniger stark ausgeprägt als beim Routenangebot in den Nachbarrepubliken (Tab. 15). Hinweise über die Möglichkeit für Familien, an den Routen teilzunehmen, fehlen 1990 ganz. 1987 waren jedoch zumindest für die Turbasen Ezernieki und Sauleskalns Kinder ab 7 Jahren zugelassen. Es ist nicht anzunehmen, daß sich das grundlegend geändert hat, vielmehr wurden vermutlich die entsprechenden Vermerke 1990 weggelassen.

6.2.2 ENTWICKLUNG DER GÄSTEZAHLEN

Aus Abb. 27 und 28 sind neben der Entwicklung des Angebots auch Angaben zu den Gästezahlen in den verschiedenen Fremdenverkehrsarten zu entnehmen.
Auffallend ist dabei vor allem die Entwicklungskurve bei den Erholungsbasen, die, nachdem sie in den 70er Jahren zunächst ständig gefallen war, plötzlich nach oben schnellte. Erstaunlich ist daran - abgesehen vom Umfang der Steigerung[2] - der Zeitpunkt: Er fiel nicht mit der starken Zunahme der Kapazitäten zusammen (s.o.), bzw. folgte ihr nicht (wie es vielleicht zu erwarten gewesen wäre), sondern antizipierte sie gewissermaßen. Im gleichen Zeitraum war das Angebot der Erholungsbasen noch praktisch unverändert geblieben (20.200 bzw. 21.100 Plätze). Dies macht eine derartige, plötzliche Steigerung der Gästezahlen sehr unwahrscheinlich, und auch die Tatsache, daß die Werte bereits 1983 wieder auf 90.000 Gäste sinken, legt den Schluß nahe, daß es sich nur um eine (vorübergehende) Änderung des Zählmodus handelte.

Festzuhalten bleibt, daß die lettischen Erholungsbasen stets relativ wenig Gäste verzeichneten, was sich auch an ihrem geringen Anteil innerhalb des Baltikums bemerkbar macht, der zu keinem Zeitpunkt dem Gewicht des Angebots entsprach (1970: 43% der Kapazität - 28% der Gäste; 1980: 34,8% - 15,7%; 1989: 29,3% - 18,3). Diese niedrigen Gästezahlen könnten natürlich für eine schlechte Auslastung lettischer Erholungsbasen sprechen, doch ist angesichts sowjetischer Fremdenverkehrs-Statistiken

---

[1] 1975: 14 nationale Routen (von 18 im Baltikum), 1976: 12 (von 16), 1987: 5 (von 11) (Tur. maršruty 1975, 1976, 1987).

[2] Laut Nar. choz. LatSSR (1982, S. 274) sollen sich die Gästezahlen innerhalb nur eines Jahres fast verdreifacht haben (1980: 50.200 - 1981: 131.600 Gäste).

eine andere Interpretation wahrscheinlicher: Lettische Basen zeichnen sich - z.B. im Vergleich zu den litauischen - durch eine höhere durchschnittliche Aufenthaltsdauer aus.[1]
Entsprechend niedriger ist auch der Anteil der Erholungsbasen an den Gästen im lettischen Fremdenverkehr. Sowohl in Litauen, als auch in Estland (wenn auch schwächer) nehmen diese den zweiten Platz hinter den überall deutlich dominierenden Touristen ein. In Lettland aber lagen sie 1989 nur auf dem vorletzten Platz (Abb. 29). Zum Teil hängt das natürlich auch mit der vergleichsweise großen Zahl der Sanatoriums-Gäste zusammen, deren Anteil 1989 fast 18% betrug (Litauen 10,9%, Estland 8,6%!). Im regionalen Vergleich spielen sie ebenfalls eine dominierende Rolle, auch wenn der Anteil mit 47% etwas geringer als bei den Einrichtungen und den Kapazitäten ausfällt.

Der Tourismus-Bereich ist auch in Lettland derjenige Fremdenverkehrssektor, in dem die stärksten Zunahmen zu verzeichnen waren (Abb. 28) Obwohl sie schwächer ausfiel als in den Nachbarrepubliken (nicht nur wegen der höheren Ausgangsbasis 1970, auch absolut), konnte der Anteil der Touristen von 26% (1970) auf über 60% (1989) gesteigert werden (Abb. 29). Er lag 1989 somit sogar zehn Prozentpunkte höher als in Litauen, wo der Wert durch die besonders große Zahl von Urlaubern in den Erholungsbasen gedrückt wurde.

6.2.3 UMFRAGEN ZUR KURZ- UND LANGZEITERHOLUNG

Umfragen zum Fremdenverkehr sind zwar auch in Lettland nicht durch einen großen Umfang oder durch besondere Aktualität gekennzeichnet. Aufgrund ihrer relativ detaillierten Fragestellungen veranschaulichen sie jedoch gut die Notwendigkeit für Differenzierungen, wie sie bei Untersuchungen des Urlaubs- bzw. allgemein des Freizeitverhaltens vorgenommen werden müßten.
Eine Ermittlung der "Durchschnittswünsche" und Verhaltensmuster der (Republiks-)Bevölkerung (s. Litauen) hat nur einen begrenzten Informationswert. Am Beispiel der Befragungen, welche in der zweiten Hälfte der 70er Jahre in verschiedenen Städten Lettlands durchgeführt wurden,[2] wird deutlich, wie sehr das Freizeitverhalten im Urlaub und am Wochenende von Faktoren wie z.B. Größe und Struktur des Wohnorts, Alter der Befragten oder dem Ziel abhängig sind (Tab. 16, 17).[3]
Der Anteil derjenigen, die zu Hause bleiben, ist in einer Großstadt wie Riga wesentlich geringer als in Kleinstädten, wobei die Unterschiede bei der Langzeiterholung besonders groß sind (Tab. 16).

---

[1] Da die sowjetische Fremdenverkehrs-Statistik ja die Gäste und nicht die Übernachtungen zählt (vgl. Kap. 3.3.2), wirkt sich die Aufenthaltsdauer aus; diese läßt sich aber bei Erholungsbasen - im Unterschied z.B. zu Sanatorien - von den Betrieben bestimmen.

[2] Die zwei Umfragen (1974/75 unter (1.249) Industriearbeitern in Ventspils, Rezekne, Daugavpils und Liepaja; 1978 (2.337 Befragte) in den zufällig ausgewählten Städten Riga, Cesis, Kuldiga und Rezekne) wurden jeweils vom "Laboratorium für Naturschutz des wissenschaftlichen Forschungsinstituts für forstwirtschaftliche Probleme" (*Laboratorija ochrany prirody NII lesochozjajstvennych problem*) durchgeführt (s. hierzu MELLUMA, 1982, S. 23ff.; RUNGULE, 1984, S. 28, 39).

[3] Bei allen Fragestellungen waren Mehrfachnennungen möglich (MELLUMA, 1982, S. 25).

Tab. 16: Erholungsarten und -ziele der lettischen Bevölkerung (nach dem Wohnort)

Erholungsart/Ort	Riga	Rezekne	Cesis/Kuldiga
Im Urlaub			
Zu Hause	29	37	39
Auf d. Land (bei Verwandten/Freunden)	27	33	28
Erholungsheim/Sanatorium	8	12	6
In der Erholungsbase des Betriebs	3	6	2
In der freien Natur	9	4	10
Auf der Datscha	15	7	6
Auf einer Rundreise ("Tourismus")	47	38	43
Am Wochenende			
Am Wohnort/Zu Hause	24	27	27
Auf d. Land (bei Verwandten/Freunden)	16	29	25
Auf dem Campingplatz/Turbase	1	1	3
In der Erholungsbase des Betriebs	2	8	1
Im Grünen	15	14	11
Auf der Datscha	19	7	8
Ausflug (mit Besichtigung)	5	7	8
Stadtnaher Wald/Strand	15	8	20

Quelle: MELLUMA, 1982, S. 26;

Tab. 17: Urlaubsverhalten der Rigaer Bevölkerung (soziodemographische Merkmale)

Erholungsart/Ort	Geschl.		Alter				Bildung			Kindheit	
	M	W	bis 24	25 34	35 44	≥ 45	H	A	S	Land	Stadt
Zu Hause	29	30	30	28	29	32	33	29	24	27	31
Auf d. Land (bei Verwandten/Freunden)	27	28	24	36	32	25	26	29	27	37	21
Erholungsheim/Sanatorium	10	8	4	4	8	15	11	7	7	10	7
In der Erholungsbase des Betriebs	3	3	4	3	3	3	3	3	3	4	2
In der freien Natur	13	7	11	8	11	9	6	9	11	8	10
Auf der Datscha	15	15	11	16	17	17	9	13	22	11	19
Auf Reisen ("Tourismus")	51	45	48	51	49	42	43	44	50	44	18

H - Hauptschulabschluß A - Abitur S - Studium

Quelle: MELLUMA, 1982, S. 27;

Die wirtschaftliche Struktur eines Wohnorts spiegelt sich in dem Nutzungsgrad von Erholungsbasen wider: In Industriestädten (Rezekne, Daugavpils, Liepaja) spielen sie eine besonders große Rolle für die Erholung.
Dagegen erreichen Datschas für die Erholung der Rigaer Bevölkerung eine Bedeutung, die sie in anderen Städten nicht einnehmen.[1)]

[1)]Dies entspricht ja auch ihrer Verteilung (s. Kap. 6.2.1).

Tab. 17 gibt - aufgeschlüsselt nach soziodemographischen Merkmalen - noch einmal gesondert die Antworten der Befragten aus Riga wieder. Die Unterschiede zwischen Männern und Frauen sind demnach (mit zwei Ausnahmen) gering.
Dagegen zeigen sich beim Alter deutliche Verschiebungen: Zum Beispiel ist der Anteil derjenigen, die ihren Urlaub auf dem Land verbringen, bei der Gruppe der 25- bis 34-, bzw. bis 44-Jährigen besonders groß. Dies hängt mit der Erziehung von Kindern (bzw. allgemein dem Aufbau einer Familie), die vor allem in diese Zeit fallen, zusammen. Besonders viele der über 45-Jährigen erholen sich dagegen erwartungsgemäß in Sanatorien und anderen Kureinrichungen: Einerseits brauchen sie eher medizinische Behandlungen, andererseits hatten sie sich aufgrund der längeren Lebensarbeitszeit eher eine Berechtigung für eine "Putjovka" erworben.

Beim Merkmal "Bildungsgrad" konnten folgende Tendenzen festgestellt werden: Je höher die Schulbildung, desto seltener wird auch in Lettland der Urlaub zu Hause verbracht (24% der Akademiker, 29% der Befragten mit Abitur, 32% mit Hauptschulabschluß) und um so öfter findet die Erholung auf der Datscha (22% - 13% - 9%) oder auf Reisen (50% - 44% - 43%) statt. Der relativ hohe Prozentsatz von Befragten mit Hauptschulabschluß, die sich in Sanatorien etc. erholen können, erklärt sich zum einen durch die Altersverteilung dieser Befragten - unter ihnen gab es besonders viele ältere Menschen (vgl. MELLUMA, 1982, S. 27) - und zum anderen aus der weiten Verbreitung von Berufen mit Tätigkeitsfeldern, welche mit hoher physischer Belastung bzw. Verschleiß verbunden sind.

Interessant ist vor allem die Differenzierung nach dem Geburts- bzw. dem Wohnort während der Kindheit (Stadt/Land): Befragte, die auf dem Land aufgewachsen sind, verbringen viel eher auch ihren Urlaub auf dem Land, was sich mit den noch vorhandenen Bindungen dorthin begründen läßt. Sehr oft wohnen ja einige Familienmitglieder (v.a. die Eltern) noch dort. Nur wenige Befragte dieser Gruppe bleiben ganz zu Hause. Grund dafür ist vermutlich, daß unter ihnen viele (Industrie-)Arbeiter sind (MELLUMA, 1982, S. 29), die entsprechend mehr Möglichkeiten haben, sich in Erholungsbasen ihres Betriebs zu erholen. Außerdem wohnen viele von ihnen in relativ schlechten, beengten Verhältnissen.

Einen weiteren Hinweis zu dem Zusammenhang Wohnqualität/Freizeitverhalten bietet eine Ende der 80er Jahre von LARS durchgeführte Befragung.[1] Sie belegt explizit die Abhängigkeit des Freizeitverhaltens von der Wohnsituation: 62% der Bewohner von Einzelhäusern bleiben am Wochenende gerne zu Hause; ihnen stehen nur 34% der Befragten bei (kleineren) Mehrfamilien- bzw. 33% bei Hochhäusern gegenüber.

Die von MELLUMA und seinen Mitarbeitern zitierten Untersuchungen zeigen außerdem, daß bei Fragen nach der akzeptierten Entfernung für Kurzzeiterholung (vgl. Litauen) eine Differenzierung nach dem Zweck des Ausflugs sinnvoll ist (Tab. 18):
Mit Abstand die weitesten Strecken (über 100 km) werden für einen Besuch auf dem Land (bei Verwandten) in Kauf genommen. Bei den anderen ausgewählten Fremdenverkehrsarten ist die allgemeine Akzeptanz bei 11-30 km am größten. Während diese Ergebnisse für "Erholung am Strand" zu erwarten waren, da die Umfrage in Riga

[1] Die Ergebnisse - leider ohne nähere Angaben zu Umfang und Ort der Befragungen - werden im Anhang zu dem zitierten Forschungsbericht aufgeführt.

durchgeführt wurde und Jurmala bzw. Saulkrasti gerade in dieser Entfernung liegen, sind sie bei der Kategorie "Erholung in der freien Natur" interessanter: Sigulda als Zentrum des Naherholungsgebiets "Livländische Schweiz" (s. Kap. 9.3) liegt somit eigentlich außerhalb des bevorzugten Bewegungsradius.

Tab. 18: Akzeptierte Distanzen für Kurzzeiterholung in Lettland

Entfernung	Stadtnaher Wald/ Strand	Auf d. Land (Besuch)	Auf der Datscha	In der freien Natur
Bis 10 km	18%	5%	7%	14%
11-30 km	30%	15%	29%	25%
31-50 km	20%	13%	25%	16%
51-100 km	10%	25%	10%	14%
≥ 101 km	10%	40%	10%	18%

Quelle: MELLUMA, 1982, S. 29;

Das Urlaubs- (bzw. Wochenend)-Verhalten entspricht aber auch in Lettland nur bedingt den Wünschen bzw. den wirklichen Bedürfnissen der Bevölkerung: Sowohl die Befragungen von 1975/76 in Liepaja (Kurzzeit-) als auch die von LARS (Langzeiterholung) belegen, daß fast alle Befragten, die zu Hause geblieben waren (Liepaja 34%, LARS 27%), lieber weggefahren wären (Wunsch, zu Hause zu bleiben, nur bei 3% bzw. 4%).[1]

Neben den Quellgebietsuntersuchungen bietet LARS auch eine der wenigen Zielgebietsbefragungen.[2]
Die Fragen galten hier u.a. den Kritikpunkten, die die Urlauber vorzubringen hatten. Sehr schlecht bewertet wurden die Versorgungsmöglichkeiten mit Lebensmitteln und das Übernachtungsangebot, welche von 52% bzw. 47% aller Befragten kritisiert wurden. Es folgten der zu niedrige Komfort (34%) und die Verschmutzung der Landschaft (30%).
Im Vergleich dazu wurde das kulturelle, bzw. das allgemeine Unterhaltungsangebot sowie die Versorgung mit Gaststätten als relativ befriegend angesehen: sie wurden nur von 14 respektive 19% kritisiert.

Diese Ergebnisse belegen einmal mehr, daß im sowjetischen Fremdenverkehr viel zu wenig auf die Bedürfnisse der Individualurlauber eingegangen wurde. Die Notwendigkeit, in den Sommermonaten die Zuteilungen von Lebensmitteln etc. für die Feriengebiete zu erhöhen, wurde im allgemeinen nicht erkannt. Besonders eklatant wurde das Problem überall dort, wohin besonders viele Urlauber auch individuell, also auf eigene Faust fuhren. Dies gilt im Fall von Lettland in erster Linie für die Rigaer Bucht, die von Erholungssuchenden aus der ganzen Sowjetunion - teilweise sogar aus südlichen Regionen nahe der Schwarzmeerküste - aufgesucht wurde.

---

[1] MELLUMA, 1982, S. 32. RUNGULE, 1984, S. 37.
[2] Sie wurde in Ferienorten an der lettischen Küste durchgeführt.

6.3 Fazit

Lettland weist von den vier Untersuchungsräumen mit seinen langen Strände in teilweise sehr geschützter Lage (Rigaer Bucht), der abwechslungsreichen Landschaft, dem dichten Verkehrsnetz (Schiene und Straße), etc. die günstigsten Voraussetzungen für eine Fremdenverkehrsnutzung auf.

Trotzdem steht das Erholungswesen in Lettland vor größeren Problemen als in den Nachbarrepubliken. Ausschlaggebend hierfür sind verschiedene strukturelle Probleme:

- Die Konzentration eines Großteils der Erholungseinrichtungen auf geringem Raum, auf "Groß-Jurmala", und die damit zusammenhängenden Probleme sind viel ausgeprägter als in Litauen oder Estland, wobei die Situation zusätzlich durch die unmittelbare Nähe der größten Stadt des Baltikums (Riga) verschärft wird, da von dort auch noch Naherholungssuchende nach Jurmala kommen.

- Problematisch ist jedoch nicht nur die räumliche Konzentration der Einrichtungen. Besonders seit der Erlangung der Selbständigkeit bereitet auch der Umfang des Beherbergungsangebots Schwierigkeiten, da es in keinem Verhältnis zu den Bedürfnissen und wirtschaftlichen Möglichkeiten der Republik steht. Dies ist natürlich auch in anderen ausgeprägten Fremdenverkehrsländern wie z.B. der Schweiz der Fall, doch haben sich dort die Strukturen allmählich - unter marktwirtschaftlichen Bedingungen - entwickelt und wurden nicht auf einen Schlag "geerbt".
Aufgrund des - auf die ehemalige Sowjetunion ausgerichteten - ("Über"-)Angebots ist Lettland von einem besonders starken Rückgang der Gästezahlen infolge des Zerfalls der UdSSR betroffen. Das lettische Erholungswesen ist also in Zukunft in besonderem Maße auf ausländische Urlauber angewiesen, wobei die Nachfrage aus dem Westen nicht ausreichen wird, weshalb längerfristig auch der "russische Markt" nicht übergangen werden darf.

- In Lettland wurde in sowjetischer Zeit das Kurwesen besonders stark ausgebaut. Es gibt natürlich auch bei Sanatorien die Möglichkeit, sie zu privatisieren und als private Kurklinik zu führen, doch sind dafür von den ehemaligen Gewerkschaftseinrichtungen nur die wenigsten geeignet.[1)] Der Großteil der Kapazitäten wird sicher auch weiterhin nur durch Subventionen gehalten werden können, bzw. durch subventionierte Preise, damit sich die Bevölkerung Lettlands (oder anderer Republiken der ehemligen Sowjetunion und der Nachbarstaaten) eine Kur überhaupt leisten können. Dem Aufbau eines dafür nötigen Sozialversicherungssystems ist durch die wirtschaftliche Lage vorläufig jedoch enge Grenzen gesetzt.

Die Konzentration auf "Groß-Jurmala" bzw. allgemein die Überkapazitäten lassen sich zwar nicht mehr rückgängig machen. Es gibt jedoch verschiedene Möglichkeiten, die Attraktivität anderer Landesteile zu erhöhen, um so die Urlauberströme zumindest etwas gleichmäßiger zu verteilen.

[1)] Die Bausubstanz ist überaltet, so daß sehr große Investitionenen nötig wären; teilweise handelt es sich auch um unattraktive Betonbauten im sozialistischen Einheitsstil.

Die bisherigen Ansätze beschränkten sich auf die Erschließung neuer Heilressourcen,[1] was aber angesichts der Zukunftsaussichten des Kurwesens (s.o.) nicht sehr sinnvoll bzw. ausreichend ist.

Geplant ist unter anderem der Ausbau von Entwicklungsachsen. Sie sollen sich an den Hauptverbindungsstrecken innerhalb Lettlands bzw. zu den Nachbarstaaten orientieren, wo Campingplätze bereits eine erste Basis bilden. Diese sollen ausgebaut, bzw. ihr Niveau verbessert werden und durch weitere touristische Infrastruktur (Hotels, Motels, Restaurants, Tankstellen) ergänzt werden.

Besonderes Augenmerk sollte auf den Hügelländern - auf der Kurländischen Schweiz sowie den Zentrallivländischen und Lettgallischen Höhen - liegen,[2] die bisher relativ wenig für den Fremdenverkehr erschlossen sind, obwohl sie mit ihren Wäldern, Seen und Flüssen nicht nur wegen der Möglichkeiten für Wassersport hohen Erholungswert besitzen. Mit Ausnahme der Lettgallischen Erhebung liegen die Regionen nicht weit von der Küste entfernt, so daß sich ein Aufenthalt dort auch gut mit einem Badeurlaub verbinden läßt.

Im Prinzip ist inzwischen die ganze Küste zugänglich, während früher die Westküste und der nordwestliche Teil der Rigaer Bucht für Erholungssuchende weitgehend gesperrt waren. Es wäre wünschenswert, diese Bereiche nun behutsam für den Fremdenverkehr zu erschließen, um "Wildwuchs" zu vermeiden.
In Diskussionen mit lettischen Geographen wurde bereits Ende der 80er Jahre - zu einem Zeitpunkt also, als die Selbständigkeit der baltischen Republiken noch in weiter Ferne schien - der Wunsch geäußert, in diesen Gebieten auch nach Abzug des sowjetischen Militärs bzw. nach Aufhebung der Grenzsperren für eine Übergangszeit keinen allgemeinen Zugang zu erlauben, um erst die wichtigsten infrastrukturellen Maßnahmen zu ergreifen, doch sind solche Pläne kaum zu realisieren.

Angesichts der Probleme des lettischen Erholungswesens, die ihm aus der besonders starken Überprägung durch das ehemalige sowjetische System entstehen, werden in Lettland große Hoffnungen auf das westliche Ausland, in Form von Investitionen, Planungshilfen und Urlaubern gesetzt. Schwedische Experten helfen z.B. bei der Ausarbeitung von Entwicklungsplänen für den Tourismus-Sektor.[3] An der Küste sollen in Zusammenarbeit mit deutschen Firmen meherere kleinere Yachthäfen entstehen. Im Gebiet um Tukums engagieren sich dänische Investoren.
Zur Ankurbelung der Fremdenverkehrswirtschaft können diese Maßnahmen durchaus hilfreich sein, vor allem solange sie zu einer räumlichen Entzerrung der Strukturen beitragen. Es ist jedoch wichtig, daß sie längerfristig nicht zu einem Ausverkauf der

---

[1] Vor allem durch Tiefbohrungen: Salzhaltige Heilquellen 1971 in Baldone und in Ciruliši (Nähe v. Cesis), Thermalquelle in Bernati (bei Liepaja) 1975 sowie 1976 bromhaltige Quelle in Liepaja; dort wurde auch Heilschlamm entdeckt (Kurorty, 1983).

[2] Die "Livländische Schweiz" mit Sigulda als touristischem Zentrum wird hier nicht genannt, da sie schon sehr bekannt ist und stark frequentiert wird; zwar sind auch hier Verbesserungen der Ausstattung durchaus noch nötig, doch muß insgeamt darauf geachtet werden, daß die Nutzung durch Erholungssuchende nicht Überhand gewinnt über den Naturschutzgedanken des Nationalparks (s. ausführlich 9.3).

[3] Unter anderem wurde vom lettischen Tourismus-Rat im August 1992 beschlossen, die meisten Einrichtungen (Hotels, Turbase, Fuhrpark, u.a.) des früheren Gewerkschaftsrats für Tourismus zu privatisieren; es wird sich allerdings erst noch zeigen müssen, ob sich dafür Interssenten finden.

noch unverbrauchten Erholungsressourcen an ausländische Firmen, bzw. zur Fortführung des Zwei-Klassen-Fremdenverkehrs - mit teilweise neuen Beteiligten - führen.

7 DIE ERHOLUNGSREGION "GROSS-JURMALA"

An der Küste westlich von Riga, d.h. am südlichsten Punkt der Rigaer Bucht, befindet sich die größte Konzentration von Erholungseinrichtungen des gesamten Baltikums (vgl. Kap. 6.1): Jurmala - bzw. Rižskoe vzmor'e, wie es im Russischen meist genannt wird - war in der ganzen Sowjetunion als ein Synonym für gute Erholungsmöglichkeiten in gemäßigtem Klima an langen, feinsandigen Stränden, die eine relativ gute touristische Infrastruktur boten, bekannt. Dennoch gibt es Unklarheiten, was mit dem Namen gemeint ist, auf welches Gebiet er sich genau bezieht: Ähnlich wie bei Neringa auf der Kurischen Nehrung handelt es sich auch bei Jurmala (lett.: "Strand") um einen Kunstbegriff: In ihrer heutigen Form, d.h. als eine eigenständige, 15 Siedlungen umfassende Stadt, existiert Jurmala erst seit 1959.

Die Bezeichnung "Jurmala" für eine Verwaltungseinheit gibt es jedoch schon länger: Bereits 1920 (also zur Zeit des "Freien Lettlands") wurden die zwischen dem Fluß Lielupe und der Küste gelegenen (Fischer)Dörfer zum ersten Mal unter diesem Namen zu einer Stadt zusammengefaßt.[1)] In erster Linie geschah dies, um den aufstrebenden Fremdenverkehrsorten zu einer eigenen Verwaltung und zentralen Organisation sowie zu größeren finanziellen Mitteln zu verhelfen (GREIŽA-LISOVSKIS, 1981, S. 24; LPE, 1984). Kemeri und auch Sloka, welches zu den ältesten Siedlungen in dieser Region gehört,[2)] blieben zu diesem Zeitpunkt noch selbständig.

Nach dem Zweiten Weltkrieg wurde Jurmala zu einem Stadtteil von Riga, um bereits 1959 eine erneute - vorläufig letzte - Veränderung zu erfahren. Seitdem umfaßt (die kreisfreie Stadt) "Groß"-Jurmala[3)] neben den alten Erholungsorten an der Küste[4)] auch so unterschiedliche Ortsteile wie den traditionellen Kurort Kemeri, dessen jüngeren Ableger Jaunkemeri sowie die Industriesiedlung Sloka. Kauguri/Kaugurciems - an der Küste etwas westlich von Vaivari gelegen - sowie Kudra (lett.: "Torf"), welches zwischen Sloka und Kemeri liegt, sind nur kleine Siedlungen, die auch für den Fremdenverkehr keine Bedeutung haben.[5)] In den meisten Veröffentlichungen zu (Groß-)Jurmala finden sie keine Erwähnung und werden aus diesem Grund auch in der vorliegenden Arbeit nicht weiter berücksichtigt. Gemeinsam ist allen Ortsteilen - mit Ausnahme von Jaunkemeri (und Kauguri) - ihre Lage an der Bahnlinie Riga-Tukums, wodurch sie von Riga aus gut erreichbar sind (s.u.).[6)]
Das heutige "Groß-Jurmala" beginnt ca. 14 km westlich von Riga in Priedaine noch auf dem rechten Ufer der Lielupe und erstreckt sich über eine Entfernung von etwa

---

1) Sie gehörte zum Kreis Riga.
2) Erste urkundliche Erwähnung 1255 (GREIŽA-LISOVSKIS, 1981, S. 53).
3) Im Gegensatz zu dem bei einer Gebietsreform 1961 geschaffen Groß-Soči an der Schwarzmeerküste, wurde bei Jurmala diese Bezeichnung nicht eingeführt; sie wäre aber als Unterscheidung zum "alten" Jurmala, bzw. zu Jurmala im engeren Sinn (= lettischer Sprachgebrauch), hilfreich und findet deswegen in diesem Kapitel Verwendung.
4) Priedaine, Lielupe, Bulduri, Dzintari, Majori, Dubulti, Jaundubulti, Pumpuri, Melluži, Asari und Vaivari.
5) In Kudra ist die Torfgewinnung in den 1940er und 50er Jahren zunächst stark ausgebaut worden; in den 60er Jahren wurde sie jedoch weitgehend wieder eingestellt, da der Ort noch im Schutzgebiet von Kemeri liegt; seitdem befinden sich hier vorwiegend nur noch Lagerhallen für die Industriebetriebe von Sloka (GREIŽA-LISOVSKIS, 1981, S. 57).
6) Ein Überblick über die Lage der wichtigsten Bestandteile von "Groß-Jurmala" ist Abb. 30, die der Ortsteile von Jurmala/Rižskoe vzmor'e Abb. 31 zu entnehmen.

30 km bis nach Kemeri, bzw. ab der Lielupe-Mündung entlang der Rigaer Bucht bis einschließlich Jaunkemeri (vgl. Abb. 30).

Die Kurortvereinigung "Groß-Jurmala" liegt also weitgehend auf einer Halbinsel, welche im Norden durch die Rigaer Bucht, im Süden und Osten durch die Lielupe begrenzt wird. Der Fluß bildete auch in früheren Zeiten schon einmal eine Grenze: Im 16.-18. Jh. waren Sloka und die Halbinsel in deutscher Hand, während das rechte Ufer der Lielupe schwedisch, bzw. ab 1710 russisch war. Erst 1783 kamen auch Sloka und fast das ganze heutige Jurmala zu Rußland.
Halbinsellage bedeutet in diesem Fall jedoch nicht Isolation, im Gegenteil: Über den Rigaer Strand verlief bereits im 16. Jh. eine wichtige Verkehrs- und Handelsstrecke von Riga nach Kurland bzw. Deutschland (GREIŽA-LISOVSKIS, 1981, S. 20; LPE, 1984).
Sloka (dt. Schlock) kam dabei als traditionellem Verkehrsknotenpunkt und Handelsplatz besondere Bedeutung zu. Im 17. Jh. wurden hier außerdem zahlreiche Manufakturen[1] sowie Mühlen für Holzverarbeitung und Getreide (18. Jh.) errichtet.
Ende des 19. Jh. entstand eine Zellulose-Fabrik, welche bis heute das Bild Slokas bestimmt. Besonders unter der Sowjetmacht wurde ihre Kapazität stark erweitert: 1940 wurden 16.000 t Zellulose und 9.500 t Papier hergestellt, 1979 - Sloka war inzwischen zur Industriezone von Jurmala ausgebaut worden - waren es bereits 48.000, bzw. 86.000 t.
Angesichts der Umweltprobleme durch sowjetische Zellulose-Fabriken, wie sie Anfang der 80er Jahre z.B. im Zusammenhang mit dem Bajkal-See auch im Westen bekannt wurden, ist es offensichtlich, daß in Jurmala die unmittelbare Nähe von Fabrikanlagen und Kur-, bzw. Erholungsgebiet "nicht unproblematisch" ist (s. Kap. 7.4).

Einerseits hat eine Zusammenlegung der verschiedenen Orte zu einer eigenständigen "Kurstadt" Vorteile. Die Organisation und Verwaltung könn(t)en aufeinander abgestimmt und die Anforderungen eines Fremdenverkehrsortes so sicher besser berücksichtigt werden, als wenn Jurmala nur ein Stadtteil von Riga, das ja selbst schon groß genug ist, geblieben wäre. Andererseits ist es aber sehr fraglich, ob ein Zusammenschluß in dieser Größe[2] und mit so unterschiedlichen Interessen, noch sinnvoll ist. Problematisch ist dabei vor allem die Einbeziehung der Industriestadt Sloka, was sich aber aufgrund ihrer Lage östlich von Kemeri nicht vermeiden ließ.[3] Theoretisch könnte dies natürlich zu einer besseren Abstimmung der Interessen, zu besseren Lösungen bei Nutzungskonflikten führen, aber...
De facto zerfällt "Groß-Jurmala" stattdessen in drei Hauptbereiche, den Kurort Kemeri mit seinem Ableger Jaunkemeri, die Industriestadt Sloka und das Erholungsgebiet direkt an der Küste (altes Jurmala).

Auch in der (sowjetischen) Fremdenverkehrsplanung wurde Jurmala nicht wirklich als eine Einheit angesehen, sondern vielmehr in die drei Erholungsorte "Kemeri", "Jaunkemeri" und "Rižskoe vzmor'e"[4] untergliedert. Zwischen ihnen bestehen beträchtliche

[1] V.a. Kalk, Kupfer, Glasbrennerei.
[2] Jurmala ist mit ca. 100 km^2 die flächenmäßig zweitgrößte Stadt Lettlands (LPE, 1984).
[3] Außerdem sind die Ortsteile schon zu sehr zusammengewachsen.
[4] Die russische Bezeichnung nimmt den alten Namen ("Rigaer Strand", seltener "Rigascher Strand") auf, der früher - vor allem bei der deutschen Bevölkerung - für diesen Küstenabschnitt gebräuchlich war; Letten benützen meist die Bezeichnung "Jurmala".

Unterschiede in Größe, Bedeutung, Lage und Funktion: Kemeri ist zwar wesentlich kleiner als der "Rigaer Strand",[1] erhielt in sowjetischer Zeit aber den Status "Kurort mit nationaler Bedeutung".[2] Hier befinden sich ausschließlich Kureinrichtungen, Kemeri ist also eindeutig als ein Kurort - auch im westlichen Sinn - anzusehen (vgl. Kap. 3.2.1).

Der "Rigaer Strand" besteht dagegen aus zwölf - ehemals selbständigen - Siedlungen, welche im Laufe der Zeit zusammengewachsen sind. Als Fremdenverkehrsort erlangte Jurmala innerhalb de Sowjetunion nur Republiks-Bedeutung, was aber nicht heißt, daß es z.B. mit dem verschlafenen Baldone (Kap. 6.1.1) gleichzusetzen wäre.
Zwar verfügt Jurmala ebenfalls über einige Kureinrichtungen, es hat aber nie das Gepräge eines wirklichen Kurortes angenommen, sondern wird stärker von Urlaubern aus der gesamten (ehemaligen) Sowjetunion sowie natürlich besonders aus Riga für organisierte und individuelle Kurz- und Langzeiterholung genutzt.

In den folgenden Abschnitten werden die drei Fremdenverkehrsorte von "Groß-Jurmala" vorgestellt. Besonders ausführlich wird dabei auf den Rigaer Strand/Jurmala eingegangen.

7.1 **Kemeri** (dt. (Bad) Kemmern)[3]

7.1.1 DIE GESCHICHTE DES KURORTS

Als sich gegen Ende des 18. Jh. Ärzte für die schwefelhaltigen Quellen von Kemeri zu interessieren begannen,[4] waren diese schon seit langer Zeit von der Bevölkerung zu Heilzwecken genutzt worden.[5] 1801 wurde eine erste, allerdings noch ziemlich ungenaue, chemische Analyse der Quellen vorgenommen.
Es vergingen noch fast 40 Jahre, bevor in Kemeri das erste staatliche medizinische Bad (mit 32 Eichenwannen) vom russischen Zaren eröffnet wurde (GREIŽA-LISOVSKIS, 1981, S. 60):[6] 1838, also fast ein halbes Jahrhundert später als bei Baldone, gilt seitdem als Gründungsjahr des Kurorts.
Zwar wird schon für das Jahr 1841 von Kurgästen aus St.Petersburg, Minsk, Vitebsk und estnischen Städten berichtet (GREIŽA-LISOVSKIS, 1981, S. 60), doch verlief die Entwicklung des Kurorts zunächst nur sehr schleppend. Eine Wende brachte erst 1877 die Eröffnung der Bahnlinie Riga-Tukums, wodurch die bis dahin noch sehr umständliche und beschwerliche Anreise nach Kemeri wesentlich erleichtert wurde (vgl. Tab. 19).[7]

---

[1] Es besteht ja auch nur aus einem Ort.
[2] 1971 vom sowjetischen Ministerrat und vom Zentralrat der Gewerkschaften (GREIŽA-LISOVSKIS, 1981, S. 57).
[3] Benannt nach dem Waldarbeiter Kemeris/Kemer, auf dessen Grundstück die erste Schwefelquelle lag.
[4] Das 18./19. Jh. wird allgemein als Zeitalter des Aufschwungs von Theorie und Praxis der Balneologie aufgrund von Entwicklungen in der Chemie angesehen (vgl. hierzu FLORACK-KRÖLL, 1991, S. 202).
[5] Erste Erwähnungen stammen aus dem 16. Jh. (BMĖ, 1977).
[6] 1826, ein Jahr nachdem sich dank dem Bau einer Straße Sloka-Tukums durch das Sumpfgebiet der Zugang verbessert hatte, war bereits ein erstes Badehaus errichtet worden, das aber bald durch einen Brand wieder zerstört worden war (RUTKIS, 1967, S. 206).
[7] Im Sommer verkehrte der Zug täglich 14 mal (BAEDEKER, 1897, S. 57; GREIŽA-LISOVSKIS, 1981, S. 20; TERENT'EVA, 1984).

Tab. 19: **Entwicklung der Gästezahlen in Kemeri (1830-1914)**

Jahr	1830	1838	1870	1880	1890	1901	1914
Kurgäste	18	129	444	1.194	1.387	3.140	8.300

Quelle: LKV, 1933-54;

In den Kurort wurde nun verstärkt investiert, und so wurde Kemeri bezüglich seiner Ausstattung zu einem der führenden russischen Kurorte. Die 1911 eingerichtete Direktverbindungen von Kemeri nach Moskau und St.Petersburg führte zu einem weiteren deutlichen Anstieg der Gästezahlen: In den Jahren vor dem Ersten Weltkrieg suchten jährlich über 8.000 Kurgäste den Kurort auf (Tab. 19).[1] Kemeri wurde auch zu einem Forschungszentrum für Balneologie ausgebaut - eine Tradition, die bis in die heutige Zeit fortgeführt wird (POLTORANOV/SLUCKIJ, 1986, S. 605).[2]

Im Ersten Weltkrieg verlief die Frontlinie zwei Jahre lang gerade bei Kemeri.[3] Die abziehenden russischen Truppen sprengten dann noch die letzten Einrichtungen (RUTKIS, 1967, S. 206), so daß Kemeri nach dem Krieg völlig zerstört war.
Erst 1929 konnten wieder Kureinrichtungen eröffnet werden. In der Folgezeit war man bemüht, durch Luxus-Etablissements vor allem ausländische Kurgäste anzuziehen. Von dieser Zeit zeugt heute noch das imposante, ganz in weiß gehaltene Sanatorium "Kemeri", welches in den 30er Jahren als Hotel und Kurhaus errichtet worden war.
Bis 1937 konnte die Gästezahl der Vorkriegsjahre wieder erreicht, bzw. mit 8.645 Kurgästen etwas übertroffen werden. Die Zahl ausländischer Gäste wird nur sehr vage mit einigen Hundert aus West-Europa angegeben (RUTKIS, 1967, S. 206).
Im Gegensatz zum Ersten wurde Kemeri vom Zweiten Weltkrieg verschont, so daß schon 1945 die Kureinrichtungen - wenngleich auch zunächst in sehr bescheidenem Rahmen - wieder eröffnet werden konnten: 1946 betrug die Zahl der Kurgäste noch lediglich 320.[4]

7.1.2 DER KURORT ENDE DER 80er JAHRE

Die Kapazitäten sind seit dem Zweiten Weltkrieg stark erweitert worden.[5] Ende der 80er Jahre standen für Erwachsene in fünf Gewerkschafts-Sanatorien 2.345 Betten zur Verfügung (Tab. 20), in denen jährlich ca. 35.000 Gäste versorgt werden konnten (Gosstroj, 1988, S. 167/168).[6]

---

[1] GREIŽA-LISOVSKIS, 1981, S. 61; LIELMANIS, 1958, S. 70; RUTKIS, 1967, S. 206; TERENT'EVA, 1984.
[2] Direktor war von 1904-1925 A. Lozinskij, einer der späteren Begründer der sowjetischen Balneologie (Kurorty, 1983).
[3] S. hierzu die Darstellung der Kriegsschauplätze und des Frontverlaufs bei GILBERT, 1978, S. 80ff.
[4] Sie lag also nicht viel höher als 100 Jahre zuvor (GREIŽA-LISOVSKIS, 1981, S. 64).
[5] Zunächst durch bessere Auslastung und ganzjährige Öffnung der Einrichtungen; Neubauten entstanden erst in den 80er Jahren.
[6] Fast alle waren ganzjährig geöffnet.

Tab. 20: **Die Sanatorien von Kemeri in den 80er Jahren**

Name	Betreiber	Kapazität (Pl.) So	ganzj.	Schichten pro Jahr
Kemeri	Gewerkschaft	304	304	15
Latvia	" "	1203	1203	16
Dzintari	" "	261	261	15
Daugava	" "	315	260	15
Čajka	" "	244	244	16

Quelle: Gosstroj, 1988, S. 167/168;

Über die Hälfte der Kapazität entfällt allein auf das Sanatorium "Latvia". Es ist das größte und modernste Gewerkschafts-Sanatorium Lettlands (1982 eröffnet) und bietet 1.200 Gästen Platz (POLTORANOV/SLUCKIJ, 1986, S. 607). Mit seinen zwei elfstöckigen Gebäudekomplexen wirkt es allerdings in Kemeri völlig deplaziert.[1] Die anderen Sanatorien sind alle mindestens 50 Jahre alt und verteilen sich in der Regel auf ein Haupthaus und mehrere Nebengebäude. Bei diesen handelt es sich meist um ehemalige Wohnhäuser der Bevölkerung in der typischen Holzbauweise.

Seit 1959 gehört Kemeri zu der Kurortzone "Groß-Jurmala", ist aber räumlich von den übrigen Fremdenverkehrsgebieten getrennt (Abb. 30). Im Unterschied zu diesen zeichnet sich Kemeri auch durch seine einseitige Ausrichtung auf Sanatorien aus: Neben den fünf Sanatorien der (Zentral-)Gewerkschaften gab es Ende der 80er Jahre noch zwei Kinder-Sanatorien,[2] aber keine Erholungseinrichtungen, nicht einmal medizinische Pensionen.[3]
Die Spezialisierung auf Sanatorien wirkt sich auch auf den Stellenwert Kemeris im Fremdenverkehr "Groß-Jurmalas" aus: In Kemeri sind fünf der zehn Gewerkschafts-Sanatorien mit ca. 34% der Kapazität (2.345 Plätze) konzentriert. Der Anteil am gesamten Fremdenverkehrsangebot der Erholungszone[4] beträgt dagegen nur ca. 2,4% (Gosstroj, 1988, S. 300).

Kemeri spricht auch aus zwei weiteren Gründen andere Zielgruppen an: Der Ort liegt nicht direkt an der Küste und ist somit für Urlauber, die aktivere Erholungsformen wie Baden etc. vorziehen, unattraktiv. Außerdem ist Kemeri am weitesten von Riga entfernt und deswegen für Naherholung weniger geeignet (vgl. Abb. 33).

Den Großteil der Anwendungen nehmen alle Kurgäste (also auch die Teilnehmer geschlossener Kuren) in der Poliklinik Kemeris ein. Auch deren Kapazität wurde beträchtlich erweitert: Ende der 70er Jahre konnten hier bis zu 2.000, Ende der 80er Jahre 3.000 Kurgäste täglich versorgt werden (GREIŽA-LISOVSKIS, 1981, S. 64;

---

[1] Es entspricht auch nicht modernen Vorstellungen zur Architektur von Erholungseinrichtungen (vgl. Kap. 3.3) und außerdem nicht dem lokalen Baustil.
[2] Über ihre Kapazitäten liegen jedoch keine Angaben vor; "betriebliche" Sanatorien gibt es in Kemeri nicht.
[3] Für Gäste mit "*kursovka*" (offene/ambulante) Kur steht in Kemeri kein Kurhotel zur Verfügung; sie sind auf Quartiere bei der Bevölkerung angewiesen (POLTORANOV/SLUCKIJ, 1986, S. 605).
[4] Sanatorien, Pensionen, Erholungsbasen, touristische Einrichtungen, Pionierlager, Datschas, etc.

Gosstroj, 1988, S. 172).[1] In dem balneologischen Behandlungszentrum stehen für die Behandlung von Erkrankungen des Stütz- und Bewegungsapparates, der Verdauung und des Nervensystems, von Hautkrankheiten sowie von Frauenleiden drei Arten von Heilwässern zur Verfügung, die zu Bäder- und Trinkkuren, Inhalationen und Spülungen verwendet werden (GREIŽA-LISOVSKIS, 1981, S. 16f.):

- die "traditionellen" Schwefelquellen[2] (POLTORANOV/SLUCKIJ, 1986, S. 605; BMĖ, 1977ff.);
- Chlor-Natrium-Wässer mit relativ schwachem Konzentrationsgrad; in Kemeri wurde 1948 eine Quelle in ca. 500 m Tiefe erschlossen;[3]
- seit einer Tiefbohrung im Jahr 1974 (900-1100 m) hochmineralhaltiges Wasser mit hohem Bromanteil: 110-120 g Salz bzw. 230-260 mg Brom pro Liter (Kurorty, 1983; LPE, 1984).

In verschiedenen Seen und Mooren in der Nähe des Kurorts wird außerdem Torf- und Faulschlamm gewonnen.[4] Besondere Bedeutung hat dabei der Torf aus der Lagerstätte "Slokas" (7 km von Kemeri entfernt), welcher auch in Kureinrichtungen außerhalb Kemeris eingesetzt wird. Faulschlamm (Sapropel) stammt aus den Seen Babites und Kaniera (GREIŽA-LISOVSKIS, 1981, S. 17; Kurorty, 1973; POLTORANOV/SLUCKIJ, 1986, S. 605).

Das Ortsgebiet von Kemeri kann bezüglich der Nutzung in zwei Teile geteilt werden: in ein Wohngebiet der lokalen Bevölkerung und in das Kurgebiet. Die Funktionsteilung ist jedoch nicht vollständig, es bestehen in mehrfacher Weise Überschneidungen:

- Da es in Kemeri kein Kurhotel gibt, sind Kurgäste, sofern sie nicht in einem der Sanatorien untergebracht sind, auf Quartiere im Wohngebiet angewiesen;
- In der eigentlichen Kurzone liegt die Tukuma iela (Tukumer Straße), welche in ihrem südlichen Teil das (Versorgungs)Zentrum für ganz Kemeri darstellt. Hier konzentrieren sich die Geschäfte für kurz- und mittelfristigen Bedarf, Dienstleistungen und die Gastronomie des Orts.

Zudem gibt es auch in der eigentlichen Kurzone Wohnhäuser. Hier befindet sich der alte Ortskern Kemeris. Darauf weisen u.a. die drei Kirchen - neben einer russisch-orthodoxen auch eine katholische und eine lutheranische - hin, die belegen, daß dieses Viertel schon in vorsowjetischer Zeit bebaut wurde.

Die Poliklinik liegt zwar am Rand des Kurgebiets, doch ist sie von allen Sanatorien gut zu erreichen.[5] Dazu trägt auch das relativ dichte Wegenetz bei, welches die Poliklinik mit den alten Sanatorien "Kemeri", "Daugava", "Dzimtene" und "Čajka" verbindet. Sie führen durch den alten Teil des Kurparks, in dem noch heute Relikte alter Zierbauten an das einstige Flair eines vornehmen Kurortes erinnern.
Das Sanatorium "Latvia" befindet sich östlich davon im neuen Teil des Kurparks, welcher auch die Bezeichnung "Waldpark" trägt (GREIŽA-LISOVSKIS, 1981, S. 65).

---

[1] Da die Poliklinik auch von Teilnehmern geschlossener Kuren genutzt wird, darf diese Zahl nicht zu den anderen Kapazitäts- oder Gästezahlen hinzugezählt werden (vgl. Kap. 3.2).

[2] Quellen des Calcium-Sulfat-Wasser mit 20-22 mg Schwefelwasserstoff/l gibt es in Kemeri und Jaunkemeri; es entstammt wie alle Schwefelquellen Lettlands dem gipsführenden Devon (vgl. RÜGER, 1934, S. 68).

[3] Ähnliche gibt es auch in Dzintari/Rigaer Strand (400 m; 1959 erschlossen).

[4] Erste Schlammkuren wurden bereits für 1891 verzeichnet (RUTKIS, 1967, S. 206).

[5] Lediglich das Kinder-Sanatorium "Waldhaus" liegt nicht in Fußnähe.

Dieser Abschnitt erinnert in der Tat äußerlich eher an einen Wald als an einen Kurpark.

7.2 Jaunkemeri

Jaunkemeri, das ca. 5 km nord(öst)lich von Kemeri an der Küste liegt (Abb. 30), ist das jüngste Projekt in der Erholungsregion "Groß-Jurmala", auch wenn von ersten Urlaubern schon für Anfang des Jahrhunderts berichtet wird.[1]
Der Ausbau Jaunkemeris für den Fremdenverkehr begann erst Ende der 60er Jahre mit der Eröffnung eines Gewerkschafts-Sanatoriums ("Jaunkemeri") der gehobenen Ausstattung mit 500 Plätzen (GREIŽA-LISOVSKIS, 1981, S. 65; POLTORANOV/SLUCKIJ, 1986, S. 609). Für die Behandlung von Erkrankungen des Stütz- und Bewegungsapparates, des Nervensystems und von Frauenleiden wird neben dem Seeklima vor allem die lokale Schwefelquelle (s.o.) eingesetzt (POLTORANOV/SLUCKIJ, 1986, S. 609).

Im Unterschied zum älteren Kemeri ist Jaunkemeri ("Neu-Kemeri") kein reiner Kurort: In den 80er Jahren wurde neben einem Sanatorium des Russischen Ministerrats ("Jantarnyj bereg") mit 200 Plätzen[2] auch ein großer Campingplatz eingerichtet.[3] Auf diesem finden ca. 800 Urlauber Platz, also genauso viel wie in den beiden Kureinrichtungen zusammen,[4] so daß Jaunkemeri in seiner Struktur eher Jurmala gleicht, mit dem es in Zukunft auch sicherlich zusammenwachsen wird.

7.3 Jurmala/Rižskoe vzmor'e

Wie bereits erwähnt besteht der Fremdenverkehrsort Jurmala/Rižskoe vzmor'e aus zwölf ehemals selbständigen Siedlungen, welche mit zunehmender Nutzung zusammenwuchsen (Abb. 30, 31). Eine Ausnahme bildet nur Priedaine im Osten, das durch die Lielupe von den übrigen Ortsteilen getrennt ist und erst 1949 zu Jurmala kam, während der Zusammenschluß der übrigen zum ersten Mal bereits 1920 erfolgt war (s.o.).

Die traditionellen wirtschaftlichen Grundlagen sind Fischfang (in der Ostsee, Lielupe und dem Babites-See), aber auch Ackerbau sowie im westlichen Teil Obstanbau. Außerdem verlief hier ein alter Handelsweg (s.o.).

---

1) Hier befand sich die Anlegestelle für eine Schiffsverbindung nach Riga, welche den Urlaubern von Kemeri die Anreise verkürzen sollte (GREIŽA-LISOVSKIS, 1981, S. 65).
2) Es werden hier jährlich nur 11 "Schichten" durchgeführt (Gosstroj, 1988, S. 167/168).
3) LARS, 1989, Abb. 19; Touristisches Schema v. Jurmala; er wird teilweise auch als "Sommerhotel" bezeichnet (Gosstroj, 1988, S. 204).
4) Sehr fraglich ist natürlich, ob die direkte Nachbarschaft von Kurgästen und Campern, die in Jurmala selbst weitgehend vermieden werden konnte, sehr günstig ist.

Abb. 30: Die Entwicklung von Jurmala 1850-1960

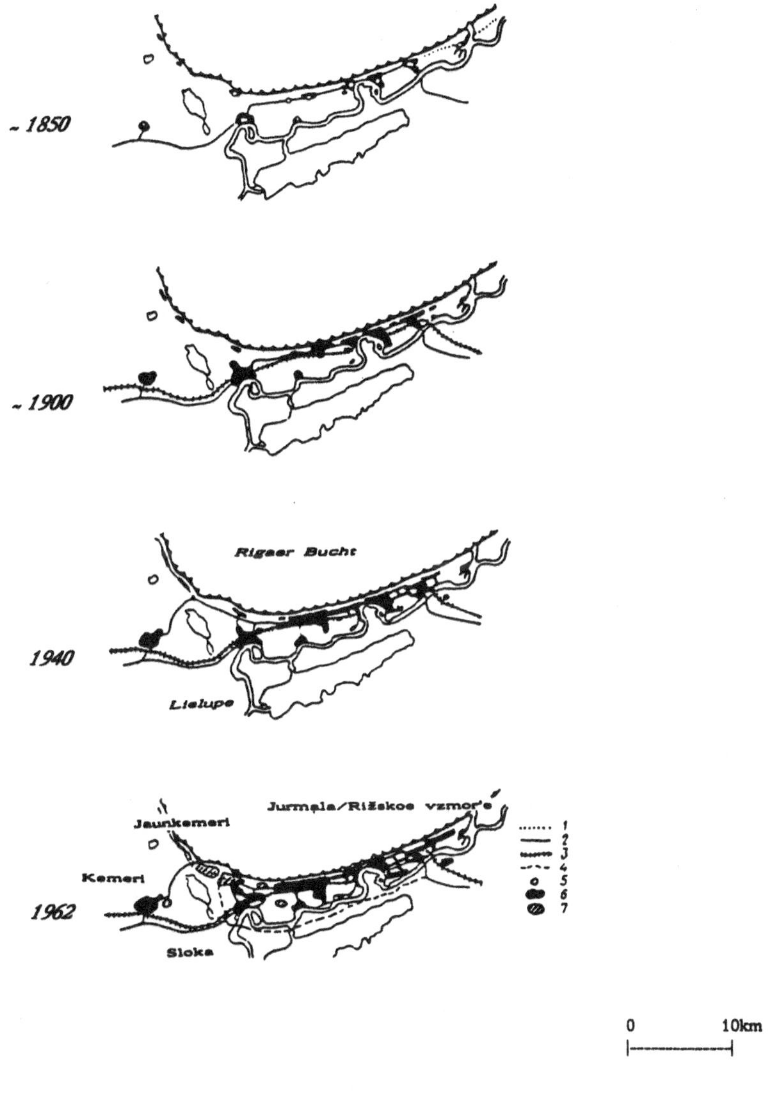

1,2 - (alte) Handelswege; 3 - Eisenbahnlinie; 4 - Umfahrungsstraße; 5 - Fischerdörfer; 6 - Bebauung; 7 - geplante Baugebiete;

Quelle: ergänzt nach STAUSKAS, 1977, S. 76;

Die Namen der einzelnen Ortsteile sind weitgehend von den Fischerdörfern oder den Landgütern (Bulduri, Majori), aus denen sie hervorgegangen waren, abgeleitet (GREIŽA-LISOVSKIS, 1981, S. 24). Einige Namen lassen sich noch auf die früheren deutschen Bezeichnungen zurückführen (z.B. Majori, Dubulti), teilweise wurden die Namen aber Anfang der 1920er Jahre geändert (Dzintari, Lielupe, u.a.) oder die Ortsteile (Karlsbad, Assern) neu geordnet (s.u.).

7.3.1 GESCHICHTE DES ERHOLUNGSORTES

7.3.1.1 Die Ursprünge der Fremdenverkehrsnutzung

Von ersten Sommerfrischlern wird bereits aus der ersten Hälfte des 19. Jh. berichtet, als bei reichen Bürgern und Adligen aus Riga, aber auch aus den Kur- und Livländischen Gouvernements Sommererholung und Zerstreuung in Seebädern in Mode kam.[1]
In der Literatur[2] wird im allgemeinen Dubulti als ältester Erholungsort genannt: Hierhin kamen bereits 1814 die ersten Badegäste, 1825 erschienen in Zeitungen erstmals Inserate, in welchen um Sommergäste geworben wurde. Zu jener Zeit wurden auch erste Verbesserungen der Verkehrsverbindungen vorgenommen, um der Forderung nach schnellerer Erreichbarkeit der Seebäder Rechnung zu tragen: Ab 1824 verkehrte eine Diligence von Riga aus, 1844 wurde eine Dampfschiffverbindung eingerichtet.[3]
Die Anlegestelle war in Dubulti, wo aufgrund des Lielupe-Mäanders (s. Abb. 30, 31) nur 320 m zwischen Fluß und Küste liegen.
Ab 1840 entstanden in Dubulti, später auch an anderen Stellen, erste Einrichtungen, die zur Förderung des Fremdenverkehrs dienen sollten: 1840 Schwimmverein und Kurkomitee, 1847 ein Kurhaus; 1851 wurden von verschiedenen Gesellschaften Badeanstalten eröffnet).[4]

In den ersten Jahren bezogen alle Sommerfrischler bei den Fischern und Bauern Quartier, welche auf diese Weise ihr Einkommen erhöhen konnten. Später kauften sich zahlreiche Erholungssuchende selbst Land am Rigaer Strand und errichteten dort Sommervillen.
Mit zunehmender Beliebtheit dehnten sich die Badeorte zunächst nach Osten (Richtung Riga), später dann auch gen Westen aus.

Wichtig für die Entwicklung des Fremdenverkehrs war auch am Rigaer Strand der Bau der Bahnlinie Riga-Tukums (s.o.). Sie diente - im Gegensatz zu den meisten Bahnlinien dieser Zeit[5] - nicht dem Gütertransport, sondern "in erster Linie dem Personenverkehr mit den Badeorten am Rigaschen Strand" (LENZ, 1954, S. 14). Die Anreise von Riga verkürzte sich nun von drei Stunden mit dem Schiff auf ca. eine Stunde.

---

[1] Auslöser für die Wahl gerade dieses Küstenabschnittes war vermutlich ein Brand, der 1812 Riga verwüstete und zahlreiche Bewohner zur Übersiedlung in die Fischerdörfer am Rigaer Strand zwang (LIELMANIS, 1958; S. 61); außerdem war die Gegend durch die alten Handelswege bekannt.
[2] GREIŽA-LISOVSKIS, 1981, S. 45; LIELMANIS, 1958, S. 61; LPE, 1984; RUTKIS, 1967, S. 202.
[3] Bis 1890 mit dem Umweg über die Daugava-Mündung (RUTKIS, 1967, S. 203).
[4] GREIŽA-LISOVSKIS, 1981, S. 45; LPE, 1984; RUTKIS; 1967, S. 203; WITTRAM, 1949, S. 54.
[5] Z.B. die Verbindungen vom russischen Hinterland zu den baltischen Häfen (St.Petersburg-Tallinn oder Moskau-Riga, u.a.).

Damit erhielt ein größerer Teil der Rigaer Bevölkerung - über die Oberschicht hinaus auch weite Kreise des Mittelstandes - die Möglichkeit, die Sommermonate am Strand zu verbringen.[1]
Die Zahlen divergieren zwar etwas, doch ist insgesamt eine deutlich Zunahme der Gästezahlen in Jurmala seit Ende der 1870er Jahre zu beobachten:

Tab. 21: Entwicklung der Gästezahlen am Rigaer Strand (1848-1914)

Jahr	1848	1873	1880	1900	1914
Urlauber	1.750	18.000	30.000	50.000	60.000-80.000

Quelle: GREIŽA-LISOVSKIS, 1981, S. 20;[2] LPE, 1984;

Tab. 22: Die Bevölkerungsentwicklung von Riga (1867-1913)

	gesamt	Deutsche	Letten	andere Nationen
1867	102.590	43.980	24.199	34.411
1881	169.366	52.232	49.974	67.160
1897	255.879	63.322	106.541	86.016
1913	497.586	68.831	209.839	218.916

Quelle: HEHN, 1954, S. 20/21;

Außer auf die verbesserten Verkehrsverbindungen[3] ist die gestiegene Urlauberzahl auch auf die Zunahme des Nachfragepotentials aus der lettischen Hauptstadt zurückzuführen: Im gleichen Zeitraum wuchs die Einwohnerzahl Rigas von 102.590 (1867) auf 497.586 EW (1913) (Tab. 22). Sie hat sich also in der Zeit zwischen den späten 1860er Jahren und dem Ersten Weltkrieg verfünfacht und somit noch stärker als die Zahl der Erholungssuchenden zugenommen, die sich verdreifacht hatte (Tab. 21). Dies hängt vermutlich mit Verschiebungen der nationalen Zusammensetzung in der Rigaer Bevölkerung zusammen: Stellten die Deutschen, welche im Baltikum ja traditionell die oberen, wohlhabenderen Gesellschaftsschichten einnahmen, 1867 noch knapp 43%, so waren es 1913 nur noch 14%, obwohl ihre absolute Zahl gestiegen war (Tab. 22). Die starke Zunahme der Bevölkerung muß also vor allem durch den Zuzug anderer Nationalitäten nach Riga ausgelöst worden sein.[4] Hier sind zum einen natürlich die Letten selbst zu nennen, deren Zahl von 24.199 auf 209.839 anstieg. Sehr

---

[1] Der Zug verkehrte im Sommer täglich 15 mal zwischen Riga und Dubbeln (BAEDEKER, 1897, S. 57).

[2] GREIŽA-LISOVSKIS gibt 18.000 Urlauber schon für 1864 an und nennt auch 1914 den höheren Wert; die Unterschiede ergeben sich vermutlich durch Unklarheiten über den räumlichen und inhaltlichen Umfang der Zählung.

[3] Von ihnen profitierten natürlich auch die Bewohner der russischen Großstädte (St.Petersburg, Moskau, etc.).

[4] Darauf läßt auch allgemein die hohe Zunahme der Gesamtbevölkerung schließen (1867-81: + 65%; 1881-97: + 51,1%; 1897-1913: + 94,4%!), die nur durch Zuwanderung entstehen konnte; so waren z.B. 1897 nur 40% der Bevölkerung Rigas dort auch geboren (vgl. hierzu die Ausführungen von BENZ, 1990, S. 38).

stark nahm auch die Zahl von Angehörigen anderer Nationalitäten, vor allem von Russen, zu.

Bei den neu zugezogenen Bewohnern Rigas handelte es sich im Gegensatz zu den meist deutschen Vertretern des (Groß)-Bürgertums mehr um Industriearbeiter,[1] die sich eine (monatelange) Sommerholung am Rigaer Strand nicht leisten konnten. Bei der lettischen Bevölkerungsgruppe war außerdem die Bindung zu den Verwandten auf dem Land sicher noch sehr ausgeprägt, so daß sie wenn dann dorthin zur Erholung fuhren.

Mit der wachsenden Popularität der Badeorte stiegen natürlich auch die Preise: Dies betraf sowohl Grundstückspreise als auch die Mieten. Für ein Zimmer mußten 1907 noch 35 Rubel pro Saison gezahlt werden, 1913 waren es nach Angaben von GREIŽA-LISOVSKIS (1981, S. 20) schon 80-120 Rubel. Es gab hierbei allerdings - entsprechend der unterschiedlichen Ausstattung und Attraktivität der Rajons (s.u.) - Unterschiede: So betrug z.B. 1897 die Miete für eine Sommervilla im Nobelviertel Dzintari 1.500 Rubel pro Saison, in Majori dagegen "nur" 1.200 Rubel.

Entwicklung und Besonderheiten der einzelnen Ortsteile

Die einzelnen Ortsteile entwickelten sich je nach dem Erschließungszeitpunkt durch den Fremdenverkehr unterschiedlich. Sie sollen im folgenden kurz vorgestellt und charakterisiert werden.[2]

Priedaine (dt. Name: Kiefernhalt) ist nicht nur aufgrund der erst 1949 erfolgten Eingemeindung nach Jurmala als der jüngste Rajon der Erholungszone anzusehen. Hier begann auch die Nutzung zu Erholungszwecken sehr spät: Erst Anfang dieses Jahrhunderts wurden Grundstücke zur individuellen Bebauung freigegeben, bis 1912 sind daraufhin über 40 Sommervillen errichtet worden (GREIŽA-LISOVSKIS, 1981, S. 24). Interessant war Priedaine erst im Zusamenhang mit dem Eisenbahnbau geworden: Hier wurde 1872 die erste Brücke über die Lielupe errichtet, heute überquert neben der Bahn auch eine Autobrücke den Fluß. Priedaine weist inzwischen (wie sonst in "Groß-Jurmala" nur noch Kemeri) eine Fremdenverkehrs-Monostruktur auf (Kap. 7.3.3).

Lielupe (dt. Bullen) ist der östlichste Ortsteil, in dem in den 80er Jahren gewerkschaftseigene Erholungseinrichtungen zu finden waren. Dennoch liegt auch hier der wirtschaftliche Schwerpunkt weniger auf dem Fremdenverkehr als auf der Fischereiwirtschaft: In Lielupe befindet sich ein großer Fischereikolchoz, "Uzvara" (lett. "Sieg"; GREIŽA-LISOVSKIS, 1981, S. 28).

Noch vor 30 Jahren begann erst in Bulduri[3] der dichter besiedelte Teil Jurmalas (RUTKIS, 1967, S. 203).

---

[1] Ihre Zahl stieg von 5.600 (1864), bzw. 17.000 (1890) auf 43.500 im Jahr 1900 (BENZ, 1990, S. 40).

[2] Reihenfolge O-W, also von Riga kommend.

[3] Bis 1922 Bilderini/Bilderlingshof nach dem Namen des Gutsbesitzers (GREIŽA-LISOVSKIS, 1981, S. 32).

Bereits 1833 wurden hier die ersten Grundstücke für Sommervillen ausgewiesen. Die Popularität stieg durch die neue Schiffsverbindung (s.o.) rasch. In den 70er Jahren des 19. Jh. bestanden schon über 400 Sommersitze. Besonders bei Deutschen war Bulduri sehr beliebt (GREIŽA-LISOVSKIS, 1981, S. 32).
Ende des Jahrhunderts wurde ein Hotel eröffnet, 1907 folgten ein Postamt und 1908 ein Markt sowie ein erstes Sanatorium für Eisenbahner.[1]

Nach Dzintari[2] fuhren ab 1880 verstärkt wohlhabende Schichten aus Riga, welche Ruhe suchten, welche in Dubulti, Majori oder auch Bulduri zu diesem Zeitpunkt nicht mehr zu finden war. Dzintari entwickelte sich so zum "aristokratischsten Teil" von Jurmala, mit prächtigen Villen und großen, gepflegten Gärten (BAEDEKER, 1897, S. 58; GREIŽA-LISOVSKIS, 1981, S. 36).

Majori (dt. - nach dem Gutsbesitzer - Majorenhofen) wuchs nach dem Bau der Bahnlinie Riga-Tukums bald zu einem wirtschaftlichen Zentrum heran: 1877 wurde hier die erste Apotheke von Jurmala eröffnet, 1882 folgten Post- und Telegrafenamt sowie 1895 ein Markt.
In Majori wurde 1870 die erste Kureinrichtung Jurmalas, das Sanatorium "Majori", eröffnet. Dieses Jahr wird deshalb in der Literatur gelegentlich als Geburtsjahr des Fremdenverkehrs in Jurmala angegeben (z.B. BMĖ, 1977).

Dubulti (dt. (Bad) Dubbeln) wird, wie bereits erwähnt, oft als Ausgangspunkt der Fremdenverkehrserschließung in der Rigaer Bucht genannt. Im Gegensatz zu Dzintari erfolgte hier die Entwicklung spontan und ohne Planung.[3] Der Beliebtheit Dubultis tat dies keinen Abbruch. Ende der 40er Jahre des 19. Jh. wurden bereits ca. 600 Sommerfrischler jährlich gezählt. Der Ort zog ab den 60er Jahren auch Gäste aus St.Petersburg und Moskau an, in den 1870er Jahren wurde er als der mondänste und am stärksten frequentierte Kurort der ganzen Liv- und Kurländischen Küste beschrieben.
Im Laufe der Zeit konnte sich Dubulti als administratives Zentrum der Erholungsorte etablieren: Als sie 1920 zusammengeschlossen wurden und Jurmala Stadtrecht verliehen bekam, wurde in Dubulti die Stadtverwaltung installiert (GREIŽA-LISOVSKIS, 1981, S. 45).

Jaundubulti (dt. Neu-Dubbeln) wurde erst etwas später in die Fremdenverkehrsnutzung einbezogen: Sie setzte 1849 ein, als Dubulti schon weitgehend bebaut und das Leben dort entsprechend teuer und umtriebig war.
Nach Jaundubulti kamen die weniger bemittelten Rigaer Bürger, die sich die hohen Preise in den näher an der Hauptstadt gelegenen Sommerfrischen nicht leisten konnten (GREIŽA-LISOVSKIS, 1981, S. 49).

Auch in den westlich anschließenden Ortsteilen begann die Fremdenverkehrsnutzung erst später: In Melluži wurde die erste Badeeinrichtung 1881 eröffnet, nach Asari kamen die ersten Sommerfrischler ebenfalls erst in der zweiten Hälfte des letzten

---

[1] Es wurde schon im Ersten Weltkrieg zerstört (GREIŽA-LISOVSKIS, 1981, S. 32).
[2] Lett.: "Bernstein"; bis 1922 "Edinburg", zu Ehren der Hochzeit von Maria, Tochter von Zar Alexander II mit dem Edinburger Herzog Alfred (GREIŽA-LISOVSKIS, 1981, S. 36).
[3] Davon zeugen noch heute mehrere alte, teilweise sehr kurze (nur 40 m lange) Gäßchen.

Jahrhunderts und in Vaivari wurde 1899 vom Roten Kreuz ein erstes Tuberkulose-Sanatorium eingerichtet (GREIŽA-LISOVSKIS, 1981, S. 52).[1]

Neben dem Fremdenverkehr ist die Gegend zwischen Melluži und Vaivari seit Anfang dieses Jahrhunderts[2] auf Gartenbau und Blumenzucht spezialisiert. Der Schwerpunkt liegt in Melluži, wo besonders Tulpen und Nelken gezüchtet werden.

7.3.1.2 Die Entwicklung der Fremdenverkehrsnutzung im "Freien Lettland"

Über die Entwicklung Jurmalas zwischen dem Ersten und dem Zweiten Weltkrieg ist kaum etwas bekannt. Es ist aber anzunehmen, daß die Gästezahlen zurückgingen. NAMSONS nennt die Zahl von 40.000 bis 50.000 Menschen, die sich während der Sommermonate am Rigaer Strand aufhielten.[3] Als Gründe für die Abnahme sind die gleichen Faktoren zu nennen, die sich dort auch heute - d.h. nach dem Zerfall der Sowjetunion bzw. der Erlangung der Selbständigkeit der Baltischen Staaten - auswirken:

- Erstens der Wegfall des Hinterlands, also eines großen Teils des Nachfragepotentials; in den 20er und 30er Jahren betraf dies nicht nur russische, sondern vor allem auch deutsche Erholungssuchende;
- Zweitens wirtschaftliche Probleme - einerseits für staatliche und gesellschaftliche Institutionen, die Einrichtungen und allgemein ein Fremdenverkehrswesen zu unterhalten, und andererseits für die Bevölkerung, sich einen Urlaub zu leisten.

7.3.1.3 Umstrukturierungen unter der Sowjetmacht

Bereits 1940, während der ersten sowjetischen Okkupation, wurden alle Datschas in Jurmala, welche zwei oder mehr Stockwerke, bzw. über 50 m^2 aufwiesen, verstaatlicht. Sie stellten nach dem Ende des Zweiten Weltkriegs[4] die wichtigste Grundlage für den Aufbau eines Erholungswesens nach sozialistischem Muster dar.[5]

Anscheinend kam jedoch nicht die "Masse der Werktätigen" - im Rahmen des staatlichen/gewerkschaftlichen Erholungswesens - als erste in den Genuß der neuen Erholungseinrichtungen. Dies mag daran liegen, daß die Gewerkschaften zunächst fast ausschließlich für Sanatorien zuständig waren, von denen es in Jurmala ja traditionell nur wenige gegeben hatte.[6] Andere Erholungsformen wurden von ihnen erst später gefördert. Fest steht jedenfalls, daß die ersten "reinen" Erholungseinrichtungen nur bestimmten Gruppen zugänglich waren: In Dzintari wurde 1945 als erstes ein Erholungsheim für Künstler und eines für Mitglieder des Moskauer Künstlertheaters eröffnet. Ihnen folgten in den nächsten Jahren in Majori und Bulduri mehrere Erholungs-

---

[1] Die deutschen Namen der Orte lassen darauf schließen, daß sie im letzten Jahrhundert teilweise gar nicht als eigenständige Siedlungen angesehen wurden; so wird im Baltischen Historischen Ortslexikon (1990) das heutige Pumpuri als Karlsbad-Ost, Melluži als Karlsbad-West, sowie Asari als Assern-Ost und Vaivari als Assern-West geführt.

[2] Nach der Trockenlegung der Sümpfe (GREIŽA-LISOVSKIS, 1981, S. 52).

[3] Incl. ständiger Bevölkerung (NAMSONS, 1967, S. 146).

[4] Während des Kriegs gab es in Jurmala kaum Zerstörungen.

[5] NAMSONS (1967, S. 147) nennt dies, "den ganzen Rigaer Strand großzügig umgestalten".

[6] Erst in sowjetischer Zeit wurden sie dann stärker ausgebaut.

heime für Angestellte von verschiedenen Ministerien und Institutionen (NAMSONS, 1967, S. 147). Es ist sicher kein Zufall, daß unter den Trägern von Sanatorien und Erholungsheimen, die in einem Reiseführer von 1954 genannt werden, sehr viele zentrale Moskauer Organisationen waren: VCSPS, Tass, Medizinische Akademie der Wissenschaften der UdSSR, Lettisches Gesundheitsministerium, Unionsministerien für Zivile Luftfahrt und für Kohlebergbau (Riga i Rižskoe vzmor'e, 1954).

Die zahlreichen Sommerhäuschen[1] in Jurmala wurden den verschiedenen Erholungseinrichtungen zugeordnet, welche dadurch teilweise bis zu 22 Nebengebäude aufweisen, in denen heute i.a. die Urlauber untergebracht sind. Ein Vorteil dieser Vorgehensweise war - neben den geringeren Investitionskosten in den schwierigen Nachkriegsjahren -, daß das traditionelle Ortsbild weitgehend erhalten werden konnte. Gleichzeitig ist darin aber auch ein Nachteil zu sehen, da die Gebäude inzwischen entsprechend überaltert und oft nach wie vor ohne Sanitäranlagen, ausreichende Isolierung etc. sind (Jurmala, 21.5.1983).

7.3.2 JURMALA DER 80er JAHRE

Auf Dauer konnten die Kapazitäten der enteigneten Datschas und Erholungseinrichtungen aus der Vorkriegszeit nicht ausreichen, und so setzte ab den 60er Jahren eine zweite Phase, in der vor allem Neubauten entstanden, ein (LUSE, 1984, S. 142).
Bevorzugter Ortsteil war Lielupe. Dies lag nicht nur daran, daß dort die Bebauung noch nicht so dicht war wie in den zentralen Teilen von Jurmala. Ausschlaggebend war die Idee, die Einrichtungen (innerhalb des Fremdenverkehrsortes) möglichst nah bei Riga zu bauen, um den Erholungssuchenden die Möglichkeit zu geben, in der Hauptstadt kulturelle und andere Veranstaltungen zu besuchen.
Es hat sich jedoch gezeigt, daß die Urlauber das Angebot gar nicht wahrnehmen, sondern lieber in der Nähe ihrer Unterkünfte bleiben. Inzwischen wird nicht nur aus diesem Grund die Ansiedlung von Erholungseinrichtungen im östlichen Teil Jurmalas negativ beurteilt: Eine zu große Ausdehnung von Lielupe[2] kann dazu führen, daß Jurmala zu einem Vorwort von Riga wird.[3]
Schon jetzt würden die Flächen in Lielupe eigentlich benötigt, um den gestiegenen Bedarf der Rigaer Bevölkerung an Naherholungsmöglichkeiten zu befriedigen. Es wird deswegen die Forderung erhoben, Flächen, die in 20 (Zug)Minuten Entfernung von Riga liegen, für diesen Zweck zu reservieren. Seit einigen Jahren liegt der Planungsschwerpunkt nun auf dem westlichen Teil von Jurmala, wo besonders Jaunkemeri ausgebaut werden soll.
Die "Neubauten" Jurmalas geben noch aus anderen Gründen Anlaß zur Kritik: Es handelt sich bei ihnen im allgemeinen (vor allem bei denen von der Zentral-Gewerkschaft) um Standardprojekte, wie sie in der ganzen Sowjetunion gebaut wurden, und

[1] Sie bestanden vorwiegend aus Holz, nur vereinzelt gab es Steinhäuser.
[2] Lielupe wurde gleichzeitg verstärkt mit Wohnhäusern (vor allem Einfamilienhäuser für Mitglieder des Fischereikolchoz) bebaut (GREIŽA-LISOVSKIS, 1981, S. 29).
[3] Riga selbst ist ja in den letzten Jahrzehnten auch sehr stark gewachsen; 1959: 580.400 EW, 1989: 905.200 EW (Nar. choz. LatSSR, 1990, S. 42).

die in keiner Weise an die regionalen oder lokalen Gegebenheiten, z.B. im Baustil, angepaßt waren.[1]
Der Reiz Jurmalas lag bisher in der relativ lockeren Bebauung mit viel Grünflächen, die ihm den Charakter eines Villenortes verliehen. Die neuen Betonbauten wirken viel zu städtisch und passen nicht zu der traditionellen (Holz)Bauweise. Außerdem überragen sie mit ihren neun bis zwölf Stockwerken nicht nur das restliche Ortsbild, sondern auch den angrenzenden Kiefernwald. Abgesehen davon, daß sich Hochhäuser bei einem so flachen Relief optisch nicht verbergen lassen,[2] beeinflussen mehrstöckige Häuser auch in negativer Weise das lokale Klima, welches in seiner gesundheitsfördernden Wirkung auf einen ungestörten Luftaustausch zwischen Ostsee und Küste angewiesen ist (vgl. BUKA, 1989 und Kap. 5.1.2).

7.3.2.1 Funktionale Differenzierungen innerhalb Jurmalas

Auch wenn Jurmala inzwischen weitgehend zusammengewachsen ist,[3] so haben sich doch alte Strukturen und Funktionsteilungen bis heute erhalten. Sowohl bei den Fremdenverkehrseinrichtungen als auch bei dem Dienstleistungsangebot ist eine gewisse Spezialisierung der einzelnen Ortsteile festzustellen.

Abb. 31: Übersichtskarte von Jurmala/Rižskoe vzmor'e

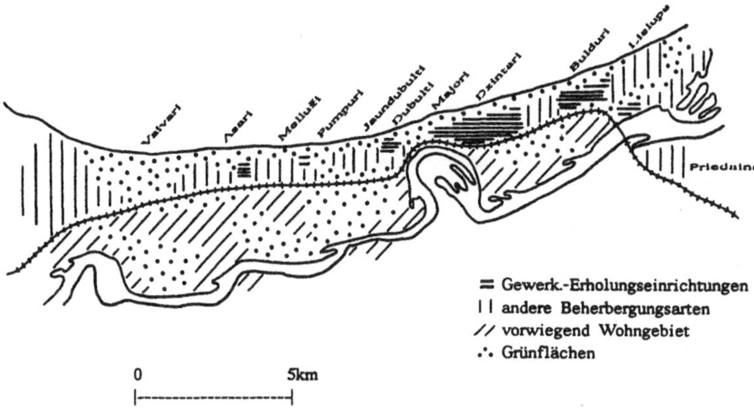

Quelle: LUSE, 1984, S. 143; Z: M. Henningsen

[1] Architekten würden selber nicht darin Urlaub machen wollen, wie ein Journalist schrieb (Jurmala, 30.7.1987).
[2] Im Gegensatz zu den Steilküsten am Schwarzen Meer z.B.
[3] Gleichzeitig haben sich die meisten Ortsteile auch "in die Tiefe", d.h. vom Meer weg ausgedehnt; die neueren Gebiete jenseits der Bahnlinie dienen in erster Linie als Wohnviertel, während die andere Seite hauptsächlich von Erholungseinrichtungen eingenommen wird; nach KARTUNOVA (1989, S. 181) befindet sich Jurmala inzwischen - nach "Überwindung" des asymmetrischen Stadiums (Bebauung nur zwischen Bahnlinie und Strand) - im Übergang vom linearen zum kompakten Stadium.

So war Dubulti auch Ende der 80er Jahre das administrative[1] und Majori das wirtschaftliche Zentrum[2], während sich Dzintari inzwischen als kulturelles Zentrum[3] von Jurmala etablieren konnte.
Industrieanlagen finden sich nur in Dubulti (Mühle); Lielupe hat als zweites Standbein den Fischereikolchoz, wo die alte Fischereitradition fortgeführt wird. Die westlichen Teile zeichnen sich auch heute noch durch zahlreiche (Obst- und Gemüse-)Gärten aus (GREIŽA-LISOVSKIS, 1981, S. 40ff.; RUTKIS, 1967, S. 202f.).

Allgemein als Zentrum von Jurmala ist der Bereich (Dubulti) Majori-Dzintari anzusehen: Hier befanden sich Anfang der 90er Jahre die Poliklinik des Kurortes, das Reisebüro der Gewerkschaften (*Bjuro turizma i ėkskursii VCSPS*) und die Zimmervermittlung, die Anlegestelle, zahlreiche Geschäfte, ein großer Anteil der Restaurants sowie die Fußgängerzone Jurmalas.
Sie besteht seit ca. 10 Jahren[4] und erstreckt sich (mitten im Kurgebiet) auf einer Länge von ca. 500 m parallel zum Ufer zwischen Dzintari und Majori.[5]
Die Gebäude entlang der Fußgängerzone (Jomas-iela) sind bezüglich ihres Alters und ihrer Größe sehr unterschiedlich:[6] Von kleineren Kiosken bis zu großen, modernen Kaufhäusern oder Hotels ist alles vertreten.
Durch die sehr unterschiedliche Bebauung entsteht kein einheitliches Bild, was aber zumindest zum Teil durch die durchgehende Pflasterung wieder ausgeglichen wird. Daneben sollen auch die Grünflächen, welche vor allem vor den neueren Gebäuden angelegt wurden, die Fußgängerzone von einer normalen Straße abgrenzen und zum Flanieren einladen.
Wie bei Fußgängerzonen im allgemeinen üblich finden sich unter den Geschäften wenig Lebensmittelläden, stattdessen mehr Einkaufsmöglichkeiten für den mittelfristigen Bedarf und für Genußmittel. Daneben konzentrieren sich hier öffentliche und private (kooperative) Dienstleistungsbetriebe (Verwaltung, Friseure etc.).

7.3.3 DAS BEHERBERGUNGSANGEBOT

Insgesamt standen den Erholungssuchenden in Jurmala Ende der 80er Jahre während des Sommers ca. 95.000 (ganzjährig knapp 20.000) Plätze in Beherbergungseinrichtungen sowie 25 Kantinen, über 60 Cafés/Bars und 14 Restaurants zur Verfügung (GREIŽA-LISOVSKIS, 1981, S. 85; Gosstroj, 1988).

Der genaue Umfang des Fremdenverkehrsangebots von Jurmala ist nicht ganz exakt zu bestimmen. Dies betrifft weniger die Kureinrichtungen für Erwachsene, für die dank einer Untersuchung des Gosstroj Lettlands von 1988 (vgl. Kap. 6.1) die wohl umfassendste Bestandsaufnahme[7] vorliegt.

---

[1] Mit Exekutivkomitee, verschiedenen Behörden und Organisationen sowie Dienstleistungsbetrieben.
[2] Hauptmarkt - er ist als einziger Markt Jurmalas direkt an einem Bahnhof gelegen; große Geschäfte; einzige Wäscherei/Reinigung und Poliklinik Jurmalas.
[3] Konzertsaal als Sommerfiliale der Lettischen Philharmoniker, Museen.
[4] Zunächst wurde die Straße nur für Autos gesperrt, später wurde der Straßenbelag entsprechend einer Fußgängerzone auch optisch umgestaltet, Autos dürfen sie nun auch nicht mehr überqueren.
[5] Verwaltungsmäßig gehört sie wohl ganz zu Majori.
[6] Darin unterscheidet sich die Jomas-iela z.B. von Moskaus erster Fußgängerzone im Arbat.
[7] Mit Auflistung nicht nur der gewerkschaftseigenen, sondern auch der "betrieblichen" Einrichtungen.

Schwieriger ist schon die Lage bei den Kinder-Sanatorien, welche nicht der Gewerkschaft, sondern dem Gesundheitsministerium unterstanden. Zu ihnen gibt es kaum Angaben (vgl. Kemeri). Dies gilt auch auch für die sonstigen Kinder-Erholungseinrichtungen: Zu den Pionier- und Sportlagern liegen nur sehr vage Informationen vor. Der Grund ist vermutlich in ihrer Zugehörigkeit zu sehr vielen unterschiedlichen Betrieben und Institutionen zu sehen.

Problematisch ist die Informationslage besonders bei den Erholungsbasen und Datschas. Hierzu können nur Schätzwerte gegeben werden, da die Angaben von den Betrieben bzw. von den Vermietern abhängig sind. Hinzu kommen noch Zuordnungsprobleme: Betriebe mieten oft jedes Jahr dieselben Datschas, fassen diese Erholungskapazitäten dann mit der Zeit als ihr Eigentum auf und führen sie z.B. als Erholungsbasen. Dadurch wird das Bild verfälscht, und es kommt auch zu Doppelzählungen.[1)]

Ebenfalls schwierig ist die Bestimmung des Hotelangebots. Knapp 800 Betten stehen in Jurmala anscheinend für Teilnehmer einer ambulanten Kur (*kursovkniki*) zur Verfügung.[2)] Die Hauptgebäude befinden sich in Majori und Dzintari. Daneben wurden in den 80er Jahren während der Saison noch sog. Sommerhotels betrieben. Bei ihnen handelt es sich nicht um Hotels im eigentlichen Sinn, sondern um Übernachtungsmöglichkeiten, die entweder in anderen Gebäuden (z.B. Schulen) dazugemietet wurden oder aber aus Campingplätzen bestehen. Dementsprechend schwanken die Angaben. In Jurmala sind es ca. 1.000 Plätze, die sich vor allem in den Randgebieten Pumpuri, Vaivari (und Jaunkemeri) befinden (Gosstroj, 1988, S. 204).[3)]
Diese Kapazitäten werden aber auch teilweise dem Tourismus-Sektor zugerechnet. Bei diesem zeigen sich bei der Erfassung des Angebots von Jurmala also die gleichen Probleme und Unstimmigkeiten, wie sie allgemein für diesen Fremdenverkehrsbereich dargestellt worden sind.[4)]

Trotz der genannten Einschränkungen lassen sich zumindest für die wichtigsten Fremdenverkehrsarten und deren Verteilung auf die Ortsteile einige Aussagen machen (s. Abb. 32; Tab 23-25).
Auch wenn gerade die Kapazitätsangaben nicht immer eindeutig sind, sollen an dieser Stelle - soweit möglich - alle Einrichtungen aufgeführt werden, um erstmals einen Überblick über das gesamte Angebot Jurmalas - auch der "Spezialeinrichtungen", die nur bestimmten (Elite-)Gruppen offenstanden, - zu liefern.[5)]
Bei der Darstellung ist zu berücksichtigen, daß sie den Stand vom Ende der 80er Jahre wiedergibt: Es ist davon auszugehen, daß das Angebot seit der Wiedererlangung der Selbständigkeit Lettlands 1991 - teils aus ökonomischen, teils aus organisatorisch-politischen Gründen und teils wegen ungeklärter Eigentumsverhältnisse - zurückgegangen ist. Zur derzeitigen Situation liegen nur sehr spärliche Informationen

[1)] Als Datscha und als Erholungsbase (Gosstroj, 1988, S. 200); andererseits werden manchmal sehr einfach ausgestattete Erholungsbasen, die mit ihren kleinen Holzhütten mehr (der sowjetischen Variante von) Campingplätzen ähneln, auch als "Zeltstädte" bezeichnet.
[2)] In einem Hotel des *Latsovetkurortov* oder in gemieteten Einrichtungen.
[3)] Daneben gibt es noch die eigentlichen Campingplätze (s.u.).
[4)] Beschränkung auf die gewerkschaftseigenen Einrichtungen oder Einbeziehung des zusätzlichen Angebots.
[5)] Bisher gab es immer nur "Gesamt"-Darstellungen der gewerkschaftseigenen, da bis vor wenigen Jahren die Existenz von besonderen Erholungseinrichtungen für Kader etc. geleugnet wurde, bzw. ein Tabu war.

vor. Diese können auch nur als vorläufig angesehen werden, da sich die Umstrukturierung sicher noch einige Zeit hinziehen wird.[1]

7.3.3.1 Sektorale Unterschiede

Die Verteilung der Einrichtungen des organisierten Fremdenverkehrs ist nicht gleichmäßig, sondern weist - je nach Beherbergungsart - unterschiedlich stark ausgeprägte räumliche Schwerpunkte auf:

Sanatorien
Sowohl die Sanatorien für Erwachsene als auch die für Kinder konzentrieren sich im Bereich Bulduri-Majori (Abb. 32, Tab. 23). Hier befinden sich acht der zehn Erwachsenen- (mit 78% der Kapazität), bzw. drei der vier Kinder-Sanatorien Jurmalas.[2]
Über die Hälfte der Erwachsenen-Sanatorien (55% der maximalen Kapazität von knapp 3.900 Plätzen) wurden von verschiedenen Ministerien geleitet, standen also nur deren Mitarbeitern offen.[3] Im Gegensatz zu den anderen Erholungseinrichtungen gibt es bei den Sanatorien kaum Unterschiede im Platzangebot während des Sommers und dem restlichen Jahr. Lediglich das Gewerkschafts-Sanatorium "im. Gor'kogo" reduziert seine Kapazität (s. Tab. 23).

Medizinische Pensionen
Die Verteilung der sieben medizinischen Pensionen Jurmalas folgt nur zum Teil der der Sanatorien.[4] Der Schwerpunkt liegt auch bei ihnen in den Ortsteilen Dzintari und Majori, in Bulduri gibt es jedoch keine, dafür sind die westlichen Viertel stärker als bei den Sanatorien vertreten (Abb. 32; Tab. 24).
Das Angebot der Gewerkschaften dominierte hier deutlich: Sie stellten fünf der sieben Pensionen, bzw. 74% der Kapazität (ca. 2800 Pl.); allerdings sind einige von ihnen außerhalb der Saison gar nicht oder nur sehr eigeschränkt in Betrieb, so daß die gewerkschaftseigenen Pensionen im Winter nur gut 60% der Kapazität stellten. Insgesamt stehen ganzjährig 67% der Maximal-Kapazität zur Verfügung (Tab. 24).

Angesichts der klimatischen Bedingungen im Baltikum, wo die Winter zwar gemäßigt, aber doch wesentlich kühler als z.B. an der Schwarzmeerküste sind, lassen sich von der Öffnungsdauer Rückschlüsse auf die Ausstattung bzw. Bauweise der Erholungseinrichtung ziehen. Dies trifft in besonderem Maße in Jurmala zu, wo noch viele Erholungseinrichtungen - zumindest teilweise - aus den ehemaligen Sommerhäusern bestehen, die ja nicht für eine ganzjährige Nutzung gedacht waren.[5] Vor allem die Gewerkschaften verfügten über weniger Geld, um ihre Einrichtungen zu modernisieren, bzw. neue zu bauen.

---

[1] Die Namen der Erholungseinrichtungen scheinen (soweit bisher bekannt) weitgehend - gegebenenfalls in einer lettischen Version - beibehalten zu werden, zumindest solange sie nicht politisch-ideologisch belastet waren.
[2] Für Kinder-Sanatorien liegen keine genaueren Kapazitätsangaben vor (s.o.).
[3] Durch die (vorübergehende) Schließung des Gewerkschafts-Sanatoriums "Baltija" (s.u.) erhöhte sich der Anteil sogar auf über 60%.
[4] In der offiziellen Fremdenverkehrsstatistik werden sie i.a. mit den Sanatorien zusammengefaßt (s. Kap. 3.2.1.3), bei Gosstroj sind sie aber gesondert ausgewiesen.
[5] Es fehlen Isolierungen, oft auch Heizungen.

Tab. 23: Verteilung der Sanatorien Jurmalas auf die Ortsteile

Ortsteil	Name	Betreiber	Kapazität So	Kapazität ganzj.	Schichten pro Jahr
Lielupe	Rižskoe vzmor'e	Balt. Militärbezirk	700	700	13
Bulduri	im. Gor'kogo	Gewerkschaft	436	340	15
	Bulduri	" "	476	476	15
	Belorussija	4.Hauptabt.d.Weißruss.Ges.min.	250	250	15
	Bulduri[a]	*Gesundheitsministerium*	?	?	?
	Sparite[a]	" "	?	?	?
Dzintari	im. Fabriciusa	Gewerkschaft	445	445	11
	Baltija[b]	" "	(392	392)	-
	Dzintari	Sowj. Innenministerium	210	210	11
	Avoti[a]	*Gesundheitsministerium*	?	?	?
Majori	Majori	Balt. Flotte/SU-Verteidig.min.	500	500	13
	Rižskoe vzmor'e	4. Hauptabt. d. Lett. Ges.min.	330	330	5
Jaundubulti	Rižskij zaliv	Ministerrat der UdSSR	150	150	11
Vaivari	*Vaivari*[a]	*Gesundheitsministerium*	?	?	?

[a] Kinder-Sanatorien; für sie liegen keine Kapazitäts-Angaben vor;
[b] wurde 1988 zur Generalüberholung geschlossen;

Quelle: Gosstroj, 1988, S. 167f.; GREIŽA-LISOVSKIS, 1981, S. 32ff.;

Tab. 24: Verteilung der medizinischen Pensionen Jurmalas

Ortsteil	Name	Betreiber	Kapazität So	Kapazität ganzj.	Schichten pro Jahr	Fläche[a]	Zahl der Gebäude[a]
Dzintari	Sakta	Gewerkschaft	250	250	16	2,4 ha	
	Selga[b]	" "	510	450	8	4,5 "	
Majori	Draudziba	" "	500	270	15	5,5 "	22
	Majori	" "	470	200	15	14,8 "	18
Jaundubulti	Jaundubulti	Lett. Pensionskasse f. Zusatzrente	250	250	11		
Pumpuri	Pumpuri	Gewerkschaft	410	-	6	69,2 "	15
Vaivari	Start	Unionsmin. für Maschinenbau	480	480	11		

[a] soweit Angaben vorliegen;
[b] lt. POLTORANOV/SLUCKIJ (1986, S. 601) wird die Hälfte der Plätze im Sommer als Erholungsheim geführt;

Quelle: Gosstroj, 1988, S. 177;

Außerhalb der Saison reduzieren ihr Angebot dementsprechend vor allem diejenigen medizinischen Pensionen der Gewerkschaften, die über eine besonders große Fläche, bzw. besonders viele (Neben-)Gebäude verteilt sind ("Pumpuri", "Majori", "Draudziba", s. Tab. 24).

Poliklinik

Die in Majori gelegene Poliklinik ("Rižskoe vzmor'e") kann im Sommer ca. 3.000, im Winter 1.500 Menschen täglich versorgen.[1] Es handelt sich bei ihnen um Teilnehmer einer ambulanten Kur (*kursovniki*) und um Gäste der medizinischen Pensionen (mit Ausnahme von "Sakta", s.u.).

Die Sanatorien verfügen - im Unterschied zu denen von Kemeri - selbst über die notwendige Ausstattung für die Behandlung ihrer Kurgäste. Teilweise sind sie auch darauf ausgerichtet, darüber hinaus noch allgemeine Aufgaben für die Versorgung von Gästen anderer Einrichtungen zu übernehmen: Das Sanatorium "im. Fabriciuza" ist z.B. auf Diagnostik spezialisiert. Sie wurden in den 80er Jahren von den anderen Sanatorien, aber auch von der Poliklinik in Anspruch genommen (POLTERANOV/SLUKKIJ, 1986, S. 600). Im Sanatorium "im. Gor'kogo" wurden Gäste aus der medizinischen Pension "Sakta" behandelt, und "Baltija" stellte ein "Lehr-Sanatorium" für die Ausbildung medizinischen Fachpersonals in gewerkschaftlichen Kurwesen dar (POLTORANOV/SLUCKIJ, 1986, S. 598).

Erholungspensionen[2]

Bei den Erholungspensionen zeichnet sich zwar in Lielupe eindeutig ein Schwerpunkt ab,[3] doch ist diese Beherbergungssart noch am gleichmäßigsten über fast ganz Jurmala verteilt.[4]

Von den zwölf Einrichtungen gehörten in den 80er Jahren nur sieben den Gewerkschaften. Sie konnten aber dennoch 74% der maximalen Kapazität verzeichnen. Bei den ganzjährig zur Verfügung stehenden Plätzen fällt der Anteil auf 55%. Der Unterschied zwischen maximaler und ganzjähriger Kapazität ist bei den Erholungspensionen insgesamt größer als bei den medizinischen Pensionen: Nur 43% der Kapazitäten werden ganzjährig betrieben (Tab. 25).[5]

Alle Gewerkschafts-Pensionen waren seit 1980 auf die Unterbringung von Ehepaaren oder Familien mit Kindern (4-15 Jahre) ausgerichtet.[6]

Erholungsbasen

Wie aus Abb. 32 hervorgeht, gehören die Erholungsbasen zu denjenigen Fremdenverkehrseinrichtungen, die in Jurmala sehr ungleich verteilt sind: Über 70% der Kapazitäten sind auf Priedaine im Osten Jurmalas konzentriert (5.000 Pl.). Erst in den letzten Jahren wurde Melluži als zweiter Schwerpunkt ausgebaut (GREIŽA-LISOVSKIS, 1981, S. 53). Hier befinden sich inzwischen ca. 1.300 Plätze.[7]

---

[1] Der Schwerpunkt liegt in Jurmala auf Meerwasserbädern und heilklimatischen Faktoren.

[2] Da in Jurmala nur ein Erholungsheim ("Riga") betrieben wird, wird dieses hier mit einbezogen.

[3] Er ist in erster Linie durch die erst 1982 eröffnete Gewerkschafts-Pension "Lielupe", die allein fast 800 Plätze bietet, bedingt.

[4] Nur in Priedaine und Vaivari gibt es keine derartigen Einrichtungen.

[5] Dem Verzeichnis von POLTORANOV/SLUCKIJ (1986, S. 602ff.) ist zu entnehmen, daß die meisten gewerkschaftseigenen Erholungspensionen - mit Ausnahme natürlich von "Lielupe" - auf mehrere (Holz-)Häuser verteilt sind.

[6] GREIŽA-LISOVSKIS, 1981, S. 8; bei den "betrieblichen" werden keine Angaben gemacht.

[7] Daneben gibt es nur noch geringe Kapazitäten in Jaundubulti.

Tab. 25: Verteilung der Erholungspensionen nach Ortsteilen

Ortsteil	Name	Betreiber	Kapazität So	Kapazität ganzj.	Schichten
Lielupe	im. Gagarina	Gewerkschaft	301	-	11
	Lielupe	" "	788	611	17
Bulduri	Cinja[a]	" "	341	341	30
	Riga[b]	" "	276	-	11
Dzintari	Dzintari	" "	430	-	13
	Dzintari	Baltische Eisenbahnen	297	297	23
Majori	Jantar	ZK der Lett. KP	150	150	13
Dubulti	Pribaltika	Gewerkschaft	469	-	12
Jaundubulti	Pravda	ZK der KPdSU	96	96	13
Pumpuri	Impuls	Energieministerium	220	220	9
Melluži	-	*Latbytchim*	250	-	13
Asari	Asari	Gewerkschaft	400	-	13

[a] wurde bis 1984 als Sanatorium geführt (TEREN'TEVA, 1984);
[b] einziges Erholungsheim Jurmalas;

Quelle: Gosstroj, 1988, S. 179/180;

Die Saisonalität ist bei den Erholungsbasen sehr stark ausgeprägt: Etwa 80% der Plätze stehen nur im Sommer zur Verfügung.
Eine genaue Liste der ca. 50 Erholungsbasen Jurmalas liegt nicht vor. Einige Beispiele (für Kapazitäten und Träger) können jedoch zumindest an dieser Stelle aufgeführt werden (Gosstroj, 1988, S. 200).
Sehr große Erholungsbasen betrieben (Ende der 80er Jahre):
- *Gosplan* der Lettischen SSR (350 Pl. im Sommer; 50 Pl., ganzjährig; in Priedaine);
- der Metallverarbeitungsbetrieb "Darbaspars" (400 Pl., nur So; Priedaine);
- Industrie-Betrieb "Sarkanais kvadrats" (400 Pl., nur So; Melluži);
- die Handels- und Kühlflotte, Stützpunkt Riga (460 Pl., nur So; Melluži).

Wesentlich geringere Kapazitäten[1] wiesen die Erholungsbasen von folgenden Institutionen auf:
- Lettische Abteilung der Unionsbank für Bauwesen (66 Pl., gj.; Melluži);
- Lettische Abteilung der sowjetischen Staatsbank (88 Pl., nur So; Jaundubulti);
- Zentralorgan des Lettischen ZK KP (80 Pl., nur So; Melluži);

[1] Sie entsprechen damit aber immer noch dem lettischen Durchschnitt von 85 Plätzen (Gosstroj, 1988, S. 200ff.).

Geringere Kapazitäten bedeuten nicht in jedem Fall, daß es sich um bescheidene Anlagen handeln muß.[1] Da die oben aufgezählten "kleineren" Basen Einrichtungen von priviligierten Institutionen wie der Staatsbank oder des Zentralorgans der KP sind, ist anzunehmen, daß sie einfach ihren Beschäftigen großzügig konzipierte Anlagen - ohne die manchmal "drangvolle Enge" normaler (sowjetischer) Erholungseinrichtungen - bieten wollten und konnten.[2]

Touristenunterkünfte

Wie bereits dargestellt wurde, ist ihre Zahl bzw. ihr Angebot nicht exakt zu bestimmen.

In Vaivari gibt es eine 1964 eröffnete Turbase (250 Pl.).[3] In manchen Quellen[4] wird auch für Lielupe eine Turbase (mit ca. 300 Plätzen) verzeichnet, in anderen wird sie jedoch nicht erwähnt.[5] Der Grund für diese Unterschiede liegt in ihrer Zugehörigkeit zum sowjetischen Verteidigungsministerium, bzw. der Baltischen Flotte (SSSR - Ministerstvo Oborony, 1977).

Sommerhotels/Campingplätze

Während des Sommers werden außerdem noch ca. 1.200 Übernachtungsmöglichkeiten auf Campingplätzen und in den sog. Sommerhotels (*letnye gostinicy*) angeboten, über deren Verteilung auf Jurmala zum Teil widersprüchliche Informationen vorliegen. Nur die Anlage in Pumpuri (ca. 800 Pl.) wird in allen Quellen genannt;[6] Gosstroj (1988) und LARS (1989) führen beide außerdem einen Campingplatz in Vaivari auf; nur einmal verzeichnet sind dagegen die Anlagen in Dzintari (Gosstroj) und Melluži (Touristisches Schema).

Exkursions-Büro

Die touristischen Einrichtungen, vor allem die Turbase, konnten im Rahmen von "Touristenrouten", von Individualtouristen aber auch von Reisenden aufgesucht werden, die aufgrund von Austausch-Abkommen zwischen dem Lettischen Tourismus-Rat (Abteilung Jurmala) und anderen lokalen oder regionalen Räten nach Jurmala kamen. Dieser Austausch wurde über das Exkursions-Büro (Jomas-Str.) organisiert.

Bereits vor der endgültigen Loslösung der Baltischen Republiken von der Sowjetunion geriet dieses System ins Wanken: Im Sommer 1989 sagten zahlreiche Tourismus-Räte aus verschiedenen Regionen der Sowjetunion ihre bereits fest gebuchten Reisen nach Jurmala kurzfristig wieder ab.[7] Begründet wurde dies mit der allgemein antirussischen Stimmung im Baltikum und den "*vizitki*-Karten". Diese speziellen Ausweise für die Bevölkerung der Republik waren im Frühjahr 1989 in Lettland eingeführt wor-

---

[1] Es gibt natürlich auch kleinere Erholungsbasen, die von weniger finanzstarken Betrieben, etc. unterhalten werden; diese liegen dann aber nicht gerade im Prestige-Ort Jurmala.

[2] Um dies wirklich bewerten zu können, müßten Angaben über die Fläche vorliegen; dies ist jedoch nicht der Fall.

[3] Sie wurde Mitte der 80er Jahre zwecks Renovierung - zumindest teilweise (s.u.) - geschlossen (CSU, 1987, S. 14).

[4] GREIŽA-LISOVSKIS, 1981, S. 29; LARS, 1989, Abb. 19; Gosstroj, 1988, S. 300; Touristisches Schema von Jurmala, u.a.

[5] Perečen'..., 1985; Tur. učrež. prof., 1983.

[6] Gosstroj, 1988, S. 204/205; LARS, 1989, Abb. 19; Touristisches Schema v. Jurmala.

[7] Jurmala hatte bis Ende August 20-25 Briefe erhalten.

den,[1] um Hamsterkäufe von Bewohnern anderer Republiken zu unterbinden. Da sie nicht beim Kauf aller Waren nötig waren, wurde die Versorgung der Urlauber dadurch eigentlich nicht beeinträchtigt, doch war die psychologische Wirkung sehr groß.[2]
Die betreffenden Tourismus-Räte wurden in ihrer Haltung, auch die eigentlich fälligen Stornogebühren nicht zu zahlen, vom Zentralrat in Moskau unterstützt. Abgesehen von den wirtschaftlichen Schäden für die Abteilung des Tourismus-Rats in Jurmala und ihre Angestellten,[3] mußte außerdem das Angebot für Reisen in die Gegenden der absagenden Regionen reduziert werden, da das System ja auf Austausch basierte. Besonders schmerzhaft war das natürlich z.B. im Fall des Krasnodarskij Kraj, dessen Tourismus-Rat an alle drei baltischen Republiken Absagen geschickt hatte:[4] Auf seinem Gebiet liegt u.a. auch Soči, wo ein Urlauber ohne Putjovka große Probleme hatte, ein Quartier zu finden.

Kurhotels

Nicht für Touristen gedacht waren die beiden Kurhotels von Jurmala, deren Hauptgebäude in Dzintari ("Avoti") und Majori ("Jurmala") liegen.[5] Zusammen mit ihren Dependancen in verschiedenen Stadtteilen bieten sie Platz für ca. 800 Teilnehmer einer ambulanten Kur (Gosstroj, 1988, S. 204/205).

Erholungsheime für Künstler etc.

Diese Erholungseinrichtungen[6] sind zwar nicht in allen Ortsteilen vertreten, doch ist ihre Verteilung - ähnlich wie die der Erholungspensionen - relativ gleichmäßig, nirgends fallen sie besonders ins Gewicht. Zusammen bieten sie ca. 1.000 Plätze und damit fast die gesamte Kapazität Lettlands auf diesem Sektor (Gosstroj, 1988, S. 300). Soweit Informationen dazu vorliegen, können für Ende der 80er Jahre folgende größere Einrichtungen unterschieden werden:
Lielupe: "Haus der Wissenschaften" der Lettischen Akademie der Wissenschaften und ein Erholungsheim des Komponisten-Verbands der Lettischen SSR;
Dzintari: ein Erholungsheim für Bildende Künstler sowie eins für Architekten;
In Dubulti liegt ein Erholungsheim für Schriftsteller und in Melluži ein weiteres für Komponisten (GREIŽA-LISOVSKIS, 1981, S. 29ff.).

Pionierlager[7]

Erholungseinrichtungen für Kinder und Jugendliche sind in den meisten Ortsteilen vorhanden, aber nur im Bereich Jaundubulti-Vaivari nehmen sie eine wichtige Stellung im lokalen Fremdenverkehrsangebot ein: In Jaundubulti, Melluži und Vaivari stellen

[1] Etwa zur gleichen Zeit wurde Ähnliches auch in den anderen baltischen Republiken organisiert; sie nahmen dabei eine - viel beachtete - Vorreiterrolle ein, doch 1990 folgten auch andere Republiken bzw. einzelne Städte (Moskau, Leningrad, Ferienorte an der Schwarzmeerküste, etc.).
[2] Dazu trugen teilweise auch die Auswüchse des *vizitki*-Systems bei, wenn sie z.B. in manchen Geschäften sogar beim Kauf von Souvenirs vorgezeigt werden sollten.
[3] Sie bekamen 1989 erstmals keine Prämien ausgezahlt, da das Soll nicht erfüllt werden konnte.
[4] Aussagen vom Leiter der Tourismusrat-Abteilung in Jurmala; Pravda 26.8.1989.
[5] Heute steht das Hotel "Jurmala" ausländischen Touristen offen.
[6] *Doma tvorčestva*
[7] Der Begriff "Pionierlager" wird auch an dieser Stelle als Sammelbezeichnung für alle derartigen Einrichtungen verwendet.

sie zwischen 12% und 16%, in Asari 37% der Übernachtungskapazitäten; in Pumpuri dominieren sie sogar deutlich mit 45% (s. Abb. 32).[1)]
Eine Aufstellung der einzelnen Lager liegt nicht vor,[2)] auch ist nur ihre Gesamtkapazität (ca. 5.700 Plätze), nicht die der einzelnen Einrichtungen bekannt (Gosstroj, 1988, S. 300; LARS, 1989, Abb. 19).

Datschas

Mit Datschas sind hier nur die Sommerhäuser gemeint, die von (über 400) Betrieben und Organisationen für ihre Beschäftigten entweder über die Gewerkschaften oder direkt in Jurmala gemietet wurden (Gosstroj, 1988, S. 213). Offiziell galten alle als Eigentum der Stadt Jurmala, doch war die Miete sehr gering (MN, 7/1990). Oft wurden sie auch - aus Gewohnheitsrecht - als Eigentum betrachtet.[3)] Zimmer oder andere Übernachtungsmöglichkeiten, die von Privat an Privat vermietet werden (oder im Besitz von Privatpersonen sind), fallen nicht darunter (s. Kap. 7.3.3.2).
Der Großteil der Datschas stammt aus den 20er und 30er Jahren dieses Jahrhunderts. Von einflußreichen Organisationen (wie vor allem der KP) wurden für die Nomenklatura in den letzten Jahrzehnten aber auch neue (Pracht)Bauten angelegt, die oft in ihrer Architektur nichts mehr mit den klassischen Sommerhäusern gemein haben.[4)] Auch wenn "Datschas" mit 200 m^2 Wohnfläche, wie sie laut einem Bericht von "Moskow News" dem Oberbefehlshaber des Baltischen Militärbezirks[5)] zur Verfügung stand (MN, 7/1990), wohl eher die Ausnahme waren, hat es doch sicherlich Luxusherbergen für Vertreter der Nomenklatura gegeben, welche den gewöhnlichen Datschas für einfachere Erholungssuchende gegenüberstanden.

Im allgemeinen wird bei den Datschas nur die (Gesamt-)Kapazität und nicht die Zahl der Einrichtungen angegeben, da Unklarheiten über den Begriff "Datscha" als Zähleinheit bestehen. In der ursprünglichen Bedeutung entspricht es einem (kleinen) Haus, das im Sommer für Erholungszwecke genutzt wird. Wenn aber z.B. in dem MN-Artikel von 1.800 Datschas die Rede ist, die allein der Nomenklatura zur Verfügung gestanden haben sollen, so kann es sich hierbei nicht um ganze Häuser gehandelt haben. Wahrscheinlicher ist, daß teilweise größere Häuser z.B. etagenweise an verschiedene Organisationen vermietet wurden und jeder Stock dann als Datscha gezählt wurde.

Die Verteilung der 22.000 bis 24.000 Plätze in den Datschas wird aus Abb. 32 ersichtlich. Sehr deutlich ist dabei ihr Schwerpunkt im Bereich Lielupe-Dubulti. Hier konzentrieren sich 75% der Gesamtkapazität, wobei allein auf Majori ca. 22% entfallen.[6)] In diesen Ortsteilen stellen Datschas auch jeweils die dominierende Beherbergungsform: in Majori 65% und in Dubulti sogar 70% des Angebots.[7)] Eine relativ große Rolle im lokalen Angebot spielen Datschas auch in Jaundubulti und Asari (mit je ca. 47%), für die Gesamtkapazität sind diese aber unbedeutend (Jaundubulti 5,4%,

---

[1)] Auf die genannten Ortsteile entfallen 66% der Pionierlager-Kapazitäten Jurmalas, davon auf Pumpuri allein 36%.
[2)] Laut GREIŽA-LISOVSKIS (1981, S. 8) gab es Anfang der 80er Jahre insgesamt 24 Lager.
[3)] Sie wurden dann oft als Erholungsbasen gezählt (s.o.).
[4)] Dies betrifft vor allem Datschas in Bulduri.
[5)] *Pribaltijskij VO* (*Voennyj okrug*); heutige Bezeichnung: *Sever-zapadnaja gruppa vojsk* (Nordwest-Gruppe der Streitkräfte).
[6)] Auf die anderen Ortsteile je 11-15%.
[7)] Lielupe 58%, Bulduri 53%, Dzintari 48%.

Asari 4,5%). Nur in zwei Rajons, in Priedaine und Vaivari, sind gar keine Datschas verzeichnet.

Einen zusammenfassenden Überblick über die Schwerpunkte bei der Verteilung der einzelnen Fremdenverkehrseinrichtungen gibt Abb. 32. Priedaine ist als einziger Ortsteil monofunktional: Hier sind 74% aller Erholungsbasen von Jurmala konzentriert (Gosstroj, 1988, S. 200; LARS, 1988, Abb. 19). Die anderen Ortsteile wiesen Ende der 80er Jahre alle ein mehr oder weniger breites Spektrum auf.

7.3.3.2 Das Angebot für Individualurlauber

Unter diese Rubrik von Urlaubern fallen einerseits Langzeiterholungssuchende, die außerhalb eines Pauschalarrangements nach Jurmala kommen, und andererseits Naherholer aus Riga (und anderen Städten).
Bei der ersten Gruppe kann noch einmal unterschieden werden zwischen Urlaubern, die ganz auf eigene Faust eine Unterkunft suchen, d.h. Zimmer etc. bei der Bevölkerung mieten, und solchen, welche die Dienste des "Büros für Urlauber ohne Putjovka" in Anspruch nehmen.

Abb. 32: Das Beherbergungsangebot Jurmalas nach Ortsteilen

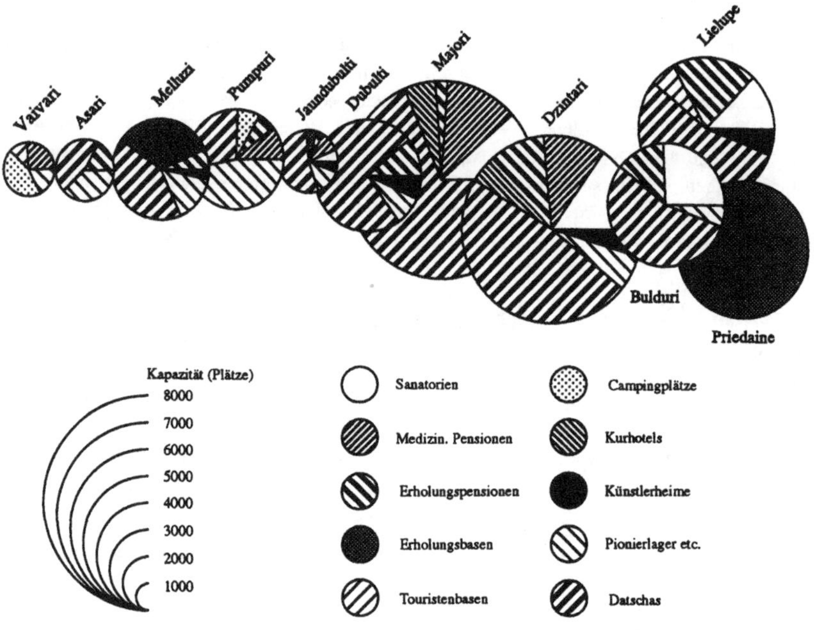

Quelle: LARS, 1989, Abb. 19; Z: M. Jünke

Diese Mitte der 70er Jahre gegründete Einrichtung unterstand dem Lettischen Republiksrat der Gewerkschaften für Kurwesen (*Latsovetkurortov*), arbeitete rechtlich gesehen aber wie eine selbständige wirtschaftliche Organisation (eigene Bilanzen, Presse, etc.).
Aus der Zugehörigkeit zum *Latsovetkurortov* erklärt sich die Ausrichtung auf Urlauber, die in Jurmala eine ambulante Kur machen wollten. Zu den Aufgaben des Büros, in dem u.a. auch ein Arzt arbeitete, um die Urlauber zu untersuchen, gehörte neben der Vermittlung von Unterkünften[1] auch die Realisierung von Kurkarten (*kursovki*; Ochrana truda, 2/1982, S. 22; Sovetskaja Latvija, 28.5.1986).
Das Büro konnte ca. 8.000 Plätze vermitteln.[2] Etwa die Hälfte davon wurde von Teilnehmern einer ambulanten Kur, der Rest von "normalen" Erholungssuchenden belegt.

Der größere Teil der Individualurlauber nahm aber nicht die Dienste des Büros in Anspruch, sondern suchte direkt bei der Bevölkerung ein Quartier. In der Hauptsaison war es sicher schwierig, kurzfristig noch ein Zimmer zu bekommen, weil viele Plätze traditionell an einen festen Kundenkreis vergeben wurden. Bereits ab Mitte September - nach dem Ende der offiziellen Saison - scheint aber das Angebot die Nachfrage überstiegen zu haben, so daß sich die potentiellen Vermieter veranlaßt sahen, Urlauber auf der Straße anzusprechen und ihnen ihr Quartier anzupreisen. Dies geschah nach eigenen Beobachtungen sogar direkt vor dem offiziellen Vermittlungsbüro, obwohl sie damit, d.h. durch das Umgehen der Meldepflicht, gegen die Gesetze verstießen (vgl. auch Kap. 3.1.2).
Wie viele Bewohner ihre Zimmer auf diese - nicht immer ganz legale - Weise angeboten haben, ist nicht bekannt. Insgesamt, durch das Büro und auf dem "freien Markt", wurden 1988 ca. 40.000 Übernachtungsplätze bei der Bevölkerung erfaßt (Gosstroj, 1988, S. 300).

Die zweite Gruppe von nicht-organisierten Erholungssuchenden kommt zum überwiegenden Teil aus Riga, daneben aber auch aus anderen Städten Lettlands und teilweise sogar aus den Nachbarrepubliken, und nutzen Jurmala (v.a. den Strand) für Naherholungszwecke.
Da zwischen ihnen und dem Beherbergungsangebot kein Zusammenhang besteht und es auch sonst keine spezifischen Einrichtungen für sie gibt (Restaurants, Cafés etc. werden auch von anderen Urlaubern genutzt), wird auf sie nicht an dieser Stelle, sondern in einem gesonderten Abschnitt eingegangen.

7.3.4 INANSPRUCHNAHME DER EINRICHTUNGEN

Die Angaben, die zu den Gästezahlen in Jurmala vorliegen, sind leider nicht so detailliert und aktuell wie die zum Angebot.[3] Insgesamt kann für die zweite Hälfte

---

[1] In angemietetem Wohnraum oder Beherbergungseinrichtungen, die dem Büro gehörten.
[2] Bei 2.000 Vermietern; Stand Anfang der 80er Jahre.
[3] CSU (1987) liefert eine Aufstellung für die Jahre 1981-85, jedoch sind die Kategorien teilweise willkürlich gewählt; Gosstroj gibt für 1988 für die meisten Fremdenverkehrsarten nur Schätzungen.

der 80er Jahre von etwa 500.000 Urlaubern jährlich ausgegangen werden.[1] Diese Zahl ist zwar deutlich niedriger als die Gästezahl, die z.B. für Soči (1,3 Mio) genannt wird, wenn sie jedoch im Verhältnis zur ständigen Bevölkerung oder zur Fläche gesetzt wird, so tritt die ungleich größere Belastung Jurmalas deutlich hervor: Soči weist eine ständige Bevölkerung von 300.000, Jurmala nur von 60.000 EW auf (KOZLOV/ŠABDURASULOV, 1989, S. 99). Außerdem wird Jurmala zusätzlich in viel größerem Maße als Soči von Tagestouristen aufgesucht, die zu den ca. 90.000 Langzeiturlaubern, welche sich maximal in Jurmala gleichzeitig aufhalten, hinzu zu rechnen sind.

Für die einzelnen Fremdenverkehrsarten ergibt sich folgendes Bild:

7.3.4.1 Kur- und Erholungseinrichtungen

Von Sanatorien und Pensionen gibt es relativ genaue und verläßliche Gästezahlen: In Jurmala wurden 1987 in Sanatorien 42.000,[2] in medizinischen Pensionen 28.500 und in Erholungspensionen (incl. Erholungsheim "Riga") 64.000 Gäste gezählt.[3]

Ihre Verteilung auf die einzelnen Einrichtungen ergibt sich natürlich weitgehend aus deren Bettenangebot (vgl. Tab. 23-25): So konnte z.B. 1987 das größte Sanatorium in Jurmala (Rižskoe vzmor'e in Lielupe, 700 Pl.) auch die größte Zahl von Gästen verzeichnen. Der Anteil der verschiedenen Einrichtungen an den Gästen entspricht jedoch nicht immer dem an der Kapazität.[4] Dies liegt an der sehr unterschiedlichen Zahl von "Schichten", die in jeder Einrichtung jährlich durchgeführt werden.[5]
Bedingt werden diese Unterschiede durch zwei Faktoren: die Öffnungsdauer der Einrichtung (bzw. Zeitdauer, in der die maximale Kapazität verfügbar ist) und die durchschnittliche Aufenthaltsdauer der Gäste. Diese Faktoren wirken sich je nach Beherbergungsart unterschiedlich stark aus.
Da die Sanatorien - mit Ausnahme des "im. Gor'kogo" - ganzjährig die gleiche Zahl von Plätzen anbieten (s. Tab. 23), spielt der erste Punkt bei ihnen lediglich eine untergeordnete, bei den Erholungspensionen, von denen die Hälfte nur während der Sommermonate geöffnet ist, dagegen eine wichtige Rolle. Medizinische Pensionen nehmen diesbezüglich eine Mittelstellung ein: Zwar ist bei ihnen die ganzjährige Kapazität deutlich kleiner als die maximale, aber nur eine Einrichtung wird während des Winters ganz geschlossen, die anderen reduzieren lediglich ihr Angebot (Tab. 24).
Erholungspensionen sind auch diejenigen Einrichtungen, bei denen die größten Unterschiede in der Aufenthaltsdauer auftreten. Dies betrifft die gewerkschaftseigenen (12, 18, 24 Tage; POLTORANOV/SLUCKIJ, 1986, S. 602ff.), stärker aber noch die "be-

---

[1] Dieser Wert beruht auf eigenen Hochrechnungen auf Grundlage der Angaben von CSU (1987) und Gosstroj (1988); er entspricht demjenigen, der von VALODYN'Š (1987) und in Ochrana truda (10/1988, S. 7) genannt wird.

[2] Ohne das Gewerkschafts-Sanatorium "Baltija", da dies zur Generalüberholung geschlossen wurde; incl. der ca. 2.000 Kinder, die sich in den entsprechenden Einrichtungen erholten.

[3] Bei letzteren incl. 5.500 1-2-Tages-Gäste (Gosstroj, 1988, S. 167ff.).

[4] In Kemeri sind diese Unterschiede nicht relevant, da alle Sanatorien Gewerkschafts-Einrichtungen sind und somit einen relativ festgelegten Belegungsrhythmus haben.

[5] Sie beträgt 5-15 Schichten bei den Sanatorien, 6-16 bei medizinischen Pensionen, bzw. 9-30 bei den Erholungspensionen (vgl. Tab. 23-25); aus ihr ergibt sich die Auslastung der Einrichtungen.

trieblichen" Einrichtungen: Da bei ihnen zwischen 9 und 23 Schichten verzeichnet werden (vgl. Tab. 24), ergibt sich rein rechnerisch eine durchschnittliche Aufenthaltsdauer von 15,8 - 40,5 Tagen. Allerdings ist es nicht gesagt, daß es wirklich Gäste gibt, die mehr als einen Monat bleiben, da bei diesen Einrichtungen die Auslastung nicht so wichtig ist und sie deshalb nicht ständig belegt sein müssen.[1]

Anhand der Beispiele in Tab. 26 werden die beschriebenen Bedeutungsunterschiede zwischen den Einrichtungen verdeutlicht:[2]

Tab. 26: Anteile einzelner Einrichtungen an den Kapazitäten und Gästen in Jurmala

Beherbergungsart	**Name der Einrichtung**	**Zahl der Schichten**	**Anteil an d. Kapazität**	**Anteil an d. Gästen**
Sanatorien	Rižsk.vzmor'e	5	9,4%	3,6%
	Bulduri	15	13,6%	17,6%
Med. Pensionen	Pumpuri	6	14,5%	9,3%
	Sakta	16	9,0%	14,1%
Erhol. Pensionen	Impuls	9	5,4%	3,2%
	Cinja	30	8,4%	17,7%

Quelle: Gosstroj, 1988, 167ff.;

Die Erholungsbasen sind die einzige Beherbergungsart, zu der so gut wie gar keine Zahlen über ihre Inanspruchnahme vorliegen.[3] Schätzungen von 25.000 bis 30.000 Gästen in den Erholungsbasen pro Jahr scheinen realistisch zu sein. Genauere Hochrechnungen, wie sie bei Sanatorien, Erholungsheimen, etc. auf Grund des relativ festgelegten Belegungsrhythmus' im allgemeinen vorgenommen werden können, sind bei Erholungsbasen nicht möglich, da die Nutzung - abhängig von Träger und Beschaffenheit der Base - beliebig zwischen 1-2 und 30 Tagen schwankt.[4]

7.3.4.2 Touristenunterkünfte

Vom Tourismus-Sektor liegen nur die Gästezahlen für die erste Hälfte der 80er Jahre vor.[5] Nach einem deutlichen Anstieg von 58.400 (1981) auf 80.500 Touristen (1983) fielen sie wieder ab, um 1985 mit 37.000 sogar nur 63% des Wertes von 1981 zu erreichen (CSU, 1987, S. 14).

---

[1] Entsprechendes gilt natürlich auch für das "Spezial-Sanatorium" ("Rižskoe vzmor'e") des Lettischen Gesundheitsministeriums in Majori mit nur fünf Schichten (s. Tab. 23).

[2] Die Kurzzeit-Erholungssuchenden, die - in sehr unterschiedlichem Umfang ("Lielupe" 2.246, "im. Gagarina" nur 100 Gäste (Gosstroj, 1988, S. 179) - bei den gewerkschaftseigenen Erholungspensionen noch hinzukommen, werden hier nicht berücksichtigt, da für die "betrieblichen" Pensionen derartige Angaben fehlen.

[3] Nur der Bericht der CSU (1987, S. 14) nennt eine Zahl, die aber mit 4.000-5.000 Urlaubern sicher zu niedrig ausfällt.

[4] Man ist hier also völlig auf Angaben vom Betrieb angewiesen.

[5] Für die Turbase des Verteidigungsministeriums in Lielupe gibt es gar keine Zahlen.

Die Schwankungen waren zum Teil auf den unterschiedlichen Umfang des ergänzenden Angebots (s.o.) zurückzuführen, denn die Zahl der Gäste in der Turbase von Vaivari blieb in diesen Jahren fast unverändert bei ca. 33.000 Touristen (CSU, 1987, S. 14). Der Rückgang 1984-85 ist jedoch nicht nur auf eine weitere, deutliche Abnahme der Gästezahl in den ergänzenden Beherbergungseinrichtungen zurückzuführen, er wurde zusätzlich durch die teilweise Schließung der Turbase verstärkt.[1)]

Des weiteren sind im Tourismus-Sektor natürlich auch die Urlauber von Campingplätzen und Hotels zu berücksichtigen. Während die Zahl der Camper 1981-85 bei knapp 30.000 weitgehend konstant blieb, konnten die Hotels eine kontinuierliche Steigerung von 30.000 (1981) auf 46.500 Gäste (1985) verzeichnen (CSU, 1987, S. 14).
Problematisch sind diese Zahlen insofern, als erstens Doppelzählungen vorliegen können, worauf in einem anderen Bericht der CSU hingewiesen wird (1986, S. 21): Oft werden diese Touristen sowohl vom Tourismus-Rat als auch bei dem Campingplatz oder Hotel erfaßt. Zweitens wurden bei den Hotels auch die beiden Kurhotels einbezogen, deren Gäste ja nicht als Touristen (nach sowjetischer Definition) zählen sind.

7.3.4.3 Andere Einrichtungen

Die Gästezahlen bei den Pionierlagern (etc.) zeigen rückläufige Tendenz: Nach Angaben des Lettischen Statistikamts (CSU, 1987, S. 14) sank die Zahl zwischen 1981 und 1985 von 19.000 auf 16.300 Kinder und Jugendliche, für 1987 nennt Gosstroj (1988, S. 300) nur noch 14.500.

Bei der Bestimmung der Gästezahlen in Datschas ergeben sich ähnliche Probleme wie bei den Erholungsbasen. Im allgemeinen kann zwar bei Datschas von einer relativen langen Aufenthaltsdauer ausgegangen werden, jedoch gilt das im Fall der von Betrieben gemieteten Datschas nicht immer.
Ihre Auslastung fällt sehr unterschiedlich aus, je nachdem von wem sie genutzt werden. Luxus-Einrichtungen werden sicher nur von wenigen Personen während eines ganzen Sommers bewohnt, während in einfacheren - ähnlich wie bei den Erholungsheimen etc. - die einzelnen Urlauber vermutlich nur 1-2 Wochen bleiben und dann Kollegen Platz machen müssen.
Außerdem ist im allgemeinen eine Trennung zwischen Urlaubern, die sich in einer Datscha ihres Betriebes erholen und solchen, die sich eine derartige Unterkunft bei der Bevölkerung selbst suchen (als "wilde"), nicht möglich und wird auch in der Literatur meistens nicht vollzogen.[2)] Beide Gästegruppen zusammen stellten in der ersten Hälfte der 80er Jahre 96.000 (1981) bis 113.000 Gäste (1985; CSU, 1987, S. 14), von denen vermutlich der Großteil nicht-organisierte ("wilde") Erholungssuchende waren.[3)]

[1)]Anscheinend wurde ein Teil der Kapazität weitergeführt (vgl. PIPIKA, 1989, S. 67); für 1985 werden jedenfalls in verschiedenen Quellen 12.000 Touristen für die Turbase angegeben (CSU, 1987, S. 29; ŠVEDE, 1987, S. 23).

[2)]NIEDOLS (1975) nennt z.B. für die erste Hälfte der 70er Jahre 80.000 *dačnikov*, was sogar ganz allgemein Sommerfrischler bedeutet (Urlauber in anderen Erholungseinrichtungen führt er aber getrennt auf).

[3)]Vgl. hierzu GREIŽA-LISOVSKIS, 1981, S. 8; Ochrana truda, 2/1982, S. 7.

7.3.4.4 Die Saisonalität der Nutzung und Herkunft der Urlauber

Über die saisonale Verteilung der Urlauber gibt es keine Untersuchungen.[1] Im Prinzip ergibt sie sich aus der Öffnungsdauer der einzelnen Einrichtungen, bzw. der Dauer, in der die maximalen Kapazitäten angeboten werden. Insgesamt standen ca. 80% der Plätze nur während der Sommermonate (offizielle Saison von Anfang Juni bis Mitte September) zur Verfügung.[2] Entsprechend hoch war auch die Belastung von Jurmala und seinem Strand in dieser Zeit.

Für das wirtschaftliche Überleben der Fremdenverkehrseinrichtungen unter den neuen - marktwirtschaftlichen - Bedingungen wird mitentscheidend sein, inwieweit sich eine Ausdehnung der Saison in den Frühling bzw. Herbst (oder sogar Winter) realisieren läßt, um die Anlagen rationeller zu nutzen.
Am Beispiel der dänischen und deutschen Nord- bzw. Ostseeküste hat sich gezeigt, daß diese Möglichkeit von Urlaubern durchaus angenommen wird - trotz oder gerade wegen der klimatischen Bedingungen. Neben der nördlicheren Lage Jurmalas, die die Tage im Winterhalbjahr verkürzt, ist das Hauptproblem in der veralteten, meist nicht winterfesten Bausubstanz vieler Erholungseinrichtungen zu sehen. Dies betrifft in erster Linie die ehemaligen Datschas, die jedoch gerade wegen ihrer typischen Holzbauweise ansprechender sind als die moderneren Betonbauten, die dafür über eine bessere Ausstattung verfügen.

Genaue Untersuchungen (durch Befragungen etc.) über die Herkunft der Gäste existieren nicht. Bekannt ist nur, daß Urlauber aus allen Regionen der Sowjetunion, nicht nur aus dem baltischen oder angrenzenden Raum, nach Jurmala kamen. Anziehungspunkt waren neben dem feinen, goldfarbenen Sandstrand und dem milden Klima auch die Lage des Ortes im Baltikum, wo ein Urlaub für Gäste aus anderen Landesteilen der Sowjetunion in vielerlei Hinsicht[3] fast schon wie eine Reise ins (westliche) Ausland erschien.
Der Anteil dieser "auswärtigen" Urlauber war natürlich nicht bei allen Beherbergungsarten gleich hoch. Sie überwogen in Bereichen, die vor allem von dem (zentralen) Gewerkschaftsrat und von einflußreichen Behörden bestimmt wurden (Sanatorien, Pensionen, touristische Einrichtungen und Datschas),[4] während Bewohner Lettlands nicht nur bei den Naherholern dominierten (s.u.); sie stellten auch in den Pionierlagern, Erholungsbasen, Prophylaktorien etc. den Großteil der Erholungssuchenden.

---

[1] Eine genauere Differenzierung der Gästezahlen in den Einrichtungen nach Monaten wäre auch deswegen nicht möglich, weil im allgemeinen die Urlauber nur zum Zeitpunkt der monatlichen Abrechnung erfaßt wurden, was nicht immer der hauptsächlichen Aufenthaltszeit entsprach (vgl. CSU, 1987, S. 7).

[2] Zu Unterschieden bei den einzelnen Fremdenverkehrsarten s. Kap. 7.3.3.

[3] Hierzu zählen vor allem die bessere Versorgungslage mit Waren, aber auch die (relative) Sauberkeit von Stadt und Strand.

[4] Bei Datschas wurden sogar bis zu 80% von Unionsministerien und -behörden bzw. deren Republikabteilungen gemietet (Gosstroj, 1988, S. 213ff.).

Abb. 33: Räumliche und saisonale Verteilung der Naherholungssuchenden in Jurmala

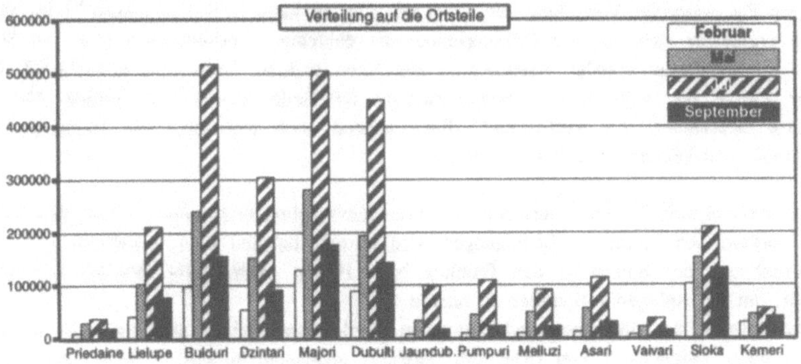

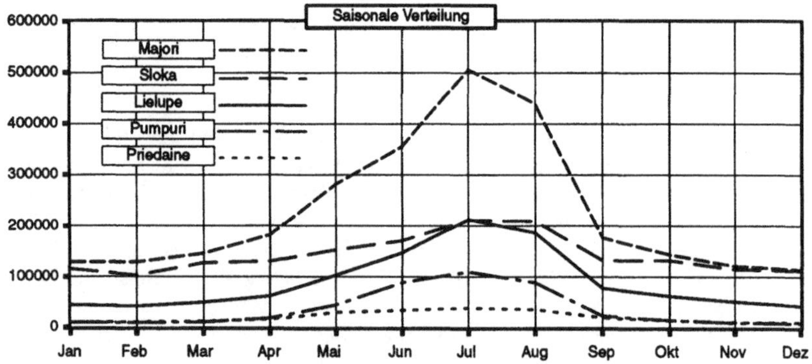

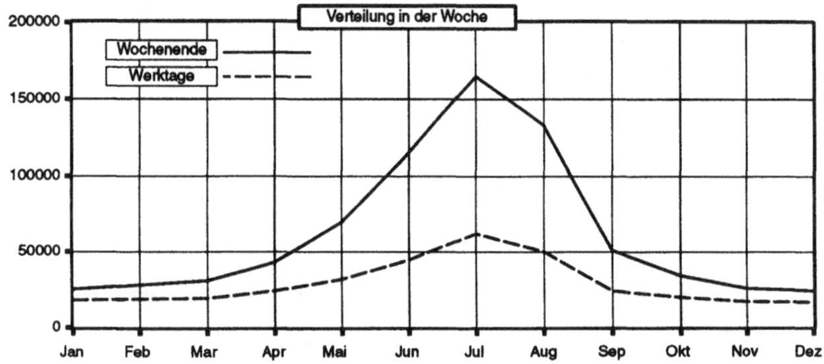

Quelle: unveröffentlichte Erhebung des Goskomstat LatSSR (1987);

7.3.5 JURMALA ALS NAHERHOLUNGSGEBIET

Sehr groß ist, wie bereits angedeutet, die Bedeutung Jurmalas für die Nah- bzw. Kurzzeiterholung der lettischen Bevölkerung, vor allem natürlich für die Bewohner Rigas. Dies zeigt sich z.B. auch an der Verteilung des Passagieraufkommens in den Vorortzügen (*élektrička*): Mitte der 70er Jahre entfielen während der Sommermonate (also in einer Zeit, da der Berufs-Pendelverkehr nicht maßgebend ist) 60% des lettischen Schienen-Nahverkehrs auf die Strecke Riga-Jurmala.[1]

Auch für den Umfang dieser Kategorie von Erholungssuchenden werden weitgehend nur Schätzungen abgegeben, die im allgemeinen von bis zu 150.000 - 200.000 Naherholern an Sonntagen im Sommer ausgehen (Ochrana truda, 10/1988, S. 7; GREIŽA-LISOVSKIS, 1981, S. 8).

Genauere Zahlen liefert nur eine Auswertung der Fahrkarten, die 1986/87 für die Strecke Riga-Jurmala durchgeführt wurde.[2] In Abb. 33 (a-c) sind die Ergebnisse graphisch wiedergegeben.[3]

Abb. 33a verdeutlicht, daß nicht alle Ortsteile von Jurmala gleich stark aufgesucht werden. Den größten Zuspruch erhält eindeutig der zentrale Teil zwischen Bulduri und Dubulti (Dzintari etwas weniger), wo die Wege zum Strand am kürzesten sind und gleichzeitig die Ausstattung mit Restaurants etc. am besten ist (KARTUNOVA, 1981; NIEDOLS, 1975, S. 191).
Priedaine ist für Naherholer uninteressant, da es ja auf der anderen Seite des Flusses liegt. Auch der Ortsteil Lielupe ist noch relativ weit von der Küste entfernt und von daher nicht sehr attraktiv.
Ab Jaundubulti fallen die Werte wieder stark ab und bleiben bis Vaivari auf diesem niedrigen Niveau. Bei diesen Ortsteilen wirkt sich vor allem die zunehmende Entfernung von Riga, aber auch vom Strand, negativ auf die Nachfrage durch Naherholer aus. Außerdem fehlen Einrichtungen zur Verpflegung der Ausflügler.
Auffallend ist der Anstieg der Fahrgastzahlen in Sloka, obwohl dieser Ortsteil noch weiter von Riga und vom Meer entfernt ist und außerdem als Industriestandort für Erholungssuchende eigentlich nicht von Interesse ist. Der Grund liegt - abgesehen von dem höheren Anteil an Berufspendlern - in den Buslinien, welche von Sloka aus Jaunkemeri und die Badeorte westlich von Jurmala mit der *élektrička* verbinden (s. auch unten).[4]
Kemeri wird erwartungsgemäß kaum aufgesucht. Als reiner Kurort und wegen seiner abseitigen Lage ist er für Naherholung unattraktiv.

---

[1] Die restlichen 40% verteilten sich auf Ogre 17%, Saulkrasti 13%, andere Ziele 10% (NIEDOLS, 1975, S. 188).

[2] Sie wurde von der Lettischen Abteilung des Sowjetischen Statistischen Amtes (LatGoskomstat) unter der Leitung von E. Valodyn'š durchgeführt; unveröffentlicht.

[3] In den Abbildungen sind zur besseren Vergleichbarkeit alle Ortsteile von "Groß-Jurmala", die an der Bahnlinie liegen, dargestellt; ein gewisser Anteil der Fahrgäste entfällt natürlich auch auf Pendler und Fahrgäste mit anderen als Erholungsmotiven.

[4] In den 60er Jahren hatte der Plan bestanden, eine Bahnstrecke an der Küste entlang (Richtung Ventspils) zu führen, doch wurde er aus ökologischen Bedenken fallen gelassen.

Wenn die Zahl der Naherholer in Bezug zur Fläche der einzelnen Ortsteile gesetzt wird,[1] ergeben sich leichte Verschiebungen: Die Spitze liegt jetzt eindeutig in Majori, gefolgt von Dubulti und Dzintari, Bulduri fällt dagegen zurück. Insgesamt zeichnet sich jedoch der gleiche Schwerpunkt (für den Bereich Bulduri-Dubulti) ab; Jaundubulti stellt auch hier wieder denjenigen Ortsteil dar, ab welchem die Zahlen deutlich zurückgehen, auch wenn Asari und Vaivari aufgrund der geringen Ortsgröße etwas stärkeres Gewicht haben.

In Abb. 33a wurden bereits die starken saisonalen Schwankungen sichtbar. Der Juli ist eindeutig der Monat mit der größten Belastung. Allerdings fallen die Schwankungen nicht in allen Ortsteilen gleich stark aus.[2] Je nach dem Ausmaß kann man sie in verschiedene Gruppen zusammenfassen, von denen jeweils ein typischer Vertreter in der Abb. 33b dargestellt wird.
- Den Ortsteilen Priedaine, Vaivari und Kemeri ist gemeinsam - wenn auch aus unterschiedlichen Gründen -, daß sie kaum saisonale Schwankungen zeigen;
- Geringe Schwankungen im Bereich Jaundubulti bis Asari;
- Mittlere in Lielupe;
- Ein extremes Sommerhoch ist in Bulduri, Dzintari, Majori und Dubulti zu verzeichnen.

Eine Sonderstellung nimmt Sloka ein, das wie die zweite Gruppe nur schwach ausgeprägte saisonale Schwankungen, im Gegensatz zu den anderen Ortsteilen aber das ganze Jahr über, vor allem im Winter, ein relativ hohes Niveau aufweist.[3] Letzteres läßt sich mit den Pendlern, die in den Industriebetrieben Slokas arbeiten, erklären. Während der Sommermonate, wenn bei ihnen wegen der Ferienzeit ein Rückgang der Fahrgäste nach Sloka zu erwarten wäre, wird dieser durch die Erholungssuchenden mit Ziel Jaunkemeri etc. überlagert.

Auch im Verlauf eines Monats ist die Zahl der Fahrgäste nicht konstant: An Wochenenden oder Feiertagen fahren mehr Erholungssuchende nach Jurmala als im Laufe der Woche. Während die Differenz im Winter erwartungsgemäß nur gering ausfällt, so ist sie in den Sommermonaten sehr stark ausgeprägt. Dies wird auch in Abb. 33c deutlich, wo die jeweiligen Durchschnittswerte für die verschiedenen Monate dargestellt werden.

Durch die Untersuchung wurden natürlich nur Bahnreisende erfaßt. Diese stellen jedoch bisher den überwiegenden Teil der Naherholer. Daneben gibt es aber auch solche, die mit dem Auto (oder dem Ausflugsbus) nach Jurmala kommen.
Um die Belastung Jurmalas durch Schadstoffe wenigstens in diesem Punkt zu reduzieren, wurde Anfang der 80er Jahre der Badeort für den privaten Auto-Besuchsverkehr gesperrt. Nur die ständige Bevölkerung bzw. Urlauber am An- und Abreisetag dürfen in die Stadt fahren. Gleichzeitig wurden am Stadtrand ca. acht Parkplätze

---

[1] Vgl. Untersuchung von KARTUNOVA (1981) für Lielupe-Vaivari.
[2] Die Gründe für die Differenzen entsprechen denen, die oben bei den allgemeinen Ausführungen zur Inanspruchnahme der einzelnen Ortsteile durch Naherholer angegeben wurden.
[3] Dadurch entfallen auf Sloka im Februar 17% der Fahrgäste, im Juli, wenn die Tagesausflügler nach Majori etc. kommen, nur 7,6%.

(tw. bewacht oder zumindest gebührenpflichtig) eingerichtet. Dadurch konnte die Schadstoffbelastung um den Faktor 1,8 gesenkt werden (Jurmala 30.7.1987).[1]

Eine andere, im Sinn der Umwelt fortschrittliche Möglichkeit, Jurmala zu erreichen, stellt der 1988 fertiggestellte Radweg dar, der Riga - parallel zur Bahnlinie - mit dem beliebten Naherholungsgebiet verbindet. Er scheint in einem guten Zustand zu sein, ein Hindernis stellt nur die Überquerung der Lielupe dar, da die zwei Brücken[2] für Fahrradfahrer nicht benutzbar sind, so daß für dieses kurze Stück die Bahn abgewartet und bestiegen werden muß.
Weitere Möglichkeiten nach Jurmala zu fahren, bestehen mit dem Schnellboot von Riga aus; Anlegestellen befinden sich in Majori (und Sloka).

7.3.6 DIE STELLUNG JURMALAS IM LETTISCHEN FREMDENVERKEHR

Auf die überragende Bedeutung des Erholungsgebiets "Groß-Jurmala" für das lettische Erholungswesen wurde bereits hingewiesen.
Wird nun Jurmala/Rižskoe vzmor'e gesondert betrachtet, so ändern sich bei den meisten Fremdenverkehrsarten die Werte nur unwesentlich, da Jurmala innerhalb des Erholungsgebiets eindeutig dominiert. Eine Ausnahme stellen lediglich die Sanatorien dar: Hier sinkt der Anteil an den lettischen Kapazitäten auf knapp 50%, da allein 2.300 der ca. 6.900 Plätze der Kurzone auf Kemeri entfallen.
Bei den anderen Einrichtungen des (staatlich) organisierten Erholungswesen schneidet Jurmala besser ab: Sämtliche medizinische Pensionen, sowie 78% der Plätze in lettischen Erholungspensionen/Erholungsheimen konzentrieren sich hier. Der Beitrag Jurmalas bei den Erholungsbasen und besonders im Tourismus-Sektor ist mit 18,3% bzw. 8,3% der gesamtlettischen Kapazität dagegen wesentlich bescheidener.[3]
In den meisten Darstellungen zum lettischen Fremdenverkehr sind nur diese Aussagen enthalten. Andere Daten waren ja kaum erhältlich, außerdem konnte so die Rolle des staatlich gelenkten Erholungswesens und auch die Bedeutung Jurmalas in diesem System betont werden. In Wirklichkeit spielen diese Einrichtungen aber keine so große Rolle:
Um ein exaktes Bild der Stellung Jurmalas im lettischen Fremdenverkehr - und auch der Bedeutung der einzelnen Erholungseinrichtungen innerhalb Jurmalas - zu erhalten, ist es notwendig, nicht nur die Zahlen der offiziellen Fremdenverkehrsstatistik, sondern auch die restlichen Fremdenverkehrsarten, die mit Langzeiterholung verbunden sind, zu berücksichtigen:[4] Pionierlager, Campingplätze sowie vor allem Datschas und die Quartiere bei der lokalen Bevölkerung, welche beide für Jurmala besonders typisch sind.
Diese beiden Beherbergungsarten stellen je 80% des jeweiligen gesamtlettischen Angebots und zusammen allein 67% der Kapazitäten von Jurmala (die Datschas davon

---

[1] Seit 1991 wurden die Bestimmungen insofern geändert, als nicht mehr nur das Ziel bzw. der Grund der Fahrt ausschlaggebend ist, sondern eine Abgasuntersuchung durchgeführt und eine Vignette erworben werden muß (wahlweise für einmaligen Besuch, Saison oder - für Bewohner - eine Dauerkarte); die Durchführung der Bestimmungen ist allerdings wohl lückenhaft.
[2] Bahn und etwas entfernt davon eine Autobrücke.
[3] Auch innerhalb Jurmalas ist der Anteil entsprechend niedrig: Erholungsbasen 30,3%, Touristenunterkünfte 1,8%.
[4] Gartenkooperativen etc. wurden hier nicht einbezogen.

25%).[1] Dementsprechend entfallen auf die oben genannten, weitgehend staatlich geführten "Kur"-Einrichtungen (Sanatorien und Pensionen) zusammen nur noch 23,4%. Auch bei den Künstlerheimen liegt der Großteil der lettischen Kapazitäten in Jurmala (92%); bei den Campingplätzen und Hotels sind es 72,5%, bei den Pionierlagern immerhin noch 40%. Diese Einrichtungen spielen für Jurmala jedoch nur eine sehr untergeordnete Rolle.

Die Bedeutung Jurmalas für den lettischen Fremdenverkehr wird durch Einbeziehung des "ergänzenden Angebots" noch betont: Der Anteil des Orts an den Erholungskapazitäten Lettlands beträgt 60%, wenn alle relevanten Einrichtungen miteinbezogen, aber nur 36%, wenn lediglich die Sparten aus der offiziellen Statistik betrachtet werden.

Für die Inanspruchnahme der Einrichtungen durch die Urlauber sind entsprechende Berechnungen nicht möglich, da hier - abgesehen von den Kureinrichtungen - keine verläßlichen und detaillierten Daten vorliegen (s.o.). Es ist aber davon auszugehen, daß die Ergebenisse im Großen und Ganzen denen des Angebots entsprechen.

7.4 Die wichtigsten "Krisenherde" in "Groß-Jurmala"

Als die wichigsten Problembereiche in Jurmala sind - abgesehen von der starken Belastung durch Erholungssuchende - die Umweltverschmutzung und die Stadtplanung zu nennen.

a) ökologische Probleme

Während der Boden und die Vegetation vor allem durch den Fremdenverkehr selbst in Mitleidenschaft gezogen werden, ist die Wasserverschmutzung (der Lielupe und der Ostsee) auf mehrere Verursacher zurückzuführen. Hierbei kann unterschieden werden zwischen der Verschmutzung, die vor allem auf dem Fehlen einer (einheitlichen) Kanalisation in Jurmala beruht,[2] und solcher, die von der Industrie und Landwirtschaft in und um (Groß)-Jurmala verursacht wird.
Der größte industrielle Gewässerverschmutzer[3] ist eindeutig das Zellulosewerk in Sloka. Von dort stammen (nach Angaben von KUKAJN/CIMDIN', 1988) 87% der jährlichen Abwässer der Lielupe,[4] der Rest wird von landwirtschaftlichen und industriellen Betrieben am Oberlauf des Flusses (Bauska, Jelgava, Olaine) in die Lielupe geleitet.[5] Sie ist der am stärksten verschmutzte Fluß Lettlands und mußte bereits 1983 für Erholungszwecke geschlossen werden (Ochrana truda, 10/1988, S. 6). Die Jahresdurchschnittswerte überschritten 1990 die zulässigen Schadstoffkonzentrationen

---

[1] Gosstroj, 1988, S. 300; Nar. choz. LatSSR v 1988g., S. 138.

[2] Daran sind auch z.B. die großen Sanatorien beteiligt; obwohl 1985 ein Verbot verhängt wurde, stieg seitdem der Umfang des ungereinigten Abwassers noch an: 1986 2,4 Mio m^3, 1987 2,9 Mio m^3 (AiF, 39/1988), 1991 4,3 Mio m^3 (Latvijas Rep., 1992, S. 151).

[3] Hinzukommen noch die Emissionen: Jurmala zählt zu den Städten Lettlands mit der stärksten Luftverschmutzung - und entsprechend großen Waldschäden - (vgl. POLKOWSKI, 1993, S. 34).

[4] Davon sind 59% (ca. 15 Mio m^3) verschmutzt (AiF, 39/1988); dagegen blieben nur 2% der Produktion in der Lettischen SSR (90% der Rohstoffe kamen ebenfalls von außerhalb, v.a. aus Archangel'sk).

[5] Ochrana truda, 10/1988; s. hierzu auch WEISSENBURGER, 1991, S. 206ff.; TAAGEPERA, 1982, S. 156.

bei Phenolen um das Fünffache, bei Nitraten um 2,4 und bei Kupferverbindungen um 1,9 (POLKOWSKI, 1993, S. 34). Die Verschmutzung bleibt aber natürlich nicht auf den Fluß beschränkt, vielmehr transportiert er seine Fracht unweit von Jurmala in die Ostsee, d.h. in die Rigaer Bucht.

Dorthin gelangt außerdem das verdreckte Wasser aus der Daugava, die unter anderem die Abwässer der lettischen Hauptstadt, welche als einzige größere Stadt an der Ostsee bis 1991 keine Kläranlage hatte, aufnehmen muß.[1)] Ferner sind auch die großen Hafenanlagen von Riga an der Belastung der Küste mit insgesamt ca. 4.000 t Schadstoffen jährlich beteiligt (DREIFELDS, 1981, S. 359; Ochrana truda, 10/1988, S. 7).

Ende Mai 1989 - also noch vor Beginn der Saison - überschritt die bakterielle Verschmutzung des Meeres die Norm bereits um das 24fache (Golos Rigi, 12.7.1989).

Wie TAAGEPERA (1982, S. 155) betont, ist allgemein in der Ostsee aufgrund ihrer geringen Tiefe und der niedrigen Temperaturen die Regenerierung des Wassers schwieriger als in anderen Gewässern. In der Rigaer Bucht, deren Boden auf 200m nur um ca. 2 m abfällt, ist dieses Problem noch ausgeprägter.

Zu diesen ungünstigen natürlichen Voraussetzungen kommt noch ein anthropogen bedingtes Problem hinzu: Die Daugava wurde oberhalb von Riga für die Stromgewinnung an mehreren Stellen gestaut, wodurch sich die Fließgeschwindigkeit im Mündungsbereich deutlich reduzierte. Der Fluß ist dadurch nicht mehr in der Lage, die Schadstoffe so weit wie früher in die Ostsee hinaus zu transportieren. Stattdessen werden sie in Küstennähe abgelagert.

Das alles führte Ende der 80er Jahre zu einem Badeverbot an Jurmalas Stränden, auf das mit großen Tafeln hingewiesen wird. Allerdings haben sie nur begrenzten Abschreckungswert bei den badewilligen Urlaubern. Diese wissen auch, daß sich die Lage nur z.T. wirklich verschlimmert hat. Wenn in einem Jahr plötzlich ein Badeverbot verhängt wird, hat dies mindestens ebenso viel mit genaueren Meßmethoden[2)] und vor allem mit mehr "*glasnost'*" zu tun.

Bei einem anderen "Phänomen" konnte dagegen allerdings keine "*glasnost'*" verzeichnet werden: 1988 wurden erstmals Fälle von Urlaubern bekannt, die sich (vor allem an den Stränden Lettlands) beim Bernsteinsammeln z.T. schwerste Verbrennungen zugezogen hatten. Ihre vermeintlichen Schätze waren in Wirklichkeit an den Strand gespültes Phosphor, das in nassem Zustand Bernstein sehr ähnlich sehen kann.[3)] Im regionalen baltischen Fernsehen wurde über die Vorfälle berichtet, doch konnte die Herkunft des Phosphors nicht geklärt werden. Auch sind in der Presse dazu keine Meldungen zu finden. Dementsprechend wucherten die Spekulationen im Baltikum; vermutet wurde, daß das Phosphor vom sowjetischen Militär einfach ins Meer gekippt worden war.[4)]

Probleme gibt es auch mit dem Grundwasser, das aufgrund eines veralteten und verfallenen Meliorationssystems im Hinterland stark gestiegen ist, so daß die dortigen

---

[1)]DREIFELDS, 1981, S. 359; LUSE, 1984, S. 144; POLKOWSKI, 1993, S. 34; WEISSENBURGER, 1991, S. 206.

[2)]Unter Umständen nur an diesem Küstenabschnitt, während daneben viel größere Verschmutzungen unbemerkt bleiben können.

[3)]Im Frühjahr 1992 wurde im Westen über ähnliche Fälle im Zusammenhang mit den Giftgasbehältern auf dem Grund der Ostsee als Erbe des Zweiten Weltkriegs berichtet.

[4)]Vgl. den Hinweis bei BUTENSCHÖN (1992, S. 124) auf Brandbomben, die 1988 bei Liepaja versenkt worden sein sollen; Wostok, 4/1992, S. 34.

Wälder versumpfen, während dagegen an der Küste im Kurort bereits Brunnen versiegt sind (Ochrana truda, 10/1988, S. 7).

Weder beim Exkursions-Büro in Jurmala noch bei anderen Stellen waren Anfang der 90er Jahre Informationen darüber zu bekommen, inwieweit sich die ökologischen Probleme bereits negativ auf die Nachfrage ausgewirkt haben.[1] Für die weiteren Entwicklungschancen des lettischen Fremdenverkehrs, gerade was die Attraktivität des Landes für ausländische Urlauber betrifft, ist es sicher wichtig, wie (schnell) diese Probleme gelöst werden können.

b) stadtplanerische Probleme:
Sie resultieren zum Teil aus dem Fehlen eines "Hausherrn" in Jurmala, der wirklich für die Gesamtentwicklung zuständig und verantwortlich wäre: Stattdessen gibt es eine Vielzahl von "Akteuren",[2] die nur ihre eigenen Interessen und Objekte im Auge haben, sich für infrastrukturielle und andere Maßnahmen nicht verantwortlich fühlen und sich auch oft nicht an die geltenden Planungsvorschriften halten, indem sie z.B. ihre Einrichtungen in ausgewiesenen Schutzgebieten errichten.
Ein Beispiel hierfür ist das Sanatorium "Jantarnyj bereg" in Jaunkemeri, welches dem Russischen Ministerrat gehörte. Das streng bewachte Gelände von gut 100 ha liegt genau im Dünenbereich.[3]
In direkter Nachbarschaft, ebenfalls im Schutzbereich, hat sich das sowjetische Maschinenbauministerium eine Erholungsbase errichtet, für die allein 5.000 Bäume gefällt werden mußten.
Die Liste läßt sich noch länger fortsetzen, z.B. mit Erholungseinrichtungen des *Latrybprom* und *Latbytchim*, der Abteilung des Baltischen Militärbezirks, des Sowjetischen Ministeriums für Nachrichtentechnik, u.a.[4]

Um eine weitere Zersiedlung des noch verbleibenden Dünenbereichs zu verhindern, wurde im Dezember 1987 von Organisationen aller Ebenen ein Erlaß für die Entwicklung des Kurorts in den Jahren 1987-90 verabschiedet, der den Bau jeglicher Erholungseinrichtungen verbot. Interessant ist dabei in erster Linie ein Zusatz, in welchem fast 20 Behörden aufgeführt wurden, die von diesem Beschluß ausgenommen waren.[5] Unterschrieben wurde dieses Papier unter anderem auch vom Sekretär des lettischen Gewerkschaftsrats (Ochrana truda, 10/1988, S. 7)!

Sehr problematisch ist andererseits die Tatsache, daß jahrzehntelang nur die Entwicklung Jurmalas als Fremdenverkehrsort, nicht aber als Stadt beachtet und gefördert wurde. Es wurden zwar zahlreiche Sanatorien und andere Erholungseinrichtungen

[1] Es ist eben kein Politikum wie die anderen Absagegründe (s.o.); andererseits kamen in jener Zeit aus vielen Regionen der Sowjetunion (z.B. Azovsches Meer) entsprechende Schreckensmeldungen, während die Menschen ja doch irgendwo Urlaub machen wollten.
[2] Durch die zahlreichen "betrieblichen" Erholungseinrichtungen.
[3] Ochrana truda, 10/1988, S. 6; aus Erweiterungsplänen (Sport- und Kurkomplex) ist vermutlich nichts mehr geworden.
[4] Für solche Behörden wäre es natürlich "unzumutbar", ihre Einrichtungen stattdessen außerhalb Jurmalas zu errichten, wo die Belastung der Natur noch nicht so groß ist; erstens hätten sie in diesem Fall selbst für die nötige Infrastruktur zu sorgen, was sie sich natürlich nicht leisten können; zweitens ist nur eine Erholungseinrichtung direkt in Jurmala mit dem entsprechenden Prestige verbunden (Ochrana truda, 10/1988, S. 6).
[5] *Minbyt LatSSR*, Unions-Ministerium für Post- und Fernmeldewesen; Lett. Finanzministerium, AN SSSR, *Gossnab SSSR*, u.a.

gebaut, doch darüber der Wohnungsbau für die (ebenfalls wachsende) Bevölkerung vernachlässigt. Die Bausubstanz ist völlig überaltet (Jurmala 21.5.1983). Auch bezüglich der Versorgung mit Wasserleitungen, Kanalisation, Zentralheizung und sonstiger Infrastruktur nimmt Jurmala einen der letzten Plätze in Lettland ein (Jurmala, 28.5.1987). Die bestehenden Kläranlagen sind ungenügend (KUKAJN/CIMDIN', 1988). An Kindergärten, Schulen, Krankenhäusern und städtischen Polikliniken herrscht ebenfalls chronischer Mangel (Ochrana truda, 10/1988, S. 6).

7.5 Fazit

Die in Kap. 6.3 angesprochenen Probleme, welche sich in Zukunft aus der Überdimensionierung des Beherbergungsangebots in Lettland ergeben, sind für "Groß-Jurmala" besonders eklatant.

Kemeri mit seiner Monostruktur bzw. den ausschließlich gewerkschaftseigenen Sanatorien steht vor besonders großen Problemen. Für das Sanatorium "Kemeri" bestehen bereits Pläne, die Anlage wieder seiner ursprünglichen Bestimmung als Luxus-Hotel zu übergeben. Dies würde zwar angesichts des Alters und Zustands sicher große Investitionen erfordern, doch ließen sich diese für ein derartiges Renommierobjekt vermutlich (im Ausland) auftreiben.
Schwieriger ist die Lage für die anderen Sanatorien in Kemeri. Die zwei Hochhäuser vom "Latvia" beispielsweise sind zwar noch relativ neu, als (urbaner) Fremdkörper jedoch völlig unattraktiv.

In Jurmala sind die Aufgaben und Probleme komplexer, da sie nicht nur die Überkapazitäten in den (gewerkschaftseigenen) Kureinrichtungen betreffen.
Bei der Neugestaltung des Fremdenverkehrs - wie z.B. der angestrebten Privatisierung derjenigen "betrieblichen" Einrichtungen, die von Organen der KP oder von Institutionen und Betrieben außerhalb Lettlands genutzt wurden - wirken sich die ungeklärten Eigentumsverhältnisse negativ aus. Sie betreffen sowohl den Besitz von Grund und Boden als auch von Immobilien.[1)]

Den Reiz Jurmalas machte bisher - neben dem feinsandigen, gepflegten Strand - die weitgehend lockere Bebauung mit alten Villen und Sommerhäusern aus. Diese können jedoch zu einem Problem werden: Spätestens in den 1930er Jahren erbaut, in sowjetischer Zeit stark beansprucht und wenig gepflegt, sind viele von ihnen in einem schlechten baulichen Zustand (vor allem die Holzhäuser). Eine grundlegende Renovierung (incl. Ausstattung mit Sanitäranlagen und Isolierungen) würde sich bei den meisten finanziell kaum lohnen. Teilweise wäre vermutlich ein Abriß und Neubau im Endeffekt günstiger. Damit entsteht allerdings die Gefahr, daß das Erscheinungsbild von Jurmala in Zukunft zu seinem Nachteil verändert wird.
Weder der lettische Staat noch die Stadt wird sich jedoch in der Lage sehen, durch finanzielle Anreize die Renovierung und damit den Erhalt der alten Gebäude zu sichern.

[1)] Dieses Problem beschränkt sich natürlich nicht nur auf den Fremdenverkehr oder auf Jurmala (vgl. die wirtschaftliche Entwicklung in den Neuen Bundesländern).

Die Stadtverwaltung wird sich zunächst vorrangig um kommunale Aufgaben, wie die Verbesserung der Kanalisation, der Wohnbedingungen der Bevölkerung, etc. kümmern müssen.

8 ESTLAND

Ähnlich wie in Lettland gibt es in Estland keine räumliche Trennung zwischen den Kurorten im engeren Sinn und den traditionellen Sommerfrischen: Beide Typen von Fremdenverkehrsorten konzentrieren sich - noch ausgeprägter als in der südlichen Nachbarrepublik - an der Küste, da hier alle wichtigen Erholungsressourcen zu finden sind. Dies ist zum einen der Heilschlamm, welcher den wichtigsten Kurfaktor Estlands darstellt,[1)] und zum anderen die landschaftlich reizvolle Küste, deren zahlreiche Buchten mit z.T. (fein)sandigen Stränden gute Voraussetzungen für Sommererholung bieten. Erholungsressourcen im Landesinneren führten dagegen nicht zur Herausbildung von Fremdenverkehrsorten.

Naturräumlich ist Estland in drei Bereiche zu unterteilen:[2)] die Küste mit den Inseln, Niederestland im Westen sowie das dichter besiedelte und fruchtbarere Hochestland im Osten und Südosten der Republik (Abb. 34).

8.1 Räumliche Fremdenverkehrsstrukturen

Da estnische Wissenschaftler bisher kaum mit Arbeiten zum Freizeit- und Fremdenverkehr - weder an der Universität von Tartu noch an der Akademie der Wissenschaften in Tallinn - in Erscheinung getreten sind, gibt es zu den räumlichen Fremdenverkehrsstrukturen in der Republik kaum Informationen, die über das allgemeine statistische Material (in *Narodnoe chozjajstvo ÈSSR* oder *SSSR*), bzw. über Darstellungen der gewerkschaftseigenen Erholungseinrichtungen hinausgehen.

Die wenigen vorliegenden Veröffentlichungen sind meistens nicht sehr aktuell (LAUSMAA, 1974; KERGE, 1981), wenig fundiert (z.B. KERGE, 1981) oder befassen sich schwerpunktmäßig mit dem Ausländer-Tourismus (T. Karing; s. Kap. 10). Eine breitere Auseinandersetzung mit den Möglichkeiten und Problemen des Fremdenverkehrs in Estland oder eine Analyse der Strukturen fehlen.[3)]

Dennoch soll auch in diesem Kapitel versucht werden, nicht nur die größeren Erholungsorte vorzustellen, sondern auch die wichtigsten Fremdenverkehrsstrukturen Estlands herauszuarbeiten.

[1)] VANKER,1964, S. 8; CARFIS, 1986, S. 92; Mitte der 60er Jahre wurden zwar in Estland Mineralquellen entdeckt (bekannteste: Värska und Häädemeeste), aber mit Ausnahme des Kolchoz-Sanatorium "Värska" führte dies nicht zur Anlage von Kureinrichtungen: das Mineralwasser wird in Flaschen abgefüllt, v.a nach Pärnu gebracht und dort für Trinkkuren eingesetzt.

[2)] Verwaltungsmäßig ist die Estnische Republik - ebenso wie früher die Estnische SSR - in 15 Landkreise (*maakond*, russ.: *rajon*) und sechs kreisfreie Städte (Tallinn, Kohtla-Järve, Narva, Pärnu, Sillamäe und Tartu) gegliedert.

[3)] Umfragen - zumindest in größerem Rahmen - sind ebenfalls praktisch unbekannt.

Abb. 34: Übersichtskarte von Estland

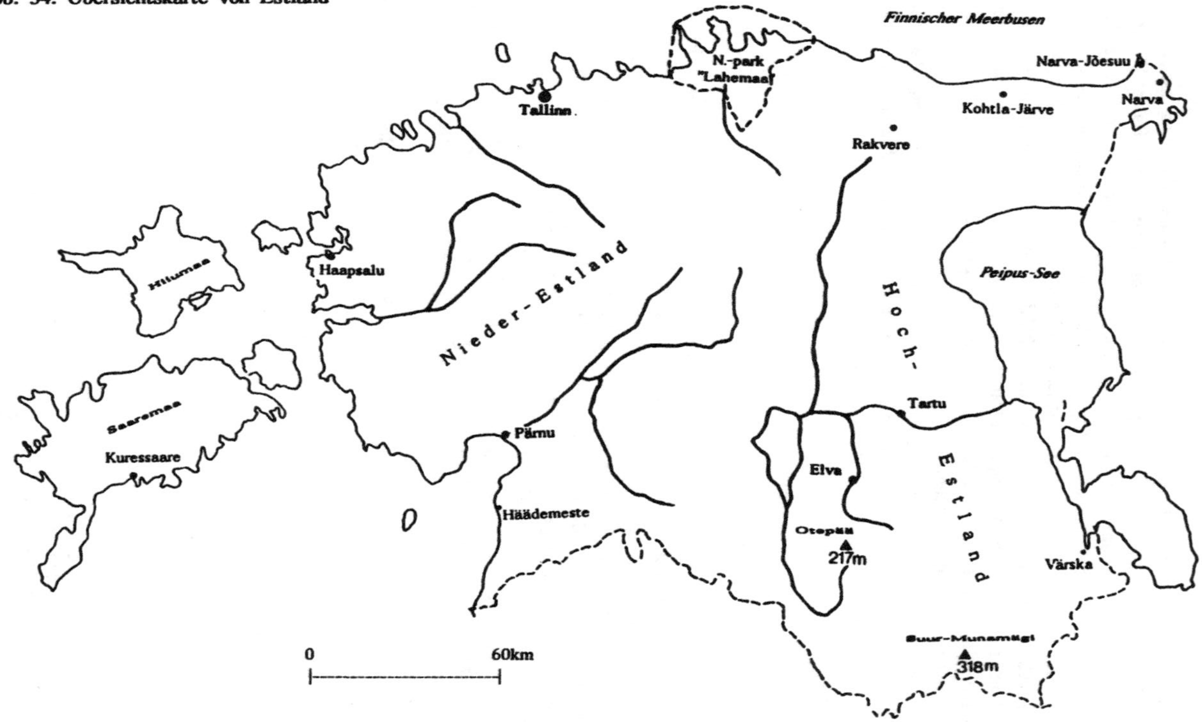

E+Z: M. Henningsen

8.1.1 DIE WICHTIGSTEN FREMDENVERKEHRSORTE

8.1.1.1 Haapsalu[1]

Haapsalu an der Westküste ist der älteste Kurort Estlands.[2] Als 1828 in Rußland die erste wissenschaftliche Untersuchung über die Heilwirkung von Schlick veröffentlicht wurde, waren in Haapsalu nicht nur bereits seit einigen Jahren die örtlichen Vorkommen genutzt worden, seit 1825 gab es dort sogar schon ein richtiges, auf Initiative des örtlichen Arztes gegründetes Schlammheilbad.[3] VANKER (1964, S. 8) führt - wohl nicht zu unrecht - den Vorsprung der Esten auf das dortige Klima zurück, das die Sommer relativ kurz und unbeständig sein läßt. Aus diesem Grund begann man früh, Kureinrichtungen zu bauen, wo künstlich erwärmtes Meerwasser und Schlick unabhängig vom Wetter benutzt werden konnten.
In den ersten Jahren wurde Haapsalu in erster Linie von deutschen Adligen aufgesucht, die dort ihre Sommerhäuser hatten. Ab Mitte des 19. Jh. stieg dann aber der Anteil estnischer Erholungssuchender (MARTINSON, 1980, S. 3).
Der Bekanntheitsgrad des Kurorts stieg schnell, Gäste kamen aus Riga, Reval (Tallinn)[4] und aus St.Petersburg. Mitte des 19. Jh. wurden jährlich, d.h. während der sommerlichen Saison, rund 6.000 Anwendungen, davon 2.800 Schlammbäder, verabreicht.[5] Einen sehr wertvollen Impuls erhielt Haapsalu zu dieser Zeit durch den Besuch der Zarenfamilie, da hierdurch die Beliebtheit des Kurorts weiter anstieg und in der Folge der Verkehrsanschluß verbessert wurde:[6] Bereits 1876 gab es eine regelmäßige, zweimal wöchentlich verkehrende Postkutschenverbindung nach St.Petersburg, 1905 erhielt der Ort einen Eisenbahnanschluß.[7]

Angaben über die Entwicklung der Gästezahlen in Haapsalu liegen nicht vor. Einen Hinweis geben jedoch die jährlich verabreichten Schlammbäder: Ihre Zahl stieg schnell an, betrug 1875 bereits 14.569, und konnte bis Mitte der 1920er Jahre auf fast 20.000 weiter gesteigert werden (MARTINSON, 1980, S. 5).
Außer den Kurgästen weilten auch jedes Jahr - besonders nach der Fertigstellung der Bahnlinie - Tausende von Sommerfrischlern, v.a. aus St.Petersburg, in Haapsalu (Kurorty, 1983). Nachdem diese ab 1920 auf Grund der veränderten politischen Lage infolge des Ersten Weltkriegs und der Oktoberrevolution ausblieben, sank die Bedeutung Haapsalus als Kur- und Erholungsort.

Auch in sowjetischer Zeit konnte der Kurort nicht wieder an frühere (Glanz-)Zeiten anschließen. Zum Teil lag es wahrscheinlich an der abseitigen Lage Haapsalus (innerhalb Estlands aber vor allem innerhalb der Sowjetunion), welche auch nicht durch größere landschaftliche oder klimatische Attraktivität ausgeglichen werden konnte.

---

[1] 15.200 EW (ENE, 1985ff.).
[2] Es gehört, zusammen mit Cranz und Baldone, zu den ältesten Kurorten im ganzen Baltikum.
[3] Dies gilt auch als Gründungsjahr des Kurorts (Kurorty, 1983).
[4] Die beiden Namen der estnischen Hauptstadt entstanden beide im 13. Jh.; deswegen kann nicht von einem "früheren" Reval vs. dem "heutigen" Tallinn gesprochen werden; wenn jedoch von der Oberschicht der Stadtbevölkerung im letzten Jahrhundert die Rede ist, so ist "Reval" angebrachter; seit dem Zweiten Weltkrieg ist nur "Tallinn" (russ. eh. Tallin) der offizielle Name (ausführlicher s. BUTENSCHÖN, 1992, S. 24).
[5] MARTINSON, 1980, S. 3; TAMBUR/KEVA, 1988; VANKER, 1964, S. 9.
[6] Vgl. Auswirkungen des Aufhaltes von Königin Victoria 1889 in Biarritz (COSGROVE/JACKSON, 1972, S. 38).
[7] Über Tallinn nach St.Petersburg (MARTINSON, 1980, S. 4).

Dennoch erhielt Haapsalu in sowjetischer Zeit das Prädikat "Kurort mit Republiksbedeutung". Diese Einstufung ist sicherlich vor allem auf den Schlick aus der Bucht von Haapsalu zurückzuführen, der nach wie vor große Bedeutung für das estnische Kurwesen hat: Er wird auch in den Sanatorien von Pärnu und Narva-Jõesuu verwendet. Mit dem Fremdenverkehrsangebot des Ortes selbst ist diese Auszeichnung jedenfalls nicht zu erklären,[1] da von den Gewerkschaften in den 80er Jahren nur ein Sanatorium für Erkrankungen der Nerven und des Bewegungsapparates mit einer ganzjährigen Kapazität von 210 bzw. maximalen von 255 Betten (im Sommer) betrieben wurde. Jährlich konnten hier ca. 3.400 Kurgäste aufgenommen werden (POLTORANOV/SLUCKIJ, 1986, S. 645),

Eine gewisse Bedeutung hat Haapsalu dagegen noch als Badeort der estnischen Bevölkerung. Außerdem gehen von hier aus die Fähren nach Hiiumaa (dt. Dagö), der zweitgrößten estnischen Inseln und nach Vormsi (dt. Worms). Da diese inzwischen nicht mehr militärisches Sperrgebiet sind, kann auch Haapsalu in Zukunft vermutlich mit einem gewissen Aufschwung des Fremdenverkehrsaufkommens, allerdings wahrscheinlich ohne überregionale Bedeutung zu erlangen, rechnen.

8.1.1.2 Kuressaare[2]

Die Entwicklung von Kuressare verlief in etwa parallel zu der von Haapsalu, auch wenn nie der gleiche Bekanntheitsgrad erreicht werden konnte. Dies hing sicher zum Großteil mit der Lage des Ortes auf Saaremaa (dt. Ösel), der größten Insel vor der Westküste Estlands, zusammen, wodurch Kuressare benachteiligt war (s. Abb. 34).

Das erste Schlammbad wurde auf Saremaa bereits 1824 errichtet, der Kurort Kuressaare selbst wurde jedoch "erst" 1840 gegründet, als in der dortigen Bucht ebenfalls Heilschlamm gefunden und deshalb drei Schlammbäder gebaut wurden (Kurorty, 1983). 1883 wurden 2.500 Prozeduren verabreicht (TAMBUR/KEVA, 1988).

Kuressaare war zwar nie so beliebt wie Haapsalu, aber doch bekannt genug, um zur Zeit der Jahrhundertwende jährlich über 1.000 Sommerfrischler v.a. aus Riga und St.Petersburg, anzuziehen. Zeitweise verkehrte deswegen sogar regelmäßig ein Schiff zwischen Riga und Kuressaare (Kurorty, 1983; TAMBUR/KEVA, 1988).
In sowjetischer Zeit wurde Kuressare nicht zum Kur- oder Erholungsort ausgebaut. Auch hier wirkte sich die Lage negativ aus: Die Insel Saaremaa gehörte zu dem militärischen Sperrgebiet der Sowjetunion, in das man nur mit Sondergenehmigung reisen durfte, weshalb die alten Badeeinrichtungen nach dem Zweiten Weltkrieg vernachlässigt wurden und verfielen (NEY, 1964, S. 223). Da den lokalen Behörden auch die notwendigen Geldmittel für einen Wiederaufbau fehlten, ergriff Mitte der 60er Jahre ein nahegelegener Kolchoz die Initiative und begann, eine neue Badeanstalt zu errichten, um den Heilschlamm, der sich ja nach wie vor in den alten Lagerstätten befand, wieder nutzen zu können.[3] Später wurde die Anlage zu einem Sanatorium

---

[1] Auch wenn sie natürlich stets im Verhältnis zur Fremdenverkehrsstruktur der Republik gesehen werden muß.
[2] 1989 16.400 EW; dt. Name (bis 1917): Arensburg; 1952-88: Kingisepp (ENE, 1985ff).
[3] NEY, 1964, S. 223; im Gegensatz zu Haapsalu ist der Schlick von Kuressaare nie in andere Kurorte verschickt worden.

("Kuressaare") erweitert, das von verschiedenen Kolchozen gemeinsam betrieben wird (vgl. Narva-Jõesuu). In den 80er Jahren konnten dort 360 Kolchoz-Mitglieder gleichzeitig Aufnahme finden (Kurorty, 1983; TAMBUR/KEVA, 1988, S. 71).

Auch der Fremdenverkehr in Kuressaare, das laut Reiseführer über eine schöne restaurierte Altstadt verfügt, wird sicherlich von der Öffnung der estnischen Inseln für Besucher und vor allem vom landschaftlichen Reiz Saaremaas profitieren und einen Aufschwung erleben.[1)]
Problematisch sind dabei allerdings die Nutzungskonflikte, die sich auf der Insel zwangsläufig mit dem Naturschutz ergeben werden.

8.1.1.3 Pärnu[2)]

Der Kurort Pärnu wurde 1838, also etwas später als Haapsalu gegründet, als im Auftrag einiger Kaufleute Badeanstalten errichtet und Gästezimmer bereitgestellt wurden (HELEMÄE, 1984, S. 36).[3)] Jedoch waren die einzigen Anwendungen, welche zu jener Zeit verabreicht wurden, Bäder mit erwärmtem Meerwasser; Pärnu wurde also zunächst mehr als Erholungsort denn als wirklicher Kurort geführt. Dies ist sicher einer der Gründe, warum sich Pärnu zunächst nicht gegen seine etablierteren Kurort-Konkurrenten Haapsalu und Kuressaare durchsetzen konnte (VANKER, 1964, S. 10) und sich während der ersten 50 Jahre seines Bestehens im Vergleich zu diesen nur sehr langsam entwickelte (VEINPALU, 1988, S. 18).[4)]
Dies änderte sich erst allmählich, nachdem 1889 in Pärnu die Heilanstalten aus Privatbesitz in städtische Hand übergingen und zusätzliche Ressourcen genutzt wurden (VEINPALU, 1988, S. 19).[5)]
Erste Maßnahmen der neuen Kurverwaltung waren:
- die Erweiterung der Einrichtungen und des Spektrums der angebotenen Prozeduren: außer dem erwärmten Meerwasser wurden nun auch Schlammbäder eingesetzt;[6)] bei voller Auslastung konnten dadurch bis zu 300 Bäder pro Tag, bzw. über 33.000 Heilschlamm- und Meerwasserbäder in einer Saison verabreicht werden (HELEMÄE, 1984; RAIT, 1988, S. 6; VEINPALU, 1988, S. 18ff);
- die Renovierung des Badehauses;
- die Aufnahme Pärnus in die offizielle russische Kurort-Liste;

[1)] Es wird bereits in Routen für ausländische Touristen, die z.B. auf den Spuren des Deutschen Ordens reisen wollen, einbezogen.

[2)] 1989 54.000 EW (Latvija, Litva, Estonija, 1991, S. 24).

[3)] Die Stadt selbst (dt. Pernau, eh. Perona) wurde 1251 als Bischofssitz gegründet; sie nahm zeitweise eine bedeutende Stellung als Handelsplatz der Hanse an der Mündung des gleichnamigen Flusses ein (über Pärnu/Peipus-See usw. bestand Verbindung zum russischen Hinterland), verlor aber ab Mitte des 19. Jh. durch den Aufbau eines Eisenbahnnetzes in Rußland die Bedeutung als Handelsstadt (vgl. RAIT, 1988, S. 3ff.).

[4)] Negativ wirkte sich vermutlich auch aus, daß anfangs keine Ärzte am Aufbau des Kurorts beteiligt waren.

[5)] Versuche, welche unternommen worden waren, nachdem Pärnu 1878 das russische Stadtrecht verliehen worden war, die Situation durch Anlage eines Parks etc. zu verbessern, hatten nicht viel bewirken können.

[6)] Der Schlamm stammt aus Audru in der Nähe der Stadt; er galt zunächst als weniger heilkräftig als andere estnische Meerschlammvorkommen; als aber später festgestellt wurde, daß er radioaktiv ist, erhöhte sich seine Beliebtheit stark (Ende des 19. Jahrhunderts war Radioaktivität gerade erst entdeckt worden und somit "in Mode gekommen"); heute wird der Schlamm anscheinend nicht mehr genutzt.

- die Vergrößerung des Beherbergungsangebots durch die Schaffung von finanziellen Anreizen für die Bevölkerung bei Bau und Bereitstellung von Sommerhäusern, Ferienpensionen etc.;
- die Motivierung der ansässigen Ärzte, sich ebenfalls für die Entwicklung des Kurorts einzusetzen (VEINPALU, 1988, S. 18ff).

Wesentlich zum Aufschwung beigetragen hat auch der Anschluß Pärnus 1896[1)] an die Bahnlinie St.Petersburg-Pskov-Riga (über die Station Mõisakula) sowie die wöchentliche Schiffsverbindung mit Riga (HELEMÄE, 1984, S. 36).

Dank der diversen Förderungsmaßnahmen war Pärnu Anfang des 20. Jh. zu einem der bestausgestatteten Bäder Rußlands geworden (HELEMÄE, 1984, S. 36) und auch die Zahl der (Kur)gäste konnte deutlich gesteigert werden (1910: 3.000 Kurgäste; HELEMÄE, 1984). Zu einem wirklich bedeutenden Fremdenverkehrsort entwickelte sich Pärnu jedoch erst ab Ende der 20er Jahre,[2)] als Pärnu große Beliebtheit als Sommerfrische erlangte (Tab. 27).

Tab. 27: Entwicklung der Gästezahlen in Pärnu (1927-1938)

Jahr	Urlauber	davon Ausländer
1927	2.508	
1931	2.644	
1935	3.970	
1936	4.675	2.547
1937	6.122	3.268
1938	6.634	3.756

Quelle: VEINPALU, 1988, S. 27;

Sehr stark vertreten waren in Pärnu auch Gäste aus dem Ausland (Tab. 27). Entsprechend der nördlicheren Lage (im Vergleich zu Litauen und Lettland) kam der Großteil der Ausländer aus Schweden und Finnland, daneben aber auch aus West- und Zentral-Europa.[3)]

Datschen-Steuer

Da sich der Unterhalt des Kurorts als sehr kostspielig erwies, wurde 1929 in Pärnu eine sogenannte Datschen-Steuer, vergleichbar mit der Kurtaxe in deutschen Badeorten, eingeführt. Die Einnahmen wurden in die Modernisierung und den weiteren Ausbau des Ortes investiert.
Die Datschen-Steuer betrug im Jahr 1939 bei einem Aufenthalt von mehr als einem Monat 8 Kronen für Einzelpersonen, bzw. 10 Kronen für Familien. Für 5-30 Tage wurde jeweils die Hälfte berechnet, Kurzurlauber waren ganz befreit.

[1)] Bei VEINPALU (1988, S. 25) wird fälschlicherweise 1886 angegeben.
[2)] 1915 war der Kurort zerstört worden und konnte erst 1928 wieder eröffnet werden (VEINPALU, 1988, S. 26f.).
[3)] Aus Polen, Deutschland, Dänemark, Belgien, Frankreich, Schweiz, England (VEINPALU, 1988, S. 27).

Die Kosten für die Unterkunft lagen je nach Standard und Beherbergungsart bei 2-7 Kronen pro Tag,[1] für das Essen mußten täglich 3-4 Kronen gerechnet werden (VEINPALU, 1988, S. 29).
Daneben enstanden Kurgästen noch die Kosten für die Anwendungen (vgl. Tab. 28). Sie betrugen für vier Wochen (der Dauer eines sog. Kur-Kurses) 25 Kronen (für (Torf-)Schlammbäder) und 50 Kronen (Schlick), für das Arzthonorar mußten 10-15 Kronen veranschlagt werden. (VEINPALU, 1988, S. 28).
Zusammen beliefen sich z.B. die Kosten für einen 4-wöchigen Kuraufenthalt mit Schlickbädern auf durchschnittlich 190-200 Kronen.

Tab. 28: Gebühren für medizinische Anwendungen in Pärnu (1939)

30g Nadelbadezusatz	0,1-0,2 Kronen
Meer-/Süßwasserbad	0,6-0,7 Kr.
Kohlesäurehaltiges Bad	1,8-2,8 Kr.
Schaumbad	1,0-1,3 Kr.
Dusche	0,4-0,7 Kr.
Packung Meerschlamm	0,2-0,3 Kr.
" " Torfschlamm	0,1-0,2 Kr.
Vollbad mit Torfschlamm	1,5-1,8 Kr.
" " " Meerschlamm	2,0-4,0 Kr.
Vollmassage	1,5-1,8 Kr.

Quelle: VEINPALU, 1988, S. 28f.;

In den 1930er Jahren änderte sich allmählich wieder die Ausrichtung von Pärnu: reine Erholungsaufenthalte gewannen erneut die Oberhand.
Dies wirkte sich auch auf die Angebotsstruktur aus: Direkt am Strand und auch im Ort selbst entstanden zahlreiche Einrichtungen, die nicht mehr der Kur, sondern nur der Unterhaltung dienten: Café-Restaurants bzw. Salons,[2] wo oft Konzerte und Ausstellungen abgehalten wurden, Theater, Cabarets, Kinos, etc.
Dementsprechend gering fiel der Anteil von Kurgästen an den Urlaubern aus: Sie stellten z.B. 1937 nur noch ca. 800 der gut 6.000 Gäste.[3]
Ende der 30er Jahre entstanden auch viele neue Hotels, Pensionen und Sommerhäuser, deren zum Teil ausländischen Namen ("Inge", "Frida", "Carola", "Hohenhaus", "Mon Repos", etc.; VEINPALU, 1988, S. 29) auf die Herkunft ihrer Betreiber, vor allem aber auf die große Bedeutung ausländischer Gäste in Pärnu schließen läßt. 1937 wurde direkt am Strand das Luxushotel "Ranna-Hotel", 1939 die Hotel-Pension "Vaza", welche beide auch Ende der 80er Jahre noch als Gewerkschafts-Sanatorien genutzt wurden, eröffnet.

---

[1] Für eine Luxus-Suite im Hotel mußten bis zu 14 Kronen bezahlt werden (VEINPALU, 1988, S. 29).
[2] Mit bis zu 700 Plätzen (VEINPALU, 1988, S. 29).
[3] Vgl. auch die Entwicklung der Gästezahlen 1913-38: Steigerung von 2.000 auf 6.634 Gäste, während die Zahl der Prozeduren nur geringfügig zunahm: 11.463 bzw. 13.891 (VEINPALU, 1988, S. 27f.; HELEMÄE, 1984, S. 36f.).

Über die Entwicklung Pärnus in der Zeit direkt nach dem Zweiten Weltkrieg ist nichts bekannt. In den 80er Jahren verfügte der Kurort über drei Gewerkschafts-Sanatorien und über ein 1971 eröffnetes Kolchoz-Sanatorium.[1)] Für die Behandlung von Erkrankungen des Herzkreislauf- und Nervensystems sowie des Bewegungsapparats werden neben Schlick aus Haapsalu (s.o.) und klimatischen Ressourcen auch Trinkkuren mit Chlor-Natrium-haltigem Mineralwasser aus Värska und Häädemeeste eingesetzt.[2)]
Die Gesamtkapazität der drei gewerkschaftseigenen Sanatorien Pärnus war mit ca. 1450 Plätzen - ebenso wie die Größe der Einrichtungen[3)]- im Vergleich zu Druskininkai oder Jurmala nicht groß. Dafür eignet sich der Badeort besser für die Erholung von Ruhebedürftigen, da er - im Unterschied zu den litauischen oder lettischen Seebädern - aufgrund des ländlicheren Hinterlandes nicht so stark wie diese als Naherholungsort frequentiert wird.

Auch wenn man zu den jährlich ca. 25.000 bis 30.000 Kurgästen noch die Urlauber, welche in den "betrieblichen" Erholungseinrichtungen ihre Ferien verbringen (HELEMÄE, 1984, S. 36f), sowie nichtorganisierte ("wilde") Urlauber hinzurechnen muß, so ist die Belastung Pärnus im Vergleich zu Jurmala oder Palanga wesentlich geringer.[4)] Dazu trägt vermutlich auch die ungünstigere Verkehrsanbindung Pärnus bei: Da die Bahnlinie, die den Kurort direkt an die Magistrale Pskov-Riga anschloß, stillgelegt wurde, kann Pärnu mit der Eisenbahn nur noch über Riga oder Tallinn erreicht werden, wodurch die Anreise von den großen sowjetischen Nachfragezentren entsprechend langwierig und umständlich war.[5)]

Für die zukünftige Entwicklung weist Pärnu dennoch wegen der geschützten Lage[6)] und dem schönen feinsandigen Strand die günstigsten Voraussetzungen von allen estnischen Fremdenverkehrsorten auf. Problematisch ist allerdings auch hier die Wasserqualität,[7)] auch wenn das Badeverbot seit Wiedererlangung der Selbständigkeit Estlands 1991 wieder aufghoben worden ist.

8.1.1.4 Narva-Jõesuu[8)]

Narva-Jõesuu ist der jüngste der estnischen Kurorte: Als Gründungsjahr wird das Jahr 1876 angegeben, da zu dieser Zeit das erste Wasserschlammbad eröffnet wurde

[1)] "Tervis" (estn. "Gesundheit"), 300 Plätze (HELEMÄE, 1984; RAIT, 1988, S. 6; VERNIK, 1988, S. 59). zu Kolchos-Sanatorien vgl. Narva-Jõesuu.
[2)] BMĖ, 1977ff.; Kurorty, 1983; REJ, 1988, S. 14.
[3)] "Estonia" 460 Pl., "Rahu" (estn. "Friede") 665 Pl., "Sõprus" (estn. "Freundschaft") 335 Plätze (REJ, 1988, S. 14).
[4)] Auch im Verhältnis zur Einwohnerzahl: im Sommer verdoppelt sich die Bevölkerung "nur" (HELEMÄE, 1984; RAIT, 1988, S. 6).
[5)] Pärnu verfügt auch nur über einen relativ kleinen Flughafen, der nur bei Flügen innerhalb Estland angeflogen wurde (VANATOA, 1988, S. 20).
[6)] Es liegt am Ende einer flachen Bucht, die wiederum Teil der Rigaer Bucht ist (s. Abb. 34); hier erwärmt sich das Wasser sehr schnell.
[7)] Die Menge des ungereinigten Abwassers der Stadt stieg von 3,0 Mio m^3 (1986) auf 4,1 Mio m^3 (1987) und liegt damit sogar über den Werten von Jurmala (vgl. Kap. 7.4), obwohl bereits 1980 ein entsprechendes Verbot erlassen worden war (AiF, 39/1988).
[8)] Früherer deutscher Name: Hungerburg; im Russischen ist entweder die direkte Übersetzung des Namens (Ust-Narva = "Mündung der Narva"), mehr aber noch die russifizierte Form ("Narva-Jyėsuu") der estnischen Bezeichnung üblich; 1972 hatte der Ort 3.530 EW (ENE, 1972).

(Kurorty, 1983; VANKER, 1964, S. 10). Der Ort entwickelte sich in der Folgezeit sehr schnell, jedoch weniger als eigentlicher Kurort denn als Sommerfrische.
Bis zum Ersten Weltkrieg wurden in Narva-Jõesuu ca. 1.000 Datschas gezählt. Hier sowie bei der ansässigen Bevölkerung verbrachten jährlich 10.000-12.000 Sommerfrischler ihre Ferien (PULLERITS, 1931; VANKER, 1964, S. 10). Sie setzten sich vor allem aus Mitgliedern der wohlhabenden Schichten und der Intelligenzia der St.Petersburger Gesellschaft zusammen, welche Narva-Jõesuu in den ersten Jahrzehnten des 20. Jh. zu ihren beliebtesten Erholungsorten zählten (Kurorty, 1983; VANKER, 1964, S. 10).
Im Ersten Weltkrieg wurde der Ort weitgehend zerstört. Er erlangte anschließend zwar wieder eine gewisse Beliebtheit bei ausländischen Urlaubern (vor allem aus Schweden und Finnland; VANKER, 1964, S. 11), konnte aber dennoch nie mehr - auch in sowjetischer Zeit - an die alte bedeutende Stellung anknüpfen.

Heute spielt Narva-Jõesuu keine Rolle mehr im staatlichen Erholungswesen, gewerkschaftseigene Einrichtungen fehlen.

Beachtung verdient Narva-Jõesuu insofern, als dort 1965 das erste Gemeinschafts-Sanatorium verschiedener estnischer Kolchozen eröffnet wurde.[1] Diese Erholungseinrichtung,[2] in der zunächst für Arbeiter von 30 Landwirtschafts-Betrieben über 50 Betten zur Verfügung standen, zählte auch zu den ersten dieser Art in der ganzen Sowjetunion, da Estland eine gewisse Vorreiterolle beim Aufbau eines Kurwesens für die Landbevölkerung einnahm.[3] Das Sanatorium erfuhr seit seiner Gründung mehrfach Erweiterungen sowohl der Kapazität (1984: 400 Plätze, ca. 6.000 Gäste) als auch der beteiligten landwirtschaftlichen Unternehmen (1984: 244 Kolchoze; TAMBUR/KEVA, 1988).
Dieses Kolchoz-Sanatorium scheint heute die einzige Kureinrichtung in Narva-Jõesuu zu sein. Dagegen wurden in den 80er Jahren zahlreiche "betriebliche" Erholungsheime, z.B. für Arbeiter der estnischen Brennschieferwerke oder der Textilindustrie unterhalten (vgl. NEY, 1964, S. 224; TAMBUR/KEVA, 1988).
Die Hauptattraktion von Narva-Jõesuu stellt der feinsandige, fast 10 km lange Sandstrand an der Narva-Mündung, ein beliebtes Ziel für "nicht-organisierte" Erholungssuchende, dar.[4] Unter ihnen stellen die Bewohner der nur 12 km entfernten Industrie-Stadt Narva den größten Anteil, aber auch aus anderen Regionen Nord-Estlands suchen viele Menschen Narva-Jõesuu für (Nah-)erholungszwecke auf. Daneben wurde der Ort bzw. der Strand auch von der Bevölkerung anderer sowjetischer Städte, vor allem aus Leningrad frequentiert (LAUSMAA, 1974, S. 79). Narva-Jõesuu wird deswegen derjenige Fremdenverkehrsort Estlands sein, der am stärksten den Rückgang der Besucherzahlen als Auswirkungen der veränderten politischen Lage spüren wird.

---

[1] VERNIK, 1988, S. 59; zur Behandlung wird Schlick aus Haapsalu verwendet (BMĖ, 1977ff.); in der Medizinischen Enzyklopädie der UdSSR (BMĖ) wird Narva-Jõesuu sogar selbst als Schlamm-Heilbad geführt, obwohl keine eigenen entsprechenden Ressourcen vorhanden sind; andere Verzeichnisse schließen sich dem nicht an, sondern bezeichnen es, sofern er überhaupt als Kurort Erwähnung findet, als Luftkurort (z.B. Kurorty, 1983).
[2] Sie wurde zunächst als Erholungsheim betrieben, aber bald in ein Sanatorium umgewandelt, da für Bauern ein Erholungsheim zu ungewohnt war.
[3] VERNIK, 1988, S. 59; vgl. hierzu auch KNABE, 1979, S. 303.
[4] Baden ist hier allerdings nicht unbedingt empfehlenswert, auch wenn es bisher offiziell nicht verboten war: über den Fluß gelangen Industrieabwässer aus Narva in die Ostsee, in der Nähe werden auch die Ölschieferfabriken entsorgt (s. TAAGEPERA, 1982, S. 155).

8.1.2 RÄUMLICHE VERTEILUNGSMUSTER DER ERHOLUNGSEINRICHTUNGEN

Die Kureinrichtungen der Gewerkschaften konzentrieren sich auf nur zwei Kurorte, Pärnu und Haapsalu (Abb. 35), obwohl die Ressourcenverteilung auch eine breitere Streuung ermöglichen würde. Dies wird am Beispiel der Kolchoz-Sanatorien deutlich: Ihre Einrichtungen sind (mit Ausnahme von Pärnu) so verteilt, daß entweder zusätzliche Vorkommen vor Ort genutzt werden können (Kuressaare: Schlick; Värska: Mineralquelle und Heilschlamm), oder es werden Heilressourcen über eine beträchtliche Entfernung zum Sanatorium transportiert (Schlick aus Haapsalu nach Narva-Jõesuu). Von dieser Möglichkeit machen ja auch gewerkschaftseigene Kureinrichtungen Gebrauch, jedoch nur in Pärnu (Schlick aus Haapsalu, Mineralwasser aus Värska und Häädemeeste).[1)] Die Verteilung der Kolchoz-Sanatorien entspricht der Tendenz zu einer stärkeren Diversifizierung der räumlichen Fremdenverkehrsstrukturen in Estland (s.u.).

Touristische Einrichtungen sind zwar praktisch über ganz Estland verteilt, zumindest vom organisierten Tourismus werden sie jedoch sehr ungleich genutzt: Nur ein (besonders im Vergleich zu Litauen und Lettland) geringer Teil der Einrichtungen - die Turbasen von Nelijärve, Kauksi, Pärnu und Kubija[2)], nicht aber die Touristenhotels in Pärnu, Narva oder Tallinn[3)] - wird in die Touristenrouten einbezogen (Tab. 29). Abb. 36 zeigt, daß in Estland - im Unterschied zu den Nachbarrepubliken, besonders zu Lettland - durch das Routenangebot nicht die Hauptferienregionen zusätzlich belastet werden.

Über die Verteilung der anderen Einrichtungen des (organisierten) Fremdenverkehrs liegen keine Informationen vor. Nach Auswertung aller Quellen[4)] lassen sich für Estland aber zumindest die folgende Haupterholungsregionen aufzeigen.

1.) Das wichtigste traditionelle Erholungsgebiet Estlands stellt die Nordküste der Republik dar. Gründe hierfür sind a) die attraktive Landschaft: kleinräumige Küstenabschnitte, streckenweise mit schöner Steilküste,[5)] sowie zahlreiche Flußtäler, die sich einschließlich ihrer Mündungen in den Finnischen Meerbusen gut für Erholung eignen, sowie b) die Nähe zu den Nachfragezentren, vor allem von Tallinn, Narva sowie seit Anfang der 50er Jahre von Kohtla-Järve.
Bereits vor dem Ersten Weltkrieg war die nordestnische Küste auch eine beliebte Erholungsregion für die St.Petersburger Gesellschaft: Neben dem Strand von Narva-Jõesuu bildete die Umgebung von Tallinn ebenfalls ein begehrtes Ziel. Besonders der

---

[1)] Im Gegensatz zu Deutschland, wo zumindest bei Mineralwasser im allgemeinen am Prinzip der Ortsgebundenheit festgehalten wird, war in der Sowjetunion das Abfüllen und Verschicken von Mineralwasser weit verbreitet (vgl. MÜLLER, 1984, S. 79).

[2)] Kubija ist nur für radiale Routen vorgesehen (Abb. 35, Tab. 29); für den Campingplatz auf Saaremaa wurde 1987 eine "radiale Route" angeboten, in anderen Jahren jedoch nicht (Tur. maršruty 1985ff.); eine Insel ist natürlich auch relativ schwer in derartige Pauschalreisen zu integrieren.

[3)] Letzteres wird vermutlich eher für ausländische Touristen frei gehalten; der Campingplatz bei Pärnu ist für sog. Autotouristen, also "selbständige" Touristen, die einem Routenvorschlag mit dem eigenen PKW folgen, reserviert (Tur. učrež. prof., 1983).

[4)] Außer den bereits genannten Veröffentlichungen für gewerkschaftseigene Erholungseinrichtungen sind zu nennen: Atlas ĖSSR, 1980, S. 7, 27; ITS, 1987; Mesta otdycha Ėstonskoj SSR, 1974, S. 243ff.; NEY, 1964, S. 222ff.; TAMBUR/KEVA, 1984.

[5)] Sie wird durch die Glint-Stufe gebildet; am ausgeprägtesten ist sie in der Gegend von Saka-Ontika-Toila (20 km) mit einer Höhe bis 55 m (Atlas ĖSSR, 1980, S. 26f.).

Rajon Kadriorg[1] erfreute sich nach einem Besuch des Zaren Alexander I. 1802 auch als Kurort bei der Oberschicht St.Peterburgs großer Beliebtheit. Ab 1840 bevorzugten diese dann zwar Helsinki als Badeort, doch riß der Strom der Erholungssuchenden in Kadriorg nicht ab: Nun folgten mittlere Bevölkerungsschichten, vor allem nachdem die Verbindung durch die Eröffnung der Schiffslinie St.Petersburg-Tallinn bzw. der Bahnlinie (1870) erleichtert wurde (LIJDJA, 1981, S. 49).[2]

In sowjetischer Zeit wurde besonders der östliche Teil der Küste von der Leningrader Bevölkerung "wiederentdeckt", für die neben der Landschaft auch die bessere Versorgungslage im Baltikum attraktiv war. Von einer intensiven Nutzung durch den Fremdenverkehr wird dabei auch der estnische Nationalpark "Lahemaa" nicht verschont, in dem sich u.a. das größte Erholungsheim der Gewerkschaften (in Võsu)[3] befindet (vgl. hierzu auch STADELBAUER, 1991, S. 721).

2.) Die Endmoränenlandschaft Hochestlands im Süden der Republik stellt mit ihrem kuppigen Relief und den zahlreichen Seen das zweite wichtige Erholungsgebiet Estlands dar. Hier befinden sich viele "betriebliche" Erholungseinrichtungen, aber auch zahlreiche Individualurlauber verbringen jährlich ihre Ferien in dieser Region. Ihre Zentren sind zum einen die Stadt Elva an dem gleichnamigen Fluß, bzw. die südlich anschließenden Erhebungen von Otepää, zum anderen die Gegend um den Suur-Munamägi, wo sich mit 318 m der höchste Punkt des Baltikums befindet. Im Gegensatz zur Küste wird diese Erholungsregion nicht nur für Sommer-, sondern auch für Wintererholung, vor allem von den Bewohnern Tartus, genutzt (Atlas ĖSSR, 1980, S. 26; Mesta otdycha..., 1974; TORMIS, 1989).

3.) Im Vergleich zu den bereits genannten Gebieten stellt das Nordufer des Peipus-Sees eine relativ junge Erholungsregion dar: Erst in den 60er Jahren wurde hier mit dem Ausbau begonnen, um die Küste zu entlasten. Inzwischen entstanden eine Turbase ("Kauksi") sowie zahlreiche "betriebliche" Erholungseinrichtungen (Mesta otdycha..., 1974; NEY, 1964, S. 223).

Der Westteil der Republik - "Niederestland" - wird mit Ausnahme der punktuellen Erschließung in Pärnu und Haapsalu so gut wie nicht für den Fremdenverkehr genutzt. Dies liegt an der starken Versumpfung des Gebiets, wodurch es sich nur für Erholungsarten wie Beeren-, Pilzesammeln oder auch Jagd eignet. Außerdem macht sich das Fehlen eines Nachfragepotentials (für Naherholung) negativ bemerkbar.
Die vorgelagerten Inseln sind zwar landschaftlich attraktiver, waren jedoch in sowjetischer Zeit weitgehend nur mit Sondergenehmigung zugänglich, wodurch sich dort bisher kein nennenswerter Fremdenverkehr entwickeln konnte.

---

[1] Er liegt heute im Grüngürtel von Tallinn; seine Funktion als Naherholungsgebiet wurde inzwischen von den etwas weiter entfernten Stränden bei Pirita (wurde anläßlich der Olympischen Spiele von 1980 ausgebaut) und Klooga-Rand übernommen (LIJDJA, 1981, S. 50f.).

[2] Die Entwicklung der nordestnischen Küste findet ihre Entsprechung in den Veränderungen im Fremdenverkehr Westeuropas in den letzten 100 Jahre (vgl. KULINAT/STEINECKE, 1984, S. 50).

[3] Vgl. Abb. 34; zum Nationalpark ausführlich s. Kap. 9.2.

Abb. 35: Regionale Verteilung der Sanatorien und Erholungsheime in Estland

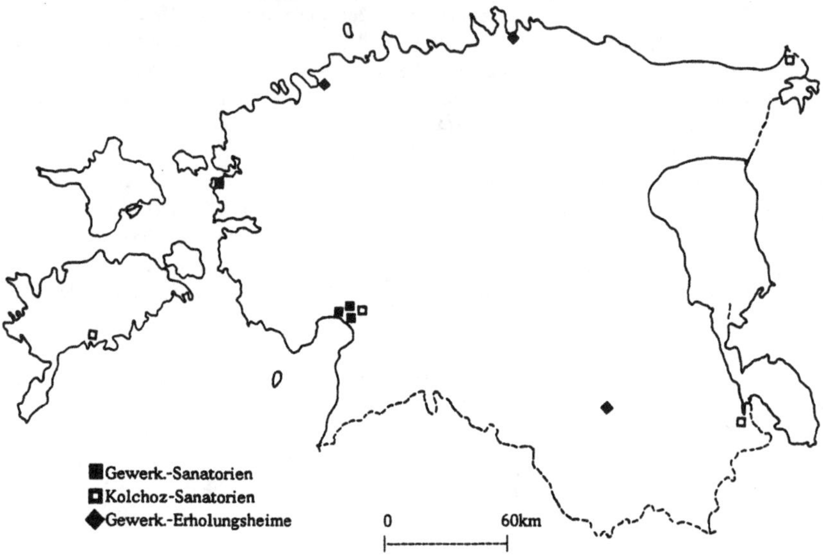

Quelle: POLTORANOV/SLUCKIJ, 1986, S. 643ff.; TAMBUR/KEVA, 1988; E+Z: M. Henningsen

Abb. 36: Verteilung der Touristenrouten und Touristenunterkünfte in Estland

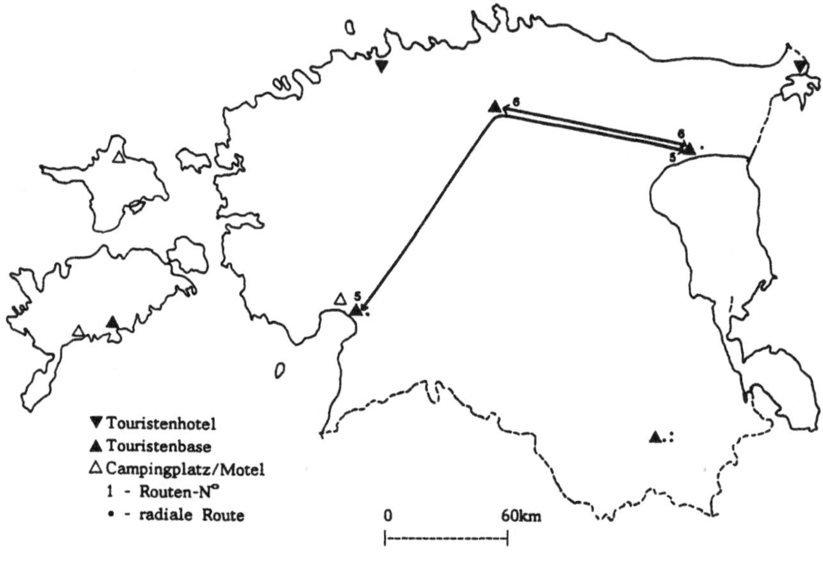

Quelle: Perečen'.., 1985; Tur. maršruty, 1990, S. 134f.; E+Z: M. Henningsen

8.2 Entwicklung des Fremdenverkehrs in Estland

8.2.1 ENTWICKLUNG DES ANGEBOTS

Die estnische Fremdenverkehrsstatistik weist einige Auffälligkeiten auf, die eine besonders große Zurückhaltung bei der Interpretation der Daten notwendig erscheinen lassen.
Vorbehalte sind z.B. bei den Sanatorien, Prophylaktorien und Erholungsheimen angebracht, da bei ihnen die Angaben für die Zahl der Einrichtungen, teilweise auch der Kapazitäten, über mehrere Jahre auffallend gleichbleibend sind. Unter Umständen wurde hier nur eine Fortschreibung alter Zahlen, statt einer wirklichen Aktualisierung vorgenommen.

Bei den Erholungsheimen fallen außerdem ihre extrem niedrigen Werte (Zahl der Einrichtungen und der Kapazitäten) auf. Die Ursache ist auch hier vermutlich auf Ungenauigkeiten bzw. Unstimmigkeiten bei der Erfassung zurückzuführen, denn es ist sehr unwahrscheinlich, daß in ganz Estland in den letzten Jahren wirklich nur vier bis fünf Erholungsheime existierten. Vielmehr handelt es sich bei dieser Zahl sicherlich nur um die Einrichtungen der Gewerkschaften,[1)] während die Erholungsheime von Betrieben, Behörden, etc. nicht erfaßt wurden. Es ist aber davon auszugehen, daß - ähnlich wie in Litauen (vgl. Abb. 16) - "betriebliche Erholungsheime" auch in Estland in größerer Zahl vorhanden sind.[2)]
Der Anteil der Erholungsheime am estnischen Fremdenverkehrsangebot fällt entsprechend gering aus (Abb. 39): Auf sie entfallen nur etwa 1% der Einrichtungen, bzw. 4% der Kapazitäten (vgl. Lettland und Litauen).[3)]

Obwohl in Estland - im Unterschied zu den Nachbarrepubliken - bei den Sanatorien in den 70er Jahren die Kapazitäten verringert wurden, entfällt auf sie immer noch ein höherer Anteil (1990: 16,9%; Abb. 38) als in Litauen (vgl. Abb. 21).
Wie in allen drei baltischen Republiken wird mit Abstand der größte Teil der Fremdenverkehrseinrichtungen von Erholungsbasen gestellt (1970: 86% - 1990: 84%).[4)]

Tourismus-Sektor
Der Tourismus-Sektor erfuhr in der ersten Hälfte der 70er Jahre nur scheinbar einen deutlichen Ausbau: Die Zunahme ist weniger auf die Eröffnung neuer Einrichtungen, sondern mehr auf eine Änderung des Erfassungsmodus zurückzuführen:

---

1) Davon drei Erholungsheime der Zentral-Gewerkschaften in Võsu (600 Pl. ganzj.), Laulasmaa (200 Pl.) und Pühajarve (230 Pl., ganzj.); POLTORANOV/SLUCKIJ, 1986, S. 646f.; alle drei wurden bereits kurz nach dem Zweiten Weltkrieg gebaut (TAMBUR/KEVA, 1988), sind also entsprechend alt.

2) Bereits Mitte der 70er Jahre wurde in einer Darstellung der estnischen Erholungsregionen (Mesta otdycha Ėstonskoj SSR, 1974) die Zahl von über 600 genannt, wobei hier allerdings wahrscheinlich Erholungsheime und -basen zusammengerechnet worden sind.

3) 1970 betrug der Anteil an den Kapazitäten noch 9% (Abb. 39); der anschließende Rückgang erklärt sich z.T. wieder aus der Entwicklung des Tourismus-Sektors.

4) Bei den Kapazitäten fiel ihr Anteil in den 80er Jahren mit etwa 55% etwas größer aus als bei Lettland oder Litauen (Abb. 39), was u.a. auf die etwas größere Durchschnittskapazität der estnischen Einrichtungen zurückzuführen ist.

Abb. 37: Entwicklung des estnischen Fremdenverkehrs (1970–1990)

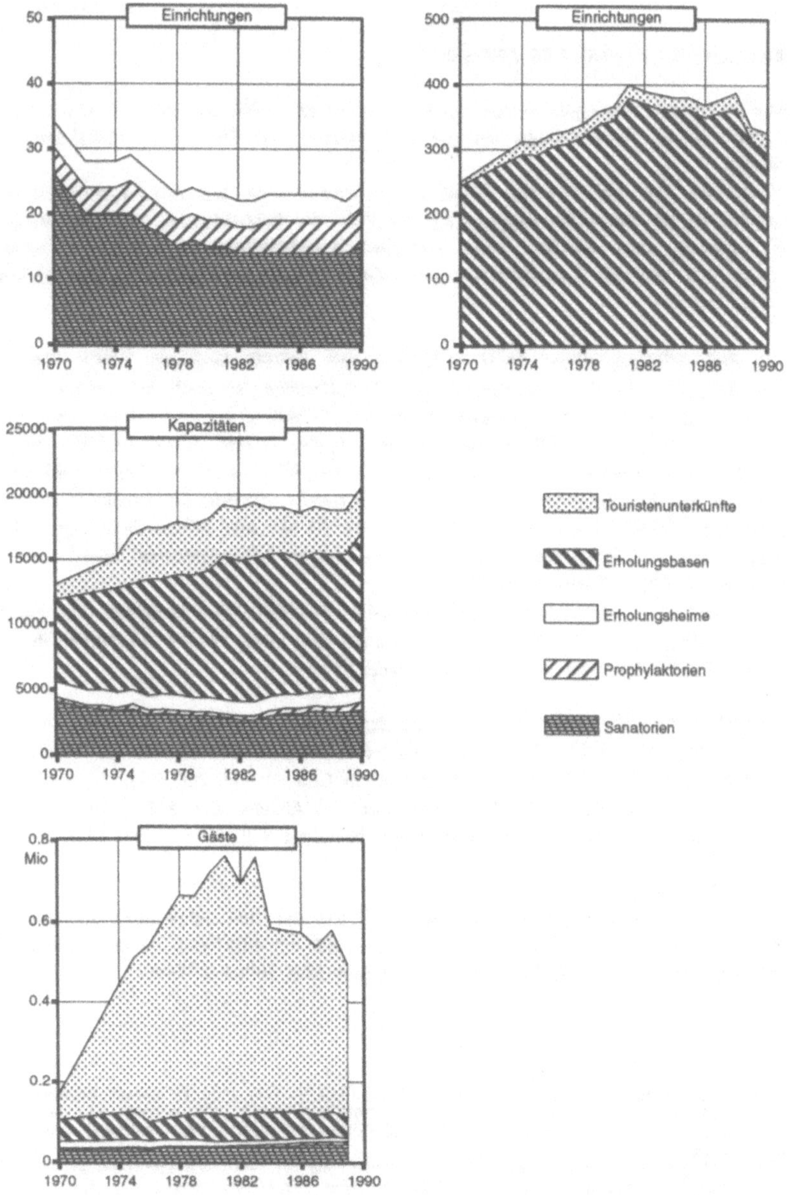

Quelle: Nar. choz. SSSR v 1970g., 1971 u. Folgebände; Ochrana zdorov'ja v SSSR, 1990, S.213; Nar. choz. ESSR v 1970g., 1977 u. Folgebände;

Abb. 38: Entwicklung der einzelnen Beherbergungseinrichtungen in Estland

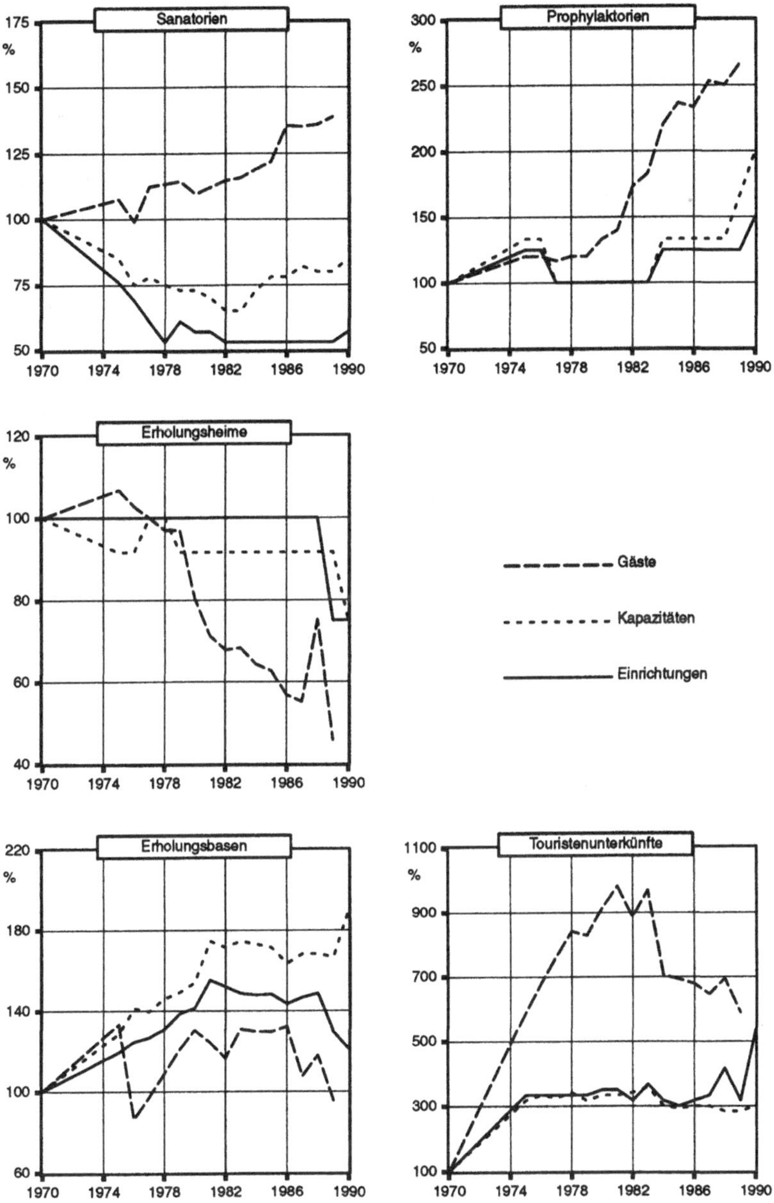

Quelle: Nar. choz. SSSR v 1970g., 1971 u. Folgebände; Ochrana zdorov'ja v SSSR, 1990, S.213;
Nar. choz. ESSR v 1970g., 1977 u. Folgebände;

Abb. 39: Anteile der Beherbergungseinrichtungen in Estland bei Angebot und Nachfrage

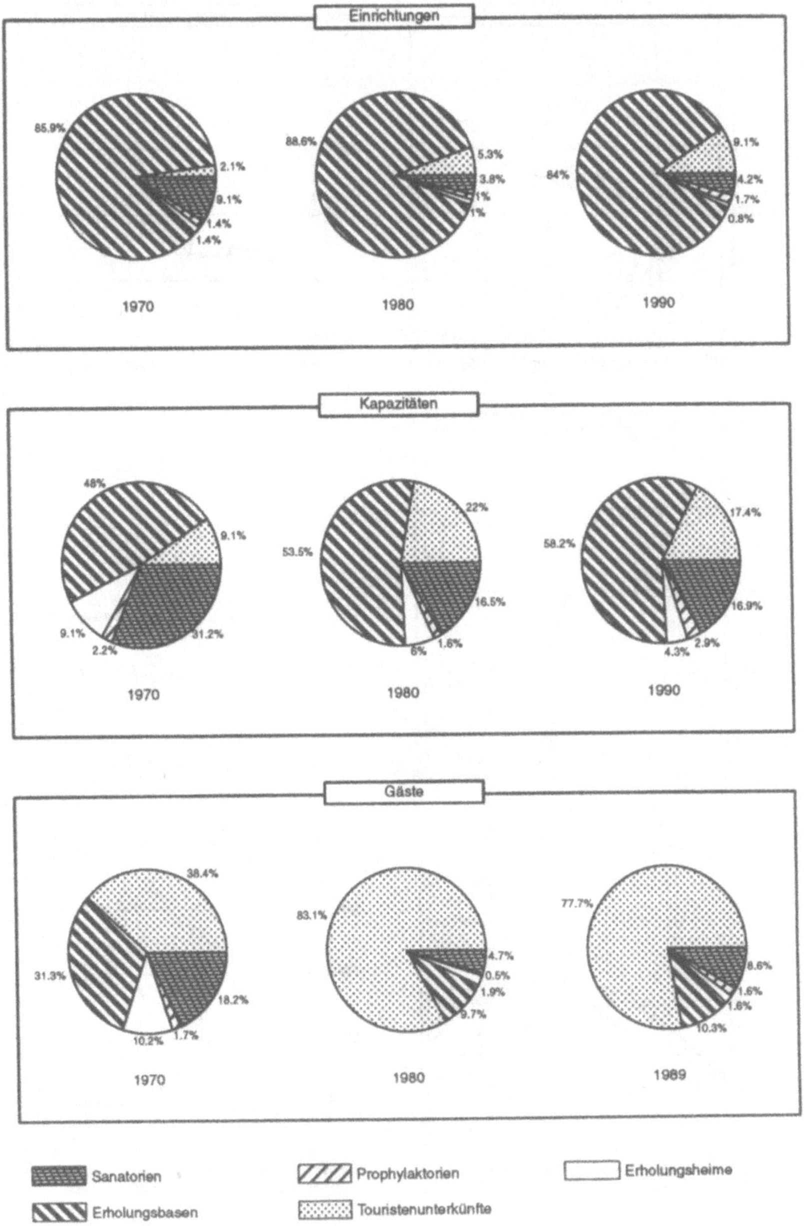

Quelle: Nar. choz. SSSR v 1970g., 1971 u. Folgebände; Ochrana zdorov'ja v SSSR, 1990, S.213; Nar. choz. ESSR v 1970g., 1977 u. Folgebände;

Es wurden nun sowohl die "Fremdkapazitäten" als auch die Einrichtungen, in denen diese liegen, mitgezählt.[1] In den folgenden Jahren blieben die Zahlen (besonders bei den Einrichtungen) verhältnismäßig konstant (Abb. 38).[2] Dementsprechend sank auch seit 1975 die Bedeutung der Touristenunterkünfte für das Fremdenverkehrsangebot der Republik wieder ab (Abb. 39). Er liegt aber trotzdem immer noch höher als in Litauen oder Lettland.

Der estnische Tourismus-Rat war mit zehn Einrichtungen (Ende 80er Jahre) im Vergleich zu Lettland und Litauen relativ gut[3] und außerdem vielfältig ausgestattet: Er verfügte nicht nur über Touristenbasen und -Hotels, sondern auch über Campingplätze.

Zwar befindet sich in Estland mit der bereits 1946 eröffneten Turbase von Nelijärve[4] die älteste derartige Einrichtung des Baltikums. Der Großteil wurde jedoch erst in der ersten Hälfte der 70er Jahre errichtet, je zwei stammen aus den späten 60er, bzw. Anfang der 80er Jahre (s. Tab. 29, Abb. 35).[5] Die Bausubstanz ist also nicht ganz so veraltet wie die der touristischen Einrichtungen Lettlands, welche zum überwiegenden Teil Ende der 50er - Anfang der 60er Jahre entstanden (Perečen'..., 1985; vgl. Kap. 6.2.1).

Die Kapazitäten der Touristenunterkünfte weisen jedoch nur geringere bis mittlere Größe auf (50-330 Plätze), große Anlagen wie in Litauen mit mehr als 500 Plätzen fehlen, so daß die Gesamtkapazität in den gewerkschaftseigenen Einrichtungen 1985 weniger als 2.000 Plätze betrug.[6]

Angesichts der Präferenz der Bevölkerung für kleinere Erholungsanlagen sind die geringeren Kapazitäten estnischer Tourismusbasen, wie auch der anderen Erholungseinrichtungen (vgl. Pärnu) sicher als Vorteil zu sehen.

Wie bereits erwähnt wird nur ein kleiner Teil der Einrichtungen in die Touristenrouten einbezogen. Das Routenangebot ist auch allgemein in Estland ziemlich begrenzt und wurde seit 1987 sogar noch weiter reduziert: 1990 wurden nur neun (lokale) Routen angeboten (Tab. 29, Abb. 35), 1987 waren es noch elf gewesen.[7]

Durch den großen Anteil radialer Routen - sie stellten 1990 über 50% - ergibt sich in estnischen Turbasen eine hohe durchschnittliche Aufenthaltsdauer von 8,5-20 Tagen (vgl. Tab. 29).

---

[1] Bei den Touristenunterkünften gibt es z.B. Differenzen zwischen den Angaben in Nar. choz. SSSR und Nar. choz. ÉSSR: in letzterem wurden nur die gewerkschaftseigenen Einrichtungen und Kapazitäten vermerkt, in der sowjetischen Ausgabe dagegen für Estland auch die dazugemieteten (läßt sich anhand der Angaben von BAJNAZAROV (1989) überprüfen); ab Mitte der 80er Jahre wurde dann auch die estnische Ausgabe an die gesamtsowjetische angeglichen; deswegen - und zur besseren Vergleichbarkeit - wird in der vorliegenden Arbeit ebenfalls die "erweiterte" Statistik berücksichtigt.

[2] Eine Ausnahme bildet nur das Jahr 1990, als die Zahl der Einrichtungen stark anstieg; da die Kapazitäten jedoch fast unverändert blieben, handelt es sich wohl eher um einen "Fehler" der offiziellen Statistik.

[3] 10 Turbasen bzw. touristische Hotels; Litauen: 10, Lettland: 8, Kaliningr. Obl.: 4 Einrichtungen (Perečen'..., 1985).

[4] 80 km südöstlich von Tallinn (Abb. 36), 310 Plätze (Perečen'..., 1985).

[5] Perečen'..., 1985; Tur. učrež. prof., 1983.

[6] In der Kaliningr. Obl. war die Bettenzahl bei lediglich vier touristischen Einrichtungen nur geringfügig kleiner (vgl. Kap. 4.3)

[7] Nationale Routen wurden 1987 nach Estland nicht angeboten.

Im Gegensatz zu Litauen und Lettland werden in Estland alle Routen nur im Sommer durchgeführt, obwohl etwa ein Drittel der Kapazitäten ganzjährig zur Verfügung steht.[1]
Unklar ist die Teilnahmemöglichkeit für Familien: 1990 gab es nur bei einer einzigen Route einen entsprechenden Vermerk;[2] 1987 waren aber noch fünf der elf Routen für Eltern mit Kindern ab 12 Jahren angeboten worden (Tur. maršruty, 1990).

Tab. 29: Touristenrouten und Touristenunterkünfte in Estland

Einrichtung	Routen-Nr. 1	2	3	4	5a	5b	6a	6b	7	Auf.haltsdauer (Durchschnitt)
Turbasen										
- **Kubija** (1975; 220 Pl.)	20			20					20	20,0 Tage
- **Kauksi** (1975; 250 Pl.)		12			7	7	10	10		9,2 Tage
- **Pärnu** (1965; 105 Pl.)			20		7	7				10,1 Tage
- **Nelijärve** (1946; 310 Pl.)					7	7	10	10		8,5 Tage
- **Lione** (1976; 60 Pl.)										-
Turhotels										
- **"Kungla"(Tallinn)** (1969; 330 Pl.)										-
- **"Vanalinn"(Narva)** (1983; 51 Pl.)										-
Campingplätze										
- **Malvaste** (1973; 95 Pl.)										-
- **Saare** (1980; 200 Pl.)										-
- **Valgerand** (1972; 240 Pl.)										-
Transportmittel	R	R	R	R	A	A	A	A	R	
aktive Erholung	F			W					B	
Saison	So	So	So	So	So	So	So	So	So	
Teilnehmerkreis			P							

Zeichenerklärung:
A - lineare Route mit dem Autobus
R - radiale Route
B - Bootfahren
F - Fahrrad
W - Wandern
So - Sommer
P - (Ehe)paar

Quelle: Perečen'.., 1985; Tur. maršruty, 1990, S. 134f.;

[1] In den Touristenhotels von Tallinn und Narva sowie in den Turbasen von Pärnu und Nelijärve; hier ist das Angebot auf 150 Plätze reduziert (Tur. učrež. prof., 1983).
[2] Diese Reise war für Paare, also nur für Erwachsene, zugänglich.

8.2.2 ENTWICKLUNG DER GÄSTEZAHLEN

Während die Entwicklung der Gästezahlen in Sanatorien, Prophylaktorien und Erholungsbasen ähnlich wie die in Litauen und Lettland verlief, unterschied sie sich bei den Erholungsheimen und beim Tourismus-Sektor:
Bei den Erholungsheimen ist bereits seit Mitte der 70er Jahre eine deutliche, kontinuierliche Abnahme zu verzeichnen: 1989 wurden nur noch 8.000 Gäste (gegenüber 17.400 1970) gezählt (Abb. 37, 38).[1]
Im Tourismus-Sektor konnte zwar zunächst eine starke Zunahme verbucht werden, doch dann setzte - ähnlich wie bei den Kapazitäten, doch mit ein paar Jahren Verzögerung - Anfang der 80er Jahre ein deutlicher Rückgang ein (Abb. 38). Dennoch stellten Touristen auch in der zweiten Hälfte der 80er Jahre noch knapp 80% aller (registrierten) Urlauber (Abb. 39). Sie spielten also im estnischen Fremdenverkehr eine viel größere Rolle als im lettischen oder litauischen Erholungswesen (vgl. Kap. 5.2.2, 6.2.2).

8.2.3 STELLUNG DES ESTNISCHEN FREMDENVERKEHRS IM BALTIKUM

Wie aus Abb. 43 (Kap. 11) hervorgeht, entfällt auf Estland mit Abstand der kleinste Anteil an Kapazitäten in den verschiedenen Erholungseinrichtungen. Eine Ausnahme bildet nur der Tourismus-Sektor, allerdings müssen hier die statistischen Besonderheiten berücksichtigt werden. Zwar ist Estland auch bezüglich der Fläche und der Bevölkerungszahl die kleinste der drei baltischen Republiken,[2] doch entsprachen Ende der 80er Jahre bei keiner Einrichtungsart die estnischen Kapazitäten mehr dem Flächen- oder zumindest dem Bevölkerungsanteil, während 1970 noch auf Prophylaktorien und touristische Einrichtungen immerhin je 25% entfallen waren. Der Ausbau der estnischen Erholungskapazitäten konnte also offensichtlich in den letzten 20 Jahren nicht mit dem in den baltischen Nachbarrepubliken mithalten.[3]

Der Grund für die untergeordnete Bedeutung Estlands für den Fremdenverkehr im Baltikum[4] ist weniger auf die geringere Größe als auf einige Ungunstfaktoren, mit denen der estnische Fremdenverkehr zu kämpfen hat, zurückführen:
- <u>Naturräumliche Voraussetzungen</u>: große Gebiete Estlands, vor allem der Westteil der Republik ("Niederestland") sind für Fremdenverkehrsnutzung nicht geeignet, da sie versumpft sind; auch die lange Küste Estlands (3780 km) mit den zahlreichen (ca. 1500) Inseln hat sich in den letzten 50 Jahren nicht nur positiv auf den Fremdenverkehr ausgewirkt: Wegen der peripheren Lage der Republik und v.a. der Nähe zu Finnland, waren weite Teile der Küste, v.a. die Inseln, nicht allgemein zugänglich oder zumindest für Erholungszwecke gesperrt (vgl. auch GILLY, S. 43; TRAPANS, 1982, S. 177); Estland ist zudem die nördlichste der baltischen Republiken und liegt

---

[1] Da die Statistik in diesem Bereich zu unsicher ist (s.o.), muß auf eine Interpretation verzichtet werden.
[2] Es weist einen Anteil von 25,8% (Fläche) bzw. 19,8% (Bevölkerung, 1989) der drei Republiken auf.
[3] Nur die Erholungsbasen konnten ihren Anteil an den Kapazitäten behaupten, allerdings war er - mit 13,6% (1970) bzw. 17,6% (1990) - immer relativ niedrig.
[4] Der Anteil bei den Gästezahlen ist auch nicht größer als beim Angebot; es muß allerdings noch einmal darauf hingewiesen weden, daß andere Beherbergungsformen nicht berücksichtigt werden konnten; besonders Datschas sind aber auch in Estland sehr zahlreich vertreten (vgl. auch KNABE, 1979).

auf der gleichen Höhe wie z.B. Norwegen oder Schottland (zwischen dem 57. und dem 59. Breitengrad); dementsprechend ist die Badesaison an der estnischen Ostseeküste im Durchschnitt deutlich kürzer (36 Tage bei Tallinn) als im südlichen Baltikum (Kaliningrader Obl. oder Jurmala ca. 100 Tage; RADVANYI, 1984, S. 60; s. auch DANILOVA, 1974);

- Verkehrsverbindungen: Das Schienennetz ist viel dünner als in Lettland oder Litauen; gut erschlossen ist nur die Nordküste, wo eine Linie die Hauptstadt mit den (Haupt)-Industriezentren Kohtla-Järve und Narva bzw. mit St.Petersburg/Leningrad verbindet.[1] Die Verbindungen zum russisch-sowjetischen Hinterland mit seinem Nachfragepotential waren in Estland also wesentlich schlechter als in den Nachbarrepubliken, besonders als in Lettland. Pärnu, das als einziges estnisches Seebad aufgrund seiner geschützten Lage von den klimatischen Bedingungen her mit den lettischen oder litauischen Ferienorten konkurrieren könnte, ist von den Großstädten außerhalb Estlands nur schlecht zu erreichen;
- Siedlungsstruktur: Zwar weist Estland mit 72% den höchsten Verstädterungsgrad der baltischen Republiken auf,[2] jedoch gibt es in Estland verhältnismäßig wenig wirkliche Großstädte: Von den zehn baltischen Städte, welche 1989 mehr als 100.000 EW hatten, lagen nur zwei (kleinere) - Tallinn und Tartu - in Estland.[3] Es lebten also nur 18% der baltischen Großstadt-Bevölkerung in diesen beiden estnischen Städten, während auf die lettischen 36% und auf die litauischen sogar 46% entfielen (Latvija, Litva, Ėstonija, 1991, S. 24). Dieser Unterschied, wie auch die geringere Bevölkerungsdichte in Estland,[4] ist insofern von Bedeutung, als der Bedarf nach außerstädtischen Erholungsmöglichkeiten in der Regel in Abhängigkeit von der Größe des Wohnorts steigt. Eine gewisse Rolle spielt dabei auch die Verteilung der Industrie: für Estland ist eine deutliche Konzentration auf die Nordküste charakteristisch (GÖTZ-COENENBERG, 1990, S. 4), während der Rest der Republik durch keine größeren Industriezentren (mit entsprechenden Lebensbedingungen) belastet wurde.

Dies alles führte einerseits dazu, daß der Bedarf an Fremdenverkehrseinrichtungen für die Bevölkerung in Estland geringer ist als in Lettland und Litauen, andererseits gab es in der Moskauer Zentrale kein besonderes Interesse an einem verstärkten Ausbau des estnischen Fremdenverkehrs.

8.3 Ausblick

Estlands naturräumliche Voraussetzungen für den Fremdenverkehr sind zwar schlechter als Litauens und Lettlands; auch sind weite Teile der Nordküste bzw. des Finnischen Meerbusens wegen der Umweltverschmutzung und der starken Industrialisierung für Erholungszwecke kaum (mehr) geeignet. Dennoch hat Estland - zumindest mittelfristig - die günstigsten Aussichten.

---

1) Vgl. GÖTZ-COENENBURG, 1990, S. 4 und auch NEEF, 1938, S. 18.
2) Alle drei Republiken lagen etwas über dem sowjetischen Durchschnitt (66%), Litauen: 67%, Lettland: 71% (STADELBAUER, 1991, S. 715).
3) Tallinn: 482.000 EW (1989), Tartu: 114.000 EW (Latvija, Litva, Ėstonija, 1991, S. 24).
4) 1989: 35,1 EW/km²; Lettland 41,7 EW/km²; Litauen 57,1 EW/km² (GÖTZ/HALBACH, 1991, S. 9, 24, 27).

Die Konzentration von Erholungseinrichtungen auf nur wenige Orte (an der Küste) ist wesentlich schwächer ausgeprägt als in den beiden anderen Republiken. Massenquartiere wie z.B. das Sanatorium "Latvia" in Kemeri oder Bettenburgen wie die neuen Ortsteile von Groß-Palanga fehlen, wie auch insgesamt das (organisierte) Erholungswesen in Estland nicht so überdimensioniert ist.
Man kann danach die Fremdenverkehrsstrukturen in Estland als gesünder bezeichnen. Das soll aber nicht bedeuten, daß nicht auch hier Maßnahmen zur Modernisierung von Erholungseinrichtungen etc. nötig wären.

Günstig kann sich die Anfang Februar 1993 erfolgte Ernennung von T. Sildmäe zum Finanzminister auswirken (The Baltic Independent, Vol. 3, Nr. 147, 5.-11.2.1993). Als größter Hotelmanager Estlands wird er sicherlich besonderen Wert auf die Förderung und den Ausbau des Fremdenverkehrs legen.

In Bezug auf die Inseln vor der Westküste Estlands, die als Sperrgebiet jahrzehntelang nicht frei zugänglich waren, steht die Fremdenverkehrsplanung in Estland vor ähnlichen Aufgaben und Nutzungskonflikten wie in Lettland. Der Möglichkeit, landschaftlich reizvolle Gebiete praktisch neu für den Fremdenverkehr zu erschließen, stehen ökologische Forderungen gegenüber: Gleich nach der Unabhängigkeit Estlands wurden die Inseln unter besonderen Schutz gestellt und bilden das Biosphärengebiet "Westestnische Inseln".[1)] Es wird sich in Zukunft zeigen müssen, ob das Schutzgebiet nur auf dem Papier besteht oder ob seine Ausweisung dazu beitragen kann, daß der Naturschutz bei der Fremdenverkehrsplanung in diesem Gebiet von Anfang mit einbezogen wird.

[1)] 1.560.000 ha; Angaben zu den Schutzzielen liegen nicht vor (HÖH, 1992, S. 550).

9 DIE BALTISCHEN NATIONALPARKS

Der Begriff Nationalpark wird meist mit den großen Parks in den USA oder Afrika assoziiert - daß es auch auf dem Gebiet der ehemaligen Sowjetunion mehrere gibt, ist im Westen relativ unbekannt.
Zum Teil liegt das an ihrem geringen Alter: Als vor gut 20 Jahren der erste sowjetische Nationalpark (1971 "Lahemaa" in Estland) eröffnet wurde, konnte der Yellowstone-Park bereits auf ein 100jähriges Bestehen zurückblicken.
Seine Einrichtung ging auf das im März 1872 vom amerikanischen Kongreß verabschiedete "Yellowstone-Manifest" zurück, in dem erstmals ein Konzept für einen "ganzheitlichen" Naturschutz erstellt worden war: Nicht nur die Bodenschätze, Fauna und Flora, auch die Landschaft als Ganzes wurde unter Schutz gestellt.[1]
Ziel war dabei zunächst jedoch weniger der Naturschutz als solcher, als den Bürgern eine Möglichkeit zu bieten (bzw. zu erhalten), sich an diesen Naturschönheiten zu erfreuen.[2]

Mit der weiteren Ausdehnung der Nationalparkidee in den 1930er und 40er Jahren (in 39 Ländern über 200 Parks), vor allem mit der starken Zunahme von Parks in dicht besiedelten Ländern bzw. Landstrichen wie in Japan (1934-50 17 Parks gegründet) und Europa, wurde die Notwendigkeit einer einheitlichen Definition für Nationalparks immer deutlicher.
Sie wurde schließlich 1969 auf der 10. Generalversammlung der IUCN[3] in Neu Delhi vorgelegt:[4]

> "Ein Nationalpark ist ein verhältnismäßig großes Gebiet, in dem
>
> 1. ein oder mehrere Ökosysteme nicht wesentlich durch menschliche Nutzung oder Inanspruchnahme verändert sind, in dem Pflanzen- und Tierarten, geomorphologische Erscheinungen sowie Biotope von besonderer Bedeutung für Wissenschaft, Bildung und Erholung sind oder das eine besonders schöne, natürliche Landschaft aufweist, und in dem
> 2. die oberste zuständige Behörde des betreffenden Staates Maßnahmen getroffen hat, im gesamten Gebiet so früh wie möglich die Nutzung oder jede andere Inanspruchnahme zu verhindern oder zu beseitigen und wirksam sicherzustellen, daß die ökologischen, geologischen, morphologischen oder ästhetischen Eigenschaften, die zur Ausweisung des Schutzgebietes geführt haben, unantastbar bleiben, und in dem
> 3. Besuchern unter bestimmten Bedingungen zur Erbauung, Bildung, Kulturvermittlung und Erholung Zutritt gewährt wird." (ABN, 1985, S. 108)

Nicht als Nationalpark bezeichnet werden sollten unter anderem strenge Natur- und Sonderreservate sowie besiedelte und wirtschaftlich genutzte Gebiete, in denen "die

---

[1] Das bedeutete gleichzeitig auch eine Abkehr von dem bis Mitte des 19. Jh. favorisierten "Landschaftsgarten", für welchen bewußt Eingriffe in die Natur vorgenommen wurden (s. hierzu AMEND,S., 1990, S. 17).

[2] Zur Sicherstellung dieses Ziels wurde der Grund und Boden des Nationalparks zum Staatsbesitz erklärt, um ihn vor der damals im amerikanischen Westen stark zunehmenden Zersiedelung zu schützen.

[3] *International Union for the Conversation of Nature and Natural Resources* (Sitz in Gland, Schweiz).

[4] Zu den einzelnen Schritten s. ausführlicher AMEND,S., 1990, S. 17ff.; AMEND,Th., 1990, S. 21ff..

allgemeine Erholung in der freien Landschaft vor der Erhaltung der Ökosysteme Vorrang hat (*parc naturel régional, nature park, Naturpark* etc.)" (ebda.).

Diese Definition wird bis heute - zusammen mit einer 1972 vorgenommenen Erweiterung,[1] in der die Möglichkeit, Kulturlandschaften einzubeziehen, und die Einführung eines Systems abgestufter Schutzzonen beschlossen wurden - allgemein akzeptiert.

In der sowjetischen Literatur wird die "Verspätung" bei der Gründung von Nationalparks sehr unterschiedlich begründet. Nach NIKOLAEVSKIJ (1985, S. 51f.) bestand hierfür in der UdSSR lange Zeit keine Notwendigkeit, da die beiden Hauptfunktionen eines Nationalparks auf andere Weise gewährleistet worden seien: Für (strengen) Naturschutz gab es die Naturschutzgebiete (*zapovedniki*), der Erholungsbedarf der Bevölkerung wurde durch die Verstaatlichung der wichtigsten Kurorte und Heilresourcen[2] befriedigt. Diese Funktionsteilung sei lange stabil und zufriedenstellend gewesen.
Die Bewertung anderer Autoren, z.B. KRINICKIJ, fällt weniger positiv aus: Relativ unberührte Natur sei anfangs in so großem Umfang vorhanden gewesen, daß man sich auf den Aufbau eines einfachsten Systems von touristischen Pauschalreisen (*turistskie maršruty*) und Turbasen beschränkt habe. Dieses System wurde aber weder den Anforderungen des Naturschutzes noch der Erholung gerecht (KRINICKIJ, 1982, S. 6).

Als Beleg dafür, daß die Notwendigkeit von Nationalparks in Wirklichkeit auch schon von den Gründungsvätern der UdSSR erkannt worden ist, mag ein Dekret Lenins von 1921 (*Ob ochrane pamjatnikov prirody, sadov i parkov*) dienen, in dem es heißt:

> "Größere Flächen der Natur, die sich durch ihre Denkmäler auszeichnen, werden zu Natuschutzgebieten und Nationalparks erklärt." (Ob ochrane okr. sredy, 1981, S. 56)

Durch eine Ausweisung von Nationalparks bereits zu diesem Zeitpunkt - im Zuge der Kollektivierung der Landwirtschaft - hätten sich spätere Nutzungskonflikte zwischen (land-)wirtschaftlicher Nutzung auf den Territorien und Naturschutzzielen vermeiden lassen.
Dennoch war die Situation in der Sowjetunion auch in den 70er und 80er Jahren zumindest in rechtlicher Hinsicht einfacher als z.B. in europäischen Staaten, wo sich der Grund und Boden der für einen Nationalpark vorgesehenen Territorien oft in Privatbesitz befanden (bzw. befinden), während er in der Sowjetunion ja Staatseigentum war (vgl. ABN, 1985, S. 88).

Einig sind sich alle in der Benennung der Gründe, die schließlich doch zur Einrichtung von Nationalparks in der UdSSR führten: Der gestiegene Lebenstandard und die zunehmende Verstädterung verstärkten den Bedarf an Erholungsmöglichkeiten in der freien Natur.[3] In zunehmendem Maße hatten die *zapovedniki* diese Funktion erfüllen müssen, obwohl sie dafür eigentlich nicht vorgesehen oder geeignet sind (Geogr. rekr. sistem, 1980, S. 63).

---

[1] Auf der 11. Generalversammlung der IUCN in Banff (Kanada).
[2] Durch Dekrete in den Jahren 1919 und 1920, vgl. Kap. 2.2.
[3] MELLUMA, 1988; NIKOLAEVSKI, 1985, S. 52ff.; KRINICKIJ, 1982, S. 5.

Es ist sicherlich kein Zufall, daß die ersten sowjetischen Nationalparks gerade in den baltischen Republiken entstanden (1971 "Lahemaa" in Estland, 1973 "Gauja" in Lettland, 1974 der Litauische Nationalpark), wo der Lebensstandard und der Verstädterungsgrad vergleichsweise hoch sind und die auch in anderen Bereichen oft eine Vorreiterrolle eingenommen haben.

9.1 Das Sowjetische Nationalparksystem[1]

Für die sowjetischen Nationalparks wurden erste allgemeine Richtlinien 1981, also erst zehn Jahre nach der Gründung des ersten Parks, erarbeitet. Dies ist um so negativer zu beurteilen, als auf die lange, teilweise 100jährige Erfahrung in ausländischen Parks hätte zurückgegriffen werden können und auch die internationalen Richtlinien, auf die sich die sowjetischen Fachleute (trotz aller Unterschiede in der Konzeption - s.u.) beriefen, bereits seit Ende der 60er Jahre vorlagen.
An dieser Vorgehensweise hat sich auch inzwischen nicht viel geändert: Immer wieder werden Parks ausgewiesen, bevor die Planung für sie fertiggestellt oder wenigstens begonnen worden ist.[2] Das ist einer der Gründe, weshalb Angaben über die Zahl der sowjetischen Nationalparks oft differieren.[3]

Nach den Richtlinien, die 1981 vom *Gosplan SSSR* und dem Staatskomitee für Wissenschaft und Technik (*GKNT - Gosudarstvennyj komitet nauki i techniki*)[4] in einer "Musterverordnung" zusammengefaßt wurden,[5] erfolgte die Einrichtung eines Nationalparks

> "... zur Erhaltung von Naturkomplexen, die infolge von Natur- und Kulturlandschaften und ihrer Nutzung für Erholungs-, Bildungs, Forschungs- und kulturelle Ziele besonderen ökologischen, historischen und ästhetischen Wert besitzen." (NIKOLAEVSKIJ, 1985, S. 52)

Dementsprechend waren die Hauptaufgaben eines sowjetischen Nationalparks:

> "1. Schutz von Landschaften und Wasserflächen, der Tier- und Pflanzenwelt, von Objekten der anorganischen Natur, von historischen und kulturellen Denkmälern für Erholungs-, Bildungs- und Forschungszwecke;
> 2. Schaffung der Bedingungen für Tourismus und Erholung; Vertrautmachen mit der Natur des Nationalparks, mit kulturellen und historischen Denkmälern;
> 3. Ausarbeitung und Einführung wissenschaftlicher Methoden zum Erhalt der natürlichen Komplexe unter den Bedingungen von Fremdenverkehrsnutzung." (NIKOLAEVSKIJ, 1985, S. 53)

---

[1] Zu anderen Schutzkategorien auf dem Gebiet der ehemaligen Sowjetunion s. BORISOV,u.a., 1985, S. 7-35; MEESSEN, 1988, S. 42.
[2] Zum Beispiel des Nationalparks am Bajkal-See s. IMETCHENOV, u.a. (1990).
[3] Je nachdem ob das offizielle Gründungsdatum berücksichtigt wird, oder ob abgewartet wird, bis ein Nationalpark auch tatsächlich existiert; jüngstes Beispiel sind die vier neuen Nationalparks in Litauen, deren Planung (!) erst 1991 beschlossen wurde, die aber in manchen Quellen bereits 1992 als existent aufgeführt werden (s.u.).
[4] Also ohne Beteiligung eines Organs, das sich mit der Natur bzw. derem Schutz befaßt!
[5] *Tipovoe položenie o gosudarstvennych zapovednikach, prirodnych nacional'nych parkov, pamjatnikach prirody, botaničeskich sadach i dendrologičeskich parkach, zoologičeskich sadach i zakaznikach.*

Die Verordnung orientiert sich offiziell an der Nationalparkdefinition von Neu-Delhi. Es fehlt allerdings der Abschnitt, in dem die Aufgabe einer übergeordneten Behörde - eine (wirtschaftliche) Nutzung des ausgewiesenen Gebiets zu beschränken - festgehalten wurde.
Der wichtigste Unterschied besteht in der starken Betonung der Erholungsfunktion (vgl. u.a. NIKOLAEVSKIJ, 1985, S. 53; MEESSEN, 1988, S. 41).[1]
Auf Kritik stieß auch die neue Bezeichnung ("Staatlicher Natur- und Nationalpark" - *Gosudarstvennyj prirodnyj nacional'nyj park*), die für die Parks im Zuge der Verordnung eingeführt wurde. Es werden dadurch zwei Parktypen vermischt, die sich nach der IUCN-Definition eigentlich gegenseitig ausschließen (ČIŽOVA/ŠIROKOV, 1990; MELLUMA, 1988, S. 108).
Der Name ist außerdem zu lang, weshalb meistens verschiedene Kurzformen verwendet werden, was natürlich zu Verwirrungen führt; am verbreitetsten ist die Bezeichnung "Nationalpark".[2] Damit wird der internationale Begriff in Anspruch genommen, obwohl die Hauptfunktion von Nationalparks, der Naturschutz, als zweitrangig erklärt wird.

Der vorrangingen Bedeutung der Erholungsfunktion trägt auch ein Zonierungsvorschlag von NIKOLAEVSKIJ[3], der die Grundzüge der meisten Nationalparks auf dem Gebiet der ehemaligen Sowjetunion wiedergibt, Rechnung.

- Zonen mit Schutzregime:	10-20%	der Parkfläche[4]	
- Zonen mit Schutz- und eingeschränkter Erholungsfunktion:	40-80%	"	"
- Zonen für intensive Erholung:	10-20%	"	"
- Wirtschaftszonen (Gebiete anderer Bodennutzer):	30-0%	"	"

(NIKOLAEVSKIJ, 1985, S. 98)

Im Unterschied zu der IUCN-Zonierung, welche die Kategorien "Geschützte Naturlandschaftsgebiete", "Geschützte Kulturlandschaftsformen" und "Geschützte Gebiete von geschichtlicher oder vorgeschichtlicher Bedeutung" vorsieht (HENKE, 1976, S. 15), wird hier den Erholungsflächen großer Raum eingeräumt.
Angesichts der starken Betonung der Erholungsfunktion bei den sowjetischen Nationalparks - sowohl im Hinblick auf ihre Aufgabenstellung als auch auf die Zonierung der Territorien - wäre nach dem IUCN-Reglement die Bezeichnung "Naturpark" korrekter.

In den folgenden Abschnitten werden die drei baltischen Nationalparks vorgestellt.[5] Der Schwerpunkt soll dabei - entsprechend der Themenstellung der Untersuchung - auf den Erholungsmöglichkeiten in den Nationalparks und auf daraus resultierenden (Nutzungs-)Konflikten gelegt werden.

---

1) Dieser Punkt wurde jedoch nicht von allen sowjetischen Wissenschaftlern unterstützt; so plädierten z.B. MELLUMA (1988, S. 109) und ZABELINA (1987, S. 34) dafür, daß auch in sowjetischen Nationalparks der Naturschutzgedanke stärker berücksichtigt werden müßte.
2) U.a. bei den (offiziellen) Bezeichnungen für die baltischen und für den Tbilisi-Nationalpark.
3) 1985, S. 98; seine Arbeit ist die bisher umfassendste Darstellung zu Nationalparks auf dem Gebiet der früheren Sowjetunion.
4) Der niedrigere Wert gilt jeweils für Nationalparks, die in dichter besiedelten Gebieten angelegt werden.
5) In chronologischer Reihenfolge ihrer Gründung; auch hier wird auf Lettland ausführlicher eingegangen.

9.2 "Lahemaa" (Estland)[1]

9.2.1 NATURRÄUMLICHER ÜBERBLICK

1971 wurde in Estland auf Beschluß des estnischen Ministerrats (vom 1.6.1971) der erste Nationalpark der UdSSR eingerichtet. Sein Name "Lahemaa" (estn.: "Land der Buchten") nimmt auf die Lage des Parks an der stark zergliederten Nordküste Estlands Bezug (Abb. 34). Von manchen Autoren (z.B. STAUSKAS, 1984, S. 42) wird er auch als "Küstenpark" bezeichnet.[2]
Die ca. 65.000 ha des Parks (= 1,4% von Estland) erstrecken sich[3] über das Festland und die vorgelagerten Inseln, so daß insgesamt vier wichtige physisch-geographische Landschaften Estlands erfaßt werden (KAAZIK, 1982, S. 3f.; NYMMSALU, 1982, S. 40):[4]
a) Die Küstenebene mit Inseln und Sandbänken, auf welchen viele Arten von Wasservögeln leben, mit felsigen Halbinseln, großen Findlingen und auch Dünen. Hier dominieren Fichten und Tannenwälder sowie Sümpfe verschiedener Art. In den Buchten liegen Fischerdörfer und an den Flußmündungen größere Siedlungen (Loksa, Võsu, Vikasoo, u.a.); das restliche Gebiet ist schwach besiedelt.
Südlich schließen die ausgedehnteren Landschaften der nordöstlichen (b) und der nördlichen (c) physisch-geographischen Rajone Estlands an, die sich durch die steile Glintstufe klar von der Küste absetzen. In diesem Bereich liegen die wertvollsten Naturdenkmäler: Hochmoore, enge Täler, Wasserfälle, Karsterscheinungen. Hier befinden sich auch die kultivierten Bereiche des Nationalparks: Landwirtschaftsflächen, Dörfer und Einzelhöfe von ethnographischem, architektonischem, historischem und archäologischem Wert;
Im Süden des Parks erstreckt sich ein Waldgebiet, wie es für den zentralen Teil Estlands (d) typisch ist. Hier dominiert hügeliges postglaziales Relief mit Osern, Seen und kleinen Sümpfen; es wird in Süd-Nordrichtung von zahlreichen Flüssen durchzogen. Vereinzelt finden sich kleine Felder und Einzelhöfe. Der Wald ist sehr wildreich, während die Wasserflächen von vielen Zugvögeln genutzt werden.

70% der Parkfläche sind von Wald bedeckt (zu 75% Kiefer-, 14% Tannen-, 8% Birkenwälder). Wiesen nehmen 14%, Sümpfe 8,5%, Felder 5% ein (KAAZIK, 1982, S. 4; NYMMSALU, 1982, S. 41).
In "Lahemaa" werden etwa 800 Pflanzenarten, darunter ca. 20 seltene,[5] 35 Tier-,[6] 128 Vogelarten (u.a. Schwarzstorch) und 24 Fischarten gezählt.[7]

Das Gebiet ist nicht nur wegen seiner natürlichen Ressourcen interessant, es gibt auch zahlreiche siedlungsgeschichtlich relevante Objekte: Im Park liegen zwei vorge-

---

[1] Estn.: *Lahemaa rahvuspark*, russ.: *Lachemaaskij nacional'nyj park*.
[2] Als Unterscheidung zum "Flußpark" in Lettland oder "Seenpark" in Litauen (s.u.).
[3] Auf einer Höhe von 0 bis 80 m/NN (BORISOV,u.a., 1985, S. 34).
[4] Administrativ liegt der Park auf der Grenze zwischen dem Rakvere- und dem Harju-Rajon.
[5] Z.B. 100 verschiedene Moose oder der "Sibirische Milchlattich", der insgesamt in Estland nur an drei Stellen vorkommt; die Zahlenangaben differieren bei den verschiedenen Autoren, da die Erfassung noch nicht abgeschlossen ist.
[6] V.a. Elche, Rehe, Wildschweine, aber auch der Europäische Nerz.
[7] Z.B. Lachs und Seeforelle (KAAZIK, 1982, S. 4; NIKOLAEVSKIJ, 1985, S. 63; NYMMSALU, 1982, S. 41).

schichtliche, mehr als 2000 Jahre alte Siedlungen der alten Esten, Gräberfelder und Kultstätten. In den Siedlungen Kolga und Palmse haben sich Siedlungsreste aus dem 18./19. Jh. erhalten (z.B. Wirtshäuser, Kapellen), die seit Anfang der 1980er Jahre restauriert werden.[1] Wieder aufgebaut wurden auch Bauernhöfe und Fischerkaten, die unter ethnologischen und architektonischen Gesichtspunkten interessant sind (NIKOLAEVSKIJ, 1985, S. 63; NYMMSALU, 1982, S. 41; KAAZIK, 1982, S. 4).

9.2.2 BESIEDLUNG UND WIRTSCHAFTLICHE NUTZUNG

Im Nationalpark, der in einem der altbesiedelten Teile Estlands liegt, leben ca. 9.000 Menschen, von denen die Hälfte auf die beiden größten Siedlungen Loksa (4.300 EW) und Võsu (700 EW) konzentriert sind.[2] In Zukunft soll die Bevölkerung auf 10.000 EW begrenzt werden (NIKOLAEVSKIJ, 1985, S. 65).

Die Nutzungsrechte wurden durch die Einrichtung des Nationalparks nicht verändert. Zwei Drittel (42.100 ha) der Gesamtfläche wurden (in den 80er Jahren) von der staatlichen Forstwirtschaft, 13.700 ha von zwei Kolchozen, 7.800 ha von zwei Sovchozen[3] genutzt. Ihre wirtschaftlichen Aktivitäten wurden zumindest offiziell von der Nationalparkverordnung reglementiert (NIKOLAEVSKIJ, 1985, S. 64f.).

9.2.3 PARKMANAGEMENT

Eine Verordnung für den Nationalpark, in der die Aufgaben und Ziele des Parks sowie die Zonierung des Territoriums mit der jeweiligen Schutzstärke, die Organisation und Finanzierungsweise des Parks festgelegt sind, wurde erst Ende 1975 vom Estnischen Ministerrat verabschiedet.[4] Sie wurde 1977 durch die "Regeln der inneren Parkordnung", aufgestellt vom Estnischen Ministerium für Forstwirtschaft und Naturschutz in Zusammenarbeit mit dem Estnischen Landwirtschaftsministerium und den Exekutivkomitees der Volksdeputierten-Sovjets aus Rakvere und Harju, ergänzt. Neben den üblichen Verhaltensregeln für Touristen enthalten sie folgende Verbote:

- Bau neuer Industriekomplexe, Organisation von Gartenkooperativen und Datschensiedlungen;[5]
- Abbau von Rohstoffen für eine Nutzung außerhalb des Parks;
- Jagen (die Regulierung des Wildbestands wird von den Waldarbeitern gemäß dem Auftrag der Verwaltung erledigt);
- Organisation von Zusammenkünften, Errichten von Zelten, Lagern und Feuerstellen außerhalb der dafür von der Verwaltung ausgewiesenen Plätze;

[1] Besonders hervorzuheben ist der ehemalige Gutshof der Familie von der Pahlen in Palmse, dessen 32 Gebäude (auf Initiative des örtlichen Kolchozvorsitzenden) bereits zum Großteil sehr sorgfältig restauriert wurden und ein beliebtes Ausflugsziel darstellen; Palmse wurde so zum "kulturellen Zentrum" des Nationalparks.

[2] Im 19. Jh. lebten auf dem heutigen Parkterritorium noch 12.000 Menschen, v.a. in Einzelhöfen (NIKOLAEVSKIJ, 1985, S. 65).

[3] Sie liegen nur teilweise auf dem Parkgebiet.

[4] Bei den lettischen und litauischen Nationalparks geschah dies schon bei ihrer Gründung.

[5] Individuell genutzte Sommerhäuser sind davon anscheinend nicht betroffen; es gibt jedenfalls viele dort.

- Fahren und Abstellen von Fahrzeugen außerhalb der Straßen, mit Ausnahme der Transporte, die Schutz- und wirtschaftliche Maßnahmen gemäß den Anweisungen der Parkverwaltung ausführen (NIKOLAEVSKIJ, 1985, S. 65).

Es handelt sich also nur um sehr allgemein formulierte Anweisungen.[1] Es fehlen (konkrete) Konzeptionen:

- zur Reduzierung der wirtschaftlichen Nutzung und der Bevölkerung,
- zur Umsetzung der verschiedenen Schutzziele in den einzelnen Teilgebieten des Parks,
- zur Aufklärung und Motivierung der Bevölkerung von Siedlungen auf dem Parkterritorium und in dessen Nähe[2] sowie
- zur Steuerung der Besucherströme und zu deren Information.

Es wäre deswegen zu weit gegriffen, diese Verordnung bereits als Managementplan, wie er für Nationalparks in anderen Ländern (z.B. Venezuela, vgl. AMEND, Th., 1990) erstellt wurde, zu interpretieren.

Für die Lösung wichtiger Fragen und die Überwachung der planmäßigen Entwicklung des Parks wurde eine Komission, der "Rat des Nationalparks", bestehend aus Vertretern von Ministerien und Behörden, die bei der Entwicklung des Parks beteiligt sind, sowie aus Vertretern lokaler Räte, gebildet. Die Zusammensetzung des Nationalpark-Rates wurde vom Estnischen Ministerrat abgesegnet (NYMMSALU, 1982, S. 67).

Die **Leitung** des Nationalparks untersteht wie alle Schutzgebiete in Estland dem Ministerium für Forstwirtschaft und Naturschutz. die Nationalparkverwaltung befindet sich in Viitna und stellt gleichzeitig den Sitz des 1991 gegründeten Verbandes der Baltischen Nationalparks dar.[3]

Anfang der 80er Jahre arbeiteten 150-160 Beschäftigte im Nationalpark. Etwa 70 von ihnen waren Waldarbeiter,[4] die restlichen waren direkt beim Park angestellt und verteilten sich auf die Verwaltung (ca. 10), Wirtschaftsabteilung (Bauarbeiter, Fahrer, Aufsichtspersonal, ca. 40) und die Betreuung der Besucher (ca. 30 Angestellte; NIKOLAEVSKIJ, 1985, S. 67).

Die **Finanzierung** erfolgte aus zwei Quellen: zum einen aus dem Staatshaushalt (ca. 20% der Ausgaben), zum anderen aus dem Nationalparkfonds, der sich aus verschiedenen Einkünften sowie aus Spenden von estnischen Behörden und Betrieben zusammensetzte. Dieser Fonds wurde vom estnischen Finanzminister verwaltet, was eine korrektere und effektivere Nutzung der Geldmittel garantieren sollte. Aus ihm wurden die Löhne der Parkangestellten, Ausstattungsarbeiten sowie Rekonstruktionen einzelner kultureller oder historischer Objekte finanziert.[5]

---

[1] Sie werden an dieser Stelle exemplarisch aufgelistet, da es für die anderen baltischen Nationalparks ähnliche - auch nicht "ergiebigere" - Vorschriften gibt.

[2] Dieser Kritikpunkt wurde inzwischen beseitigt: von der Nationalparkverwaltung wird nun eine Zeitung ("Lahemaa") herausgegeben, welche die im Park lebende Bevölkerung aufklären und für die Belange des Naturschutzes gewinnen soll (HÖH, 1992, S. 523).

[3] Vorsitzender des Verbands, dem alle baltischen Nationalparks und Naturschutzgebiete angehören, (und gleichzeitig Direktor des estnischen Nationalparks) ist Teet Kotjärv (HÖH, 1992, S. 523).

[4] Angestellt vom Forstministerium.

[5] Getrennt davon liefen der Ausbau und Erhalt des Straßennetzes (ca. 400 km, davon 100 asphaltiert), das vom *Minavtodora ÈSSR* verwaltet wurde, sowie die Bezahlung der Waldarbeiter und der Forstarbeiten (durch das Forstministerium).

Abb. 40: Zonierung des estnischen Nationalparks "Lahemaa"

Quelle: ergänzt nach STAUSKAS, 1977, S. 100;

9.2.4 ZONIERUNG

In der Nationalparkverordnung von 1975 wurde auch die Zonierung des Territoriums festgelegt.
Sie deckt sich nicht mit der der anderen baltischen Nationalparks (bzw. dem Zonierungsvorschlag von NIKOLAEVSKIJ), da nur eine Unterscheidung in zwei Landschaftstypen, mit den etwas irreführenden Bezeichnungen "Natur"- und "Kulturlandschaften" (s.u.), vorgenommen wurde. Sie werden zwar nochmals (in insgesamt vier Zonen) unterteilt, doch gibt es darüber vor allem bei den Kulturlandschaften kaum Angaben.[1]

A) Naturlandschaften[2] (65% des Nationalparks)
 1.) Naturschutzgebiete (6,4%);
 2.) Landschaften mit zu regulierender Nutzung (58,6%);

---

[1] Aus diesen Gründen kann die Zonierung von "Lahemaa" in Abb. 40 auch nur als Orientierung dienen.
[2] Estn.: *loodusmaastik*, russ.: *prirodnye landšafty.*

B) Kulturlandschaften[1] (35% des Nationalparks)
3.) Erholungszone
4.) Wirtschaftszone

Innerhalb der "Naturlandschaften", die ca. 65% der Nationalparkfläche einnehmen (KAAZIK, 1982, S. 4) sind noch einmal vier Naturschutzgebiete (estn.: *reservaat*; russ.: *zapovedniki*) ausgewiesen.[2] Sie nehmen 6,4% der Nationalparkfläche ein:
- Suurekõrve (1.442 ha; Wald und Hochmoor) im Westen des Territoriums;
- Laukasoo (1.516 ha; Hochmoor mit über 100 Seen) im zentralen Parkgebiet;
- Koljaku-Uandu (905 ha; Wald) im östlichen Parkteil;
- Vainupea (273 ha; Küstenwald) ganz im Nord-Osten am Finnischen Meerbusen;

Auf die Naturschutzgebiete entfallen 10% der "Naturlandschaftsfläche", der Rest dieser Zone wird als "Landschaften mit zu regulierender Nutzung" (58,6% des Nationalparks; russ.: *landschafty s reguliruemym pol'zovaniem*) bezeichnet (NIKOLAEVSKIJ, 1985, S. 64; NYMMSALU, 1982, S. 42). Dieser Begriff ist unzutreffend:[3] Die Natur wird zwar offiziell unter besonderen Schutz gestellt, es handelt sich jedoch um Ökosysteme, die sich als Folge wirtschaftlicher Tätigkeit herausgebildet haben und wissenschaftlichen (historischen/ethnographischen) Wert besitzen. Für ihre Erhaltung ist die Fortführung der traditionellen Nutzung notwendig (NIKOLAEVSKIJ, 1985, S. 64; NYMMSALU, 1982, S. 42). Die Bezeichnung "Schutzgebiete der Kulturlandschaft" (wie im lettischen Nationalpark "Gauja", vgl. Kap. 9.3.2.1) wäre also beispielweise passender.

Besucher dürfen die "Naturlandschaften", für die insgesamt strenger Naturschutz gilt (Schutzstärke wie für ein NSG; NYMMSALU, 1982, S. 42; KAAZIK, 1982, S. 4), nur mit Genehmigung auf den ausgewiesenen (Lehr-)pfaden[4] - oder mit einem Führer - zu wissenschaftlichen oder zu Bildungszwecken betreten (NIKOLAEVSKIJ, 1985, S. 64; NYMMSALU, 1982, S. 42).
Während bei den eigentlichen Naturschutzgebieten die Einhaltung dieser Anordnung sicher noch eher durchsetzbar ist,[5] so ist dies bei den "Landschaften mit zu regulierender Nutzung", die ja immerhin fast 60% der Parkfläche ausmachen, sehr fraglich (nicht nur wegen der Straße, s.u.).

Bei den "Kulturlandschaften" (35% des Nationalparks) wird in der Literatur zwischen Wirtschafts- und Erholungszonen unterschieden; Angaben zur jeweiligen Größe fehlen jedoch. Schätzungen ergeben für die Erholungszone einen Flächenanteil von 5%, für die Wirtschaftszone von 30%.
In den Erholungszone sind sämtliche Einrichtungen für Kurz- und Langzeiterholung zusammengefaßt (s.u.).

---

[1] Estn.: *kultuurmaastik*, russ.: *kul'turnye landšafty*.
[2] NIKOLAEVSKIJ, 1985, S. 64; NYMMSALU, 1982, S. 42; teilweise wird noch eine weiteres NSG, "Udrike" im äußersten südlichen Zipfel des Parks, erwähnt (ENE, 1990); in Veröffentlichungen, die sich direkt auf den Nationalpark beziehen, wird es jedoch nicht aufgeführt.
[3] Deswegen wird er in Abb. 40 in Anführungszeichen gesetzt.
[4] Bis Anfang der 80er Jahre wurden sieben Lehrpfade angelegt (KAAZIK, 1982, S. 6).
[5] Sie haben nur ein begrenztes Ausmaß; dadurch ist eine sichtbare Abgrenzung möglich; im Fall der Hochmoore müssen sich Besucher auf den angelegten Stegen bewegen und können so von besonders empfindlichen Bereichen ferngehalten werden.

Die Tätigkeiten in der Wirtschaftszone (Fischerei, Land-, Forstwirtschaft) dürfen nur unter Berücksichtigung der Interessen und Besonderheiten des Nationalparks durchgeführt werden (NIKOLAEVSKIJ, 1985, S. 64; NYMMSALU, 1982, S. 42).

Bei genauerer Betrachtung zeigt sich, daß die Zonierung des estnischen Nationalparks zwar nicht so differenziert ist wie die in den anderen baltischen Nationalparks. Sie unterscheidet sich jedoch im Endeffekt - wie am Beispiel der "Landschaften mit zu regulierender Nutzung" gezeigt wurde - nicht grundsätzlich von diesen, sondern weitgehend nur durch die abweichende Bezeichnungen für die Teilgebiete. So ließe sich eine Zonierung für "Lahemaa" in etwa analog zu der von "Gauja" und "Aukštaitija" erstellen (vgl. auch Tab. 30 am Schluß des Kapitels):

1.) Naturschutzzonen
2.) Schutzgebiete (der Kulturlandschaft)
3.) Zonen mit Erholungsfunktion
4.) Neutrale bzw. Wirtschaftszone

9.2.4.1 Erholungsgebietc

Als Empfangszentrum für die (meist organisierten) Touristen, die geführte Wanderungen durch die Reservate machen wollen, dient eine Motel-/Campinganlage bei Viitna (170 Pl., Abb. 40), die vom Nationalpark betrieben wird. Hier befindet sich auch (neben der Nationalparkverwaltung) das Ausflugsbüro von "Lahemaa", das Mitte der 80er Jahre jährlich von 50.000-60.000 Touristen in Anspruch genommen wurde (NIKOLAEVSKIJ, 1985, S. 65).
Außerdem hat sich in Võsu, das am einzigen Sandstrand des Nationalparks liegt, ein Badeort entwickelt, wo sich mehrere Langzeiterholungseinrichtungen konzentrieren. Neben "betrieblichen" Erholungsheimen und Pionierlagern (teilweise mit medizinischer Betreuung) befindet sich hier das größte Gewerkschafts-Erholungsheim Estlands (600 Pl. im Sommer, 205 Pl. im Winter). Hier erholten sich in den 80er Jahren jedes Jahr ca. 20.000 Urlauber aus der ganzen Sowjetunion (NIKOLAEVSKIJ, 1985, S. 66; POLTORANOV/SLUCKIJ, 1986, S. 646; s. auch Kap. 8.1).
Keine Informationen gibt es über die Zahl der nicht-organisierten Erholungssuchenden. Sie setzen sich zusammen aus Naherholern,[1] die vor allem die Küste aufsuchen, und Urlaubern, welche im Gebiet des Nationalparks eine Datscha haben, bzw. nutzen können, Diese Individualurlauber dürfen bei der Berrechnung der Belastung von "Lahemaa" durch den Fremdenverkehr nicht ganz vernachlässigt werden.

9.2.5 FAZIT

Im estnischen Nationalpark "Lahemaa" wird - neben dem Naturschutz - besonderer Wert auf die Erhaltung der Kulturlandschaft gelegt. Die kulturhistorischen Denkmäler, vor allem die ehemaligen Herrensitze, sollen auch in Zukunft eine Rolle als Touristenattraktionen spielen.

[1] Aus Loksa, der Großteil stammt aber aus anderen estnischen - früher auch russischen - Städten.

Problematisch sind in "Lahemaa" in erster Linie die große, autobahnähnlich ausgebaute Fernstraße, die quer durch den südlichen Teil des Nationalparks, weitgehend durch "Naturlandschaften" - teilweise sogar fast in unmittelbarer Nähe eines NSG - führt (Abb. 40), sowie die Industriestandorte in Kolgaküla (Tongrube) und Loksa (Wärmekraftwerk). Bei dieser "Siedlung städtischen Typs" handelt es sich sogar um eine reine Industriesiedlung.

Günstig ist dagegen die relativ dünne Besiedlung und auch die Tatsache, daß dieser Nationalpark - im Gegensatz zum lettischen und litauischen - keinen "S-Bahn-Anschluß" zur Landeshauptstadt hat, wodurch sich die Belastung durch Ausflügler vergleichsweise in Grenzen hält.

9.3 "Gauja" (Lettland)[1]

9.3.1 NATURRÄUMLICHER ÜBERBLICK

Der 1973 (auf Beschluß des Lettischen Ministerrats vom 14.9.1973) gegründete lettische Nationalpark "Gauja" ist mit über 90.000 ha der größte Nationalpark des Baltikums.[2] Das Territorium bildet ein spitzes Dreieck, das an zwei Seiten weitgehend durch Verkehrswege begrenzt wird: im NW durch eine kleinere Landstraße (Riga-Valmiera), im S durch eine wichtige Eisenbahnlinie und eine Fernstraße, die die Hauptverbindungen der lettischen Hauptstadt mit Leningrad/St.Petersburg bzw. mit Tartu (Estland) darstellen (Abb. 23; Abb. 41).[3]

Namengebend für den Nationalpark ist die "Gauja" (dt.: Livländische Aa), mit 452 km der längste Fluß Lettlands.[4] Sie bildet die "Achse des Nationalparks". Daraus leitet STAUSKAS (1984, S. 42) die Bezeichnung "Flußpark" ab.
Das ursprüngliche Tal entstand vor mehr als 1 Mio Jahren, als sich die Gauja in die Schichten des mittleren und oberen Devons einschnitt. In der letzten Eiszeit wurde es von Schmelzwässern erweitert. Es entstanden verschiedene Terrassen, deren älteste ca. 12.000 bis 13.000 Jahre alt sind, während das Alter der breiten Flußauen auf 2.000 bis 3.000 Jahre veranschlagt wird (Gaujas Nac. Parks, 1990, S. 12; NIKOLAEVSKIJ, 1985, S. 69).
Das Gauja-Urstromtal ist im Bereich des Nationalparks von besonderem geologischen Interesse, da sich hier das größte und am deutlichsten ausgeprägte Massiv devonischer Ablagerungen des Baltikums findet, das an Aufschlüssen im Gauja-Tal und ihren Nebenflüssen sichtbar ist.

---

[1] Lett.: *Gaujas Nacionalais Parks (GNP)*; russ.: *Nacional'nyj park "Gauja"*.

[2] In den meisten Quellen wird die Fläche mit ca. 92.000 ha (= 1,4% der Republik) angegeben: BERGCHOL'CAS/SKRIBA, 1982; BORISOV,u.a., 1985; Gaujas Nac. Parks, 1990; bei NIKOLAEVSKIJ, 1985 finden sich nur leicht abweichende Angaben (84.000 ha); die 32.048 ha bei RINKUS (1982, S. 46) sind wohl als Druckfehler anzusehen, wie ein Vergleich mit den Waldflächendaten im selben Artikel ergibt.

[3] Administrativ liegt der Park weitgehend im Rajon Cesis (71,3% des Parks; 21,5% des Rajons), der Rest verteilt sich auf den Rigaer Rajon (17,7% - nur 5,1% des R.) und den Valmiera-Rajon (11% - 4,5% des R.); BERGCHOL'CAS/SKRIBA, 1982, S. 22.

[4] Die Daugava ist zwar insgesamt länger (1.020 km), aber nur 357 km des Laufes liegen innerhalb der Republik; 21% des Gaujalaufes (93,5 km) fließen durch den Nationalpark (BERGCHOL'CAS/SKRIBA, 1982, S. 22f.).

Die Gauja hat sich ein bis über 80 m tiefes Tal geschaffen, das durchschnittlich 1-1,5 km breit ist. Das Flußbett ist sandig, seine Tiefe ändert sich (wie auch der Stromstrich) ständig. Im Durchschnitt beträgt sie 0,3-2 m, teilweise 3-4 m; bei Cesis wurde eine Stelle mit 12 m gemessen (BERGCHOL'CAS/SKRIBA, 1982, S. 26). Die Ufer des stark gewundenen Flußlaufes sind ebenfalls meist sandig. An einigen Stellen hat der Fluß die Talhänge untergraben, so daß bis zu 30 m hohe Steilufer aus anstehendem Sandstein entstanden sind (BERGCHOL'CAS/SKRIBA, 1982, S. 27).
Der Beiname "Livländische" oder "Lettische Schweiz", den die Gegend des Nationalparks erhielt, nimmt jedoch nicht auf das Relief,[1] sondern auf ihren allgemeinen landschaftlichen Reiz Bezug (vgl. Kap. 6.1.).

Im Vergleich zu den beiden anderen baltischen Nationalparks fällt der Waldanteil im lettischen relativ gering aus: "Nur" 48% der Fläche sind von Wald bedeckt, wobei Nadelbäume dominieren (Kiefern 52%, Tannen 18%). Die Talhänge sind dagegen mit Laubwäldern bedeckt, in den Talauen der Gauja finden sich Weiden (Gaujas Nac. Parks, 1990, S. 38; RINKUS, 1982, S. 47; u.a.).
Gut ein Drittel der Parkfläche (36%) wird landwirtschaftlich genutzt (24 % Äcker, 12% Grünland), 6% sind von Sümpfen und 3% von Wasserflächen bedeckt. Darunter fallen über 30, meist sehr kleine Seen, vor allem aber die Gauja und dreizehn weitere Flüsse[2] (BERGCHOL'CAS/SKRIBA, 1982, S. 35).

Im Park ist fast die gesamte Fauna und Flora Lettlands vertreten. Registriert wurden bisher ca. 800, darunter 38 seltene Pflanzenarten,[3] 46 Tier-,[4] 28 Fisch-[5] sowie 170 Vogelarten[6].

9.3.2 BESIEDLUNG UND WIRTSCHAFTLICHE NUTZUNG

Der lettische Nationalpark ist relativ stark besiedelt: Mitte der 80er Jahre zählte die Bevölkerung ca. 40.000 Menschen (NIKOLAEVSKIJ, 1985, S. 69; RINKUS, 1982, S. 47). Der Park weist mit 44 EW/km² nicht nur eine deutlich höhere durchschnittliche Bevölkerungsdichte als die beiden anderen baltischen Nationalparks auf (Lahemaa: 14, Aukštaitija: 10 EW/km²), sie liegt sogar höher als der Republiksdurchschnitt (41 EW/km²)!
Allerdings konzentrieren sich 84% der Bevölkerung auf nur zwei Städte: In Cesis,[7] einer der ältesten Städte Lettlands (dt.: Wenden; 1206 gegründet) leben 22.000, in Sigulda[8] 11.500 EW (Nar. choz. LatSSR, 1990, S. 25).

---

[1] Die Differenz zwischen dem tiefsten und dem höchsten Punkt beträgt nur etwa 100 m (50-150 m/NN; BORISOV, u.a., 1985, S. 28).
[2] Nur einer von ihnen entwässert in die Daugava, die anderen in die Gauja.
[3] Z.B. Mondviole, Frauenschuh, Wasser-Lobelia (s. Kap. 9.4.1).
[4] Fledermäuse, die die zahlreichen Höhlen nützen, stellen eine Besonderheit des Parks dar; daneben gibt es auch Elche, Rehe, Wildschweine.
[5] Hecht, Barsch, Brasse, Schlei, Forelle, Haseling; im Frühjahr kommen Neunauge und Zärte zum Laichen in die Gauja (BERGCHOL'CAS/SKRIBA, 1982, S. 29ff.; NIKOLAEVSKIJ, 1985, S. 69; Gaujas Nac. Parks, 1990).
[6] Z.B. Schwarzstorch, Flußadler, Turmfalken, Uhu, Graukranich.
[7] Zentrum des gleichnamigen *Rajons*.
[8] In manchen Abbildungen wird Sigulda als außerhalb des Parks gelegen dargestellt, obwohl sich dort die Parkverwaltung befindet.

Auch wenn sich nach Abzug dieser beiden Städte für den Großteil des Parkgebiets nur noch eine durchschnittliche Dichte von 10 EW/km² ergibt,[1] so wird die Problematik dadurch nicht entschärft: Die Versorgung und "Entsorgung" von Städten dieser Größe, vor allem in Anbetracht der Industriebetriebe in Cesis (s.u.), ist mit der Nationalparkidee und seinen Schutzzielen kaum vereinbar. Außerdem muß der Nationalpark für die Bewohner dieser Städte Naherholungsfunktionen erfüllen, was nicht nur eine zusätzliche, sondern auch eine weniger steuerbare Form der Beanspruchung ergibt.[2]

Auf dem Gebiet des Nationalparks liegen einige Industriebetriebe. Sie konzentrieren sich in erster Linie auf Cesis (metallverarbeitende Betriebe, Baumaterialfabriken, Lebensmittelindustrie). Einzelne Betriebe befinden sich auch in Sigulda (u.a. Fleisch- und Konservenfabrik), Ligatne (eine der drei und gleichzeitig die älteste Papierfabrik Lettlands, s.u.) und Liepa (Drainagerohr-Fabrik; BERGCHOL'CAS/SKRIBA, 1982, S. 35).
Nur 8 ha der Fläche unterstehen direkt dem Nationalpark, der Rest blieb bei der Einrichtung des Parks bei den bisherigen Landnutzern:[3] 11 Kolchoze, 3 Sovchoze, 3 Forstbetriebe sowie 4 landwirtschaftliche Musterbetriebe.[4] Der Schwerpunkt bei den Versuchsanstalten scheint weniger auf umweltverträglichen Anbaumethoden als auf Ertragsmaximierung zu liegen.
Knapp zwei Drittel (21.800 ha) der gesamten LNF sind Felder, der Rest (11.500 ha) Grünland (BERGCHOL'CAS/SKRIBA, 1982, S. 35).

Gelobt wird in der Literatur auch das dichte Straßennetz, das mit 53 km/km² deutlich über dem der Republik liegt,[5] weil es ermögliche, fast jeden beliebigen Punkt im Park zu erreichen (BERGCHOL'CAS/SKRIBA, 1982, S. 36). Daß so etwas für einen Nationalpark eigentlich gar nicht erstrebenswert ist (vgl. auch NIKOLAEVSKIJ, 1985, S. 139), scheint dabei nicht bedacht zu werden!

9.3.3 PARKMANAGEMENT

Der Nationalpark "Gauja" untersteht dem Ministerium für Waldwirtschaft und Waldindustrie Lettlands.[6] Für die Lösung der wichtigsten Fragen bezüglich Organisation, Nutzung und Schutz des Parks sowie für die Koordinierung der Forschungs- und Entwicklungsarbeiten wurden neben der Nationalparkverwaltung (Sitz in Sigulda) verschiedene beratende Gremien und zwischenbehördliche Ausschüsse eingerichtet (BERGCHOL'CAS/SKRIBA 1982, S. 45).

---

[1] Dies entspricht der Bevölkerungsdichte im litauischen Nationalpark.
[2] Problematisch ist natürlich vom Natuschutzgedanken her betrachtet auch die relative Nähe einer (fast Millionen-) Stadt wie Riga und die direkte Nachbarschaft von Valmiera (30.000 EW).
[3] Zu den Nutzungskonflikten, die sich im Nationalpark seit der Selbständigkeit Lettlands ergeben, s. Kap. 9.5.
[4] Sie liegen ganz oder teilweise auf dem Parkgebiet (NIKOLAEVSKIJ, 1985, S. 70).
[5] Allerdings sind dabei auch die Randstraßen, welche ein Drittel der Autostraßen des Nationalparks ausmachen, berücksichtigt.
[6] *Ministerstvo lesnogo chozjajstva i lesnoj promyšlennosti* (NIKOLAEVSKIJ, 1985, S. 68; RINKUS, 1982, S. 46).

Die Zahl der im Nationalpark Beschäftigten wird für die 80er Jahre mit 80 bis 97, darunter 4 Wissenschaftler, 15 Bauarbeiter und 1 Architekt sowie gut 30 Ingenieure und Techniker, angegeben (NIKOLAEVSKIJ, 1985, S. 72; RINKUS, 1982, S. 48).

Die **Finanzierung** des lettischen Nationalparks erfolgte aus zwei Kanälen - dem Staatsbudget, aus welchem gut 50% der Mittel stammten, und dem Parkfonds, der sich aus verschiedenen Einnahmequellen[1] sowie Spenden von Organisationen, Betrieben und Privatpersonen zusammensetzte. Bereits Anfang der 80er Jahre wurde allerdings ein starker Rückgang der Spendenfreudigkeit konstatiert (BERGHOL'CAS/SKRIBA, 1982, S. 51; NIKOLAEVSKIJ, 1985, S.72; RINKUS, 1982, S. 49f.; vgl. Kap. 9.5).[2]

9.3.4 ZONIERUNG

Abb. 41: Zonierung des lettischen Nationalparks "Gauja"

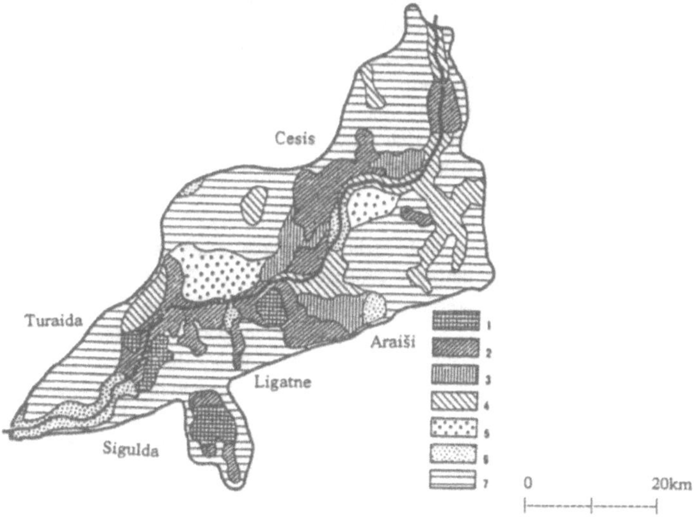

Quelle: ergänzt nach Zabelina, 1987, S. 106;

1-7: Nr. der Gebietstypen

[1] Pferdeverleih, Verkauf von Souvenirs und Prospekten, Eintrittsgeld für den "Lehrpark Ligatne" (s. Kap. 9.3.4.1), Jagd.

[2] Anfang der 90er Jahre wurde der Versuch unternommen, allgemein für den Besuch des Nationalparks Eintrittsgelder zu erheben; dies scheiterte jedoch an der mangelnden Durchführbarkeit (zu viele Zugangsmöglichkeiten) und an den Problemen, die sich aus der großen Zahl ständiger Bewohner im Park ergaben.

Die funktionale Gliederung des lettischen Nationalparks umfaßt sieben Zonen. In einigen Veröffentlichungen werden sie zu drei Klassen (mit 4, 2 und 1 Subzone) zusammengefaßt (Abb. 41).[1]

A) Gebiete mit Naturschutzfunktion (39% der Np-Fläche):[2]
1.) Reservate (4,9%);
2.) Schutzgebiete der Naturlandschaften (15,9%);
3.) Schutzgebiete der Kulturlandschaften (5,7%);
4.) Landschaftsschutz- und Erholungsgebiete (12,7%);

B) Erholungsgebiete (9,3%):
5.) Gebiete für extensive Erholung (4,1%);
6.) Gebiete für intensive Erholung (5,2%);

C(7.) Neutralgebiete (51,3%);

ad 1): Die Reservatszone (4,9% - 4.500 ha)[3] besteht aus vier Naturschutzgebieten (lett.: *reservati*). Drei von ihnen liegen an den Hängen des Urstromtals und weisen durch Einmündungen der Gauja-Nebenflüsse ein reich gegliedertes Relief auf:
- "Nurmiži-NSG" am linken Gauja-Ufer oberhalb von Sigulda (728 ha);
- "Roči-NSG" am linken Gauja-Ufer zwischen den Flüssen Amata und Skalupe;
- "Krimulda-NSG" am rechten Gauja-Ufer oberhalb von Turaida;

In diesen Naturschutzgebieten finden sich natürliche Wälder, die einen großen Reichtum an Pflanzen und Tieren aufweisen, sowie interessante geomorphologische Erscheinungen.[4]

Das vierte *Reservat* unterscheidet sich nicht nur durch seine Art deutlich von den drei anderen. Es handelt sich um den zentralen Teil des "Suda-Moors", eines der größten und ornithologisch bedeutendsten Moore Lettlands. Dieses NSG liegt zudem außerhalb des Gauja-Urstromtals, am Rand des Nationalparks auf der Grenze zwischen den Einzugsgebieten der Gauja und der Großen Jugla. Da es vom übrigen Nationalparkgelände außerdem durch zwei wichtige Verkehrsachsen abgeschnitten ist, würde eine getrennte Ausweisung des Suda-Moors z.B. als Vogelschutzgebiet (*zapovednik/zakaznik*) den Gegebenheiten besser Rechnung tragen, da ja eigentlich keine Beziehung, d.h. kein Austausch zum restlichen Nationalpark möglich ist.
In der Reservatszone, die zu 68,8% von Wald und zu 26,6% von Mooren bedeckt ist, sind alle wirtschaftlichen und erholungsbedingten Eingriffe strengstens verboten. Sie darf nur mit Genehmigung der Parkverwaltung zu Forschungs- oder Bildungszwecken betreten werden.

---

[1] MELLUMA, 1988, S. 178; MELLUMA, 1982, S. 63; NIKOLAEVSKIJ, 1985, S. 70; RINKUS, 1982, S. 45; nicht aber bei BERGCHOL'CAS/SKRIBA, 1982; Gaujas Nac. Parks, 1990 oder bei kartographischen Darstellungen;
[2] Es gibt leichte Differenzen bei den Flächenanteilen; hier alle Werte nach neuesten Erhebungen (Gaujas Nac. Parks, 1990).
[3] Lett.: *Dabas reservata zonas*, russ.: *Zony rezervatov*.
[4] Klamm-Bildung im anstehenden Devon; 20m breiter und 30m tiefer "Hexenkessel" (beide im Nurmiži-NSG).

ad 2): Die Zone mit <u>Landschaftsschutzgebieten</u> (15,9% - 4.700 ha)[1] besteht aus vierzehn Teilbereichen (Abb. 41), die sich weitgehend entlang der Talhänge der Gauja und ihrer größten Nebenflüsse erstrecken.[2]
Ziel des Landschaftsschutzes ist die Erhaltung der ursprünglichen Struktur in ihrer Vielfalt bzw. - soweit erforderlich - die Wiederherstellung derselben.
Entsprechend ihrer Lage weisen diese Gebiete einen hohen Waldanteil auf (75%), Naturwiesen kommen seltener vor. Auf LNF entfallen 13,6%, auf Moore 6,8% der Gebietsflächen (Gaujas Nac. Parks, 1990, S. 49).

Die Bestimmungen sind hier etwas lockerer als in den Naturschutzgebieten: Im Prinzip ist wirtschaftliche Tätigkeit zwar ebenfalls verboten. Eine Ausnahme gilt jedoch für die kleinen, traditionell landwirtschaftlich genutzten Bereiche, die "Inseln" im Wald bilden und ohne weitere Bearbeitung nicht erhalten werden könnten. Touristen dürfen die Landschaftsschutzgebiete individuell aufsuchen, doch sind sie gehalten, nur die vorhandenen Wege zu benützen. "Bootstouristen" auf der Gauja dürfen an den speziell ausgewiesenen Plätzen ihre Lager aufschlagen.

ad 3): Mit den <u>Kulturlandschaftsschutzgebieten</u> (5,7%; 5.300 ha)[3] wird das Ziel verfolgt, die für diese Regionen Lettlands typischen dörflichen Kulturlandschaften zu erhalten. Dementsprechend dominieren in dieser Zone Landwirtschaftliche Nutzflächen (52,8%) vor den waldbedeckten Flächen (37,7%; Gaujas Nac. Parks, 1990, S. 83).
Großflächiger wurde vor allem der Raum um Raiskums, Karli und Lenči unter Schutz gestellt. Hier wechseln Hügellandschaften mit kleinen Streusiedlungen, Einzelhöfe, Felder, kleine Niedermoore und Wälder miteinander ab.
Landwirtschaftliche Bewirtschaftung ist erlaubt, doch soll sowohl bei der Bodennutzung als auch beim Bau neuer Objekte die Erhaltung der traditionellen physiognomischen Eigenarten der betreffenden Landschaft gesichert bleiben.

ad 4): Die "<u>Landschaftsschutz- und Erholungsgebiete</u>" (12,7% - 11.700 ha)[4] bestehen aus acht Teilbereichen, die vorwiegend in der östlichen Hälfte des Parkgeländes - meist an Wasserflächen[5] - zu finden sind.
Hauptziel ist die Erhaltung der "eindrucksvollen, nur wenig veränderten Naturlandschaften in der Nähe größerer Städte" (Gaujas Nac. Parks, 1990, S. 94). Diese Zone weist einen relativ hohen Waldanteil (68,3%) auf (LNF: 17,9%; Wasser 8,5%; Gaujas Nac. Parks, 1990, S. 95). Vor allem die früheren Gutswälder, die sich oft an die Naturwälder anschließen, sind beliebte Naherholungsgebiete.
Insgesamt unterscheidet sich diese Zone von den anderen Schutzgebieten dadurch, daß sie ein vielfältigeres Angebot an Erholungsmöglichkeiten bietet. Besonders die Seeufer werden bereits ziemlich intensiv genutzt. Es werden auch ständig neue Areale für diesen Zweck erschlossen.

[1] Lett.: *Dabas ainavu lieguma zonas*, russ.: *Zony zakaznikov prirodnych landšaftov.*
[2] Eine Ausnahme bildet auch hier das Suda-Moor, dessen Außenbereiche ebenfalls zu dieser Zone gehören.
[3] Lett.: *Kulturainavu lieguma zonas*, russ.: *Zony zakaznikov kul'turnych landšaftov.*
[4] Lett.: *Atputas ainavu lieguma zonas*, russ.: *Zony rekreacionnych landšaftnych zakaznikov.*
[5] Am Vaidava- und Ungursee (größter See des Parks, 394 ha) und auch an verschiedenen Flüssen (Abb. 41).

ad 5): Zu den "Gebieten für extensive Erholung" (4,1% - 3.800 ha)[1] sind in erster Linie das ausgedehnte Waldmassiv von Raiskums am rechten Gauja-Ufer sowie ein kleineres Waldgebiet nördlich von Cesis zu zählen.[2] Außer in ihrer Größe unterscheiden sich die beiden Teilstücke auch in der Intensität ihrer Nutzung durch Erholungssuchende, die sich aus ihrer unterschiedlichen Lage und Verkehrsanbindung ergibt. Der Wald bei Raiskums ist nicht mit öffentlichen Verkehrsmitteln erreichbar und wird deswegen bisher relativ wenig - vor allem zum Beeren- und Pilzesammeln - aufgesucht, während das Waldgebiet bei Cesis ganzjährig ein beliebtes Naherholungsgebiet darstellt.

Offiziell sind die "Gebiete für extensive Erholung" als Reservegebiete gedacht, die im Fall weiteren Erholungsdrucks mit der nötigen Infrastruktur versehen werden können, um dann auch für Massenerholung zur Verfügung zu stehen (Gaujas Nac. Parks, 1990, S. 118). Nach Auswertung der Quellen liegt jedoch der Schluß nahe, daß es sich einfach um Gebiete handelt, die (zumindest zum Zeitpunkt der Zonierung) in keine der anderen Kategorien paßten: Sie weisen weder ausreichend schützenswerte Natur- (oder Kultur-) Denkmäler auf, um zu den Schutzzonen gerechnet zu werden, noch sind sie - angesichts ihrer relativ zentralen Lage - der Pufferzone (Zone 7) zuzurechnen. Von Zone 6 unterscheiden sie sich bisher durch das Fehlen einer Fremdenverkehrs-Infrastruktur.

ad 6): Als "Zone mit intensiver Erholung" (5,2%; 4.800 ha)[3] wurden bisher drei Gebiete ausgewiesen (Sigulda, Ligatne, Araiši), für die eine spezielle Planung, teilweise bereits mit entsprechender Infrastruktur, besteht.[4] Sie werden in Kap. 9.3.4.1 vorgestellt.
Insgesamt weist die Zone einen verhältnismäßig hohen LNF-Anteil auf (25%), der allerdings weitgehend auf Araiši konzentriert ist (s.u.). Für die anderen Teilbereiche ist Wald typischer, der insgesamt 62,5% der Fläche einnimmt (Wasser: 6,2%; Wege, Gebäude: 4,1%; Gaujas Nac. Parks, 1990, S. 129).

ad 7): Auf die "Neutralgebiete"[5] entfallen 51,3% des Nationalparks (47.200 ha). Sie stellen also mit Abstand die größte Zone des Parks dar.[6]
Es handelt sich um Gebiete mit intensiver Bodennutzung, mit einem verhältnismäßig dichtem Verkehrsnetz und zahlreichen Siedlungen, in der die Landwirtschaftlichen Nutzflächen einen entsprechend hohen Anteil der Fläche ausmachen (LNF: 51,6%; Wald: 36%; Straßen: 5,5%; Moor: 4,6%; Wasser: 2,1%; Gaujas Nac. Parks, 1990, S. 199). Die Landwirtschaft soll zwar intensiv, aber dennoch mit Rücksicht auf die kulturhistorischen und natürlichen Gegebenheiten der Region durchgeführt werden. Allerdings ist von traditioneller Nutzung angesichts der starken "sozialistischen" Überprägung in Großblockfluren kaum noch etwas zu erkennen.

---

[1] Lett.: *Ekstensivas atputas zonas*, russ.: *Zony ėkstensivnogo otdycha*
[2] Deshalb ist der Anteil von Wald insgesamt hoch: 78,9%; LNF: 10,5%; Moore: 5,2% (Gaujas Nac. Parks, 1990, S. 119).
[3] Lett.: *Intensivas atputas zonas*, russ.: *Zony intensivnogo otdycha*
[4] Daneben gibt es bei Cesis eine kleinere Fläche; dort ist aber wohl einfach unter dem Nachfragedruck - ohne Konzeption - ein intensiv genutztes Erholungsgebiet entstanden.
[5] Lett.: *Neitralas zonas*, russ.: *Nejtral'nye zony*, keine weitere Unterteilung.
[6] Auch wenn alle Zonen, in denen (mehr oder weniger starke) Schutzbestimmungen gelten (Zonen 1-4), zusammengenommen werden.

Aus Abb. 41 geht hervor, daß sich die Neutralgebiete am Rand des Nationalparks wie ein Kranz umd die anderen Zonen legen. Deshalb wird sie auch gelegentlich als Pufferzone bezeichnet.[1]

9.3.4.1 Erholungsgebiete

Der lettische Nationalpark selbst verfügt nur in sehr begrenztem Umfang über Fremdenverkehrseinrichtungen: In bzw. bei Ligatne liegen ein Campingplatz (20 Pl.) und ein Reitercamp mit ca. 15 Plätzen. Daneben wurden für Wassertouristen 16 Lagerstellen mit insgesamt gut 200 Plätzen eingerichtet.[2]
Der überwiegende Teil der Beherbergungseinrichtungen, die in den 80er Jahren im Rahmen des organisierten Fremdenverkehrs betrieben wurden, gehört jedoch anderen Institutionen: zwei Erwachsenen- (200 Pl.) und zwei Kinder-Sanatorien der Zentral-Gewerkschaften bzw. des Gesundheitsministeriums (davon 3 Einrichtungen in Sigulda) sowie zwei Erholungsheime (eins in Cesis von Gewerkschaften; NIKOLAEVSKIJ, 1985, S. 71).
Außerdem befindet sich auf dem Nationalparkgelände eine Turbase ("Sigulda") der Gewerkschaften. Sie wurde bereits 1955 eröffnet und bietet ca. 300 Plätze, die - Mitte der 80er Jahre - jährlich von etwa 20.000 Touristen genutzt wurden. Ein relativ großer Anteil der Gäste (80%) waren Individualtouristen (ŠVEDE, 1987, S. 29), die restlichen 20% Teilnehmer von touristischen Pauschalreisen. Ihre durchschnittliche Aufenthaltsdauer betrug (1990) ca. 8 Tage.[3] Im Unterschied zur Turbase "Ignalina" im litauischen Nationalpark (vgl. Kap. 9.4.4.1) liegt bei "Sigulda" der Angebotsschwerpunkt nicht auf sportlichen Aktivitäten, obwohl die Gauja insgesamt viel von Bootstouristen frequentiert wird, sondern auf Ausflügen zu den verschiedenen kulturhistorischen Sehenswürdigkeiten.
Die Lage der Turbase in einem Nationalpark, d.h. die sich daraus ergebenden Möglichkeiten, Erholung und Nähe zur Natur (inclusive Sensibilisierung der Besucher für Fragen des Naturschutzes etc.) miteinander zu verbinden, scheinen keine Rolle zu spielen. Dies ist sicher eine Auswirkung der unterschiedlichen sektoralen Zugehörigkeit der Turbase und des Nationalparks.[4]

Urlauber in einer der oben genannten Fremdenverkehrseinrichtungen stellen nur einen geringen Teil der zahlreichen Erholungssuchenden, die jedes Jahr in den lettischen Nationalpark kommen. Der überwiegende Teil der Besucher sind Ausflügler, die im Rahmen von organisierten (Bus-)Exkursionen oder individuell (mit dem Auto oder dem Vorortzug) den Park aufsuchen. Mitte der 80er Jahre wurde ihre Zahl bereits mit über 1 Mio angegeben (NIKOLAEVSKIJ, 1985, S. 71). Daraus resultiert natürlich eine sehr hohe "Besucherdichte" in "Gauja": ca. 12 Menschen/ha, also fünf- bzw. achtmal mehr als in den beiden anderen baltischen Nationalparks (NIKOLAEVSKIJ, 1985, S. 97).[5]

---

[1] BERGCHOL'CAS/SKRIBA, 1982, S. 33; MELLUMA, 1988, S. 178; STAUSKAS (1977, S. 100) spricht von einem "Vorpark".
[2] Die Kapazitäten sind sehr unterschiedlich von 3 bis 30 Plätzen; der Durchschnitt liegt bei 12-15 PL. (BERGCHOL'CAS/SKRIBA, 1982, S. 58).
[3] Drei lineare Routen (1x 4 Tage; 2x 8 Tage), eine radiale (10 Tage), vgl. Tab. 15.
[4] Wie man am Beispiel des litauischen Nationalparks sieht, geht es auch (zumindest etwas) anders.
[5] Zusätzlich zu der relativ großen ständigen Bevölkerung in "Gauja".

Die Ausflügler verteilen sich keineswegs gleichmäßig über das Parkgebiet, bzw. über die für Erholungszwecke freigegebenen Areale. Vielmehr verbucht eines der Erholungsgebiete allein ca. 700.000 Besucher jährlich (gnp, 1988).

Es handelt sich dabei um das "Gebiet für aktive Erholung" von **Sigulda** (*Siguldas aktivas atputas zona*), eines der drei Gebiete, die in der "Zone für intensive Erholung" (s.o.) ausgewiesen wurden. Seine Pluspunkte sind die Konzentration von Naturschönheiten und kulturhistorischen Sehenswürdigkeiten auf geringem Raum (s.u.) sowie die Lage im westlichsten Zipfel des Nationalparks (Abb. 41), das heißt die gute Erreichbarkeit von Riga aus.[1] Die Stadt und ihre Umgebung können außerdem bereits auf eine lange Tradition als Ausflugs- und Erholungsziel zurückblicken.
Die Grundlage hierfür - bzw. für die heutige Stadt Sigulda (dt. Segewold) - wurde bereits Ende des letzten Jahrhunderts (1889) mit der Fertigstellung der Bahnlinie Riga-Valga-Pskov gelegt:[2] Oberhalb des Gaujatals, an der Stelle der heutigen Stadt, entstand in der Folgezeit eine Datschensiedlung. Für einen Aufschwung sorgte auch hier die russische Zarenfamilie, die Sigulda mehrfach als Sommerfrische wählte.[3]
In den 50er Jahren begann mit der Einrichtung eines Sanatoriums im Wohnhaus des Neuen Schlosses und der Eröffnung der Turbase die Nutzung des Gebiets für organisierte Langzeiterholung; der eigentliche Ausbau Siguldas zu einem Fremdenverkehrszentrum setzte 1968 ein (Sigulda, 1987).
Ende der 80er Jahre gab es in Sigulda drei Sanatorien (ein Gewerkschafts- und zwei Kindersanatorien), eine Turbase an der Gauja,[4] ein kommunales Hotel sowie eine Filiale des Rigaer Exkursionsbüros. Für Wintersportler wurden am linken Gauja-Ufer verschiedene Skihänge und eine Bobbahn präpariert.[5]
Durch die verschiedenen Investitionen, aber auch dank der Lage, der reizvollen Natur, den vielfältigen Sehenswürdigkeiten und dem milden Klima hat sich Sigulda in den letzten Jahrzehnten zu dem wichtigsten innerlettischen Erholungsgebiet, und damit nach Jurmala zum zweitgrößten der Republik überhaupt entwickelt.

Die "Aktiv-Erholungszone" erstreckt sich - an der Stelle eines ehemaligen Naturparks - von der Burgruine Turaida nach Westen bis zur Parkgrenze. Sie umfaßt somit das Gauja-Urstromtal an seiner tiefsten Stelle (85 m) bei einer Breite von ca. 1 km (Gaujas Nac. Parks, 1990, S. 132). Die steilen Ufer sind durch zahlreiche Nebenflüsse (Vejupe, Vikmeste, Lorupe) aufgegliedert.
Ein Netz von Wanderwegen verbindet die Aussichtspunkte an den Gaujaufern mit den bedeutendsten Natur- und Kulturdenkmälern. Dazu zählen einerseits die imposanten Sandsteinaufschlüsse und die zahlreichen Höhlen, von denen die "Gutmann-Höhle" als größte Sandsteinhöhle im Baltikum[6] und als alte Kultstätte besondere Anziehungskraft ausübt, sowie andererseits die Burgruinen von Sigulda (s.o.), Krimulda[7] und Turaida (dt.: Treyden), eine frühere Residenz des Rigaer Bischofs,[8] die seit einigen

---

[1] Sigulda wird auch als "Tor zum Nationalpark" bezeichnet.
[2] Wie die Ruinen der mittelalterlichen Burg (1207 vom Schwertbrüder- später vom Livländischem Orden erbaut) belegen, ist diese Gegend schon länger besiedelt gewesen; sie liegt auch günstig an dem alten Handelsweg Riga-Pskov.
[3] 1928 erhielt Sigulda Stadtrecht; im Zweiten Weltkrieg wurde die Stadt stark zerstört.
[4] Sie ist architektonisch sehr schlecht an die Landschaft angepaßt.
[5] Die Strecken sind zwar nicht lang, doch ist die Gegend so schneesicher, daß sie zum lettischen Wintersportzentrum ausgebaut wurde.
[6] 10m hoch, 12m breit, 19m tief.
[7] Dt.: Kremon; Ende des 13. Jh. erbaut, Anfang des 17. Jh. zerstört; es sind nur noch Ruinen erhalten.
[8] Erbaut Anfang des 13. Jh..

Jahren aufwendigen Restaurierungsarbeiten unterzogen wird. In ihr wurde inzwischen u.a. ein Heimatkundemuseum eingerichtet. In unmittelbarer Nähe dieser Burg, auf dem Dainas Berg, befindet sich der "Volksliedpark"[1)] mit Skulpturen, die nach Motiven alter lettischer Folklore angefertigt wurden. Die Kirche von Turaida (1750) zählt außerdem zu den ältesten sakralen Holzbauten Lettlands (Gaujas Nac. Parks, 1990, S. 136ff.).
Eine weitere Attraktion der Erholungszone stellt seit Entde der 60er Jahre die gut 1 km lange Seilbahn dar, welche bei Sigulda das Gaujatal überquert. Sie ist nicht nur die einzige Seilbahn im Baltikum, eine Fahrt mit ihr ermöglicht auch einen besonders reizvollen Blick auf das Urstromtal, wie ihn nur die Vogelperspektive bieten kann. Abgesehen davon, verkürzt und erleichtert die Seilbahn natürlich erheblich den Weg ans andere Gaujaufer.

Ligatne

Einen anderen Charakter weist der "Lehr- und Erholungspark" von Ligatne[2)] auf, mit dessen Einrichtung erst 1975, also nach der Nationalparkgründung begonnen wurde (Lig. atp., 1986). Er liegt am linken, von kleinen Zuflüssen zergliederten und mit Mischwald bedeckten Gaujaufer unterhalb des gleichnamigen Ortes (Abb. 41). Die (selbst fast museumsreife) Fähre von Ligatne stellt die einzige Möglichkeit dar, die Gauja zwischen Sigulda und Cesis zu überqueren.
Ziel dieses Parks, für dessen Besuch ein Eintrittsgeld erhoben wird, ist es, aktive Erholung und Information miteinander zu verbinden. Die Besucher sollen hier "zum richtigen Verhalten gegenüber der Natur und zu deren Schutz erzogen werden" (Gaujas Nac. Parks, 1990, S. 168).
Zu diesem Zweck wurden mehrere Rundwege unterschiedlicher Länge (800-5.500 m) angelegt, darunter ein botanischer[3)] und ein Waldlehrpfad, aber auch spezielle Routen für Reiter (im Tal entlang), für Pferdekutschen und für Autofahrer, auf denen verschiedene Attraktionspunkte wie die Tiergehege, Informationstafeln und Ausstellungsgebäude miteinander verbunden werden. Außerdem werden auch geführte Touren angeboten.

Der Schwerpunkt des Parks von Ligatne liegt somit auf der Naturlandschaft; die Zahl kulturhistorischer Denkmäler ist in diesem Abschnitt des Nationalparks auch sehr gering. Irgendwann wird man vielleicht die Papierfabrik von Ligatne dazu zählen können, welche - 1806 eröffnet - die älteste Lettlands darstellt. Vorläufig ist sie aber immer noch in Betrieb und steht nicht zuletzt durch ihre Lage unmittelbar neben dem Lehrpark in eklatantem Widerspruch zur Idee des Ligatner-Parks, wie auch allgemein des Nationalparks.[4)]

Der Lehrpark ist vor allem für Ausflügler gedacht, Übernachtungsmöglichkeiten gibt es nur in sehr begrenztem Rahmen. Neben dem Reiterhof, der ca. 15 Schlafstätten aufweist, sind noch zwei Lagerplätze für Wassertouristen (mit 12 bzw. 17 Pl.;

[1)] Er wurde 1985 zu Ehren des 150. Geburtstags von Kr. Barons, einem Sammler und Erforscher lettischer Volkskunst, eingeweiht.
[2)] *Ligatnes atputas un macibu parks*, dient als Außenstelle der Nationalparkverwaltung.
[3)] Er ist etwas abseits gelegen und nur mit Erlaubnis der Nationalparkverwaltung zu betreten (Lig. atp., 1986).
[4)] Z.B. Abwässer, Luftverschmutzung!!

BERGCHOL'CAS/SKRIBA, 1982, S. 58) zu nennen. Die Autotouristen müssen auf den 8 km entfernten Campingplatz "Amata" (Lig. atp., 1986). Jährlich kommen knapp 30.000 Besucher nach Ligatne (gnp, 1988).

Araiši

Die Erschließung des dritten Gebiets für aktive Erholung befindet sich erst im Anfangsstadium (Gaujas Nac. Parks, 1990, S. 186). In der wissenschaftlichen Literatur erhielt es den Namen "Park-Museum Araiši".[1] Es liegt ca. 7 km südlich von Cesis am Araiši-See (Abb. 41) und stellt eine räumlich einheitliche, auf ihr Zentrum - den See - ausgerichtete Kulturlandschaft dar, wie sie sonst in Lettland nicht erhalten ist.[2] Sie belegt die historische Entwicklung der Region Vidzeme von prähistorischer Zeit bis heute: Es finden sich hier Kulturdenkmäler aus fast allen historisch-wirtschaftlichen Perioden: Gräberfelder, Opferstätten, Reste einer Wasserburg aus dem 9. Jh. auf einer Insel im Araiši-See, eine Burgruine aus dem Mittelalter, die weitläufige Anlage des Guts Drabeži und Bauernhöfe.
Ein Teil der kulturhistorischen Denkmäler wurde wieder ihrer früheren Bestimmung übergeben, andere werden als Museen hergerichtet (Gaujas Nac. Parks, 1990, S. 186).

9.3.5 FAZIT

Im Gegensatz zum litauischen und auch stärker als im estnischen Nationalpark spielen in "Gauja" kulturhistorische Sehenswürdigkeiten (Burgruinen, Altstädte wie die von Cesis,[3] etc.) eine wichtige Rolle. Sie stellen teilweise gleichwertige Attraktionen zu den Naturschönheiten dar.

Der lettische Nationalpark ist besonders starken Belastungen ausgesetzt, sowohl durch die allgemeine Nutzung des Gebiets, d.h. durch die Städte und den damit verbundenen (wirtschaftlichen und anderen) Tätigkeiten, als auch durch den Fremdenverkehr: Mehr als 1 Mio Besucher jährlich sind viel - zu viel sicher für einen Nationalpark dieser Größenordnung.
Bislang fehlen Versuche, die Beanspruchung des Territoriums durch Wirtschaft und Besiedlung zu reduzieren, wie es für einen Nationalpark verlangt werden müßte. Nicht zuletzt deswegen wäre besonders für "Gauja" die Bezeichnung Naturpark korrekter.

---

[1] *Araišu muzejparks.*
[2] Hier ist die Überprägung durch Großblockfluren wesentlich geringer als in den "Neutralgebieten" (Zone 7).
[3] Sie steht unter Denkmalschutz.

9.4 "Aukštaitija" (Litauen)[1]

9.4.1 NATURRÄUMLICHER ÜBERBLICK

Der litauische Nationalpark ist der jüngste, mit ca. 30.000 ha der kleinste (nur 0,4% der Republik) und auch der am wenigsten bekannte Nationalpark des Baltikums.
Er wurde 1974 auf Beschluß des litauischen Ministerrats (vom 29.3.1974) im nordöstlichen Teil der Republik eingerichtet. An dieser Stelle waren 1960 bereits zwei Schutzgebiete (*zakazniki*) ausgewiesen worden, doch hatte sich diese Maßnahme als unzureichend erwiesen, da in einem "*zakaznik*" ja nur einzelne Elemente[2] geschützt werden sollen und ansonsten lediglich die wirtschaftliche Tätigkeit geregelt wird. Dies hatte zur Folge, daß das Seengebiet auch weiterhin und in zunehmendem Maße von Erholungssuchenden genutzt wurde (GINJUNAS, 1982, S. 33; NIKOLAEVSKIJ, 1985, S. 72).
Um die Belastung durch diese zu reduzieren oder die Touristenströme zumindest besser zu lenken, wurde bereits 1968 beim Litauischen Staatskomitee für Naturschutz und bei anderen Behörden begonnen, ein Nationalparkkonzept zu erarbeiten und ein passendes Gebiet auszuwählen. Die Wahl fiel auf ein Areal im Bereich des Baltischen Höhenrückens in ca. 100 km Entfernung von Vilnius (Abb. 13). Den Namen "Aukštaitija"[3] erhielt der Park offiziell erst Anfang der 90er Jahre, als die Gründung von vier neuen Nationalparks in Litauen beschlossen wurde.[4]

Das Territorium[5] erstreckt sich über zwei Moränenzüge ("Aukštaitija", "Švencionys") und die dazwischen liegende Niederung ("Neris-Žeimena"). Dadurch ist das Relief sehr vielfältig. Besonderes Kennzeichen sind die zahlreichen Seen, weshalb der litauische Nationalpark auch als "Seenpark" bezeichnet wird (STAUSKAS, 1984, S. 42). Zu den größten zählen der Dringis-See (721,4 ha), der Tauragnas-See (512,7 ha)[6] und der Žeimenys-See (455 ha). Untereinander sind die Seen durch Kanäle und kleine Flüsse verbunden, wodurch die Voraussetzungen für Wassertourismus sehr günstig sind (Abb. 42).

Ähnlich wie beim lettischen wird auch beim litauischen Nationalpark die Grenze teilweise durch eine Eisenbahnlinie gebildet.[7] Manche Darstellungen vermitteln den Eindruck, daß das Parkterritorium auch östlich davon noch (mit einem NSG) fortgesetzt würde (ZORIN/ŠTJUMER, 1986, S. 25; STAUSKAS, 1977, S. 97). In Wirklichkeit handelt es sich bei dem Kretuono-See vielmehr um ein Vogelschutzgebiet (*ornitologičeskij zakaznik*), das ebenfalls 1974 ausgewiesen worden ist (BORISOV,u.a., 1985, S. 27).

---

[1] Lit.: *Nacionalinis parkas "Aukštaitija".*
[2] "Ignalina" als Landschaftspark; "Ažvinčajskij" als botanisch-zoologisches Schutzgebiet.
[3] Lit.: "Hochland"; gleichzeitig ist es auch eine Landschaftsbezeichnung für den großen Moränenzug im (Nord)Osten Litauens.
[4] Bis dahin war die offizielle Bezeichnung "Nationalpark Litauens" (lit.: *Lietuvos [TSR] nacionalinis parkas*, russ.: *Nacional'nyj park Litovskoj SSR*); gelegentlich tauchten in der Literatur auch "Ignalina" oder "Aukštaitija" als Namenszusätze auf (BERGCHOL'CAS/SKRIBA, 1982, S. 17; NIKOLAEVSKIJ, 1985, S. 130; STAUSKAS, 1977, S. 96).
[5] 150m/NN; BORISOV,u.a., 1985, S. 26; administrativ ist der Nationalpark auf drei Rajons verteilt: Ignalinos, Švenčioniu, Utenos.
[6] Es ist der tiefste See Litauens.
[7] Im SO; es ist eine sehr stark befahren Strecke, da es sich um die Hauptverbindung (Warschau-) Vilnius-St.Petersburg/Leningrad für Personen- und Gütertransport handelt.

Der litauische Nationalpark ist - wie der estnische - zu 70% von Wald bedeckt (vor allem Kiefer, im Uferbereich der Seen Mischwald). 16% der Fläche werden von den über 60 Seen eingenommen, der Rest entfällt auf LNF und Siedlungen (GINJUNAS, 1982, S. 36; STAUSKAS, 1977, S. 96).

Im Park wachsen 776 Pflanzenarten, darunter 86 in Litauen seltene Arten.[1] Daneben sind 23 Tier-,[2] 170 Vogel-,[3] und 25 Fischarten verzeichnet (NIKOLAEVSKIJ, 1985, S. 73).

9.4.2. BESIEDLUNG UND WIRTSCHAFTLICHE NUTZUNG

Im Gegensatz zu "Lahemaa" und vor allem zu "Gauja" gibt es im litauischen Nationalpark keine größeren Bevölkerungszentren (mit Industrie). Die nur ca. 3.000 Bewohner des Gebietes verteilen sich auf 83 Siedlungen (NIKOLAEVSKIJ, 1985, S. 74).[4]

Die Einrichtung des Nationalparks zog sich so lange hin, weil man sich nicht einigen konnte, wer Landnutzer des Parkterritoriums sein sollte. Folgende Varianten wurden diskutiert:

- Da 70% von Wald bedeckt sind, sollte die gesamte Wirtschaft, also auch die Landwirtschaft, dem Forstwirtschaftsbetrieb übergeben werden; das hätte aber bedeutet, daß dieser sich um ihm völlig unbekannte Sachverhalte hätte kümmern müssen;
- Schaffung eines komplexen autonomen Betriebs, der direkt dem Exekutivkomitee des Rajons unterstehen sollte;
- Die Variante, das ganze Land dem Komitee für Naturschutz zu übergeben, wurde ebenfalls verworfen, da diese Einrichtung mit den sehr verschiedenartigen Aufgaben überfordert gewesen wäre (Organisation von Forst-, Land-, Fischwirtschaft, Aufbau einer Fremdenverkehrsstruktur, etc.).[5]

Im Endeffekt entschied man sich für die einfachste Lösung: Alles Land blieb bei den bisherigen Nutzern, einem Forstwirtschaftsbetrieb, drei Kolchozen und dem Ignaliner Fischereiwirtschaftsbetrieb (GINJUNAS, 1982, S. 35; NIKOLAEVSKIJ, 1985, S. 73).

9.4.3 PARKMANAGEMENT

"Aukštaitija" untersteht als einziger der baltischen Nationalparks einer Naturschutzbehörde, dem Staatlichen Litauischen Komitee für Naturschutz. In der Parkverwaltung (Sitz in Paluše) arbeiten außer einem Direktor nur noch dessen Stellvertreter, ein Architekt, wissenschaftliche Mitarbeiter, Naturschutz-Inspektoren, ein Buchhalter und ein Chauffeur, so daß die Zahl der Beschäftigten (10 Angestellte) - selbst im Verhältnis zur Größe des Nationalparks - sehr gering ist (NIKOLAEVSKIJ, 1985, S. 77).

---

[1] Z.B. mit Zwergbirke und Wasser-Lobelie zwei Relikte der Eiszeit (die Lobelie ist gleichzeitig ein Indikator für die Wasserqualität, da sie sehr anspruchsvoll ist).

[2] V.a. Elche, Wildschweine, Rehe, Luchse, Waschbären.

[3] U.a. Schwarzstorch, Fischadler, Turmfalke, Dreizehen- und silberner Specht.

[4] Die nächstgelegenen "Städte" sind Ignalina (ca. 7.000 EW) an der Parkgrenze und Švencionys (10.000 EW) 27 km südlich des Nationalparks.

[5] Das wäre sicher die für einen Nationalpark sinnvollste Variante gewesen; dem Komitee wurde aber nur die Parkverwaltung unterstellt.

Die **Finanzierung** des litauischen Nationalparks wird (für die 80er Jahre) als sehr weit gefächert dargestellt (NIKOLAEVSKIJ, 1985, S. 77), doch handelte es sich bei den meisten Posten entweder nur um sehr geringe Einnahmen (z.B. aus dem Verkauf von Souvenirs ca. 2.000- 3.000 Rubel) oder um zweckgebundene Investitionen,[1] die nicht dem eigentlichen Ausbau oder der Pflege des Parks zugute kamen.
So stammte letztendlich der überwiegende Anteil[2] aus dem Staatshaushalt, wodurch sich eine nicht unbeträchtliche Abhängigkeit vom Staat ergab.[3]
Im Vergleich zu anderen sowjetischen Nationalparks, besonders zu dem lettischen und estnischen, fallen die Investitionen im litauischen Nationalpark mit 3 Rubel/ha sehr gering aus.[4] Das macht sich z.B. an den Dörfern im Park bemerkbar. Sie könnten eigentlich als (noch bewohnte) Freilichtmuseen dienen, da sie weitgehend die traditionelle Bauweise bewahrt haben. Ihre Erhaltung stößt aber auf finanzielle Probleme, so daß teilweise bereits Blechdächer statt der traditionellen Strohbedeckungen auftauchen.

9.4.4 ZONIERUNG

Über die Zonierung des litauischen Nationalparks gibt es unterschiedliche Angaben. Am detailliertesten ist eine Gliederung, wie sie bei GINJUNAS (1982, S. 36) wiedergegeben wird. Sie sieht eine Einteilung in drei Gebiete, mit je drei bzw. zwei - zum Teil allerdings sehr kleinen[5] - Zonen vor (Abb. 42):

A) Gebiete mit grundsätzlicher Schutzfunktion (24% der Np-Fläche, ca. 7.100 ha);
 1.) *zapovednik*-Zone, besteht aus nur einem NSG ("Aževinčju girja"), ein von Wald umgebenes Hochmoor im Nordteil des Parks (626 ha);
 2.) *zakaznik*-Zone[6] (21,6% - 6.474 ha) bestehend aus:
 8 Naturreservaten (botanisch-zoologische, hydrographische, geomorphologische, ichthyologische und ornithologische Schutzgebiete; zus. 5610 ha);
 1 kombiniertes Natur-Kultur-Reservat;
 4 Kulturresevate (360 ha);
Für die gesamte Zone gelten strenge Besuchsregeln: das NSG ist grundsätzlich nur für Wissenschaftler, die Reservate sind nur im Rahmen von geführten (eintägigen) Wanderungen zugänglich;

B) Erholungsgebiete (43% der Np-Fläche - 12.900 ha)
 3.) Erholungszone in naturnaher Umgebung (26,5% - 7.950 ha);

---

[1] Z.B. für den Ausbau des Wegenetzes wurden 1975-80 vom Litauischen Straßenbauministerium 2,5 Mio Rubel für 17 km Schotterstraßen investiert.
[2] Er wird von NIKOLAEVSKIJ an anderer Stelle mit 94% der Ausgaben beziffert (NIKOLAEVSKIJ, 1985, S. 97).
[3] Sie war also wesentlich größer als in "Lahemaa", wo nur 20% vom Staatshaushalt stammten.
[4] "Gauja", "Lahemaa" je 8 Rubel/ha (NIKOLAEVSKIJ, 1985, S. 97).
[5] Aufgrund der sehr geringen Größe einiger Teilgebiete eignet sich diese Zonierung nicht für eine (übersichtliche) Abbildung (GINJUNAS selbst verzichtet völlig darauf); deswegen wurde Abb. 42 eine Zonierung von STAUSKAS (1977, S. 97) zugrunde gelegt.
[6] Lit.: *draustina*

4.) kombinierte Erholungs- und landwirtschaftliche Parkzone (11,5% - 3.450 ha) mit kleinräumiger Gliederung in Felder, Wiesen, kleine Wäldchen und Siedlungen;

5.) Zone mit Erholungseinrichtungen (1% - 290 ha) und Lagern (4% - 1.139 ha);

C) Wirtschaftsgebiete (15,3% - 4.642 ha)

6.) Forstwirtschaftliche Zone (8,6% - 2.580 ha);

7.) Landwirtschaftliche Zone (6,3% - 1.890 ha, ausgerichtet auf Milch- und Fleischproduktion);

8.) Fischereiwirtschaftliche Zone (0,4% - 120 ha);[1]

Abb. 42: Zonierung des litauischen Nationalparks "Aukštaitija"

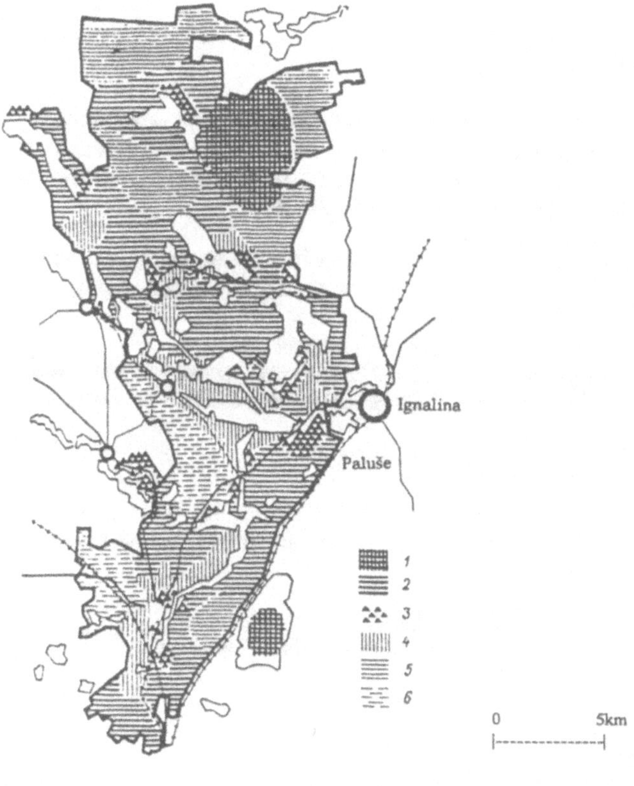

1-6: Nr. der Gebietstypen (s. Text)

Quelle: STAUSKAS, 1977, S. 97;

[1] GINJUNAS, 1982, S. 36.

Das restliche Territorium des Nationalparks verteilt sich auf die Wasserflächen und Verkehrswege.

9.4.4.1 Erholungsgebiete

Durch seine Lage im Nordosten der Republik ist "Aukštaitija" für Tagestouristen aus den größeren Ballungszentren nicht sehr gut erreichbar (gut 2 Stunden Zugentfernung von Vilnius) und wird von diesen entsprechend weniger frequentiert als z.B. "Gauja".
Insgesamt ist die Belastung des Parkgeländes durch jährlich mehr als 70.000 Besucher (Stand Anfang der 80er Jahre) - vor allem im Verhältnis zur Größe - trotzdem als relativ hoch einzuschätzen (2,3 Personen/ha; Lahemaa 1,5; NIKOLAEVSKIJ, 1985, S. 97). Dies ist unter anderem auf die Urlauber der ca. 20 Erholungsheime zurückzuführen.[1)] Eine wichtige Rolle spielen auch die Touristen, deren Hauptstützpunkt die gewerkschaftseigene Turbase "Ignalina" (in Paluše) bildet (Abb. 42). Sie gehört mit ca. 600 Plätzen zu den größten touristischen Einrichtungen Litauens. Ein Großteil ihrer Kapazitäten besteht nur aus einfachsten Unterkünften ohne jeglichen Komfort, zum Teil nur aus Zelten.[2)]
Die Turbase ist in verschiedene radiale und auch lineare Touristenrouten einbezogen (vgl. Kap. 5.2.1). Die Aufenthaltsdauer beträgt 3-10 Tage (1990), wobei der Schwerpunkt des Angebots eindeutig auf Wassersport in Form von Boots/Kanufahrten von 1-6 Tage Dauer liegt.[3)] Wanderungen werden zwar ebenfalls, jedoch nur in sehr geringem Umfang angeboten.

Um die Belastung der Natur im Nationalpark durch die Boots-Touristen zu begrenzen, wurden Maßnahmen zur Abfallreduzierung getroffen: Die Touristengruppen müssen alle Konserven, die sie in der Turbase als Proviant für die Tour ausgehändigt bekommen, hinterher dort wieder abliefern. Die Verantwortung tragen die jeweiligen (von der Turbase angestellten) Gruppenleiter, welchen nicht der volle Lohn ausbezahlt wird, so lange noch Abfall fehlt (NIKOLAEVSKIJ, 1985, S. 75). Es handelt sich hierbei sicherlich um einen guten Ansatz, doch werden nur diejenigen Touristen erfaßt, die die Turbase aufsuchen und von dort aus an einer Kanutour teilnehmen, nicht aber die große Zahl von Besuchern, die entweder als individuelle Touristen (*samodejatel'nye turisty*) mit dem Boot über die Seen fahren[4)] oder die den Nationalpark mit ihrem Auto aufsuchen, um dort ein paar Tage zu zelten. Für sie wurden sieben Campingplätze eingerichtet, sie nutzen aber auch einfach die Parkplätze an der Straße.

9.4.5 Fazit

Günstig ist im litauischen Nationalpark die Tatsache zu bewerten, daß er von keiner größeren Durchgangsstraße durchquert wird und daß das NSG etwas abseits gelegen ist (Abb. 42).

[1)] Davon 11 Erholungsheime von Republiksorganisationen mit je 20-80 Plätzen (NIKOLAEVSKIJ, 1985, S. 75).
[2)] 100 Plätze stehen ganzjährig zur Verfügung (vgl. Tab. 12).
[3)] Übernachtung unterwegs in Zelten.
[4)] Für sie sind ebenfalls Anlege- und Lagerstellen an den Ufern eingerichtet, allerdings deutlich weniger als für die organisierten Touristen.

Auch die strengen Regeln für die (organisierten) Touristen sind ein guter Ansatz, allerdings in ihrer tatsächlichen Umsetzung und Auswirkung sicher beschränkt.
Wichtig wird vor allem sein, inwieweit die ehrgeizigen Pläne, die in der Nationalparkverordnung von 1975 einen Ausbau der Übernachtungskapazitäten auf 4.500 Plätze[1] vorsahen (NIKOLAEVSKIJ, 1985, S. 76), realisiert werden.[2] Durch sie würde die Belastung der Natur durch Erholungssuchende auf ein sicher unakzeptables Ausmaß ansteigen. Geplant waren u.a. ein Hotel (400 Pl.), je 13 Lagerplätze für organisierte (à 30-60 Pl.) und für Individualtouristen (à 20-100 PL.); zusätzlich für Autotouristen Lagerplätze mit je 20-200 Plätzen (NIKOLAEVSKIJ, 1985, S. 76). Bis Ende der 80er Jahre wurde davon noch nichts umgesetzt. Angesichts der derzeitigen wirtschaftlichen Probleme in Litauen ist die Hoffnung sicherlich nicht unberechtigt, daß auch für die nächste Zeit das Geld für einen Ausbau in diesem Umfang fehlen wird, zumal auch westliche Investoren an diesem Nationalpark wegen seiner unmittelbaren Nähe zum KKW Ignalina wenig Interesse zeigen.

Konkretere Formen scheinen dagegen Überlegungen anzunehmen, weitere Nationalparks auszuweisen: Der Oberste Sovjet Litauens beschloß 1991 zumindest die Planung von vier neuen Parks: auf der Kurischen Nehrung, in Šamaiten, in Dzukija/Südlitauen und ein "historischer Nationalpark" in Trakai (National Report, 1992, S. 87).

9.5 Vergleich und Bewertung der baltischen Nationalparks

Bei der Darstellung der baltischen Nationalparks wurden bereits einige Unterschiede deutlich, obwohl alle drei etwa zur gleichen Zeit konzipiert bzw. gegründet wurden. Unterschiedliche Größe und naturräumliche Beschaffenheit sind dabei nur Aspekte von untergeordneter Bedeutung.
Wichtiger sind a) die wirtschafts- und siedlungsgeographischen Voraussetzungen und Traditionen in den ausgewählten Gebieten und b) die Zonierung des Territoriums.

a) Unter wirtschafts- und siedlungsgeographische Voraussetzungen fällt zum einen die Lage der Nationalparks im Raum, vor allem im Verhältnis zu Ballungszentren, woraus sich die Intensität des Fremdenverkehrsaufkommens ergibt, und zum anderen die wirtschaftliche Nutzung sowie die Siedlungstrukturen, welche sich auf dem heutigen Parkterritorium im Laufe der letzten Jahrhunderte entwickelt hatten.
Diese Voraussetzungen sind im litauischen Nationalpark am günstigsten: Er liegt am weitesten von Großstädten[3] entfernt, ist selbst nur sehr schwach besiedelt und war auf Grund seiner Lage und der natürlichen Ressourcen weder für (intensive) landwirtschaftliche Nutzung noch für industrielle Aktivitäten von Interesse. Dadurch ist insgesamt die Belastung des Territoriums relativ gering.
Der estnische Nationalpark nimmt in allen Punkten eine Mittelstellung ein.[4]

---

[1] Ohne die Erholungsheime !!
[2] Bei STAUSKAS (1977, S. 96) und von GINJUNAS (1982, S. 36) wurden diese Kapazitäten fälschlicher Weise schon für Ende der 70er bzw. Anfang der 80er Jahre als gegeben dargestellt.
[3] Von der Republikshauptstadt (Vilnius) und auch von Kaunas.
[4] Das Gebiet ist zwar alt, aber nicht dicht besiedelt; es gibt etwas Industrie, jedoch nicht viel.

In "Gauja" sind die Voraussetzungen am ungünstigsten und damit die Belastungen am größten: Der Park beginnt in nur ca. 40 km Entfernung von Riga,[1] so daß besonders die Erholungszone von Sigulda sehr stark frequentiert wird. Außerdem sind Teile des Nationalparks traditionell verhältnismäßig stark bevölkert und wirtschaftlich genutzt (Cesis, etc.). Angesichts der intensiven Beanspruchung durch den Menschen (als Erholungssuchenden und als wirtschaftendes Subjekt) wäre besonders für "Gauja" eigentlich die Bezeichnung Naturpark angebrachter.

b) Die Bewertung der unterschiedlichen Zonierung des Territoriums bereitet deutlich mehr Schwierigkeiten: Bei "Lahemaa" wurde nicht wie bei den anderen Parks als erster Schritt eine Dreiteilung (Schutz-, FV-, Wirtschaftsgebiete), sondern nur eine Zweiteilung (Natur- und Kulturlandschaften) vorgenommen. Auch in der nächsten Stufe gibt es große Unterschiede: Im litauischen Nationalpark werden insgesamt acht, im lettischen sieben und im estnischen nur vier Zonen unterschieden. Dementsprechend differieren die Inhalte der einzelnen Bereiche, deren Bezeichnungen zudem mehr oder weniger willkürlich gewählt wurden, so daß sie - in der offiziellen Form - kaum miteinander vergleichbar sind.

Gleichzeitig deckt sich keine der Zonierungen genau mit dem Vorschlag von NIKOLAEVSKIJ, der ja vier verschiedene Zonentypen vorsieht und dadurch der Erholungsfunktion von Nationalparks auch terminologisch ein größeres Gewicht verleiht (vgl. Kap. 9.1). In der Realität dürfte jedoch die zweite Kategorie bei NIKOLAEVSKIJ ("Zone mit Schutz- und eingeschränkter Erholungsfunktion") weitgehend den Schutz- (*zakaznik*-) Zonen der baltischen Nationalparks entsprechen. Deswegen wurden diese Zonen in Tab. 31, in welcher die jeweiligen Zonierungen gegenüberstellt werden, auch bei "Lahemaa", Gauja" und "Aukštaitija" getrennt von den NSG aufgeführt.

Tab. 30: Vergleich der Parkzonierungen

	Zonen mit Schutzfunktion		Zonen mit Erholungsfunktion	Wirtschaftszonen
	NSG	*zakaznik*		
Lahemaa				
Gebiets-№	1	2	3	4
Flächenanteil	6%	59%	5%	30%
Gauja				
Gebiets-№	1	2-4	5-6	7
Flächenanteil	5%	34%	9%	51%
Aukštaitija				
Gebiets-№	1	2	3-5	6-8
Flächenanteil	2%	22%	43%	15%
Zonierung v. NIKOLAEVSKIJ				
Flächenanteil	10-20%	40-80%	10-20%	30-0%

Quelle: eigene Zusammenstellung;

[1] Die Stadt ist außerdem viel größer als Vilnius oder Tallinn.

Im Vergleich zu dem Vorschlag von NIKOLAEVSKIJ fällt der Anteil der "reinen Schutzgebiete" (NSG/*zapovednik*) überall kleiner, die Wirtschaftszone dagegen - vor allem in "Gauja" - größer aus.
Beim Vergleich der drei Gebietstypen zwischen den baltischen Parks zeigt sich, daß in "Lahemaa" der Schutzbereich (NSG + Schutzzone) wesentlich größer ist als bei den anderen beiden Parks, während in "Gauja" die Wirtschaftsgebiete und in "Aukštaitija" die Erholungsgebiete dominieren. Diese Zahlen dürfen jedoch nicht überinterpretiert werden, da ja z.B. beim Fremdenverkehr nicht so sehr die Größe der dafür ausgewiesenen Fläche ausschlaggebend ist als vielmehr die Intensität der Nutzung. Diese ist aber z.B. im lettischen viel höher als im litauischen Nationalpark.
Vor allem muß aber bei einer Analyse der Zonierungen berücksichtigt werden, daß die Darstellungen weniger die Realität wiedergeben, als vielmehr eine Orientierungshilfe für eine mögliche bzw. wünschenswerte Entwicklung auf dem Parkterritorium bieten sollten. Bisher können - wie auch von verschiedenen Fachleuten der früheren Sowjetunion betont wird (BERGCHOL'CAS/SKRIBA, 1982, S. 42; NIKOLAEVSKIJ, 1985, S. 97, u.a.) - die meisten Zonen ihre Funktionen noch gar nicht erfüllen. Eine Ausnahme bilden nur diejenigen Teilgebiete, deren heutige Funktion sich mit ihrer traditionellen Nutzung (z.B. Erholungszone "Sigulda") oder - im Fall von schon lange geschützten und/oder abseits gelegenen Naturschutzgebieten - mit der bisherigen Beanspruchung deckt.

Gemeinsam sind den drei baltischen wie auch den meisten anderen Nationalparks auf dem Gebiet der ehemaligen UdSSR verschiedene Mängel:[1)]

- Fehlen einer Nationalparkbehörde; in den meisten Republiken sind die Parks nicht einmal einer Naturschutzbehörde, sondern im allgemeinen dem Forstministrium unterstellt;[2)] eine Ausnahme stellt im Baltikum nur der litauische Nationalpark dar;
- Mangelnde Koordinierung der Interessen von Fremdenverkehr und Naturschutz; dies ist zwar in Nationalparks ein häufiges Problem, es wurde in der Sowjetunion jedoch noch verstärkt durch die (territorial und sektoral) unterschiedliche Zugehörigkeit: Die Fremdenverkehrseinrichtungen auf dem Parkterritorium gehörten meist nicht der Nationalparkverwaltung, sondern den Gewerkschaften bzw. bei "betrieblichen" Einrichtungen verschiedenen Organisationen und Betrieben, die zudem oft außerhalb der Republik (in der Moskauer Zentrale) lagen; die Parks und damit der Naturschutz unterstanden (bzw. unterstehen) dagegen Behörden der jeweiligen Republik;
- Ungenügende Informationsangebote für Besucher;[3)] dieser Punkt ist in "Gauja" wohl noch am besten gelöst, wo viele verschiedene Broschüren erhältlich sind und ein spezieller Lehrpark in Ligatne eingerichtet wurde;
- Starke finanzielle Abhängigkeit von staatlicher Unterstützung;
- Mangelnde Disziplin der Landnutzer; hier bietet die Nationalparkzeitung "Lahemaa" einen guten Lösungsansatz;
- Fehlen eines Managementplans, der u.a. eine Konzeption zur Reduzierung der Bevölkerung und der wirtschaftlichen Nutzung auf den Parkterritorien, beinhalten müßte.

---

1) Vgl. hierzu auch NIKOLAEVSKIJ, 1985, S. 99.
2) Das ist insofern berechtigt, als Wald i.a. den Großteil der Parkterritorien bedeckt.
3) Auch wenn der Großteil von ihnen in organisierten, geführten Gruppen kommt.

Von dem Niedergang der Wirtschaft auf dem Gebiet der ehemaligen UdSSR sind auch die Nationalparks betroffen, da ihre Finanzierung in Frage gestellt wird: Weder die staatlichen Mittel noch Spendengelder aus der Wirtschaft und von der Bevölkerung werden noch im bisherigen Umfang zur Verfügung stehen.
Bei den baltischen Republiken kommen im Zuge der Wiederherstellung der Selbständigkeit noch rechtliche Probleme dazu: Da die jungen Staaten bisher für "Rückgabe vor Entschädigung" des seit 1940 verstaatlichten Eigentums votieren, werden auch die Nationalparkverwaltungen nun mit Besitz- und Nutzungsansprüchen der Alteigentümer konfrontiert.
Dies führt besonders dort zu Konflikten, wo ein heutiges Schutzgebiet bis zum Zweiten Weltkrieg ackerbaulich wurde, danach aber sich selbst überlassen war und inzwischen mit Wald bedeckt ist. Viele Alteigentümer wollen, bzw. sehen sich angesichts der schwierigen wirtschaftlichen Lage gezwungen, die Bäume als Brenn- bzw. Baumaterial nutzen oder dort wieder Felder anzulegen.[1)]
Da die Veränderung in der Nutzung des Geländes nicht im Zusammenhang mit der Ausweisung der Nationalparks, sondern schon früher einsetzte, und da vor allem aller Grund und Boden in der Sowjetunion als Volkseigentum galt, hatte bei der Anlage der Parks keine Notwendigkeit bestanden, ein Konzept für die Entschädigung der früheren Bauern etc. zu entwickeln.
Inzwischen verkehrt sich aber dieser "Vorteil" sowjetischer Nationalparks zu einem Nachteil, da die Situation jetzt viel komplizierter ist.

Angesichts dieser Probleme ist die Umsetzung der in Litauen (vgl. Kap. 9.4) und Lettland[2)] bestehenden - teilweise sehr ehrgeizigen - Pläne für weitere Nationalparks fraglich. Es scheinen auch nicht alle Projekte als Nationalparks sinnvoll oder wirklich realisierbar zu sein (z.B. Trakai; Ogre). Dringend notwendig wäre der schon lange geplante Nationalpark auf der Kurischen Nehrung (vgl. Kap. 5.1.2), wobei es natürlich wünschenswert wäre, wenn die Einrichtung in Abstimmung mit dem Nationalpark-Vorhaben auf der russischen (Kaliningrader) Seite der Kurischen Nehrung geschieht, für das bereits detaillierte Planungen vorliegen.[3)]

Positiv ist die im November 1991 erfolgte Gründung des "Verbandes der Baltischen National-Parks" zu bewerten,[4)] da dieser - zumindest falls er in Zukunft nicht nur auf dem Papier besteht - eine wirksame Hilfe bei der Lösung wichtiger Naturschutzprobleme und zur Koordinierung der anfallenden Arbeit dienen kann.

Zusammenfassend kann festgestellt werden, daß die Nationalparks im Baltikum zwar einen ernstzunehmenden Versuch darstellen, Erholung in der Natur, Information und Naturschutz zu verbinden, daß sie aber weitgehend die Kriterien der internationale Schutzgebietskategorie ("Nationalpark"), die sie beanspruchen, nicht erfüllen.

[1)] Für "Aukštaitija" ist dies Problem weniger brisant als für "Lahemaa" oder besonders "Gauja".
[2)] An der Daugava bei Daugavpils (dort war in den 80er Jahren ein großes Wasserkraftwerk geplant) und bei Ogre (hier sollen in erster Linie kulturhistorische Sehenswürdigkeiten geschützt werden).
[3)] S. hierzu KRASOVSKAJA/MEL'ČENKO, 1990.
[4)] Sitz in "Lahemaa" (in Viitna); ihm gehören alle Nationalparks und Naturschutzgebiete der drei baltischen Staaten an.

10 DAS BALTIKUM - (K)EIN NEULAND DES AUSLÄNDERTOURISMUS

In den Kapiteln 4-8 wurde bereits deutlich, daß das Baltikum schon im vergangenen Jahrhundert auch von ausländischen Erholungssuchenden frequentiert wurde. Als Reiseland gilt es derzeit im Westen - wegen der bisherigen Begrenzung auf nur einige wenige Ziele - dennoch als Neuentdeckung.
Die Auswahl wurde Ende des 19. - Anfang des 20. Jh. durch die Fremdenverkehrsart bestimmt: Reiseziele waren einerseits die bekannten Kurorte sowie andererseits, zur Sommerfrische, die Badeorte an der Küste. Nur sehr vereinzelt wurden auch Ziele im Landesinnern wie z.B. Sigulda in Lettland oder Erholungsorte in Südestland aufgesucht.
In sowjetischer Zeit wurde diese Auswahl durch politisch motivierte Beschränkungen auf die Republikshauptstädte Tallinn, Riga und Vilnius ersetzt. Damit einher ging auch eine Verschiebung der Fremdenverkehrsart auf Städte- bzw. Bildungstourismus. Zur Kur oder zur Sommererholung kamen nun fast keine ausländischen Gäste mehr ins Baltikum.

Erst in den letzten Jahren - 1989 noch zögernd mit einer gewissen Liberalisierung der Bewegungsfreiheit innerhalb der Republiken, dann vehement mit der Öffnung der Kaliningrader Oblast' (Anfang 1991) und seit Herbst 1991 im Zuge der wiedererlangten Selbständigkeit der baltischen Republiken - rückte der (ehemals) sowjetische Teil des Ostseeraums als Urlaubs<u>gebiet</u>, also nicht nur in Form einzelner Zielorte, ins Bewußtsein und auf die Wunschliste von Reiseveranstaltern und Erholungssuchenden gerückt.
Dazu beigetragen hat auch, daß das Baltikum - seitdem die Flughäfen von Vilnius, Riga und Tallinn[1] sowie die Häfen von Riga und Klaipeda[2] für den internationalen Personenverkehr geöffnet wurden und so der Umweg über Moskau oder Leningrad/ St.Petersburg entfällt - nicht mehr nur als Provinz wahrgenommen wird.
Vorläufig dominieren zwar, vor allem im südlichen Teil des Baltikums, die sog. Heimat-Touristen, wodurch sich eine neue Selektivität auf die früher von ihnen bewohnten Regionen ergibt. Zunehmend werden aber auch neue Ziele entdeckt (s.u.).

10.1 Organisationsstrukturen

Ausländer konnten Reisen ins Baltikum bis Ende der 80er Jahre nur über eine der drei zentralen Organisationen buchen, die in Kap. 3.1.1.3 vorgestellt wurden. Nach Lettland z.B. kamen 1988 ca. 9% der gut 90.000 ausländischen Touristen über SPUTNIK und 12,5% durch den Gewerkschaftsrat (PIPIKA, 1989, S. 44). Mehr als drei Viertel, also der weitaus überwiegende Teil, entfiel auf INTOURIST.

Das völlig zentralisierte System dieser Organisationen wurde von den lokalen Tourismus-Vertretern und anderen Fachleuten sehr negativ beurteilt. Das betrifft zwar alle drei, INTOURIST wurde aber am heftigsten kritisiert, da es hier um die begehrten

[1] Neuerdings auch Palanga in Litauen und Königsberg.
[2] Der Hafen von Tallinn war schon länger geöffnet (s.u.).

Devisen ging. Nur ca. 10% der Einnahmen blieben in den Republiken, der Rest mußte nach Moskau abgeliefert werden (KARING, 1989, S. 12). Auch die Verträge wurden dort gemacht, die Reisen festgelegt. Die INTOURIST-Hotels in Riga oder Tallinn gehörten nicht den lokalen INTOURIST-Abteilungen, sondern der Zentrale. Das alles hemmte natürlich die Initiative in den einzelnen Republiken (s. Kap. 3.1.1.3).

Schon vor Erlangung der Selbständigkeit begann sich auch im Baltikum dieses System aufzulösen, wie im folgenden am Beispiel von Lettland aufgezeigt werden soll.
Der deutliche Rückgang der INTOURIST-Zahlen von 76.409 (1988) auf 53.800 (1989)[1)] ist allerdings noch nicht primär darauf zurückzuführen; hier machten sich eher die politischen Umwälzungen in den sozialistischen Nachbarländern bemerkbar: 1989 kamen von dort nur noch gut halb so viele Touristen (25.576) wie 1988 (46.800) nach Lettland.
Die Zahl der Urlauber aus kapitalistischen Ländern nahm dagegen nur geringfügig ab (1988: 29.599; 1989: 28.224), allerdings war bei diesen regional die Entwicklung sehr unterschiedlich:[2)] Bei einigen Ländern änderten sich die Zahlen wenig (z.B. USA, F, BRD), während für Schweden eine sehr starke Zunahme (1.103 - 6.951), für Finnland dagegen eine sehr starke Abnahme (11.402 - 2.580) zu verzeichnen war. Bei den Schweden liegt es an der wesentlich größeren Zahl von Kreuzfahrten, die durchgeführt wurden, bei den Finnen kamen bereits sehr viele Reisende über die neu gegründete Organisation "Latvia Tours" (s.u.), statt über INTOURIST nach Lettland.

1990 kam der Auflösungsprozeß dann voll zum Tragen: INTOURIST war zwar noch führend, jedoch mußte es bereits eine große Zahl von Gästen den neu enstandenen - lettischen - Organisationen überlassen.
Eine besondere Stellung nimmt "Latvia Tours" ein,[3)] die als erste auf den Markt gekommen waren. Vor allem aus Deutschland (6.731 Touristen) und Großbritannien (2.213) konnten 1990 so viele Gäste gewonnen werden, daß INTOURIST sogar bereits übertroffen wurde.
Insgesamt hatten sich 1990 beim "Departement für Außenhandelsbeziehungen/Referat für Tourismus" 35, zum Teil sehr kleine Organisationen eintragen lassen. Die Behörde ging aber davon aus, daß weitere 10-15 Firmen illegal auf diesem Sektor tätig waren, während 60 die Zulassung erst beantragt hatten.
Die zehn wichtigsten Organisationen (1990) gehen aus Tab. 31 hervor.

Die Liste der Organisationen ist inzwischen sicher noch länger geworden, auch wenn sich wahrscheinlich nicht alle Neugründungen halten können.[4)] Die Zahl von 350 Fremdenverkehrsorganisationen, wie sie von Olga Slaugotne, der Direktorin des Tourismus-Departements genannt werden (Dienas bizness, 8.1.1993), erscheint auf jeden Fall überhöht.[5)]

[1)]Nach Informationen der Abteilung für Außenbeziehungen des Lettischen Ministerrats.
[2)]Bei den sozialistischen Ländern waren dagegen alle von dem Rückgang betroffen.
[3)]Zunächst war es Bestandteil der staatlichen "Vereinigung für Außenhandel INTERLATVIA" (*Republikanskoe vnešnetorgovloe ob'edinienie INTERLATVIA*); inzwischen wird "Latvia Tours" privatwirtschaftlich geführt.
[4)]Die besten Überlebenschancen haben die alten Organisationen, die über entsprechende Strukturen verfügen wie Ex-INTOURIST (heute "Balti") oder Satelits (Ableger von Sputnik, vgl. Kap. 3.1.2).
[5)]Selbst wenn nicht nur Organsiationen des Ausländertourismus gemeint wären.

Tab. 31: **Ausländische Touristen in Lettland (nach Organisationen, 1990)**

INTOURIST	22.742 Touristen
Latvia Tours[1]	10.121 " "
Turserviss	7.911 " "
Tevija	4.295 " "
Lett. Tourismus-Org.	2.474 " "
SPTUNIK	1.926 " "
Krugozor	1.440 " "
Parex	1.357 " "
Satelit	1.095 " "
Lattur	892 " "

Quelle: Informationsblatt der Abteilung für Außenbeziehungen;

10.2 Regionale Unterschiede und Gemeinsamkeiten

Grundsätzliche Unterschiede bestehen zwischen den drei baltischen Republiken einerseits und der Kaliningrader Oblast' andererseits, da diese seit dem Zweiten Weltkrieg bis Anfang 1991 für Ausländer geschlossen war, während Estland, Lettland und Litauen bereits in den 50er Jahren geöffnet wurden.

Der Ausländertourismus in Litauen, Lettland und Estland weist auf ersten Blick viele Gemeinsamkeiten auf. In den letzten 20 Jahren hatten sie einen deutlichen Zuwachs an ausländischen Gästen[2] aus einer sich ständig vergrößernden Zahl von Herkunftsländern[3] zu verzeichnen.
Gemeinsam war ihnen in sowjetischer Zeit auch eine einseitige Ausrichtung auf Städte-/Bildungstourismus, bzw. das völlige Fehlen von Badeurlaub im Programm, wodurch sich die Region z.B. vom Kaukasus-Schwarzmeer-Raum unterschied, wo auch für ausländische Touristen Bildungs- oder zunehmend auch Aktivurlaub im Gebirge mit einem Badeurlaub an der Küste kombiniert wurde (vgl. hierzu NEMOLJAEVA/ CHODORKOV, 1985, S. 151).

Bei genauerer Betrachtung zeigen sich zwischen den Republiken jedoch deutliche Unterschiede. Den Altstädten der Hauptstädte - als fast ausschließlichem Ziel der Bildungstouristen im Baltikum - ist zwar ihre im Vergleich zu russischen Städten (Moskau, Kiev, Leningrad/St.Petersburg) andersartige Architektur gemeinsam. Das Stadtbild von Vilnius ist jedoch - abgesehen von wenigen Resten gotischer Baukunst (z.B. St. Anna-Kirche) - durch (vor allem sakrale) Bauten aus der Barockzeit geprägt. Riga und Tallinn zählen dagegen zu den ehemaligen Hansestädten und weisen die typische Backsteingotik nord(deutscher) Handelsstädte mit prächtigen Bürger- und Gilden-

---

[1] Nach eigenen Angaben: 11.654 (Informationsblatt über die Tätigkeit von INTERLATVIA 1990; unveröff.).

[2] Darunter neben Exilbalten seit Ende der 80er Jahre auch eine zunehmende Zahl von Geschäftsleuten - zwei Gruppen, die im engeren Sinn eigentlich nicht zu Touristen gerechnet werden; der Anteil von Kreuzfahrtgästen stieg, entsprechend der ständig zunehmenden Zahl von Fährverbindungen, stetig an (Informationsblatt der Abteilung für Außenbeziehungen des Lettischen Ministerrats).

[3] Z.B. in Lettland von 11 (1970) auf 44 (1988) Herkunftsländer, aus denen Touristen über INTOURIST nach Riga kamen (Informationsblatt der Abteilung für Außenbeziehungen des Lettischen Ministerrats).

häusern auf. Während in Tallinn das mittelalterliche Stadtbild gut erhalten ist und dominiert, kommen in Riga, welches in der zweiten Hälfte des 19. Jh. einen starken Ausbau erlebte, noch Gebäude aus der Gründerzeit und der Jugendstilrichtung hinzu.[1]

Auch die Inanspruchnahme der drei Republiken durch ausländische Touristen ist sehr unterschiedlich: Auf Estland allein entfielen in der zweiten Hälfte der 80er Jahre deutlich über 50% der Gäste (Lettland 25,5%; Litauen 18,5%; KARING, 1987). Dies hängt nicht mit der Architektur oder anderen Sehenswürdigkeiten, sondern mit der geographischen und auch sprachlichen Nähe Estlands zu (westlichen) Nachbarn zusammen: Tallinn und Helsinki sind nur durch den (gut 80km breiten) Finnischen Meerbusen getrennt. Außerdem sind Finnisch und Estnisch eng miteinander verwandte Sprachen der finnourgischen Sprachfamilie.

Seit der Einrichtung einer Schiffsverbindung zwischen den beiden Städten im Jahre 1965 ist die Zahl ausländischer Touristen in Estland von ca. 10.000 auf etwa 180.000 gestiegen (KARING, 1989, S. 14; SAAR, 1988, S. 217). Die nördlichste der baltischen Republiken wies damit nicht nur wesentlich mehr Gäste auf als Lettland oder Litauen, im Unterschied zu diesen - und allgemein zur Sowjetunion - überwogen in Estland stets Touristen aus dem "kapitalistischen Ausland". Sie stellten etwa drei Viertel der Gäste (KARING, 1989).[2] In Lettland entfiel (1988) auf diese Herkunftsländer nur ein Drittel. Es dominierten Reisende aus Rumänien (20,3% aller ausländischen Touristen in Lettland 1988) vor Polen (15%).[3]

Finnen waren in Lettland nur mit knapp 15% der ausländischen Touristen beteiligt, während sie in Estland traditionell mit Abstand die größte Gruppe stellen (ca. 60%). Die Fährverbindung wird aber natürlich auch von anderen ausländischen Reisenden genutzt, zum Teil im Rahmen von Ostsee-Kreuzfahrten (s.u.), so daß der tatsächliche Anteil finnischer Touristen nicht genau festzustellen ist.[4]
Aus der sehr starken Ausrichtung des estnischen Fremdenverkehrs auf finnische Touristen ergibt sich eine deutliche Abhängigkeit von der Wirtschaftslage im nördlichen Nachbarland: Als z.B. 1967 die Finnmark abgewertet wurde, ging im folgenden Jahr die Zahl der finnischen Urlauber in Estland um die Hälfte zurück, ein Rückgang, der auch durch die anderen Herkunftsländer, welche - mit Ausnahme der Tschechoslowakei - einen z.T. deutlichen Zuwachs verzeichneten, nicht ausgeglichen werden konnte: Die Folge war eine insgesamte Abnahme der Gästezahlen auf 80% des Vorjahres (Sovetskaja Ėstonija, 1974, S. 11).
Es gibt daneben noch eine weitere negative Auswirkung der vielen finnischen Gäste; sie resultiert aus derem Hauptmotiv für die Reise nach Tallinn: Den Großteil von ihnen bilden traditionell Kurzurlauber, die sich nur für ein Wochenende auf den Weg nach Tallinn machen (Sovetskaja Ėstonija, 1974, S. 11), wobei der Zweck der Reise fast ausschließlich in - mehr oder weniger hemmungslosem - Alkoholkonsum besteht.[5] Seit einiger Zeit - ermöglicht u.a. durch die Lockerungen im Grenzverkehr -

[1] Daneben sind in allen drei Städten natürlich auch Belege von russischem Einfluß und Nachbarschaft, besonders sichtbar in den russisch-orthodoxen Kirchen, zu finden.

[2] Allerdings waren (und sind noch) viele von ihnen nur Transittouristen auf dem Weg in die innere Sowjetunion bzw. in die GUS.

[3] Zahlen nach Informationen der Abteilung für Außenbeziehung des Lettischen Ministerrats.

[4] Ein Teil der anderen ausländischen Reisegruppen wird dazugezählt, wenn diese z.B. ein finnisches Schiff gechartert haben.

[5] Begründet durch die regiden Alkoholgesetze und hohen Spirituosenpreise in Finnland.

werden von Helsinki aus regelrechte Butterfahrten organisiert: Das Schiff braucht dann für eine Strecke statt 2 rund 12 Stunden, dafür beträgt die Aufenthaltsdauer in Tallinn (ohne Visumspflicht) nur ca. 3 Stunden. Die Fahrt wird bewußt auf insgesamt mindestens 24 Stunden ausgedehnt, damit die Gäste anschließend mehr von dem (relativ) günstigen Alkohol nach Hause mitnehmen dürfen.[1] Die estnische Wirtschaft profitiert von diesen Touristen natürlich nur sehr wenig. In Kap. 3.4.2.1 wurde bereits (für die ganze ehemalige UdSSR) auf die Diskrepanz hingewiesen, die zwischen dem hohen Anteil finnischer Touristen und ihrer im Verhältnis dazu geringen wirtschaftlichen Bedeutung für das Fremdenverkehrswesen besteht.
Auch wenn Gruppen finnischer "Touristen", die per Krankenwagen wieder zu ihren Schiffen gebracht werden müssen, sicher nicht die Regel sind, so ist das Image Finnlands als touristischer Partner in Estland (und auch in St.Petersburg bzw. Lettland) doch stark lädiert, mit dem Ergebnis, daß Finnen als potentielle Kunden bei Aufbauplänen des Fremdenverkehrssektors meistens ausgeschlossen werden.

Die guten Fährverbindungen sind also nicht nur positiv zu werten. Sie haben aber Estland zumindest den Vorteil gebracht, für westliche Touristen schon lange direkt zugänglich zu sein[2] und von diesen als Reiseziel wahrgenommen zu werden.
Wer dagegen nach Lettland oder Litauen wollte, mußte bis Ende der 80er Jahre den Umweg über Leningrad oder Moskau in Kauf nehmen (vgl. Kap. 3.4.1.1).

10.2.1 ENTWICKLUNGSTENDENZEN SEIT ANFANG DER 90er JAHRE

Von der Öffnung des Baltikums für Ausländer haben die einzelnen Teilräume sehr unterschiedlich profitiert.
Seitdem das ehemalige Königsberg Anfang 1991 geöffnet wurde, nimmt eine wachsende Zahl von Ausländern, in erster Linie aus Deutschland,[3] die Gelegenheit wahr, an die Stätten ihrer Kindheit zurück zu kehren. Vor allem die Reisebüros "Ost-Reise-Service" (Bielefeld) und "Rautenberg" (Leer/Ostfriesland)[4] haben sich schnell auf diesen Kundenkreis eingestellt und bieten speziell zusammengestellte Reisen an (vgl. Kap. 4, 5).

Die speziellen Motive der "Heimat-Touristen" führten also zunächst zu einer weiteren Konzentration der Reiseziele innerhalb des Baltikums, und zwar auf die Kaliningrader Oblast' und das ehemalige Memelgebiet, weniger ins litauische Hinterland, nach Lettland oder Estland.[5]
Diese Reiseziele dominieren zwar auch jetzt noch, doch ist eine ständige (räumliche und inhaltliche) Erweiterung des Angebotsspektrums zu beobachten (s.u.).

---

[1] Gleichzeitig kann durch die längere Fahrtdauer schon auf dem Schiff mehr konsumiert werden (Sonntag aktuell, 29.11.1992).
[2] 70-80% von ihnen kommen auf diesem Weg nach Estland (Sovetskaja Ėstonija, 1974, S. 10)
[3] 1991 wurden hier allein in den ersten sechs Monaten nach der Öffnung ca. 3.000 deutsche Besucher gezählt (MN, 7/1991), 1992 waren es insgesamt 25.000 (Badische Zeitung, 14.5.1993).
[4] "Rautenberg" gibt außerdem - als eine aus dem früheren Königsberger "Verlag Gräfe und Unzer" hervorgegangene Verlagsbuchhandlung - "Fachliteratur zur alten Heimat" heraus.
[5] Im Unterschied zu den ehemaligen Bewohnern des Nördlichen Ostpreußens scheinen Deutschbalten die neue Reisefreiheit in die alte Heimat eher individuell (über persönliche Kontakte) als in Form von Gruppenreisen zu nützen.

Über die zahlenmäßige Entwicklung liegen noch keine verläßlichen Angaben vor. Rein statistisch wird sich in den nächsten Jahren zwar ein deutlicher Zuwachs ergeben, der aber nur auf die Urlauber aus den ehemaligen Sowjetrepubliken zurückzuführen ist, die ja inzwischen zum Ausländertourismus gezählt werden.
Insgesamt muß jedoch bei den drei baltischen Republiken sicher von einem deutlichen Rückgang der Gästezahlen ausgegangen werden, da die westlichen Touristen trotz ihrer gestiegenen Anzahl den weggebrochenen Markt aus sozialistischen Ländern nicht ausgleichen können.
In Lettland z.B. scheint sich die Zahl wieder auf etwa 50.000[1)] jährlich einzupendeln, nachdem im "Rekordjahr" 1988 über 76.000 ausländische Touristen gezählt werden konnten (Dienas bizness, 8.1.1993).

Insgesamt werden die Unterschiede zwischen den Republiken sich allmählich verringern, da zum einen alle drei inzwischen gleich gut zu erreichen sind (mit dem Schiff oder Flugzeug), so daß der bisherige Vorteil von Estland an Wert verliert. Zum anderen profitiert besonders das bisherige Schlußlicht Litauen von den Heimattouristen (aus Deutschland) und wird deswegen stärker in Erscheinung treten.

10.3 Bewertung der Erholungsressourcen

Sicherlich nicht zu Unrecht wird im Ausländertourismus ein besonders aussichtsreiches Standbein für die wirtschaftliche Konsolidierung im selbständigen Baltikum und auch im Kaliningrader Gebiet gesehen. Es ist jedoch nicht der gesamte Raum gleichermaßen für Erholungszwecke geeignet.

10.3.1 UNGUNSTRÄUME UND -FAKTOREN

Auszugrenzen sind zum einen verschiedene Ungunsträume: Dazu gehören kleinere Gebiete wie die Umgebung von großen Hafenanlagen und von Industrie- bzw. Ballungszentren, aber auch großflächigere Teilräume, bei denen die Gründe entweder in der natürlichen Ausstattung der Gebiete liegen, wie z.B. bei den Sumpflandschaften im Westen Estlands (Mückenplage), oder anthropogen bedingt sind: Die stark industriell genutzte und ökologisch belastete Nordostküste Estlands, die Umgebung der agrarchemischen Industrieanlagen von Ionava (Litauen), aber auch stark industriell und/oder landwirtschaftlich geprägte Räume (z.B. Mittellettische Ebene südlich von Riga, Ostlettische Ebene, Hinterland von Kaliningrad, etc.) sind für Erholungssuchende wenig attraktiv.

Daneben gibt es Gebiete, die zwar von ihrer naturräumlichen Ausstattung her prinzipiell für eine Fremdenverkehrsnutzung geeignet sind und auch Erholungswert besitzen, wo aber eine Intensivierung oder gar Massentourismus nicht erstrebenswert ist:
Darunter fallen a) ökologisch sensible Gebiete wie die Kurische Nehrung oder die Heide- und Moorgebiete vor allem auf den westestnischen Inseln (vgl. Kap. 8.3) und

---

[1)] Dies entspricht in etwa dem Stand von Mitte der 80er Jahre.

b) Bereiche, die in sowjetischer Zeit als Militär- bzw. Grenzgebiet abgeschottet waren und deswegen eine relativ unberührte Natur,[1] dafür bisher keine touristische und kaum allgemeine Infrastruktur vorweisen können. Dies trifft z.B. an der Kurländischen Küste der Rigaer Bucht (von Roja bis Kolka),[2] aber auch z.T. an der Samländischen Küste (Kaliningrader Oblast') oder bei den estnischen Inseln zu.
Da diese Gebiete landschaftlich attraktiv sind, die nötige Infrastruktur aber fehlt, ist die Gefahr einer völlig wilden Erschließung groß. Dabei wäre es aus ökologischen Gesichtspunkten wünschenswert, die Gebiete in ihrer Eigenart und "Rückständigkeit" weitgehend zu erhalten, statt sie mit allen Mitteln aufholen zu lassen.

Außer den genannten Einschränkungen des Erholungspotentials, welche ständig - oder zumindest, was die anthropogen bedingten anbetrifft, auf sehr lange Zeit - bestehen werden, kommt vorläufig noch ein weiterer Faktor zum Tragen, der jedoch noch am schnellsten zu beseitigen ist: die bisher sehr mangelhafte touristische Infrastruktur, in erster Linie das quantitativ und qualitativ ungenügende Beherbergungsangebot. Einige Gebiete, die schon in sowjetischer Zeit für Ausländer offenstanden (Republikshauptstädte), oder diejenigen Badeorte an der Küste, die bei der Nomenklatura beliebt waren, sind zwar jetzt schon relativ gut ausgestattet.[3] Die Qualität ist ebenfalls - im Vergleich zum bisherigen (sowjetischen) Durchschnitt - etwas besser. Außerdem wird gerade in den Hauptstädten (sowie in Kaliningrad) zur Zeit besonders intensiv an einem weiteren Ausbau und Verbesserung des Hotelangebots gearbeitet.[4] Dafür werden - wie in anderen Fremdenverkehrszentren der ehemaligen Sowjetunion auch - verschiedene Wege eingeschlagen: Bei einigen Hotels werden einzelne Etagen besonders renoviert und für westliche Gäste hergerichtet, andere Einrichtungen werden komplett, meist mit Hilfe von Joint-Venture-Unternehmen, erneuert oder auch ganz neu gebaut. Die dritte Variante besteht in der Öffnung der früher für Parteikader etc. reservierten Stadthotels (vgl. Kap. 3.4).
Im restlichen Baltikum ist die Versorgung mit Unterkünften, die für ausländische Urlauber zur Verfügung gestellt werden könnten, dagegen sehr schlecht. Überall wird improvisiert, um auch die begehrten Gäste aus dem Westen anlocken und unterbringen zu können. Allmählich entstehen aber schon erste (Hotel-)Neubauten, wie z.B. in Ukmerge, ca. 20 km nordwestlich von Vilnius, wo Anfang 1993 von einem britisch-litauischen Joint-Venture-Unternehmen ein 130-Betten-Motel eröffnet wurde.[5]

---

[1] Ein Teil der Flächen ist allerdings sicher durch die militärische Nutzung von starker Umweltverschmutzung belastet (vgl. eh. DDR).
[2] An der Ostseeküste schließt ein erst 1988 auf 15.500 ha erweitertes NSG ("Slitere") an; das Kernstück des NSG wurde bereits 1921 ausgewiesen (Zapovedniki SSSR, 1989, S. 130ff.).
[3] Dort wird auch die Möglichkeit genutzt, die Spezialerholungseinrichtungen der Nomenklatura an ausländische Touristen zu vermieten; besonders beliebt sind dabei frühere Luxus-Sanatorien (z.B. das "Rižskij zaliv" in Jurmala, es gehörte dem Ministerrat der UdSSR), die nun zu Hotels erklärt werden.
[4] Deswegen hat es zur Zeit in diesem Bereich keinen Sinn, Kapazitätsangaben zu machen - sie sind sofort überholt: Einrichtungen werden ganz oder teilweise zu Renovierungsarbeiten geschlossen, andere werden erstmalig für Ausländer geöffnet oder ganz neu gebaut, etc..
[5] The Baltic Independent, № 146 (29.1.-4.2.1993), S. 5.

10.3.2 POTENTIELLE ERHOLUNGSREGIONEN UND ERHOLUNGSARTEN

Trotz aller Einschränkungen gibt es zahlreiche Gebiete, die hohen Erholungswert und Attraktivität - auch für ausländische Touristen - besitzen. Sie lassen sich nach Landschaftstypen in zwei Bereiche gliedern:

- Die Ostseeküste, besonders der südliche Abschnitt bis nördlich von Liepaja und die Rigaer Bucht;
- Wald- und gewässerreiche Hügelländer im Binnenland; dazu gehören
    - die Ausläufer des Baltischen Höhenrückens in Litauen, Lettland und in Südestland sowie
    - kleinräumigere Gebiete, wie die Höhen von Otepää/Viljandi (Estland), die Kurländische und die Lettische Schweiz, die Zentrallivländische Erhebung und Šamaiten (Litauen).

Hinzu kommen noch die Altstädte von Tallinn, Tartu, Riga, Vilnius, Kaunas und kleinere Reste historischer Bausubstanz (z.B. in Arensburg, Pärnu (Estland), Cesis (Leetland), Klaipeda (Litauen), Kaliningrad, u.a.).

Diese Aufstellung macht bereits deutlich, daß die Erholungsressourcen im Baltikum auch im Hinblick auf Ausländertourismus eine wesentlich breitere - räumliche, aber auch inhaltliche - Streuung des Angebots erlauben würden, als die frühere Beschränkung auf Bildungstourismus in den (Haupt-)Städten zeigte.
Trotz der noch bestehenden Defizite im Beherbergungsangbot wird das Angebotsspektrum bereits zunehmend erweitert. Studienreisen mit naturkundlichen (ornithologischen, botanischen, zoologischen) oder historischen Themenstellungen (Baltische Hansestädte; Deutscher Orden[1]) z.B. sind im weiteren Sinn zwar ebenfalls dem Bildungstourismus zuzurechnen, weisen jedoch andere regionale Schwerpunkte auf.

Damit ist das Potential noch nicht ausgeschöpft. Das Baltikum bietet gute Möglichkeiten - wenn auch keine so spektakulären wie z.B. der Kaukasus - für aktive Erholungsformen: Neben Angeln und Jagd in den fisch- bzw. wildreichen Wäldern[2] und Gewässern sind Reiterferien, Wassersport (v.a. Kanu/Kajak und auf den größeren Seen bzw. an der Küste auch Surfen oder Segeln)[3], Radtouren (keine großen Höhenunterschiede) und Wandern zu nennen.[4] Während Reiterferien ("stationär" oder als Tour) und Jagdurlaub eher in einem organisierten Rahmen angeboten werden dürften, sind die anderen Sport-/Erholungsarten auch zur individuellen Durchführung geeignet.

Nicht übersehen werden dürfen die Reize, die von der historisch gewachsenen, im Vergleich zu Westeuropa dünn besiedelten Kulturlandschaft auch für Urlauber ohne spezielle Interessen an Geschichte, Sport, Jagd, etc. ausgehen.[5] Besondere Anzie-

---

[1] In Verbindung mit dem übrigen früheren Ostpreußen oder mit Schwerpunkt Estland.
[2] Jagdreisen wurden schon in sowjetischer Zeit für zahlungskräftige westliche Touristen von spezialisierten Reiseveranstaltern organisiert.
[3] In Zusammenarbeit mit deutschen Firmen entstehen bereits Pläne, in Lettland kleinere Buchten zu Segelhäfen mit Hotels auszubauen.
[4] Bei Reiten und Wandern ist es günstig, daß im Baltikum wesentlich weniger Straßen asphaltiert sind.
[5] Ähnlich wie Frankreich für deutsche Urlauber.

hungspunkte stellen dabei die ethnographischen Freilichtmuseen in den drei Republiken dar. Auf unterschiedlich großen Geländen (70-300 ha) wurden - jeweils in der Nähe der Hauptstädte bzw. in Litauen zwischen den beiden größten Städten des Landes - traditionelle Bauwerke zusammengetragen und originalgetreu wieder aufgebaut.[1] Sie werden von meist freiwilligen Helfern, die oft die jeweiligen Trachten tragen, gepflegt und "belebt" und vermitteln so einen guten Eindruck von den verschiedenen Regionen der Republik.

Von Fremdenverkehrsplanern in Riga wurde die Überlegung geäußert, ähnlich wie in Deutschland "Ferien auf dem Bauernhof" anzubieten. In der Tat wäre gerade z.B. Lettland mit seinen traditionellen Einzelhöfen dafür geeignet,[2] dennoch sind diese Pläne wohl nicht sehr realistisch. Abgesehen vom Zustand der Anwesen, der nicht unbedingt den Vorstellungen der Urlauber entspricht, stellt sich die Frage nach möglichen Zielgruppen für dieses Angebot. Für Familien mit (kleinen) Kindern, die in Deutschland den Großteil der Bauernhof-Gäste stellen, ist aus den westlichen (Industrie-) Ländern die Anreise ins Baltikum zu weit und teuer.
Für andere Urlaubergruppen, die auf (günstige) Übernachtungsmöglichkeiten außerhalb der Fremdenverkehrszentren bzw. der Städte angewiesen sind, wie z.B. Fahrradtouristen, Wanderer oder Reiter, könnte eine derartige Erweiterung des Beherbergungsangebot jedoch durchaus interessant sein.

Reine Badeferien an der Ostsee - das traditionelle Hauptmotiv für Urlauber im Baltikum - sind im Hinblick auf Gäste aus dem westlichen Ausland als einziges Standbein sicher nicht so gut geeignet. Neben den klimatischen Unsicherheiten entsprechend der geographischen Lage des Baltikums (v.a. Estlands) spricht die miserable Wasserqualität der Ostsee in Strandnähe dagegen.
Dies gilt nicht nur für die seichte Rigaer Bucht, sondern auch für Bereiche der Ostseeküste Litauens (um Klaipeda und Palanga), in Lettland bei Ventspils und Liepaja sowie für Nordestland. Spaziergänge an den zum Teil wirklich schönen Sandstränden und malerischen Küsten stellen zwar eine gewisse Alternative dar, doch werden sich potentielle Badeurlauber nicht lange damit zufriedenstellen wollen.
Hinzu kommt, daß im allgemeinen bei längerer Aufenthaltsdauer an einem Ort, wie es bei Badeferien üblich ist, die Ansprüche der (westlichen) Urlauber an die touristische Infrastruktur steigen - sowohl bezüglich der Qualität als auch der Vielfalt des Angebots. Hierin liegt aber, wie bereits erwähnt, vorläufig eines der Hauptprobleme des baltischen Fremdenverkehrs.

Problematisch ist die Lage auch für die bisherigen Kureinrichtungen bzw. für die reinen Kurorte. Zumindest die größeren Anlagen sind in Zukunft auf ausländische Gäste angewiesen, um ihre Kapazitäten wenigstens halbwegs auszulasten, da sich in diesem Bereich die Subventionskürzungen bzw. die steigenden Preise besonders negativ auf die Nachfrage durch die bisherigen Gästegruppen (aus den ehemaligen sozialistischen Ländern bzw. Nachbarrepubliken) bemerkbar machen.[3] Es wird jedoch schwierig

---

[1] Bei Riga liegt das größte (300 ha) und älteste Park-Museum (bereits in 1920er Jahren gegründet); "Rocca-al-Mare" in Estland (1957; ca. 70ha); Litauen (1966): 175 ha (s. auch HÖH, 1992, S. 182, 370, 504).

[2] Im Baltikum hat auch die Kollektivierung diese Strukturen nicht ganz beseitigen können.

[3] Vgl. Erfahrungen in der ČSSR seit Ende der 80er Jahre (Die Zeit, 2.5.1991).

sein, Kurgäste aus dem westlichen Ausland zu gewinnen, unter anderem weil die baltischen Kurorte hier zu unbekannt sind.

In den vergangenen Abschnitten wurde das Erholungspotential weitgehend aus der Sicht westlicher Urlauber betrachtet, welche bisher von den Fremdenverkehrsplanern und -veranstaltern besonders stark umworben wurden. Bei Überlegungen zum Aufbau eines starken Ausländertourismus im Baltikum war der Blick stets - bereits in sowjetischer Zeit, aber auch nach Erlangung der Selbständigkeit - auf (West-) Europa (und Nordamerika) gerichtet, da von den dortigen Touristen die begehrten Devisen (in harter Währung) ins Land kommen.
Für eine längerfristige Fremdenverkehrsplanung, die sich nicht nur an schneller Gewinnmaximierung in der ersten Übergangszeit orientiert, wird die Frage nach den Zielgruppen jedoch von zentraler Bedeutung sein. Auf Dauer ist es sicher nicht sinnvoll, nur auf westliche Touristen zu setzen: Die Anreisewege (außer für Finnen) sind zu lang und zumindest vorläufig auch zu teuer bzw. beschwerlich, als daß das Baltikum ernsthaft mit den traditionellen Ferienregionen des nördlichen Westeuropas konkurrieren könnte.[1)]
Deswegen wird in Zukunft den direkten Nachbarländern mehr Beachtung geschenkt werden müssen. Dazu zählen auch ("irgendwann") die ehemaligen sowjetischen Nachbarrepubliken, vor allem die Bevölkerungszentren Rußlands. Es wird eine gewisse Zeit dauern, bis Estland, Lettland und Litauen für die Bewohner der GUS als Ziel von Auslandsreisen ins Bewußtsein rücken bzw. akzeptiert werden. Zwar wurden seit Herbst 1991 die äußeren Merkmale schrittweise durch die Währungsumstellung und Visumspflicht eingeführt, doch sind dadurch gleichzeitig die organisatorischen und finanziellen Hürden (durchaus beabsichtigter Weise) erhöht worden - ganz abgesehen von den psychologischen Hemmungen, die Nicht-Balten vorläufig von einem Urlaub in Jurmala etc. abhalten. Für die Kaliningrader Oblast' sind die Voraussetzungen natürlich anders; zumindest im Fremdenverkehr profitiert sie von der veränderten Situation.

Mit der Zeit kann sich die Lage hier normalisieren. Dazu werden auch wirtschaftliche Aspekte beitragen: Urlaub im "baltischen Ausland" wird längerfristig für Erholungssuchende aus der GUS erschwinglicher sein als z.B. eine Reise nach Mallorca etc. Allerdings müssen für diese Zielgruppen vermutlich andere Angebotsschwerpunkte gesetzt werden: Städtereisen ins Baltikum sind zwar im Prinzip auch für sie attraktiv, jedoch beschränkt sich dies weitgehend auf Tallinn, Riga (und Vilnius) mit ihrem für russische Verhältnisse fremdartigen Stadtbild. Für andere Ziele wie Kaliningrad, Klaipeda, etc. oder Spuren der Hanse und des Deutschen Ordens trifft das weniger zu, da die historischen Verbindungen fehlen.
Aufgrund der geringeren Verstädterung der Nachbarstaaten ist auch die teilweise noch relativ unberührte Natur bzw. die Kulturlandschaft des Baltikums für sie wenig anziehend.
Der Schwerpunkt des Angebots sollte hier also vielleicht eher auf Bade-/Strandurlaub und Kurwesen sowie auf aktiven Erholungsformen, vor allem Wassersport, aber auch Reiten und Radtouren liegen.

[1)]Die im Mai 1993 wieder eröffnete direkte Eisenbahnverbindung Berlin-Kaliningrad kann allerdings in Zukunft auch für die baltischen Repbuliken eine Verbesserung bringen.

10.4 Fazit

Auch wenn das touristische Potential im Baltikum bzgl. Ausländertourismus insgesamt positiv bewertet werden kann, so darf dennoch nicht mit einem sofortigen (konstanten) Aufschwung gerechnet werden.
Abgesehen davon, daß vor allem der internationale Tourismus immer auch von der gesamtwirtschaftlichen Entwicklung abhängt und die Prognosen dafür zur Zeit weltweit nicht sehr günstig sind, hat sich in den letzten Jahren am Beispiel der früheren Ostblockstaaten gezeigt, welche (Anfangs)-Schwierigkeiten sich beim Aufbau einer touristischen Infrastruktur unter marktwirtschaftlichen Gesichtspunkten - und für die Ansprüche zahlungskräftiger westlicher Touristen - ergeben können.[1] Es gilt ja meistens nicht nur, das Beherbergungsangebot zu erweitern und zu modernisieren. Auch müssen z.B. die Logistik der Verköstigung (und das Angebot), die städtische Trinkwasserversorgung und Kläranlagen sowie die Versorgung mit Benzin verbessert werden.[2] Anzustreben ist auch ein Abbau der derzeit sehr langwierigen Kontrollen an den "Außengrenzen" des Baltikums, doch sind hierbei die baltischen Staaten vom Kooperationswillen der russischen bzw. polnischen Seite abhängig (vgl. Sonntag aktuell, 28.3.1993).

Der erfolgreiche Ausbau des Ausländertourismus im Baltikum wird nicht zuletzt von einer Diversifizierung des Angebots abhängen, obwohl auch weiterhin der traditionelle Städtetourismus in die Hauptstädte (und nach Kaliningrad) eine wichtige Rolle spielen wird.

Auf die "Heimat-Touristen" darf in Zukunft nicht zu stark gesetzt werden, da, wie gesagt, nur ein sehr begrenztes Gebiet von ihnen profitiert. Vor allem aber werden sich die entsprechenden Zielgruppen ständig verringern, und nur wenige von ihnen werden - unter anderem aus Altersgründen - mehr als einmal in die alte Heimat kommen wollen oder können. Abgesehen davon handelt es sich dabei natürlich um eine sehr spezifisch deutsche Variante.
Trotzdem waren diese Reisen für den Anfang ein willkommener Anschub, deren Multiplikatoreffekt nicht unterschätzt werden sollte: Ohne die Reiseberichte, die in den letzten Jahren in der Presse erschienen, wäre das Baltikum als "neues" Reiseziel sicher nicht so schnell ins Bewußtsein von Reiseveranstaltern und Erholungssuchenden gerückt.

Für die räumliche Entzerrung der Urlauberströme können auch beim Ausländertourismus die früheren Exkursions-Büros des Tourismus-Rats der Gewerkschaften eine wichtige Ausgangsbasis bilden, da sie sich im allgemeinen relativ gleichmäßig über das ganze Territorium verteilen.

Trotz gewisser naturräumlicher und historisch-kultureller Differenzierungen unterscheiden sich die Erholungsressourcen der einzelnen Teilräume (vor allem aus westlicher

---

[1] Vgl. hierzu JORDAN, 1990, und verschiedene Presseveröffentlichungen: Die Zeit, 27.4.1990 (allg. Osteuropa), 11.10.1991 (Bulgarien); Badische Zeitung 2.5.1991 (Kurwesen in der ČSSR), 7.8.1992 (Ungarn); Stuttgarter Zeitung 26.10.1992 (Ostdeutschland).

[2] Der Ausbau des Tankstellennetzes wurde zwar in Zusammenarbeit mit einer finnischen Firma bereits begonnen, doch ist die Versorgung, besonders mit bleifreiem Benzin, außerhalb der Hauptstädte bisher nicht gewährleistet.

Sicht) nur relativ wenig. Daraus ergibt sich zwangsläufig eine Konkurrenzsituation bei der Werbung um die Gunst ausländischer Gäste.
Dennoch werden sich die Estland, Lettland, Litauen und die Kaliningrader Oblast' auf dem touristischen Markt nicht durch gegenseitige Abgrenzung, sondern eher durch Kooperation durchsetzen können. Erste Schritte in diese Richtung waren die Einführung eines gemeinsamen Visums für die baltischen Republiken und der Beschluß, einen gemeinsamen Tourismus-Rat schaffen (Golos Rigi, 12.4.1990). Die Zusammenarbeit scheint auch zwischen der Kaliningrader Oblast' und Litauen trotz der politischen Lage zu funktionieren, wie die relativ große Zahl von kombinierten Reisen zwischen den jeweiligen Küstenregionen zeigen.

Wichtig wird bei allen Bestrebungen sein, die Entwicklung nicht mit allen Mitteln zu stark zu forcieren. Auf diese Weise läßt sich eher ein dringend notwendiger Kompromiß finden, bei dem nicht nur wirtschaftliche Interessen berücksichtigt, sondern auch Forderungen des Naturschutzes Rechnung getragen werden. Gleichzeitig sollte dabei auch ein Ausverkauf des Baltikums an Ausländer - weder an Veranstalter bzw. Investoren, noch an Gäste - vermieden werden.

11 SCHLUSSBETRACHTUNG UND AUSBLICK

Wie die vorliegende Darstellung gezeigt hat, lassen sich für die Herausbildung des Erholungswesens im Baltischen Raum neben den naturräumlichen und kulturhistorischen Potentialen mehrere Einflußfaktoren ausmachen. Die wichtigsten sollen im folgenden genannt werden.

Auch im Baltikum spielten **Verkehrsverbindungen** für die Entwicklung eines Fremdenverkehrsorts bzw. -raums eine entscheidende Rolle.[1]
Dies gilt keineswegs nur für die Anfangsphase im letzten Jahrhundert, im Laufe der Zeit haben jedoch die relevanten Verkehrsträger gewechselt: War im ausgehenden 19. Jh. vor allem die Eisenbahn, bzw. ein Bahnanschluß für den Aufstieg eines Ortes zum Reiseziel entscheidend, so hatten in den letzten Jahrzehnten im Baltikum Häfen, d.h. die Fährverbindung Tallinn/Helsinki (Kap. 10.2), eine ähnlich stimulierende, die "Umleitung" aller Flugreisegruppen aus dem (westlichen) Ausland über Moskau oder Leningrad dagegen eine negative Wirkung (vgl. Kap. 3.4).
Inzwischen haben sich diese Bedingungen für die drei Republiken einander weitgehend angeglichen, selbst die Kaliningrader Oblast' kann aus dem Ausland direkt angeflogen werden.
Für die zukünftige Fremdenverkehrsentwicklung wird im Baltischen Raum wieder auf Schiene und Straße gesetzt. Die direkte Eisenbahnverbindung Berlin-Kaliningrad wurde Mitte Mai 1993 wiedereröffnet; von der wesentlichen Verkürzung der Anfahrtswege aus Westeuropa können auch die baltischen Republiken profitieren. Außerdem existieren verschiedene Autobahnprojekte, unter anderem die "Via Baltica", welche eine durchgehende Verbindung bis Finnland herstellen soll.

Für den starken Aufschwung des Fremdenverkehrswesens in den drei baltischen Republiken seit den 70er Jahren waren dann jedoch nicht die Verkehrsverbindungen, sondern die **Einbeziehung in das sowjetische Erholungssystem** ausschlaggebend: Das Baltikum wurde - nach der Schwarzmeerküste - zur zweitwichtigsten Empfängerregion im Fremdenverkehr der UdSSR.
Diese Einbeziehung geschah nicht in allen Teilräumen in gleichem Maße, was - stärker noch als die unterschiedlichen eigenen Erholungspotentiale - zu Unterschieden in den Fremdenverkehrsstrukturen führte, welche nach der Auflösung der Sowjetunion angetroffen wurden und die wesentlich die weiteren Entwicklungschancen beeinflussen werden.
Auch wenn 1989/90 mit Abstand der größte Anteil der gesamten Erholungseinrichtungen, Kapazitäten und Gäste auf Litauen entfiel (s. Abb. 43), so hat doch das lettische Fremdenverkehrswesen, das sehr stark auf den gesamtsowjetischen Bedarf ausgerichtet worden war, die stärkste Überprägung erfahren.[2] Darauf weist die überproportionale Ausstattung Lettlands mit Sanatorien (sowie medizinischen Pensionen) und

---

[1] Entsprechend der geringen Größe der Länder betraf es (im Gegensatz z.B. zu Frankreich oder England) zunächst zwar mehr die Nachfrage durch ausländische Touristen, doch gingen davon dann allgemeine Entwicklungsimpulse aus.

[2] Als Gründe für diese "Bevorzugung" Lettlands können die klimatisch günstige Lage der Rigaer Bucht sowie erneut die Verkehrsverbindungen angesehen werden: ("Groß"-) Jurmala war über den nahegelegenen Rigaer Flughafen bzw. Bahnhof sehr gut von den großen sowjetischen Städten (Nachfragezentren) aus erreichbar.

Abb. 43: Anteile der Republiken am Fremdenverkehr im Baltikum

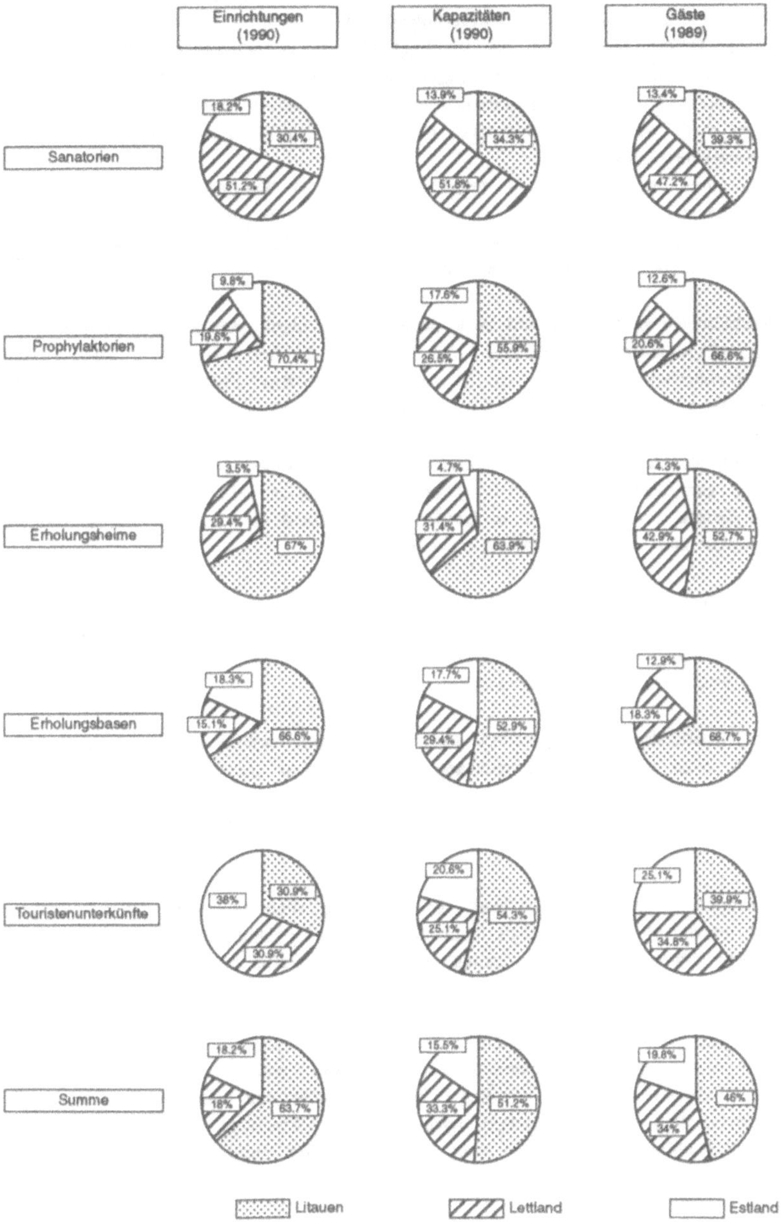

Quelle: Nar. choz. SSSR za 1922–82, 1983, S.454f.; Ochrana zdorov'ja v SSSR, 1990, S.204ff.; Nar. choz. SSSR 1990, S.216f.;

der relativ große Anteil von Erholungsheimen hin (Abb. 43), weil beide Einrichtungsarten, besonders aber die Sanatorien, zu den stark zentralisierten, staatlich gelenkten Bereichen des sowjetischen Fremdenverkehrssystems gehörten.
Da in der UdSSR der Aufbau des (staatlichen) Erholungswesens in erster Linie auf Quantität und nicht auf Qualität ausgerichtet wurde, stellen diese - aus heutiger Sicht - beachtlichen Überkapazitäten, welche zum Großteil ohne die bisherigen Subventionen nicht wettbewerbsfähig sind, eine große "Erblast" für die heutige lettische Fremdenverkehrsplanung dar.
Hinzu kommt, daß das lettische Erholungswesen unter besonders extremen Konzentrationsphänomenen leidet. Diese räumliche Struktur wurde zwar schon in der ersten Hälfte dieses Jahrhunderts angelegt, doch wurde das Übergewicht von Jurmala in sowjetischer Zeit noch wesentlich verstärkt.

Die Verhältnisse in Litauen sind zwar ähnlich, doch nicht ganz so problematisch wie in Lettland. Außerdem wurden hier - im Gegensatz zu den anderen Teilräumen - mit dem Erholungsgebiet im östlichen Litauen die räumlichen Fremdenverkehrsstrukturen deutlich erweitert. Allerdings handelte es sich dabei weniger um eine bewußte Planung (zur Entlastung der Küste), sondern eher um eine spontane Entwicklung, die zum einen aus dem gestiegenen Bedarf für Kurzzeiterholung der städtischen Bevölkerung und zum anderen aus der Bevölkerungsverteilung in Litauen resultierte, wo die größten Städte im Unterschied zu Lettland und Estland nicht an der Küste, sondern im zentralen und östlichen Landesteil liegen.

Relativ günstig sind unter diesem Gesichtspunkt die Bedingungen in Estland, dessen Fremdenverkehrsstrukturen auch nicht so überdimensioniert wurden. Allerdings sind in der nördlichsten der baltischen Republiken die naturräumlichen Bedingungen für den Freizeit- und Fremdenverkehr schlechter.

Eine Sonderstellung nimmt natürlich das Fremdenverkehrswesen des Kaliningrader Gebiets ein. Hier werden die Entwicklungschancen weniger durch den Überprägungsgrad durch das sowjetische Fremdenverkehrssystem bestimmt, sie hängen vielmehr in erster Linie von der politischen Zukunft des Gebiets, besonders von seiner Stabilität ab.

Am Beispiel dieses Teilraums wird die Bedeutung eines weiteren determinierenden Faktors besonders deutlich, doch auch in Litauen, Lettland und Estland haben die **politischen Rahmenbedingungen** immer eine wichtige Rolle bei der Entwicklung des Fremdenverkehrs gespielt: Dies betrifft einerseits die Zugehörigkeit zu wechselnden Einflußsphären bzw. Staaten, die stets grundlegend die Zugänglichkeit der Regionen für Urlauber beeinflußt hat. Es gilt andererseits aber auch für die Herausbildung der inneren räumlichen Fremdenverkehrsstrukturen: Aus politisch-militärischen Motiven waren in sowjetischer Zeit einzelne Landesteile nicht nur beim Ausbau des Erholungswesens vernachlässgt, sondern ausdrücklich für Touristen gesperrt worden, was seit dem Zweiten Weltkrieg zu einer Reduzierung der räumlichen Fremdenverkehrsstrukturen im Baltischen Raum führte (vgl. Kaliningrader Oblast', Kuressaare/Estland, u.a.).

Auch wenn in mancher Hinsicht der Zustand und somit die Ausgangslage Anfang der 90er Jahre im Baltikum - allerdings mit Ausnahme der Kaliningrader Oblast' - besser war als im sowjetischen Durchschnitt, so befindet sich das Erholungswesen dennoch zur Zeit auch hier in einer Talsohle, die durch einen Rückgang der Gästezahlen aus politischen und wirtschaftlichen Gründen sowie durch rechtlich-organisatorische und wirtschaftliche Unsicherheiten, welche durch die Umstrukturierungsprozesse ausgelöst werden, bedingt wird. Die aufgezeigten regionalen Unterschiede ändern dabei nicht grundsätzlich die Situation.
Dementsprechend stellen sich der Fremdenverkehrsplanung in den drei Republiken und dem Kaliningrader Gebiet die gleichen vorrangigen Aufgaben:

- Diversifizierung des Angebots in räumlicher wie auch sektoraler Hinsicht;[1)]
- Rasche Klärung von Eigentumsfragen und der zukünftigen Nutzung der früher zentral von Moskau gelenkten Erholungseinrichtungen;
- Qualitätssteigerung;
- Maßnahmen zur besseren Auslastung der Einrichtungen;
- Aufbau eines Informationssystems über die Erholungsorte und -einrichtungen;

Nach derm Zerfall der Sowjetunion wurde im Baltischen Raum das Erholungswesen - wie allgemein große Teile der Wirtschaft - sehr stark auf Nord- und Westeuropa ausgerichtet. Auch wenn das Baltikum für die Urlauber aus Skandinavien, Deutschland etc. durchaus Attraktivität besitzt, so sollten Touristen aus der eigenen Region sowie aus den östlichen Nachbarstaaten, besonders aus Rußland, als Zielgruppen nicht übergangen werden, da zumindest längerfristig dort die größeren Nachfragepotentiale für die baltischen Erholungsorte zu erwarten sind.

Last not least wird auch die regionale Kooperationsbereitschaft eine Rolle spielen: Für die Lösung der verschiedenen Probleme und Aufgaben wäre eine (intensive) Zusammenarbeit der drei Republiken und auch der Kaliningrader Oblast' sicher wesentlich erfolgversprechender als eine gegenseitige Abgrenzung.

[1)] S. hierzu ausführlich Kap. 10.3.

ORTSNAMENVERZEICHNIS

KALININGRADSKAJA OBLAST'

Russisch	Deutsch
Baltijsk	Pillau
Baltijskaja kosa	Frische Nehrung
Jantarnyj	Palmnicken
Kaliningrad	Königsberg
Kurškoe kosa	Kurische Nehrung
Lesnoj	Sarkau
Morskoe	Pillkoppen
Otradnoe	Georgenswalde
Pionerskij	Neukuhren
Primor'e	Groß-Kuhren
Rybačij	Rossitten
Sovetsk	Tilsit
Svetlogorsk	Rauschen
Zelenogradsk	Cranz

LIETUVA LITVA LITAUEN

Litauisch	Russisch	Deutsch
Birštonas	Birštonas	Birštonas
Druskininkai	Druskininkai	Druskininkai
Juodkrantė	Juodkrante	Schwarzort
Giruliai	Giruljaj	Försterei
Kaunas	Kaunas/Kowno	Kaunas
Klaipėda	Klajpeda	Memel
Kuršiu Nerija	Kurškaja kosa	Kurische Nehrung
Nemunas	Neman/Njamunas	Memel/Neman(Fl.)
Nida	Nida	Nidden
Palanga	Palanga	Polangen
Panėvežys	Panevežys	Ponewesch
Pervalka	Pjarvalka	Perwelk
Preila	Prejla	Preil
Šiauliai	Šjauljaj	Schaulen
Smiltynė	Smil'tine	Sandkrug
Vilnius	Vil'njus	Wilna

LATVIA	LATVIJA	LETTLAND
Lettisch	**Russisch**	**Deutsch**
Aluksne	Aluksne	Marienburg
Asari	Asari	Assern-Ost
Baldone	Baldone	Baldohn
Bulduri	Bulduri	Bilderlingshof
Cēsis	Cesis	Wenden
Daugava (Fl.)	Daugava (Zapadnaja Dvina)	Düna (Westl. Dwina)
Daugavpils	Daugavpils	Dünaburg
Dubulti	Dubulti	(Bad) Dubbeln
Dzintari	Dzintari	Edinburg
Gauja (Fl.)	Gauja	Aa (Livländ.)
Jaundubulti	Jaundubulti	Neu-Dubbeln
Jaunķemeri	Jaunkemeri	Neu-Kemmern
Jelgava	Elgava	Mitau
Jurmala	Jurmala/Rižskoe vzmor'e	Riga-Strand
Kauguri	Kauguri	Kaugern
Ķemeri	Kemeri	Bad Kemmern
Kurzeme	Kurzeme	Kurland
Latgale	Latgalja	Lettgallen
Lielupe (Fl.)	Lielupe	Aa (Kurländ.)
Lielupe	Lielupe	Bullen
Liepāja	Liepaja	Libau
Majori	Majori	Majorenhof
Melluži	Melluži	Karlsbad-West
Priedaine	Priedaine	Kiefernhalt
Pumpuri	Pumpuri	Karlsbad-Ost
Rēzekne	Rezekne	Ros(s)iten
Saulkrasti	Saulkrasti	Neubad
Sigulda	Sigulda	Segewold
Sloka	Sloka	Schlock
Tukums	Tukums	Tuckum
Vaivari	Vaivari	Assern-West
Valmiera	Valmiera	Wolmar
Ventspils	Ventspils	Windau
Vidzeme	Vidzeme/Livlandija	Livland
Zemgale	Zemgalja	Zemgallen

EESTI	ĖSTONIJA	ESTLAND
Estnisch	**Russisch**	**Deutsch**
Hiiumaa (I.)	Chijumaa	Dagö
Kuressaare	Kuressaare (1953-88: Kingisepp)	Arensburg
Narva-Jõesuu	Narva-Jyėsuu (Ust'-Narva)	Hungerburg
Pärnu	Pjarnu	Pernau
Peipsijärv (S.)	Čudskoe ozero	Peipus-See
Rakvere	Rakvere	Wesenburg
Saaremaa (I.)	Saaremaa	Ösel
Tallinn	Tallin(n)	Reval
Tartu	Tartu	Dorpat
Viljandi	Vil'jandi	Fellin
Võru	Vyru	Werro

LITERATURVERZEICHNIS

Abkürzungen für häufiger zitierte Sammelbände, Reihen und Zeitschriften etc.

AiF - *Argumenty i Fakty*

BMĖ - *Bol'šaja Medicinskaja Ėnciklopedija* (1974ff.)

BSĖ - *Bol'šaja Sovetskaja Ėnciklopedija* (1973ff.)

BTI - *Bulletin der touristischen Information* (1991)

Gaujas Nac. Parks - *Gaujas Nacionalais Parks* (1990)

Geogr. rekr. sistem - *Geografija rekreacionnych sistem* (1980)

gnp - *Gaujas Nacionalais Parks* (1988) [Informationsbroschüre]

GR - *Geographische Rundschau*

Lig. atp. - *Ligatne atputas un macibu parks* (1986) [Informationsbroschüre]

MN - *Moscow News*

Nar. choz. - *Narodnoe chozjajstvo*

Ob ochrane okr. sredy - *Ob ochrane okružajuščej sredy* (1981)

Ochrana truda - *Ochrana truda i social'noe strachovanie* <Monatszeitschrift>

Perečen'... - *Perečen' i charakteristika sobstvennych turistskich učreždenij* (1985)

Problemy sprosa - *Problemy sprosa i predloženija uslug turizma* (1988)

Teoret. osnovy - *Teoretičeskie osnovy rekreacionnoj geografii* (1975)

Tur. maršruty - *Turistskie maršruty*

Tur. učrež. prof. - *Turistskie učreždenija profsojuzov* (1983)

Schrifttum

ABN (Hg., 1985): Nationalparke: Anforderungen - Aufgaben - Problemlösungen. Bonn (Jahrbuch f. Naturschutz und Landespflege, Bd. 37).

ABUKOV, A.Ch. (1978) Turizm segodnja i zavtra. Moskau.

AHLBERG, R. (1991): "Das sowjetische Privilegiensystem. Entstehung und Auflösung". In: Osteuropa (41), S. 1135-1157.

ALBRECHT, W.u.a. (1991): "Tourismus und Erholungswesen als Entwicklungsfaktoren des Bundeslandes Mecklenburg-Vorpommern - Analysen und Prognosen". In: Zeitschrift für Wirtschaftsgeographie (35), S. 94-105.

ALEKSANDROVA, N.I.u.a. (1976): Bazy otdycha trudjaščichsja. Moskau.

ALEKSEEV, A.I.u.a. (1988): Geografija sfery obsluživanija. Kalinin.

ALEKSEEVA, A.A. (1988): "Rekreacija kak faktor razvitija aglomeracij". In: Problemy izučenija gorodskich aglomeracij. Moskau, S. 112- 119.

AMBRASSAT, A. (1912/1978): Die Provinz Ostpreußen. Ein Handbuch der Heimatkunde [unver. Nachdruck 1978]. Frankfurt/M.

AMEND, S. (1990): Der Nationalpark "El Avila": Bedeutungswandel und Managementprobleme einer hauptstadtnahen Region in Venezuela. Mainz (Mainzer Geographische Schriften, Heft 33).

AMEND, Th. (1990): Marine und litorale Nationalparks in Venezuela. Anspruch, Wirklichkeit und Zukunftsperspektiven. Mainz (Mainzer Geographische Schriften, Heft 32).

ANAN'EV.M.A. (1968): Meždunarodnyj turizm. Moskau.

ANDRÉE, K.u.a. (1932): Die Kurische Nehrung. Europas Sandwüste. Ein Handbuch für den Wanderer und Naturfreund. Königsberg.

ANTONOV-SARATOVSKIJ, V.P. (1930): Besedy o turizme. Azbuka sovjetskogo (proletarskogo) turizma. Moskau, Leningrad.

Architektura i otdych (1985). bibliografija. Moskau.

AZAR, V.I. (1972a): Ėkonomika i organizacija turizma. Moskau.

AZAR, V.I. (1972b): Otdych trudjaščichsja SSSR. Moskau.

AZAR, V.I. (1971): Soveršenstvovanie cenoobrazovanija na gostiničnye uslugi. Moskau.

BAEDEKER, K. (1897[4]): Rußland. Leipzig.

BÄDER-ALMANACH (1889ff.). Frankfurt/M., Berlin.

BAJNAZAROV, Ju.K. (1989): Statističeskie metody ocenki dejatel'nosti turistskich predprijatij (ob"edinenij) i povyšenie ich roli v uslovijach pol'nogo chozjajstvennogo rasčeta, Moskau.

BALASCHOV, A.W. (1990): "Die Umgestaltung im Fremdenverkehr der UdSSR". In: STADTFELD, F. (Hg., 1990): Tourismus in einem neuen Europa. Worms, S. 221-230.

Baltischer Christlicher Studentenbund e.V. (Hg., 1984ff.): baltisches jahrbuch, Bd. 1ff. Bonn.

Baltisches Historisches Ortslexikon (1990), Bd. 1 Estland, Bd. 2 Lettland; hg. v. H.Feldmann/H.v.Zur Mühlen. Köln, Wien.

BARBIER, B. (1986): "Les géographies du tourisme: divergences et convergences". In: VETTER, F. (Hg., 1986): Großstadttourismus. Berlin, S. 18-25.

BATER, J.H. (1989): The Soviet Scene. A Geographical Perspective. London, u.a.

BELINSKIJ, A.Ju./SOBOL', I.A. (1982): "Organizacija obsluživanija zagorodnych zon otdycha naselenija bol'šego goroda". In: Problemy bolšich gorodov (10), Moskau.

BELINSKIS, F./STAUSKAS, V./DANJULAJTIS, G./ŠIPAJLA, A. (1969): Schema perspektivnogo razvitija zon otdycha v Litovskoj SSR. Vilnius.

BENTHIEN, B. (1987): "Rekreationsgeographie". In: Wirtschaftsgeographische Studien, Wien (8), S. 33-38.

BENTHIEN, B. (1985): "Entwicklung, gegenwärtiger Stand und Perspektiven der Rekreationsgeographie". In: Die Teildisziplinen der ökonomischen Geographie der DDR. Gotha, S. 88-98.

BENZ, E. (1990): Die Revolution von 1905 in den Ostseeprovinzen Rußlands. Ursachen und Verlauf der lettischen und estnischen Arbeiter- und Bauernbewegung im Rahmen der ersten russischen Revolution. Mainz [Dissertation].

BERCHOGLJADOVA, V.N. (1989): Marcial'nye Vody. Petrozavodsk.

BEREZNIKOV, K. (1915): "Zemskie ėkskursii Voronejžskoj gubernii". In: Russkij ėkskursant, 1915/5.

BERG, A.A. (1978): "Geografija razvitija ėkskursionnogo dela v dorevolucionnoj Rossii". In: Problemy territorial'noj organizacii turizma i otdycha. Stavropol', S. 203-204.

BERGCHOL'CAS, I.I./SKRIBA, G.V. (1982): Nacional'nyj park "Gauja". [ausführl. Résumé in engl., dt., frz.] Moskau.

BLAUS, I. (1962): Baldone. Turistskij putevoditel' po kurortu i ego okrestnostjam. Riga.

BLINOV, A. (1990): "Prospects for the Development of Foreign Tourism to the USSR". In: STADTFELD, F. (Hg., 1990): Tourismus in einem neuen Europa. Worms, S. 257-262.

BOITSCHENKO, V. (1978): "50 Jahre Auslandstourismus in der Sowjetunion". In: Außenhandel, 1978/9, S. 36-40.

Bol'šaja Medicinskaja Ėnciklopedija - Bd. 1-30 (1974-89). Moskau.

Bol'šaja Sovetskaja Ėnciklopedija - Bd. 1-31 (1973-82). Moskau.

BOND, A.R./BELKINDAS, M.V./TRYVISH, A.I. (1991): "Economic development in the USSR 1970-88, Teil II". In: Soviet Geography (32), S. 1-57.

BORISOV, V.A./BELUSOVA, L.S./VINOKUROV, A.A. (1985): Ochranjaemye prirodnye territorii mira. Nacional'nye parki, zapovedniki, rezervaty. Moskau.

BORKOWSKI, P. (1980): "Reisefreiheit im Ostblock. Möglichkeiten und Grenzen". In: Beiträge zur Konfliktforschung (10), S. 73-104.

BRAGINSKIJ, V.M. (1987): "Strukturnaja perestrojka inostrannogo turizma v SSSR v svete izmenenij v charaktere turistskogo sprosa". In: Razvitie inostrannogo turizma v uslovijach intensifikacii obščestvennogo proizvodstva v SSSR. Moskau, S. 65-78.

BRINKIS, Ja.R. (1975): "K probleme rekonstrukcii malych istoričeski složivsichsja gorodov Latvijskoj SSR". In: Rajonnaja planirovka i gradostroitel'stvo v Latvijskoj SSR. Riga, S. 169-177.

BRÖNNER-HOEPFNER, E. (1927): Die Leiden des Memelgebiets. Berlin.

BRUNS, D.V. (1987): Regeneracija starogo Tallina. Moskau.

BUČAS, J. (1990): "Senoj Lietuvos kurortu architektura". In: Gradostroitel'stvo i rajonnaja planirovka (16). Vilnius, S. 104-127.

BUCHHOFER, E. (1989): "Das Königsberger Gebiet (Kaliningradskaja Oblast') im Lichte neuer LANDSAT-Aufnahmen". In: GREES, H./KOHLHEPP, G. (Hg.): Ostmittel- und Osteuropa. Beiträge zur Landeskunde (Festschrift f. A. Karger). Tübingen (Tübinger Geographische Arbeiten, H. 102, Sonderband 18), S. 71-87.

BÜTOW, H.G. (1988²): Länderbericht Sowjetunion. Bonn (Schriftenreihe der Bundeszentrale für politische Bildung, Bd. 230).

BUKA, E.O. (1989): "Osnovnye problemy osvoenija primorskoj zony Latvii dlja otdycha i turizma". In: Rajonnaja planirovka i gradostroitel'stvo v Latvijskoj SSR. Riga, S. 167-175.

BUKA, E.O. (1984): "Planirovočnaja struktura zon otdycha primorskogo regiona Latvijskoj SSR". In: Rajonnaja planirovka i gradostroitelstvo v Latvijskoj SSR. Riga, S. 169-178.

BUKA, E.O. (1981): "Architekturno-planirovočnaja organizacija baz otdycha dlja turistov na poberež'e baltijskogo morja Latvijskoj SSR". In: Rajonnaja planirovka i gradostroitelstvo v Latvijskoj SSR. Riga, S. 131-144.

Bulletin der touristischen Information (1991/1). USSR Travel Trade Survey. Moskau

Bundesamt für Verfassungsschutz (Hg., 1969): Tourist in Osteuropa. Bonn.

BURT, Ju.I. (1978): "O rekreacionnych potrebnostjach naselenija SSSR". In: Architektura i otdych, 1987/6, Moskau, S. 34-41.

BUTENSCHÖN, M. (1992): Estland, Lettland, Litauen. Das Baltikum auf dem langen Weg in die Freiheit. München, Zürich.

BYSTRZANOWSKI, J. (Hg., 1989): Tourism as a factor of change. Wien.

CABOURET, M. (1990): "Traits fondamentaux de la géographie de l'Estonie". In: Annales de Géographie (99), S. 531-563.

CARFIS, P.G. (1986): Geografija prirodnych lečebnych bogatstv SSSR (Kurortologičeskie aspekty). Moskau.

Cifry i fakty (1987). In: Turist, Moskau, 1987/2, S. 4-5.

ČIŽOVA, V.P./ŠIROKOV, A.B. (1990): "Razvitie geografičeskoj koncepcii nacional'nych parkov (na primere Pribajkal'ja)". In: Vestnik MGU, ser. 5, geografija, Moskau, 1990/1, S. 57-63.

COSGROVE, I./JACKSON, R. (1972): The Geography of Recreation and Leisure. London.

CSU SSSR/NII statistiki CSU SSSR Latvijskoe otdelenie (1987): Statističeskie materialy issledovanija vremennogo naselenija kurortnogo goroda Jurmala. Riga [interner Untersuchungsbericht; unveröffentlicht].

CSU SSSR/NII statistiki CSU SSSR Latvijskoe otdelenie (1986): Metodika issledovanija cezonnych kolebanij čislennosti i sostava naselenija goroda Jurmala. Riga [interner Untersuchungsbericht; unveröffentlicht].

ČUBUKOV, L.A. (1962): Karta struktur klimata kurorta i lečebnych mestnostej SSSR. Moskau.

ČUBUKOV, L.A. (1949): Kompleksnaja klimatologija. Moskau, Leningrad.

DANILOVA, N.A. (1974): Ocenka klimatičeskich uslovij Evropejskoj territorii SSSR dlja otdycha i turizma. Moskau [avtoreferat kand. diss.].

DANILOVA, N.A. (1973): "Klimat Pribaltiki i prodolžitel'nost' perioda, blagoprijatnogo dlja turizma". In: Geografija i turizm. Voprosy geografii (93). Moskau, S. 164-175.

DANIULAITIS, G./STAUSKAS, V. (1985): "Rekreaciniu ištekliu naudojimo bukle". In: Rekreaciniu ištekliu naudojimas ir vertinimas. Vilnius, S. 74-83.

DANJULAJTIS, G.Ju. (1974): Rešenie voprosov formirovanija oblika rekreacionnogo landšafta v schemach rajonnoj planirovki (na primere planirovki ozernych rekreacionnych zon Vostočnoj Litvy). Vilnius [avtoreferat kand. diss.].

DANJULAJTIS, G.Ju./KRJAUČJUNENE, R. (1988): "O razvitii rekreacionnych rajonov v Litve". In: Geografija (24), Vilnius, S. 142-151.

DANJULAJTIS, G.Ju./ŠIPAJLA, A. (1967): "Učet prirodnych faktorov pri planirovke zon otdycha Litovskoj SSR". In: Prirodnye faktory i resursy kak osnova kompleksnoj territorial'noj planirovki ĖSSR. Tartu. S. 26-29.

DERJUGIN, V.K. (1987): "Nekotorye aspekty problemy sezonnosti otdycha". In: Architektura i otdych. Organizacija seti, tipologija, ėkonomika. Moskau, S. 34-45

DERJUGIN, V.K. (1985): Vlijanie sezonnych rekreacionnych potrebnostej na tipologiju učreždenij otdycha. Moskau.

DEUTSCHES BÄDERBUCH (1907). Leipzig.

Development on Datchas (1991). In: Soviet Geography (32), S. 361-362.

DINEV, L. (1973): Geografija na turizma. Sofia.

DOLMATOV, G.M. (1988): Inostrannyj turizm sovetskich profsojuzov: real'nost' i perspektivy VCSPS. Moskau.

DOLŽENKO, G.P. (1988): Istorija turizma v dorevoljucionnoj Rossii i SSSR. Rostov n/D.

DREIFELDS, J. (1981): "Bielorussia and Baltics". In: KOROPECKIJ, I.S./SCHROEDER, G. (Hg., 1981): Economics of Soviet Regions. New York, S. 323-385

DUBINSKAJA, L.S.u.a. (1982): Informacionnyj spravočnik "Turistskie centry SSSR". Moskau.

DVORNIČENKO, V.V. (1985): Razvitie turizma v SSSR (1917-83). Moskau.

DVORNIČENKO, V.V./PUTRIK, Ju.S./ROMAŠKIN, V.I./SVEŠNIKOV, V.V. (1988): Razmeščenie turistsko-ėkskursionnych učreždenij i organizacii profsojuzov SSSR. Moskau.

Economic Survey of the Baltic States (1992). The Reform Process in Estonia, Latvia and Lithuania. London.

Ėkologija čeloveka i rekreacija. Vyp. 11 (1981). Moskau.

Ėkskursii za granicy (1915). Moskau.

EMEL'JANOVAJTE, V.J. s. *JEMELJANOVAITE, V.*

ĖMSIS, I.V. (1989): Rekreacionnoe ispol'zovanie lesov Latvijskoj SSR. Riga.

Eesti Nõukogude Entsüklopeedia - Bd. 1-5 (1985-90). Tallinn.

Encyclopedia Ltihuanica - Bd. 1-6 (1970-1978). Boston.

EVORENKO, I.G. (1989): Social'no-ėkonomičeskie i geografičeskie aspekty funkcionirovanija, razvitija i izučenija rynka turistsko-ėkskursionnych uslug. Moskau [unveröff. Manuskript].

EVORENKO, I.G./ZORIN, I.V. (1989): "Geografičeskie aspekty marketinga". In: Teoretičeskie problemy rekreacionnoj geografij. Moskau, S. 91-96.

FISENKO, L. (1990): "Sociological Aspects of Tourist Demand for Travelling to The USSR". In: STADTFELD, F. (Hg., 1990): Tourismus in einem neuen Europa. Worms, S. 247-256.

FLORACK-KRÖLL, C. (1991): "Heilsam Wasser, Erd' und Luft - Zu Goethes Badereisen". In: BAUSINGER, H./BEYRER, K./KORFF, G. (Hg., 1991): Reisekultur. Von der Pilgerfahrt zum modernen Tourismus. München, S. 202-206.

Gaujas Nacionalais Parks (1990). Riga.

Geografičeskie problemy soveršenstvovanija organizacii otdycha i turizma (1985). Moskau.

Geografija rekreacionnych sistem SSSR (1980). Moskau.

GILBERT, M. (1978): Imperial Russian History Atlas. London.

GILLY, S. (1991): "Estland zwischen hoffnungsvoller Aufbruchstimmung und Mutlosigkeit. Bericht eines Studienaufenthalts". In: Baltischer Christlicher Studentenbund e.V. (Hg., o.J.): baltisches jahrbuch 1989. Bonn, S. 41-53.

GINJUNAS, K.P. (1982): "Opyt raboty nacional'nogo parka Litovskoj SSR". In: Organizacija nacional'nych parkov v SSSR. Vilnius, Minsk, S. 31-37.

GNEVECKOW, J. (1993): "Umweltsituation und Umweltpolitik im Baltikum. Vergleichende Betrachtungen zu den drei baltischen Staaten Estland, Lettland und Litauen". In: Osteuropa (43), S. 369-385.

GÖTZ, R./HALBACH, U. (1991): Daten zur Geographie, Bevölkerung, Politik und Wirtschaft der nichtrussischen Republiken in der ehemaligen UdSSR. Köln (BIOst, Sonderveröffentlichung).

GÖTZ-COENENBURG, R. (1990): Die Wirtschaft des Baltikums. Köln (Berichte des BIOst, 56/1990).

GORODECKIJ, P.G. (1985): "Social'no-demografičeskie aspekty turizma". In: Socialističeskie issledovanija, 1985/4, Moskau, S. 91-94.

Gosstroj Latvijskoj SSR (1988): Schema razvitija rekreacii v Latvijskoj SSR do 2005. Riga [interner Untersuchungsbericht].

Gradostroitel'stvo (1982). Teorija i praktika kurortno-rekreacionnogo stroitel'stva. Kiev

GREGOROVIUS, F. (1852/1989): "Baltische Idyllen" (ca. 1852). In: KLUGE, B. (Hg., 1989): Königsberg in alten und neuen Reisebeschreibungen. Düsseldorf, S. 137-139.

GREIŽA-LISOVSKIS, V. (1981): Jurmala vakar, šodien, rit. Riga.

GRIGOR'EV, K. (1931): "Inostrannye turisti v SSSR". In: Na suše i na more. Moskau, 12/1931.

GUREVIČ, L. (1931): Socialističeskoe stroitel'stvo i proletarskij turizm. Leningrad.

GUSOVIUS, P. (1966): "Der Fremdenverkehr". In: GUSOVIUS, P. (Hg., 1966): Der Landkreis Samland. Ein Heimatbuch der ehemaligen Landkreise Königsberg und Fischhausen. Würzburg, S. 533-545.

HAEDRICH, G./KASPAR, C./KLEINERT, H./KLEMM, K. (1983): Tourismus-Management. Tourismus-Marketing und Fremdenverkehrsplanung. Berlin, New York.

Handbuch der Sowjetverfassung (1983). Bd. 1 + 2; red. v. Fincke, M.. München (= Veröffentlichungen des Osteuropa-Institut München, Reihe Wissenschaft und Gesellschaft, H. 19/I-II).

HEHN, J.v. (1954): Riga. Bollwerk des Abendlandes am Baltischen Meer. Kitzingen.

HELEMÄE, E.[CHELEMJAE, E.](1984): Pjarnu. Tallinn.

HELLE, R.K. (1979): "Observations on tourism between Finland and the Soviet Union". In: Tourism and borders. Frankfurt/M., S. 163-167.

HELLMANN, M. (1990⁴): Grundzüge der Geschichte Litauens und des litauischen Volks. Darmstadt.

HENKE, H. (1976): Untersuchungen zu Nationalparken in der BRD. Bonn-Bad Godesberg (Schriftenreihe f. Landschaftspflege + Naturschutz, Heft 13).

HENNINGSEN, M. (1990): "Freizeit- und Fremdenverkehr in der Sowjetunion". In: Praxis Geographie (20), H. 3, S. 37-38.

HÖH, P.+R. (1992): Baltikum Handbuch. Bielefeld.

HOFMEISTER, B./STEINECKE, A. (Hg., 1984): Geographie des Freizeit- und Fremdenverkehrs. Darmstadt (Wege der Forschung, Bd. 592).

HUBER, M. (1980): Sozialplanung in der UdSSR 1966-79. Köln (Berichte des BIOst, 30/1980).

IGNATENKO, A.N. (1989): Rekreacionnye territorial'nye sistemy: naučnye osnovy razvitija i funkcionirovanija. Kiev.

IGNATONIS, J. (1989/90): "Giruliu zonos rekreacinis iverinimas". In: Geografijos metraštis/Geografičeskij ežegodnik (25-26), Vilnius, S. 275-279.

IGNATONIS, J. (1989): "Tendencii social'no-ėkonomičeskogo otnošenija naselenija Litvy k rekreacionnoj srede". In: Sociologija i problemy demokratizacii. Tezisy dokl. V. nauč. konf. sociologov Sovetskoj Pribaltiki, Jurmala, 30.10.- 2.11.89. Riga, S. 112-113.

IGNATONIS, J./KAVALJAUSKAS, P. (1984): "Problema rekreacionnogo resursnogo rajonirovanija Litvy". In: Geografičeskij ežegodnik (21), Vilnius, S. 215-221.

IMANOV, M.N./ČUČMAREVA, E.V. (1982): Zony otdycha i kurorty. Moskau.

IMETCHENOV, A.B./BOJKOV, T.G./CYBMITOV, C.S./JUMOV, B.O./MATVEJČIK, S.A. (1990): Priroda zabajkal'skogo nacional'nogo parka. Ulan-Ude.

Informacionno-spravočnyj material "Kursom perestrojki" (1988). Moskau.

Inturisty - 50 let (1978). Moskau.

IOFFE, G.V./FINGEROV, G.M. (1987): "Sel'skoe chozjajstvo i rekreacija: voprosy vzaimootnošenij". In: Territorial'naja organizacija chozjajstva kak faktor ėkonomičeskogo razvitija. Moskau, S. 122-138.

IONKUS, A.P. (1985): "Territorial'nyj aspekt razvitija potrebnostej naselenija v turizme i otdyche". In: Geografičeskie problemy soveršenstvovanija organizacii otdycha i turizma. Moskau, S. 64-75.

ISTOMIN, P.I./SIMAKOV, V.I. (1986): Organizacija massovogo samodejatel'nogo turizma. Moskau.

Istorija i organizacija samodejatel'nogo turizma (1988). Leningrad.

ITS, R. (1987): Am Bernsteinmeer. Moskau.

JACOB, G. (Hg., 1968): Probleme der Geographie des Fremdenverkehrs der DDR und anderer Staaten: Referate der Internationalen Informationstagung zur Geographie des Fremdenverkehrs, 30.9.-2.10.1965 in Dresden. Leipzig.

JANILJONIS, S.Ju. (1980): Razvitie kurortnogo chozjajstva Litovskoj SSR. Vilnius.

JANULITE, G.P. (1984): Praktika proektirovanija i stroitel'stva učreždenij otdycha v Litovskoj SSR. Vilnius.

JAZAN, Ju.P. (1982): "Nacional'nye parki SSSR: Neobchodimost' organizacii, status, perspektivy". In: Organizacija nacional'nych parkov v SSSR. Vilnius, Minsk, S. 13-19.

EMEL'JANOVAJTE, V.J. [JEMELJANOVAITE, V.](1987): "Perspektivnoe ispol'zovanie prirodno-rekreacionnych resursov na poberež'e Litovskoj SSR". In: Primorskij mežotraslevoj kompleks respublik Sovetskoj Pribaltiki. Riga, S. 57-58.

JEMELJANOVAITE, V./SLEVIČIUS, S. (1989/90): "Pajurio miestu ekologijos klausimai". In: Geografijos metraštis/Geografičeskij ežegodnik (25-26), Vilnius, S. 280-286.

JORDAN, P. (1990): "Die Entwicklung der Fremdenverkehrsströme in Mitteleuropa (1910-1990)". In: Mitteilungen der Österreichischen Geographischen Gesellschaft (132), S. 144-171.

KAAZIK, A.V. (1982): "Lachemaaskij nacional'nyj park, ego učreždenie i dejatel'nost'". In: Lachemaaskij nacional'nyj park. Tartu, S. 3-7.

KARING, T.V. (1989): Organizational and economic problems of arranging recreation for town dwellers in the Estonian SSR. Tallinn.

KARING, T.V. (1987): "Osobennosti razvitija inostrannogo turizma v Pribaltike". In: Primorskij mežotraslevoj kompleks respublik Sovetskoj Pribaltiki. Tartu, S. 121-122.

KARING, T.V./MJAĖ, Ju.K. (1988): "Osobennosti sprosa i predloženija uslug turizma v ĖSSR". In: Problemy sprosa i predloženija uslug turizma. Moskau, S. 52-54.

KARING, T.V./TYELEJD, T.Ja. (1989): "Problemy upravlenija rekreacionnym chozjajstvom v uslovijach regional'nogo rasčeta". In: Problemy upravlenija narodnym chozjajstvom sojuznych respublik. Moskau, S. 105-110.

KARTUNOVA, L.S. (1989): "Architekturno-kompozicionnye aspekty rekonstrukcii kurorta Jurmala". In: Rajonnaja planirovka i gradostroitel'stvo v Latvijskoj SSR. Riga, S. 176-186.

KARTUNOVA, L.S. (1986): Rekonstrukcija primorskich zon otdycha, primajuščich k krupnejšim gorodam. Leningrad [avtoreferat kand. diss.].

KARTUNOVA, L.S. (1981): "Postroenie modeli raspredelenija otdychajuščich v primorskich zonach kratkovremennogo otdycha krupnych gorodov". In: Rajonnaja planirovka i gradostroitel'stvo v Latvijskoj SSR. Riga, S. 145-158.

KARTUNOVA, L.S. (1971): "Opredelenie emkosti zony otdycha Kurzemskoe vzmore Rižskogo zaliva". In: Voprosy stroitel'stva. Riga, S. 75-79.

KARTUNOVA, L.S./POPOV, P.N. (1975): "Primenenie metoda ėkspertnych ocenok dlja optimizacii zonirovanija primorskich territorij otdycha". In: Rajonnaja planirovka i gradostroitel'stvo v Latvijskoj SSR. Riga, S. 178-186.

KASPAR, C. (1986³): Die Fremdenverkehrslehre im Grundriß. Bern, Stuttgart.

KAVALJAUSKAS, P. (1989/90): "Lietuvos pajurio rekreacinio i risavinimo problema". In: Geografijos metraštis/Geografičeskij ežegodnik (25-26), Vilnius, S. 246-255.

KAVALJAUSKAS, P.P. (1981): "Formirovanie krupnych rekreacionnych territorial'nych sistem". In: Geografija (XVII), Vilnius, S. 73-89.

KAVALJAUSKAS, P./IGNATONIS, J. (1990): "Osobennosti i tendencii rekreacionnoj potrebnostej naselenija Litvy v planirovočnom aspekte". In: Urbanistika ir rajoninis planivimas/Gradostroitel'stvo i rajonnaja planirovka (16), Vilnius, S. 79-89.

KAVALJAUSKAS, P.P./IGNATONIS, J. (1988): "Razvitie rekreacionnogo stroitel'stva v Litve". In: Geografija (24), Vilnius, S. 96-111.

KAVALJAUSKAS, P.P./IGNATONIS, J. (1987): "Voprosy kraeustrojstvennoj optimizacii rekreacionnogo pol'zovanija i ochrany primorskoj zony Litovskoj SSR". In:

Primorskij mežotraslevoj kompleks respublik Sovetskoj Pribaltiki. Riga, S. 59-60.

KAVALIAUSKAS, P./IGNATONIS, J. (1985): "Rekreaciniu gamtos ištekliu poreikis ir naudojimo geografija". In: Rekreacioniu ištekliu naudojimas ir vertinimas. Vilnius, S. 57-73.

KAVALJAUSKAS, P./KURŠJAVIČJUS, K. (1977): "Osobennosti rekreacionnych potrebnostej naselenija Litvy k landšaftu". In: Geografičeskij ežegodnik, 1977, Vilnius, S. 37-44.

KERČA, N.N. (1987): "O merach planirovočnoj zaščity kurortno-rekreacionnych resursov". Kiev.

KERGE, A.Ja. (1981): "O razvitii zon otdycha Ėstonskoj SSR". In: Učeny zap. Tartuskogo Universiteta. Rekreacija i ochrana prirody (495). Tartu, S. 143-149.

KERNER, M./STOPINSKI, S. (1990): Die Unabhängigkeit der baltischen Staaten in historischer Bilanz und als aktuelle Perspektive. Berlin (Berghof-Stiftung für Konflikt-Forschung).

KIENER, G. (1982): Untersuchungen zur Entwicklung von Kurorten unter besonderer Berücksichtigung kurtypischer und kurortwichtiger Einflußgrößen. Beispielhaft dargestellt an bayrischen Staatsbädern. Berlin.

KJAULEJKIS, L. (1957): Palanga. Vilnius.

KLÖTZLI, S. (1991): Tourismus in der Sowjetunion. Eine Untersuchung zur Nutzung und zum Schutz natürlicher Erholungsressourcen im sowjetischen Tourismus - Dargestellt am Beispiel von Gebirgserholungskomplexen im Großen Kaukasus. Zürich (Wirtschaftsgeographie und Raumplanung, 12).

KNABE, B. (1979): "Urlaub des Sowjetbürgers". In: Osteuropa (29), S. 300-310, 371-382.

KOLOBAEVA, N.S. (1976): "Novyj tip rekreacionnogo učreždenija dlja proizvodstvennych kompleksov". In: Architektura i otdych, 1976/4, Moskau, S. 69-79.

KOMAROVA, N.M. (1975): "Landšaftno-klimatičeskaja ocenka Kaliningradskoj kurortnoj zony". In: Klimat i gorod. Moskau, S. 83-85.

Konstitucija SSSR. Osnovnoj Zakon (1977), Moskau.

KORMILOVA, R.P. (1979): "The length of the bathing season in the USSR". In: Soviet Geography (20), S. 25-29.

KOTLJAROV, E.A. (1978): Geografija otdycha i turizma: Formirovanie i razvitie territorial'nych rekreacionnych kompleksov. Moskau.

KOZLOV, V.N. (1989): "Rol' otraslevoj struktury narodnogo chozjajstva v udovletvorenii rekreacionnych potrebnostej naselenija". In: Teoretičeskie problemy rekreacionnoj geografii. Moskau, S. 126-131.

KOZLOV, V.N. (1980): "Formirovanie seti sanatornych učreždenij SSSR v tečenie 1945-75". In: Social'no-ėkonomičeskie i geografičeskie aspekty issledovanija territorial'nych rekreacionnych sistem. Moskau, S. 40-49.

KOZLOV, V.N./ŠABDURASULOV, I.V. (1989): "Territorial'nye problemy funkcionirovanija i upravlenija rekreacionnym chozjajstvom". In: Teoretičekie problemy rekreacionnoj geografii. Moskau, S. 97-108.

KP LITOVSKOJ CK (1974): "Postanovlenie ot 20.9.1974 No.338 "O merach po dal'nejšemu razvitiju kurortov Litovskoj SSR". Vilnius.

KRASOVSKAJA, O.V./MEL'ČENKO, V.P. (1990): "Kuršskaja kosa (Kaliningradskaja oblast'). Aktual'nye voprosy proektirovanija Gosudarstvennogo prirodnogo nacional'nogo parka". In: Urbanistika ir rajoninis planivimas/Gradostroitel'stvo i rajonnaja planirovka (16), Vilnius, S. 50-59.

KRINICKIJ, V.V. (1982): "Nacional'nye parki Sovetskogo Sojuza". In: Organizacija nacional'nych parkov v SSSR. Vilnius, Minsk, S. 5-12.

KRIPPENDORF, J./KRAMER, B./MÜLLER, H. (Hg., 1986): Freizeit- und Fremdenverkehr. Eine Einführung in Theorie und Politik. Zürich.

KRIPS, R. (1930): Führer durch Memel und seine Ostseebäder. Memel.

KUKAJN, R.A./PIMDIN', P.A. (1988): "Problemy ėkologičeskoj bezopasnosti v Latvijskoj SSR". In: Vest. AN SSSR, 1988/11, Moskau, S. 134-138.

KUKEL', P./MALKIEL', M. (1981): "Vnedrjat' chozjajstvennyj rasčet v ėkonomiku kurorta". In: Ėkonomičeskaja nauka, 1981/12, Moskau, S. 56-64.

KULDOŠINA, N.M. (1980): "K voprosu o rentabel'nosti gostiničnogo chozjajstva Glavinturista". In: Problemy inostrannogo turizma (3), Moskau, S. 29-39.

KULINAT, K./STEINECKE, A. (1984): Geographie des Freizeit- und Fremdenverkehrs. Darmstadt (Erträge der Forschung, Bd. 212).

Kurort Pjarnu - 150 (1988). Tallinn.

Kurorty (1983). Ėnciklopedičeskij slovar'. Moskau.

Kurorty, mesta otdycha i turizma (1973-87). Moskau [Bibliographie].

KVARTAL'NOV, V.A./NAUMENKO, G.F. (1989): Metodika organizacii priema i obsluživanija inostrannych turistov. Moskau.

KVARTAL'NOV, V.A./SENIN, V.S. (1987): Organizacija turistsko-ėkskursionnogo obsluživanija. Moskau.

Lachemaaskij nacional'nyj park (1982): Naučnye trudy po ochrane prirody. Tartu.

LARS (1989): Otčet o naučno-issledovatel'skoj rabote. 3. Etape. Riga [unveröffentlicht].

Lat. otdelenie NII Goskomstat SSSR (ca. 1987): O čislennosti naselenija priežajuščego v gorod Jurmalu. Riga [interner Untersuchungsbericht, vermutl. 1987].

Latvija, Litva, Ėstonija (1991). Riga [Statistik].

Latvijas Republikas regioni (1992). Statistisko datu krajums. Riga.

LAUSMAA, E.I. (1981): "O predotvraščenii čezmernoj nagruzki na prigorodnye rekreacionnye territorii". In: Učeny zap. Tartuskogo Gosudarstvennogo Universiteta. Rekreacija i ochrana prirody (495), Tartu, S. 100-103.

LAUSMAA, E.I. (1974): "O metodike opredelenija količestva kratkovremenno otdychajuščich". In: Učeny zap. Tartuskogo Gosudarstvennogo Universiteta. Trudy po geografii (388), Tartu, S. 77-86.

LEITHMÜLLER, W. (1964): "Tourismus und Auslandreisen im Sowjetleben". In: Osteuropa (14), S. 81-89.

LEMEŠEV, M.Ja./ŠČERBINA, O.A. (1986): Optimizacija rekreacionnoj dejatel'nosti. Moskau.

LENZ, W. (1954): Die Entwicklung Rigas zur Großstadt. Kitzingen.

Les i ochrana prirody (1983). Tartu.

LIELMANIS, P.u.a. (1958): Putevoditel' po Latvijskoj SSR. Riga.

LIJDJA, M.A-V. (1981): Tallincy v časy dosuga. Tallinn.

LIKAS, G. (1974): Planirovka i blagoustrojstvo centrov kratkovremennogo otdycha. Vilnius [avtoreferat kand. diss.].

LOWENTHAL, D. (1984): "Touristen und Thermalbadbesucher". In: HOFMEISTER, B./STEINECKE, A. (Hg., 1984): Freizeit- und Fremdenverkehr. Darmstadt, S. 308-314.

Latviešu Konversacijas Vardnica - Bd. 1-21 (1927-1940). Riga

Lietuviškoji Trybine enciklopedia - Bd. 1-13 (1976-1985). Vilnius.

LUSE, M.K. (1984): "Perspektivy razvitija sistemy rekreacii Latvijskoj SSR". In: Rajonnaja planirovka i gradostroitel'stvo v Latvijskoj SSR. Riga, S. 142-151.

MALIŠAUSKAS, V./KONČIUS, A. (1985): "Rekreaciniu gamtos ištekliu ekonominis vertinimas". In: Rekreaciniu ištekliu naudojimas ir vertinimas. Vilnius, S. 112-116.

MARKELITE, S.S. (1983): Palanga. Vilnius.

MARTINSON, M. (1980): Kurort Chaapsalu. Tallinn.

MATTHEWS, M. (1978): Privilege in the Soviet Union. London.

MATZNETTER, J. (1976): "Differenzen in der Auffassung einer Geographie des Tourismus und der Erholung". In: UHLIG, H./EHLERS, E. (Hg.): Tagungsberichte und wissenschaftliche Abhandlungen, 40. Deutscher Geographentag Innsbruck 1975. Wiesbaden, S. 661-672.

MEESSEN, H. (1988): "Naturschutz in Georgien". In: GR (40), H. 9, S. 38-43.

MEISSNER, B. (Hg., 1991²): Die Baltischen Nationen. Estland, Lettland, Litauen. Köln.

MELLUMA, A.Ž. (1988): Osobo ochranjaemye prirodnye obekty na staroosvoennych territorijach. Riga.

MELLUMA, A.Ž. (1984): "Tendencii v ispol'zovanii prirody dlja otdycha v Latvijskoj SSR". In: Ochrana prirody v Latvijskoj SSR. Riga, S. 60-65.

MELLUMA, A.Ž(1982): Otdych na prirode kak prirodoochrannaja problema. Riga

Mesta otdycha Ėstonskoj SSR (1974). Tallinn.

MEZIER, A. (1915): "Ėkskursionnoe delo i ėkskursionnaja literatura v 1914g.". In: Russkaja škola, 1915/4.

MIELCARCZYK, G. (1966): "Fremdenverkehrsgemeinde Ostseebad Cranz". In: GUSOVIUS, P. (Hg., 1966): Der Landkreis Samland. Ein Heimatbuch der ehemaligen Landkreise Königsberg und Fischhausen. Würzburg, S. 627-643.

MILEVSKIJ, S.F. (1984): "Organizacija otdycha naselenija - važnyj aspekt social'noj politiki". In: Sociologičeskie issledovanija, 1984/3, S. 91-97.

MIRONENKO, N.S. (1972): "Izučenie rajonov otdycha i turizma na primere Pričernomor'ja". In: Vest. MGU, ser. 5, Geografija, 1972/2. Moskau.

MIRONENKO, N.S./ĖL'DAROV, E.M. (1987): "Novye aspekty rekreacionnoj geografii". In: Izv. Vsesojuz. geogr. obščestva, Vyp. 1, Leningrad, S. 75-81.

MIRONENKO, N.S./TVERDOCHLEBOV, I.T. (1981): Rekreacionnaja geografija. Moskau.

MISIUNAS, R.J./TAAGEPERA, R. (1983): The Baltic states. The years of dependances 1940-1980. London.

MÖLLER, H.-G. (1987): "Le tourisme sur la côte baltique de l'Allemagne Fédérale: Changements structurels et problèmes actuels". In: Hommes et Terres du Nord, 1987/2, S. 91-99.

MÜLLER, R. (1984): "Die natürlichen Standortvoraussetzungen von Heilbädern". In: Zeitschrift für Wirtschaftsgeographie (28), S. 73-90.

NAMSONS, J. (1967): "Stadtentwicklung und Siedlungsformen in Lettland". In: Acta Baltica (VII), S. 131-171.

Narodnoe chozjajstvo Ėstonskoj SSR. Statističeskij ežgodnik (1970 und Folgebände). Tallinn.

Narodnoe chozjajstvo Latvijskoj SSR. Statističeskij ežegodnik (1970 und Folgebände). Riga.

Narodnoe chozjajstvo Litovskoj SSR. Statističeskij ežegodnik (1970 und Folgebände). Vilnius.

Narodnoe chozjajstvo SSSR. Statističeskij ežegodnik (1970 und Folgebände). Moskau.

Naselenie SSSR za 70 let (1988). Moskau.

National Report. Lithuania (1992). Hg. v. Environmental Protection Department of the Republic of Lithuania. Vilnius.

NEEF, E. (1938): "Der estländische Wirtschaftsraum". In: Petermanns Mitteilungen (84), S. 15-25.

NEMOLJAEVA, M.E./CHODORKOV, L.F. (1985): Meždunarodnyj turizm: včera, segodnja, zavtra. Moskau.

NEY, G. (1964): "Gesundheitswesen in den baltischen Sowjetrepubliken". In: Acta Baltica (IV), S. 184-231.

NIEDOLS, I. (1975): "Režim ispol'zovanija pljažnych territorij v gorode-kurorte Jurmala". In: Rajonnaja planirovka i gradostroitel'stvo v Latvijskoj SSR. Riga, S. 188-193.

NIKITIN, S. (1980): "Internationale touristische Beziehungen der UdSSR". In: Außenhandel, 1980/3, S. 15-19.

NIKITIN, S. (1974): "Ein junger Zweig der Volkswirtschaft der UdSSR: Der Auslandstourismus". In: Außenhandel, 1974/10, S. 32-40.

NIKOLAEVSKIJ, A.G. (1985): Nacional'nye parki. Moskau.

NORVAL, A.J. (1936): The Tourist Industry. London.

NYMMSALU, F.R. (1982): "Opyt sozdanija Lachemaaskogo nacional'nogo parka". In: Organizacija nacional'nych parkov v SSSR. Vilnius, Minsk, S. 38-45.

O merach po dal'nejšemy razvitiju turizma i ėkskursij v strane: Postanovlenie CK KPSS, Soveta Ministrov SSSR i VCSPS ot 30.5.1969 (1969). In: Spravočnik partijnogo rabotnika, 1970/10, Moskau, S. 246-251.

O rabote Jurmal'skogo gorodskogo soveta po turizmu i ėkskursijam po ėkskursionnomu obsluživaniju trudjaščichsja i učaščejsja molodeži (1987). In: Sbornik oficial'nych materialov, 1987/17, Moskau, S. 56-60.

Ob ochrane okružajuščej sredy (1981). Sbornik dokumentov partii i pravidel'stva 1917-1981. Moskau.

OBERG, J. (1970): "Die wirtschaftliche Entwicklung der baltischen Staaten nach 1945". In: GR (22), H. 1, S. 23-28.

Ochrana prirody (1987). Moskau.

Ochrana prirody v Latvijskoj SSR (1984). Moskau.

Ochrana zdorov'ja (1990). Moskau.

OLGIVIE, F.W. (1933): The Tourist Movement. London.

OPASCHOWSKI, H.W. (1980): "Tour - Tourist - Tourismus. Eine sprachgeschichtliche Analyse". In: PRAHL, H-W./STEINECKE, A. (1980): Tourismus. Stuttgart, S. 10-13.

Organizacija nacional'nych parkov v SSSR (1982). Vilnius, Minsk.

PALLOT, J./SHAW, D.J.B. (1981): Planning in the Soviet Union. London.
PANČENKO, T.F. (1985): "Tendencii gradostroitel'nogo osvoenija kurortno-rekreacionnych territorii". In: Gradostroitel'nye voprosy razvitija kurortov, zon otdych i turizma. Kiev, S. 3-25.
PASEČNIJ, P.S. (1983a): Turistskaja rabota v trudovom kollektive. Moskau.
PASEČNIJ, P.S. (1983b): Turizm i ėkskursii. Moskau.
PEITSCH, H. (1990): Ich war in Königsberg - Cranz - Wehlau - Pr.Eylau. Leer.
Perečen' i charakteristika sobstvennych turistskich učreždenij na 1985g. (1985). Moskau [Gewerkschaftseinrichtungen].
PIETSCH, R. (1982): Fischerleben auf der Kurischen Nehrung (in dt. und kurischer Sprache). Berlin.
PIPIKA, I. (1989): Turisma organizacija Latvijas PSR. Riga [unveröffentlichte Diplomarbeit].
PIROŽNIK, I.I. (1985): Osnovy geografii turizma i ėkskursionnogo obsluživanija. Minsk.
PISSULLA, P. (1993): Litauen. Wirtschaftspotential und Wirtschaftsordnung. Hamburg (HWWA-Report Nr. 113).
POCKNEY, B.P. (1991): Soviet Statistics since 1950. Portsmouth.
POLKOWSKI, A. (1993): Lettland. Wirtschaftspotential und Wirtschaftsordnung. Hamburg (HWWA-Report Nr. 112).
Polnyj chozjajstvennyj rasčet i samofinansirovanie v turistsko-ėkskursionnoj sisteme profsojuzov (1989). Moskau.
POLTORANOV, V.V. (1987): Ėkologičeskie problemy sovremennosti i ochrana biosfery kurortov. Moskau.
POLTORANOV, V.V./SLUCKIJ, S.Ja. (1986): Zdravnicy profsojuzov SSSR. Moskau.
POVALJAEVA, N.N./FISENKO, L.M. (1984): "Izučenie sprosa na turistskie poezdki v SSSR". In: Reklamno-informacionnaja dejatel'nost' i izučenie sprosa v oblasti meždunarodnogo turizma (= Problemy inostrannogo turizma, Vyp. 6). Moskau, S. 9-20.
POZEMKOVSKAJA, N. (1923): "Ėkskursionnaja sekcija sektora social'nogo vospitanija Petrogradskogogo gubernskogo otdela narodnogo obrazovanija i ėkskursionnye stancii za poslednee vremja". In: Ėkskursionnoe delo, No. 4-6.
PRAHL, H-W./STEINECKE, A. (Hg., 1980): Tourismus. Stuttgart (Arbeitstexte für den Unterricht; Universal-Bibliothek Nr. 9564).
PRAHL, H-W./STEINECKE, A. (1979): Der Millionen-Urlaub. Von der Bildungsreise zur totalen Freizeit. Darmstadt.
Pravila pol'zovanija i vnutrennego rasporjadka v turistskich gostinicach sistemy Central'nogo soveta po turizmu i ėkskursijam (12.12.1979). In: Sbornik oficial'nych materialov, 1983/2, Moskau, S. 22-31.
PREOBRAZHENSKY, V.S./KRIVOSHEYEV, V.M. (Hg., 1982): Recreational Geography of the USSR. Moskau [leicht gekürzte engl. Fassung von: Geografija rekreacionnych sistem, 1980].
PREOBRAŽENSKIJ, V.S./KVARTAL'NOV, V.A. (1989): "Osnovnye koncepcii i modeli rekrealogii". In: Teoretičeskie problemy rekreacionnoj geografii. Moskau, S. 6-23.
PREOBRAŽENSKIJ, V.S./LICHANOV, B.N./VEDENIN, Ju.A. (1980): "Rekreacionnaja geografija, ee sostojanie i perspektivy". In: Social'no-ėkonomičeskie i geografi-

českie aspekty issledovanija territorial'nych rekreacionnych sistem. Moskau, S. 4-16.

PREOBRAŽENSKIJ, V.S./VEDENIN, Ju.A. (1988): "Uroki razvitija rekreacionnoj geografii". In: Izv. AN SSSR, ser. geogr., 1988/2, S. 17-29.

PREOBRAZHENSKY, V.S./VEDENIN, Yu.A./ANTIPOVA, A.V. (1971): "Anforderungen der Erholung und die Umwelt". In: HOFMEISTER, B./STEINECKE, A. (Hg., 1984): Geographie des Freizeit- und Fremdenverkehrs. Darmstadt, S. 221-231

PREOBRAŽENSKIJ, V.S./VEDENIN, Ju.A./FILIPPOVIČ, L.S./ČALAJA, I.P. (1989): "Osnovnye koncepcii i modeli rekreacionnoj geografii". In: Teoretičeskie problemy rekreacionnoj geografii. Moskau, S. 47-67.

PREOBRAZHENSKY, V.S./VEDENIN, Yu.A./STUPINA, N.M. (1984): "Development of Recreational Geography in the USSR". In: GeoJournal, Vol.9, № 1, S. 77-82.

Primorskij mežotraslevoj kompleks respublik Sovetskoj Pribaltiki (1987). Riga.

Prirodnye faktory i resursy kak osnova kompleksnoj territorial'noj planirovki ĖSSR (1967): Materialy naučnoj konferencii. Tartu.

PRJACHIN, V.A./NIKOLAENKO, B.T. (1981): Prigorodnye lesa. Moskau.

Poblemy sprosa i predloženija uslug turizma (1988): Marketing v turizme. Tezisy dokladov Vsesojuznoj konferencii 29.- 30.11.88. Moskau.

Profsojuznye zdravnicy Sovetskoj Latvii (1970). Riga.

PULLERITS, A. (1931): Estland. Volk, Kultur, Wirtschaft. Tallinn.

PUSTELNIKOVAS, O. (1989/90): "Tanklaivio "Globe Asimi" avarijos paskmes Lietuvos pajuriui". In: Geografijos metraštis/Geografičeskij ežegodnik (25-26). Vilnius, S. 211-216.

PUTRIK, Ju.S. (1989): "Problemy naučnogo obespečenija rešenija zadač turistsko-ėkskursionnogo obsluživanija naselenija v XIII. pjatiletke". In: Social'nye i ėkonomičeskie problemy razvitija sfery turistsko-ėkskursionnych uslug v XIII. pjatiletke. Moskau, S. 15-20.

PUTRIK, Ju.S./SVEŠNIKOV, V.V. (1986): "Rajonirovanie territorii SSSR dlja celej planovogo turizma". In: Rajonirovanie dlja celej organizacii otdycha i turizma. Moskau, S. 3-13.

RADVANYI, J. (1984): "Les Républiques Baltes et la nouvelle stratégie soviétique des marges occidentales". In: Annales de Géographie (93), S. 44-66.

RADVANYI, J./THOREZ, P. (1976): "Le tourisme dans le Caucase". In: Annales de Géographie (85), S. 178-205.

RAIT, K. (Hg., 1988): Grüße aus Pärnu. Tallinn.

Rajonirovanie dlja celej organizacii otdycha i turizma (1986). Moskau.

RAUCH, G.v. (1990^3): Geschiche der baltischen Staaten. München.

RAUDVER, G.V. (1965): Chaapsalu. Tallinn.

RAUERS, F. (1941): Kulturgeschichte der Gaststätte. Berlin.

Razrabotka perspektivnych schem razvitija turizma v respublikach, krajach i oblastjach i zadači ich soveršenstvovanija v XII. pjatiletkie (1987). Moskau.

Razvitie inostrannogo turizma v uslovijach intensifikacii obščestvennogo proizvodstva v SSSR (1987). Moskau.

REJ, K. (1988): "Pjarnu - sovremmennyj promyšlennyj i kurortnyj gorod". In: Kurort Pjarnu - 150. Tallinn, S. 3-16.

Rekreacija i ochrana prirody (1981). Tartu (Učeny zap. Tartuskogo Universiteta, 495).

Rekreaciniu išteklu naudojimas ir vertinimas (1985). Ocenka i ispol'zovanie rekreacionnych resursov. Vilnius.
Rekreacionnaja geografija (1976). Moskau.
Rekreacionnoe ispol'zovanie territorij i ochrana lesov (1980). Moskau.
Rekreacionnye sistemy (1986). Moskau.
Riga (1982). Riga.
Riga (1989). Ėnciklopedija. Riga.
Riga i okrestnosti (1959). Rižskoe vzmor'e, Kemeri. Riga.
Riga i Rižskoe vzmor'e (1954). Riga.
RINKUS, E.Ja. (1982): "Opyt raboty nacional'nogo parka "Gauja" Latvijskoj SSR". In: Organizacija nacional'nych parkov v SSSR. Vilnius, Minsk, S. 46-50.
RITTER, W. (1966): Fremdenverkehr in Europa. Leiden.
ROPERS, N. (1986): Tourismus zwischen West und Ost. Ein Beitrag zum Frieden? Frankfurt/M., New York.
ROSSALUSTE, E.I. (1981): "Poseščaemost' zapovednikov Ėstonskoj SSR". In: Rekreacija i ochrana prirody. Tartu (Učeny zap. Tartuskogo Universiteta, 495), S. 159-161.
ROSTANKOWSKI, P./DEGENHARDT, B./LIEBMANN, C.C. (1978): Aktuelle Bibliographie deutscher, englischer, französischer Arbeiten zur Geographie Osteuropas. Berlin (= Bibliographische Mitteilungen des Osteuropa-Instituts an der Freien Universität, 17).
ROSTANKOWSKI, P./LUBER, S./KRÜGER, D. (1982): Aktuelle Bibliographie deutscher, englischer, französischer Arbeiten zur Geographie Osteuropas, Teil II. Berlin (= Bibliographische Mitteilungen des Osteuropa-Instituts an der Freien Universität, 23).
RÜGER, L. (1934): Die baltischen Länder. Estland, Lettland und Litauen. Heidelberg
RUNGULE, R. (1984): "Gorožanin na prirode". In: Ochrana prirody v Latvijskoj SSR. Moskau, S. 20-53.
Russkij turist (1899-1916): Žurnal Rossijskogo obščestva turistov. Moskau.
RUTKIS, J. (Hg., 1967): Latvia - Country and People. Stockholm.

SAAR, A. (1988): 1000 faktov iz žižni Sovetskoj Ėstonii. Tallinn.
SANEBLIDZE, T.V. (1988): "Agrorekreacionnye kompleksy SSSR". In: Izv. AN SSSR, ser. geogr., 1988/3, Moskau, S. 82-84.
SANEBLIDZE, T.V. (1986): Agrorekreacionnye kompleksy SSSR. Tbilisi.
SASLAWSKAJA, T. (1989): Die Gorbatschow-Strategie. Wirtschafts- und Sozialpolitik in der UdSSR. Wien.
ŠČEKOLDIN, V.D./MILINIS, G.I. (1976): "Osobennosti proektirovanija kempingov". In: Architektura i otdych, 1976/4, Moskau, S. 80-90.
SCHARFENBERG, W. (1990): Reiseführer Memelland und Kurische Nehrung. Leer.
SCHEUMANN, H. (1970): Die Bedeutung des Tourismus im System der sozialistischen Gesellschaft der DDR". In: Theorie und Praxis der Körperkultur. Leipzig, S. 827-834.
Secrétariat Général du Gouvernement (Hg., 1969): Le tourisme dans les démocraties populaires européennes. Paris.
SERGEEVA, V.B. (1989): "Zavisimost' zagruzki rekreacionnych učreždenij ot urovnija ich komforta". In: Architektura i rekreacija. Moskau, S. 53-61.

SHAW, D.J.B. (1979): "Recreation in the Soviet City". In: FRENCH, R.A./HAMILTON, F.E.I. (Hg., 1979): The Socialist City. Chichester etc., S. 119-143.

SIETZ, H. (1992): Königsberg - Kaliningrad. Ein illustriertes Reisehandbuch. Bremen.

SIGLE, G. (1990): "Zusammenarbeit mit der UdSSR: Erfahrungen und Wünsche eines mittelständischen Reiseunternehmens". In: STADTFELD, F. (Hg., 1990): Tourismus in einem neuen Europa. Worms, S. 265-268.

SINNHUBER, K.A./JÜLG, F. (Hg., 1978/79): Studies in the geography of tourism and recreation, Teil I (1978), Teil II (1979). Wien.

SIVERSON, R.M./GROTH, A.J./BLUMBERG, M. (1980): "Soviet Tourism and Détente 1958-1977". In: Studies in Comperative Communism (13), S. 356-368.

Social'no-ėkonomičeskie i geografičeskie aspekty issledovanija territorial'nych rekreacionnych sistem (1980): Doklady III. soveŝč. po geogafičeskam problemam organizacii otdycha i turizma. Moskau.

Social'noe razvitie SSSR v 1989 g. (1990). Statističeskij sbornik. Moskau.

Social'nye i ėkonomičeskie problemy razvitija sredy turistsko-ėkskursionnych uslug v XIII. pjatiletke. Tezisy dokladov vsesojuz. konf. 7.-8.12.89 (1989). Moskau.

Sostojanie i perspektivy kurortov Sovetskoj Latvii (1981). Vilnius.

Sovetskaja Latvija. Ėnciklopedičekij spravočnik (1985). Riga.

Sovetskaja Ėstonija (1974): Inostrannyj turizm, ėksport i import. Tallinn.

Sovetskaja Ėstonija. Ėnciklopedičekij spravočnik (1979). Tallinn.

Sovremennoe sostojanie turistskogo rynka FRG (1987). In: Problemnaja naučno-issledovatel'naja laboratorija po inostranomu turizmu (1987/2). Moskau.

SSSR-MINISTERSTVO OBORONY (1977): Turistskie bazy Ministerstva Oborony SSSR. Moskau.

STADELBAUER, J. (1991): "Die Baltischen Republiken. Sowjetisch überprägte Kulturlandschaft zwischen Nord-, Ost- und Mitteleuropa". In: GR (43), S. 713-722.

STADELBAUER, J. (1986): "Fremdenverkehr in Sowjet-Kaukasien". In: Zeitschrift für Wirtschaftsgeographie (30), S. 1-21.

STADELBAUER, J. (1984): Regionalforschung in sozialistischen Ländern. Darmstadt (Erträge der Forschung, Bd. 211).

STADELBAUER, J. (1983): "Hochgebirgstourismus in der Sowjetunion". In: Erdkunde (37), S. 199-212.

STADTFELD, F. (Hg., 1990): Tourismus in einem neuen Europa - Zusammenarbeit von Ost und West; Tagung in Freudenstadt, Mai 1990. Worms (Schriftenreihe zur Touristik 3).

STAUSKAS, V.P. (1988): "Formirovanie rekreacionnoj sredy i ėkologija čeloveka". In: Metodologičeskie problemy ėkologii čeloveka. Novosibirsk, S. 111-116.

STAUSKAS, V.P. (1984): Formirovanie rekreacionnoj sredy Litovskoj SSR. Vilnius.

STAUSKAS, V.P. (1983): "Voprosy postroenija gradostroitel'nych sistem turizma v Litovskoj SSR. In: Turistskie učreždenija i ich kompleksy. Moskau, S. 29-34.

STAUSKAS, V.P. (1982): "Tendencii razvitija i gradostroitel'nogo formirovanija rekreacionnych sistem Pribaltiki". In: Gradostroitel'stvo (32), Kiev, S. 51-53.

STAUSKAS, V. (1980): "Einige Konzeptionen und Verfahren bei der Planung der Erholungsgebiete und Zentren (am Beispiel der Litauischen SSR)". In: Geographie - Rekreation - Territorium, 1980/1. Greifswald, S. 77-80.

STAUSKAS, V.P. (1977): Gradostroitel'naja organizacija rajonov i centrov otdycha. Leningrad.

STEINECKE, A. (Hg., 1981): Interdisziplinäre Bibliographie zur Fremdenverkehrs- und Naherholungsforschung. Beiträge zur allgemeinen Fremdenverkehrs- und Naherholungsforschung. Berlin (Berliner Geographische Studien, Bd. 8).

STEINECKE, A. (Hg., 1981): Interdisziplinäre Bibliographie zur Fremdenverkehrs- und Naherholungsforschung. Beiträge zur regionalen Fremdenverkehrs- und Naherholungsforschung. Berlin (Berliner Geographische Studien, Bd. 9).

STEINECKE, A. (Hg., 1984): Interdisziplinäre Bibliographie zur Fremdenverkehrs- und Naherholungsforschung. Beiträge zur allgemeinen und regionalen Fremdenverkehrs- und Naherholungsforschung. Folgeband - Berichtszeitraum 1979-84. Berlin (Berliner Geographische Studien, Bd. 15).

STERR, H./ZAKRZEWSKI, R./SCHAUSER, U.H. (1990): "Freizeitraum Küste". In: GR (42), S. 272-279.

STÖHR, F. (1930): Die Wirtschaft der Republik Litauen im ersten Jahrzehnt ihres Bestehens (1918-1928). Erlangen.

STRIŽEVSKAJA, N.S. (1982): "Regional'nye osobennosti kratkovremennogo otdycha naselenija". In: Gradostroitel'stvo (32), Kiev, S. 67-71.

STUPINA, N.M. (1980): "Izmenenija v strukture rekreacionnych setej SSSR". In: Social'no-ėkonomičeskie i geografičeskie aspekty issledovanija territorial'nych rekreacionnych sistem. Moskau, S. 30-40.

STUPINA, V.A./PREOBRAZHENSKY, V.S. (1981): "Spatial Organization of Functional Recreation Networks in the USSR". In: Soviet Geography (22), S. 627-639.

STUPINA, N.M./PREOBRAŽENSKIJ, V.S. (1980): "Territorial'naja organizacija funkcional'nych rekreacionnych setej SSSR". In: Izv. AN SSSR, ser. geogr., 1980/1, Moskau, S. 67-77.

SUCHODREV, M.B. (1959): Kurort Baldone. Riga.

ŠULJAGIN, P.M. (1989): "O putjach ulučšenija sistemy turizma v strane". In: Social'nye i ėkonomičeskie problemy razvitija sfery turistsko-ėkskursionnych uslug v XIII. pjatiletke. Moskau, S. 20-23.

ŠULJAGIN, P.M. (1985): "Učet territorial'noj differenciacii v organizacii turistskoj oblasti kak faktor soveršenstvovanija planirovanija otrasli (na primere RSFSR)". In: Geografičeskie problemy soveršenstvovanija organizacii otdycha i turizma. Moskau, S. 14-24.

ŠVEDE, A. (1987): Latvijas PSR Turisma un ekskursiju padomes darbibas ekonomgeografisks raksturojums. Riga [unveröffentlichte Diplomarbeit].

SZPORLUK, R. (Hg., 1976): The Influence of East Europe and the Soviet West on the USSR. New York.

TAAGEPERA, M. (1982): "Umweltverschutzung und die baltischen Länder". In: Acta Baltica (XXII), S. 146-163.

TAMBUR, K./GALANIN, I./ŠARUBIN, V. (1988): "Kurort segodnja i v bližajšem buduščem". In: Kurort Pjarnu - 150. Tallinn, S. 43-57.

TAMBUR, K./KEVA, T. (1988): Kurorty Ėstonskoj SSR. Moskau.

TAMM, Ja. (1984): Restavratory v starom Talline. Tallinn.

Teoretičeskie osnovy rekreacionnoj geografii (1975). Moskau.

Teoretičeskie problemy rekreacionnoj geografii (1989). Moskau.

Teorija rekreacionnoj geografii (1988). Moskau.

TERENT'EVA, L.A. (1984): Kurorty i mesta otdycha v Latvii. Riga.

Terminological problems in geography of tourism (1976). Materials of an International Symposium in Cracow-Zakopane, 7-10-11.1974. Krakau.
TITOV, Ju.S. (ca. 1986): Faktičeskaja organizacija ežegodnogo otdycha zanjatnogo naselenija i poželanija na buduščee. Moskau [Interner Bericht des CNIIĖP].
TITOV, Ju.S. (1974): "Social'nye problemy organizacii zagorodnogo otdycha trudjaščichsja". In: Sozdanie krupnych kompleksov kurortov, mest otdycha i turizma, 1974/3, Moskau, S. 145-153.
TOCHT, A. (1979): Kurort Pjarnu. Tallinn.
TORMIS, K. (1989): Estland, schöne Heimat. Tallinn.
TRAPANS, A. (1982): "Der Militärbezirk Baltikum und Aspekte sowjetischer Militärpolitik in den baltischen Staaten", in: Acta Baltica (XXII), S. 164-180.
Turistskie i kurortnye gostinicy (1976). Moskau.
Turistskie maršruty (1975). Moskau.
Turistskie maršruty (1976). Moskau.
Turistskie maršruty (1985). Moskau.
Turistskie maršruty (1987). Moskau.
Turistskie maršruty (1990). Moskau.
Turistskie učreždenija i ich kompleksy (1983). Moskau.
Turistskie učreždenija profsojuzov. Bazy, gostinicy, kempingi (1983*). Moskau.
Turizm i ochrana prirody. Opyt turistskich organizacij Pribaltiki (1984). Moskau.

UVAROV, S.V. (1989): "Principy formirovanija mobil'nych rekreacionnych kompleksov sezonnogo funkcionirovanija". In: Architektura i rekreacija. Moskau, S. 34-42.

VAJČJUNAS, A. (1970): Turistskie bazy Litovskoj SSR. Vilnius.
VALODYN'Š, E.E. (1987): "Tendencii izmenenija čislennosti naselenija goroda Jurmala". In: Primorskij mežotraslevoj kompleks respublik Sovetskoj Pribaltiki. Riga, S. 73-74.
VANATOA, E. (1988): Ėstonskaja SSR. Tallinn.
VANKER, Ch.u.a. (1964): Kurorty Ėstonskoj SSR. Tallinn.
VAREP, E. (1974): "The alternation of the physical landscape by human action in the Estonian SSR". In: PECSI, M./PROBALD, F. (Hg., 1974): Man and environment. Budapest, S. 115-121.
VAREP, E./MAAVARA, V. (1984): Landšafty Ėstonii. Tallinn.
VASIL'EV, Ju.S./KUKUCKIN, V.A. (1988): Ispol'zovanie vodoemov i rek v celjach rekreacii. Leningrad.
VEDENIN, Ju.A. (1982): Dinamika territorial'nych rekreacionnych sistem. Moskau.
VEDENIN, Ju.A. (1980): "Processy razvitija territorial'nych rekreacionnych sistem". In: Socio-ėkonomičeskie i geografičeskie issledovanija territorial'nych rekreacionnych sistem. Moskau, S. 16-30.
VEDENIN, YU.A./MIROSHNICHENKO, N.N. (1970): "Evaluation of the natural environment for recreational purposes". In: Soviet Geography (11), S. 198-207.
VEDENIN, Ju.A./PREOBRAŽENSKIJ, V.S. (1980): "Tendencii razvitija territorial'nych rekreacionnych sistem SSSR". In: Izv. AN SSSR, ser. geogr., 1980/3, Moskau, S. 5-19.
VEDENIN, Ju.A./PROBRAŽENSKIJ, V.S./FILIPPOVIČ, L.S. (1985): "Problemy territorial'noj organizacii odycha v Moskovskom stoličnom regione". In: Ėkonomiko-geografičeskie problemy razvitija stoličnych regionov. Novosibirsk, S. 72-81.

VEINPALU, L. (1988): "Kurort Pjarnu skvoz' gody". In: Kurort Pjarnu - 150. Tallinn, S. 17-30.
Verkehrsverein Königsberg/Pr. (Hg., 1930): Führer durch Königsberg und Umgebung. Königsberg.
VERNIK, L. (1988): "Tervis - sanatorij dlja sel'skich truženikov". In: Kurort Pjarnu - 150. Tallinn, S. 59-68.

WALTER, E./OBERLÄNDER, T. (1937, Repr. 1982): Das Baltikum in Zahlen. Estland, Lettland, Litauen, Memelgebiet. Königsberg.
WEISSENBURGER, U. (1991): "Umweltprobleme in der UdSSR: Am Rande der ökologischen Katastrophe?". In: Sowjetunion 1990/1991 - Krise - Zerfall - Neuorientierung (hg. v. BIOst). München, Wien, S. 204-213.
WILLOWEIT, G. (1968): Die Wirtschaftsgeschichte des Memelgebietes. Marburg (Beiträge zur Geschichte und Landeskunde Ost-Mitteleuropas, Nr. 85).
WITTRAM, R. (1954): Baltische Geschichte. Die Ostseelande Livland, Estland, Kurland 1180-1918. München.
WITTRAM, R. (1949): Drei Generationen. Deutschland - Livland - Rußland 1830-1914. Gesinnungen und Lebensformen baltisch-deutscher Familien. Göttingen.
WOLF, K./JURCZEK, P. (1986): Geographie der Freizeit und des Tourismus. Stuttgart.
WYRZYJOWSKI, J. (1991): "Les problèmes du tourisme polonais au tournant des années 80/90". In: Hommes et Terres du Nord, 1/1991, S. 34-36.

ZABELINA, N.M. (1987): Nacional'nyj park. Moskau.
ZAGREDTINOVA, G.G./AKUŠIN, V.N.u.a. (1986): "Problemy kompleksnogo razvitija sistemy otdycha naselenija i puti ich rešenija v dolgosročnoj perspektive". In: Rajonirovanie dlja celej organizacija otdycha i turizma. Moskau, S. 127-137.
ZAPOVEDNIKI SSSR(1989): Zapovedniki Pribaltiki i Belorussii. Moskau.
ZARINJA, A.Ja. (1988): Odin den' v okrestnostjach Rigi. Riga.
ZINKUS, J. (Hg., 1986): Litva. An encyclopedic survey. Vilnius.
Zony otdycha i ozelenie gorodov (1973). Moskau.
ZORIN, I.V. (1969): "Ėkonomiko-geografičeskie faktory formirovanija rekreacionnych rajonov". In: Geografičeskie problemy organizacii otdycha i turizma. Moskau.
ZORIN, I.V./PIROŽNIK, I.I./PRJACHIN, Ju.M. (1985): Geografija turizma i ėkskursij v SSSR. Moskau.
ZORIN, I.V./ŠTJUMER, Ju.A. (1986): Turizm i ochrana okružajuščej sredy. Moskau.
ZUR MÜHLEN, I.v. (1988): Als Gast in Königsberg. Leer.
ŽUKOV, S.G./DOLMATOV, G.M. (1979): Ėkonomika i organizacija zarubežnogo turizma. Moskau.
ZVIEDRIS, L.Ja. (1973): Sanatorij "Kemeri". Riga.

Atlanten und Karten

Atlas Ėstonskoj SSR (1980). Moskau.
Atlas Latvijskoj SSR (1988). Moskau.
Atlas Litovskoj SSR (1981). Moskau.
Atlas Pribaltiki (1984). Moskau.

Gaujas Nacionalais Parks (1988). Riga. [Informationsbroschüre]
Geologiska macibu taka pa Amatu (1988). Riga. [Informationsbroschüre]
Jurmala. Turistskaja schema (1988). Moskau.
Karte der Baltischen Provinzen Liv-, Est- und Kurland (1917). Im Maßstab 1:650.000 mit vergleichenden statistischen Angaben über Größe, Bevölkerung und Wirtschaft. Leipzig.
Ligatnes atputas un macibu parks (1986). Riga. [Informationsbroschüre]
Nacional'nyj Park Litovskoj SSR. Turistskaja schema (1987). Moskau.
Pa Gauju. No Valmieras lidz Murjaniem (1982). Riga. [Informationsbroschüre]
Po Gaue. Turistskaja schema (1988). Moskau.
Sigulda. Turistskaja schema (1987). Moskau.

Printed by
CPI books GmbH, Leck

FSC
www.fsc.org
MIX
Papier | Fördert gute Waldnutzung
FSC® C083411

Kolibri 360 GmbH
Ferdinand-Jühlke-Straße 7
99095 Erfurt, Deutschland
produktsicherheit@kolibri360.de